KB000875

인조이 **스페인·포르투갈**

인조이 스페인 · 포르투갈 미니북

지은이 문은정 · 김지선
펴낸이 최정심
펴낸곳 (주)GCC

3판 1쇄 발행 2019년 4월 25일
3판 2쇄 발행 2019년 4월 30일 ④

출판신고 제 406-2018-000082호
주소 10880 경기도 파주시 지목로 5
전화 (031) 8071-5700 팩스 (031) 8071-5200

ISBN 979-11-90032-09-4 10980

가격은 뒤표지에 있습니다.
잘못 만들어진 책은 구입처에서 바꾸어 드립니다.

www.nexusbook.com

여행을 즐기는 가장 빠른 방법

인조이 스페인·포르투갈

SPAIN

문은정·김지선 지음

넥서스BOOKS

● 유럽에서 가장 유럽다우면서도 또 가장 유럽답지 않은 묘한 매력의 나라, 스페인과 포르투갈! 나에게 스페인과 포르투갈은 유독 다른 유럽 지역에 비해 인연이 닿을 듯 닿지 않았던 곳이다. 바르셀로나행 항공권을 구매하면 일이 생겨 못 가게 되고, 다른 지역에 집중하다 보니 스페인과 포르투갈은 다음에 집중적으로 봐야지 하면서 또 미루게 되고…

● 하지만 2012년 초반 드디어 스페인과 포르투갈로의 여행 계획을 잡고 처음 두 나라에 발을 디딘 순간, 사랑스러운 인연은 드디어 시작이 되었다. 자동차 여행, 산티아고 순례길 도보 여행, 그리고 일반적인 자유 여행 등 몇 번을 다녀와도 또 찾게 되고, 갈 때마다 새로운 매력을 느끼게 하는, 이젠 유럽의 다른 나라들보다 더 가슴을 뛰게 하는 곳이 되었다.

● 가우디의 기적 같은 건축물들을 보면서 감동을 받아 눈물이 났고, 산티아고 순례길을 걷고 난 후 마음속 응어리가 풀린 듯 펑펑 울었고, 마드리드 프라도 미술관의 작품들을 보며 아련함에 눈물지었던 곳. 유럽에서 가장 정열적인 곳이지만, 나를 가장 여리게 만들고 여행가가 아닌 여자라는 생각을 하게 만들어 주었던 스페인과 포르투갈이기에 이 책을 보는 많은 분들에게도 좋은 추억이 남는 여행지가 되었으면 하는 바람이다.

● 〈인조이 스페인 · 포르투갈〉 집필에 가장 고생이 많았던 문은정 작가님과 넥서스의 김지운 과장님, 그리고 이 책을 위해 도움을 주신 많은 분들에게 감사 인사를 전해요! 더불어, 1년에 반 가까운 시간을 유럽에서 보내는 와이프를 위해 늘 아낌없는 지원을 해 주는 이진수 신랑님께 사랑한다는 말도 전하고 싶습니다.

김지선

● 나의 첫 스페인과 포르투갈 여행은 2003년에 시작되었다. 이베리아 반도에서 가장 처음 찾았던 곳은 스페인 북부 살라망카라는 도시였다. 스페인에 대한 첫인상은 지금까지도 잊혀지지 않을 만큼 강렬하다. 살라망카 마요르 광장에서 만났던 집시 가족들과 어울려 한바탕 춤판을 벌였던 추억과 안달루시아 지방 그라나다 어느 레스토랑에서 만났던 그라나다 대학 음악 동아리의 학생들이 전해 준 음악의 기억 때문일지 모르겠지만 스페인은 지금도 여행하는 기분이 아닌 마치 산책 길에 만나는 이웃 같은 정겨움이 느껴지는 곳이다.

● 가우디의 흔적을 찾아서 하루 종일 바르셀로나를 누비던 기억, 소설 속 돈키호테의 길을 따라 라만차의 평야를 드라이브하던 기억, 안달루시아의 하얀 마을을 찾아서 가파른 협곡 위를 달려 첩첩산중 깊은 마을까지 찾아갔던 기억, 리스본에서 야간버스를 타고 어둠이 밝혀지기도 전 캄캄한 새벽에 도착한 세비야 터미널에서의 잊을 수 없었던 새벽 노숙. 생각만 해도 행복한 기억들이 가득하다. 그리고 네 번을 봐도 아무 감흥 없었던 플라멩코를 다섯 번째 보던 그때 온몸으로 느꼈던 전율은 같은 장소일지라도 계속 찾다 보면 어느 순간 새로운 경험을 선물한다는 사실을 깨닫게 해 주었다.

● 많은 사람들이 유럽에서 가장 살고 싶은 나라를 물어보는 경우가 흔하게 있는데 그 물음이 떨어지면 단 1초의 망설임 없이 스페인이라고 대답한다. 이번 〈인조이 스페인 · 포르투갈〉을 작업하면서 그 누구보다 오히려 내 스스로가 더 많은 것을 배우게 된 시간이었던 것 같다. 그만큼 좋은 안내서가 되기 위해 노력한 만큼 힘들었지만 너무 즐거운 마음으로 보낸 시간이었다.

● 너무 무딘 저자 덕분에 항상 고생하고 계신 넥서스 관계자분들께 감사드리며, 누구보다도 김지운 과장님께 죄송스러운 마음과 감사의 마음을 전합니다. 이제는 와이프가 원고 작업에 들어가면 옆에서 자연스럽게 지원해 주는 고마운 남편, 역시 원고 쓴다고 작업실에서 벗어나지 못할 때 집에서 애써 참고 기다려 주신 아버님께도 감사의 인사를 전하며, 사랑하는 부모님과 동생, 친지분들께 여섯 번째 책을 바칩니다.
감사합니다.

문은정

이 책의 구성

Must Go

Must Eat

미리 만나는 스페인 · 포르투갈

스페인과 포르투갈은 어떤 매력을 지닌 나라인지 대표 관광지와 음식, 쇼핑 아이템, 즐길 거리를 사진으로 보면서 여행의 큰 그림을 그려 보자.

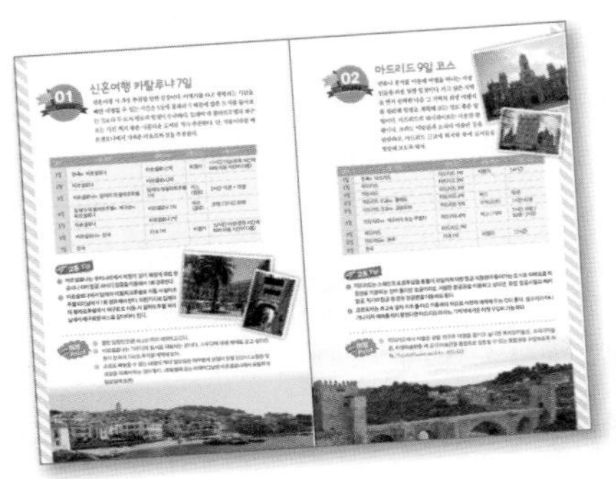

01 신혼여행 카탈루냐 7일

02 마드리드 9일 코스

추천 코스

어디부터 여행을 시작할지 고민이 된다면 추천 코스를 살펴보자. 저자가 추천하는 코스를 참고하여 자신에게 맞는 최적의 일정을 세워 본다.

지역 여행

스페인과 포르투갈의 주요 도시부터 근교의 매력적인 소도시까지 구석구석 소개한다. 꼭 가 봐야 할 대표적인 관광지를 소개하고, 상세한 관련 정보를 담았다.

상세한 지도와
도시별 베스트
코스를 실었다.

가이드북
최초 자체 제작
인조이
맵코드
enjoy.nexusbook.com

▶ '인조이맵'에서 맵코드를 입력하면 책 속의 스폿이 스마트폰으로 쏙!
▶ 위치 서비스를 기반으로 한 길 찾기 기능과 스폿간 경로 검색까지!
▶ 즐겨찾기 기능을 통해 내가 원하는 스폿만 저장!
▶ 각 지역 목차에서 간편하게 위치 찾기 가능!

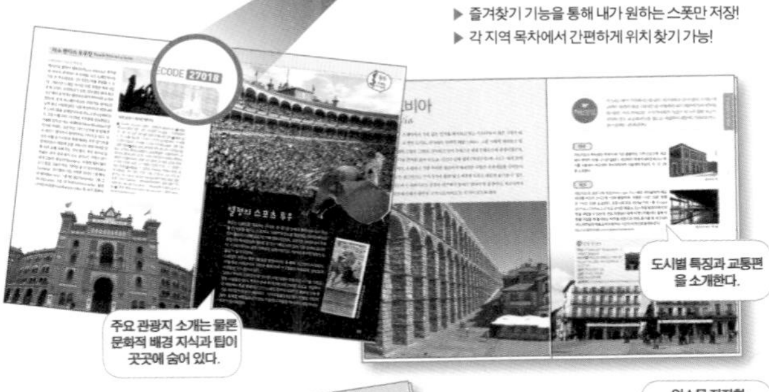

주요 관광지 소개는 물론
문화적 배경 지식과 팁이
곳곳에 숨어 있다.
도시별 특징과 교통편
을 소개한다.

미리 알고 가는 미술관
의 주요 작품!
입소문 자자한
맛집과 편안한

테마 여행

스페인의 음식, 세계 문화유산, 모더니즘 건축, 역사 있는 특별한 장소, 쇼핑과 축제까지 스페인에서만 경험할 수 있는 특별한 테마를 소개한다.

여행 정보

여행 전 정보 수집 방법부터 효율적인 일정 짜기, 유레일 패스와 교통 정보까지 여행 전 알아 두면 유용한 정보들을 담았다.

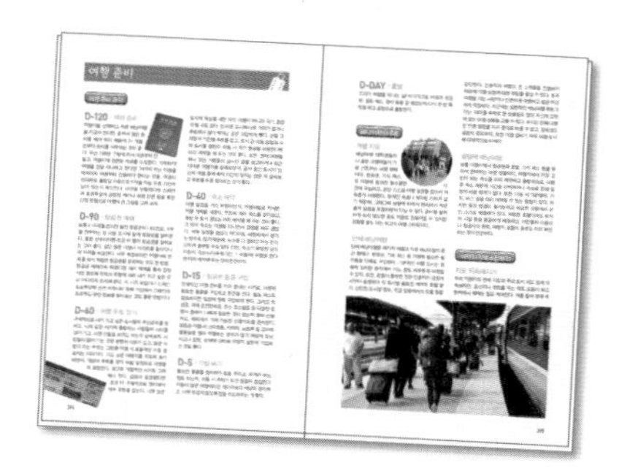

찾아보기

이 책에 소개된 관광 명소, 레스토랑, 숙소 등을 이름만 알아도 쉽게 찾아볼 수 있도록 정리해 놓았다.

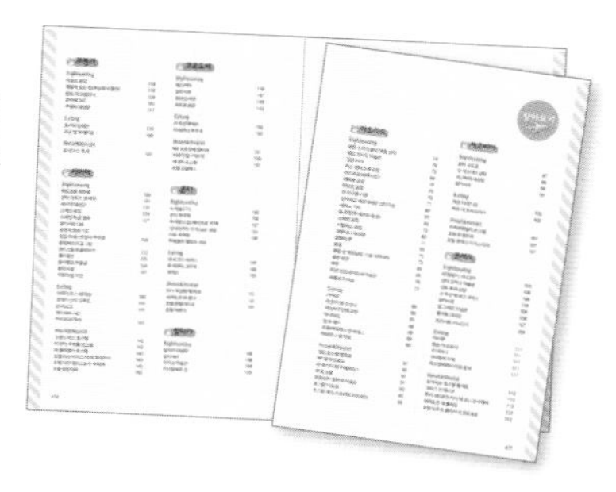

Notice! 현지의 최신 정보를 자세하고 정확하게 담고자 하였으나 현지 사정에 따라 정보가 예고 없이 변동될 수 있습니다. 특히 요금이나 시간 등의 정보는 시기별로 다른 경우가 많으므로, 안내된 자료를 참고 기준으로 삼아 여행 전 미리 확인하시기 바랍니다.

Contents

미리 만나는 스페인*포르투갈

추천 코스

지역 여행

스페인

PORTO
KOPKE

여행정보

톡톡 스페인*포르투갈 이야기

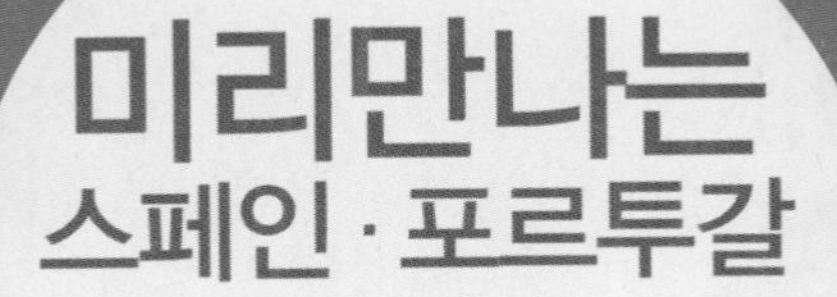

- 놓칠 수 없는 핫한 그곳 **Must Go**
- 여행의 즐거움이 두 배 **Must Do**
- 여행 속 달콤한 유혹 **Must Eat**
- 여행을 기념하는 특별한 방법 **Must Buy**

놓칠 수 없는 핫한 그곳 Must Go

스페인과 포르투갈이 자리하고 있는 이베리아 반도는 세계에서 가장 많은 유네스코 세계 문화유산과 세계 자연유산을 보유하고 있는 곳답게 역사적, 풍경적으로 볼거리가 가득하다. 과거와 현재, 미래가 공존하는 스페인과 포르투갈에서 그냥 지나치면 아쉬울 볼거리를 소개한다.

바르셀로나

천재 건축가 가우디의 작품들

카탈루냐 모더니즘을 대표하는 천재 건축가 가우디의 작품은 바르셀로나를 방문했다면 절대 놓치지 말아야 할 가장 중요한 랜드마크이다. 많은 건축물 중에서도 사그라다 파밀리아 성당, 구엘 공원, 카사 밀라, 카사 바트요는 가우디의 작품을 넘어서 바르셀로나를 대표하는 랜드마크이기도 하다.

마드리드

프라도 미술관

미국 뉴욕의 메트로폴리탄 미술관, 러시아 상트페테르부르크의 에르미타주 미술관과 함께 세계 3대 미술관으로 손꼽히고 있는 마드리드의 프라도 미술관은 '스페인 회화의 보고', '유럽 미술사의 보고'라고 불린다. 프라도에서 빼놓을 수 없는 3대 거장 엘 그레코, 벨라스케스, 고야의 전시관은 꼭 가 보도록 하자. 그 외에 티치아노, 루벤스, 리베라, 무리요, 수르바란의 작품들도 볼 만하다.

그라나다

알암브라 성

기독교와 이슬람 양식을 절묘하게 융합해 건축한 궁전으로, 세계에서 가장 아름다운 건축물 중 하나로 손꼽힌다. 노을이 질 때 알바이신 지구 산 니콜라스 전망대에서 바라보는 알암브라 성의 석양과 야경은 알암브라 성을 둘러보는 필수 코스!

세비야

대성당

바티칸 시국의 성 베드로 대성당(르네상스 양식), 영국 런던의 세인트 폴 대성당(네오르네상스 양식) 다음으로 전 세계에서 세 번째로 큰 성당으로 고딕 양식 성당 중에는 세비야 대성당이 가장 크다. 대성당 안에는 스페인 4대 왕국이었던 카스티야, 레온, 나바라, 아라곤 왕들이 짊어진 콜럼버스의 묘가 있다. 레온 왕의 발을 만지면 사랑하는 사람과 세비야에 다시 온다는 속설과 카스티야 왕의 발을 만지면 부자가 된다는 속설이 전해진다.

톨레도

구시가

소코도베르 광장에서 출발하는 미니 기차 소코트렌(Zocotren)이나 택시를 타고 톨레도 파라도르가 위치해 있는 남쪽 언덕에 오르면 중세 도시 모습 그대로를 간직한 톨레도의 구시가지와 구시가를 감싸며 흐르는 타호강을 한눈에 바라볼 수 있다.

몬세라트

검은 성모상

나무로 만들어진 작은 성모상은 특이하게도 검은 피부를 가지고 있으며, 치유의 능력이 있다고 전해지는 카탈루냐의 수호성인이다. 검은 성모상은 유리로 보호되고 있지만 오른손에 들고 있는 공은 오픈되어 있어 이곳을 만지며 기도하거나 소원을 빈다.

발렌시아

예술과 과학 단지

발렌시아의 가장 큰 사업으로 진행되었던 미래형 단지인 예술과 과학 단지는 발렌시아를 뛰어넘어 스페인을 대표하는 예술 도시로 부상하고 있는 중이다. 특히 자동차 광고의 배경으로 많이 나오는 장소이며 스페인에서 야경이 가장 아름다운 장소로 유명해지기 시작했다.

세고비아

로마 수도교

세고비아의 로마 수도교는 약 2000년이라는 역사를 간직하고 있는 세고비아에서 가장 오래된 건축물이다. 가장 완벽한 형태로 남아 있는 로마 시대 유적 중 하나로 당시의 건축을 잘 보여 준다. 2000년이라는 세월이 믿기지 않을 만큼 현재까지도 사용 가능하다고 하니 감탄사가 저절로 나온다.

포르투

동 루이스 1세 다리

이곳에서는 포르투 구시가와 빌라 노바데 가이아 지역을 동시에 바라볼 수 있다. 두 지역 모두 포르투갈의 고유한 매력이 느껴지는 분위기가 있다. 엄청나게 높은 철교 위를 바람을 이겨 내며 아슬아슬하게 통과하다 보면 스릴도 있다.

론다

협곡

론다는 '죽기 전에 꼭 한번 가 봐야 할 도시'로 알려진 만큼 자연이 주는 위대함을 그대로 느낄 수 있는 곳이다. 절벽 아래로 내려오면 협곡 위로 보이는 누에보 다리와 파라도르, 그리고 론다의 하얀 집들을 한 장의 사진으로 모두 담아낼 수 있다. 물론 직접 보는 감동을 모두 담을 수는 없지만.

피게레스

달리 미술관

달리의 나이 70세가 되던 해에 스페인 내전으로 폐허가 된 시립 극장을 달리와 그의 아내이자 뮤즈였던 갈라가 직접 보수하며 개축한 미술관이다. 작품에 그대로 나타나는 달리의 초현실적이고 엉뚱한 상상력에 감탄을 할 수 밖에 없다. 달리는 죽은 뒤 이곳에 잠들어 있다.

카보 다 로카

해안 절벽

유럽 대륙의 서쪽 끝, 땅끝 마을인 카보 다 로카는 절벽 위 등대와 함께 절벽 아래로 끝없이 밀려드는 파도가 인상적인 뷰를 선사한다. 눈을 감고 팔을 벌려 바람을 맞으면 모든 것에서 해방된 자유로운 느낌이 든다. 그래서일까, 자유를 상징하는 광고 촬영지로도 잘 알려져 있다. 관광 안내소에서는 유럽 대륙 최서단에 도착했다는 증명서를 유료로 발급해 준다.

바쁜 여행 일정 속에서 잠시 벗어나 여유롭게 여행지를 즐기는 시간을 가져 보자. 세계적으로 유명한 공연과 감탄이 절로 나오는 야경, 보고만 있어도 여유로워지는 풍경들, 버스와 지하철이 아닌 특별한 교통수단을 직접 느끼고 체험하는 여행이 어쩌면 진정한 여행인지도 모른다.

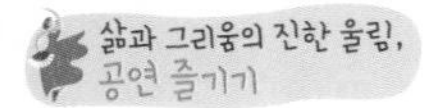

삶과 그리움의 진한 울림, 공연 즐기기

플라멩코

스페인 하면 가장 먼저 떠오르는 것 중 하나가 바로 '플라멩코'이다. 안달루시아 지방에서 집시들이 그들의 한을 춤으로 표현하면서 시작된 것으로 지금은 스페인 대도시에서는 쉽게 관람이 가능하다. 플라멩코의 매력에 한번 빠지면 자꾸 보고 싶어질지도 모른다.

파두

바다와 함께 한평생 살아가는 리스본 사람들의 삶과 그리움을 진한 울림으로 노래하는 포르투갈의 전통 민요인 파두는 리스본 알파마 지구에서 시작됐다. 리스본 파두와 코임브라 파두로 나뉘는데 리스본 파두는 여성 가수가 많다면 코임브라 파두는 코임브라 대학에서 시작된 파두여서 남학생들로 이루어져 있다. 리스본 알파마 지구에는 파두 공연을 관람할 수 있는 '파두 하우스'들이 곳곳에 자리하고 있다.

기타 연주

기타는 스페인 공식 국가 악기로 지정되어 있을 만큼 스페인과는 떼어 놓을 수 없는 관계이다. 스페인 출신인 안드레 세고비아는 세계적으로 유명한 기타리스트이며 그의 이름을 딴 세고비아 기타는 지금은 부도가 나서 사라졌지만 클래식 기타로 큰 명성을 누리던 시절이 있었다. 플라멩코에서도 기타 연주는 빠질 수 없는 요소다. 마드리드나 바르셀로나에서는 기타 연주 공연도 놓치지 말자.

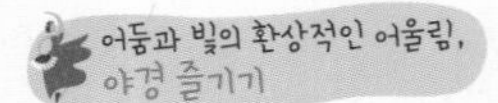

어둠과 빛의 환상적인 어울림,
야경 즐기기

포르투

세라 두 필라르 수도원 도우루강 전망대

세라 두 필라르 수도원에서 내려다보이는 동 루이스 1세 다리와 도우루강, 포르투 구시가지가 환상적인 야경을 선물해 준다.

세비야

메트로폴 파라솔

2011년 완공된 메트로폴 파라솔은 세비야의 프로젝트로 탄생하였다. 이곳에서 내려다보는 세비야 시내와 메트로폴 파라솔의 목재 건축물이 함께 어우러져 멋진 야경 포인트가 된다.

바르셀로나

분수쇼와 티비다보

바르셀로나 여행 중에 꼭 한번은 봐 줘야 하는 분수쇼는 미국 라스베이거스와 함께 세계적으로 손꼽히는 분수쇼다. 조명과 음악으로 화려함을 극대화시킨 바르셀로나의 특별한 야경 포인트이다. 티비다보는 바르셀로나를 가장 아름답게 바라볼 수 있는 또 다른 야경 명소!

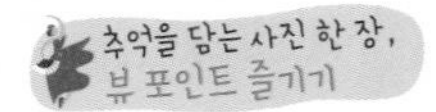

콘수에그라와 캄포 데 크립타나

풍차

돈키호테가 거인으로 착각하고 싸웠다던 풍차들이 이색적인 풍경을 만든다. 카메라 샘플 사진으로도 많이 볼 수 있는 콘수에그라와 캄포 데 크립타나의 하얀 풍차들은 사진 찍기를 좋아하는 사람이라면 누구나 담고 싶은 뷰이다.

쿠엥카

절벽 마을

쿠엥카 파라도르 앞 전망대에서 바라보는 아슬아슬 절벽 위의 쿠엥카 구시가지는 한 장의 사진보다 파노라마로 촬영하면 더욱 매력적인 모습을 담아낼 수 있을 것이다. 하늘과 맞닿은 듯한 절벽 마을은 중세 시대의 모습 그대로 남아 있어 마치 과거 속으로 초대된 듯하다.

베구르

구시가

마을과 언덕, 바다를 한눈에 담을 수 있는 베구르는 아직 잘 알려지지 않은 마을이지만 사진만으로도 찾아가고 싶은 생각이 절로 드는 매력적인 곳이다. 요새를 배경으로 해거나 요새에서 내려다보이는 풍경을 담거나 어느 곳에서든 멋진 사진을 찍을 수 있다.

미하스

하얀 마을

미하스는 어느 장소에 있느냐에 따라 다양한 피사체를 담을 수 있는 마을이다. 투우장에서 내려다보이는 하얀 집들과 아기자기함이 사랑스러운 골목길 등 발길 닿는 곳이 바로 미하스만의 특별한 뷰 포인트가 아닐까 싶다.

칼레야 데 팔라프루헬

해안과 마을

코스타 브라바의 휴양 도시로 푸른 바다와 해변은 그야말로 엽서에 나오는 한 장면 같다. 사진 한 장으로도 여유가 느껴지는 것이 다른 도시와는 또 다른 모습을 보여 준다.

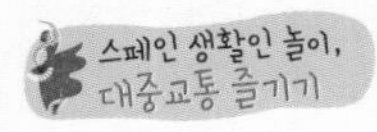

리스본

노란 트램

7개의 언덕이 자리한 리스본에서 시민들의 발이 되어 주는 노란 트램은 교통수단의 하나지만 리스본을 상징하는 대표 이미지이기도 하다. 생각보다 빠른 속도로 언덕을 오르락내리락하며 하다 보면 거친 승차감에 마치 놀이기구를 타는 듯한 기분이 들기도 한다. 리스본의 랜드마크를 지나가는 28E번 트램은 관광객들에게 가장 편리한 노선이다.

바르셀로나

케이블카

바르셀로나 시내와 몬주익 언덕을 이어 주는 케이블카에서는 바다 위를 지나는 아슬아슬함과 바르셀로나 시내를 한눈에 바라볼 수 있는 멋진 파노라마를 즐길 수 있다. 고소 공포증이 없다면 케이블카를 타고 몬주익 언덕으로 이동해 보자.

바르셀로나

블루 트램

티비다보 역에서 푸니쿨라 역까지 운행하고 있는 파란색 트램은 100년이 넘은 클래식 트램으로 비주얼만으로도 꼭 한번 타 보고 싶은 마음이 들게 한다. 7~8월을 제외한 나머지 기간에는 주말과 공휴일에만 운행하며, 여름철 성수기에는 매일 운행한다.

그라나다

미니 버스

그라나다의 좁은 골목을 지나가기 위해 보기에도 앙증맞은 미니 버스가 운행되고 있는데, 그중에서도 알바이신 지역을 도는 C1 버스를 타 보도록 하자. 버스는 건물과 건물 사이를 닿을 듯 말 듯 아슬아슬하게 지나가서 버스 안에 있어도 저절로 몸이 움츠러든다. 버스가 골목길을 지나갈 때면 길을 가던 사람들이 벽으로 달라붙어야 하는 상황도 웃음이 절로 나오게 한다.

여행 속 달콤한 유혹 Must Eat

스페인과 포르투갈의 매력 중 하나는 바로 음식이라고 해도 과언이 아닐 정도로 스페인과 포르투갈의 음식은 전 세계 많은 미식가들에게 사랑을 받고 있다. 각 지방의 기후와 전통이 더해져 특별한 전통 음식이 생겨났고, 그 음식들이 스페인과 포르투갈을 대표하는 음식으로 알려지면서 지금은 어느 지방을 가든 대부분의 음식을 맛볼 수 있다.

Tapas

타파스

스페인어로 'Tapar'는 '덮다'라는 뜻으로, 타파스는 작은 접시에 담아 주는 일종의 에피타이저 같은 음식이다. 남부 지방에서는 바다와 인접해 있기 때문에 해산물 튀김류의 타파스가 유명하고, 북부 지방에서는 이쑤시개를 꽂아 이쑤시개 개수만큼 가격을 받는 핀초스(Pintxos)가 유명하다.

Jamón

하몬

돼지고기 다리를 소금에 절여 말린 햄으로 레스토랑, 바, 마트 등 스페인 어디에서나 쉽게 볼 수 있는 스페인의 전통 음식이자 스페인 사람들이 좋아하는 최고 인기 메뉴이다.

Paella

파에야

스페인을 대표하는 음식으로 가장 잘 알려진 파에야는 쌀 농사를 많이 짓는 발렌시아 지방을 대표하는 음식이지만 지금은 스페인 어디를 가도 쉽게 맛볼 수 있는 음식이다. 지금은 지역 특색에 맞게 들어가는 재료들이 다양해졌고, 해산물이 들어간 파에야가 가장 많은 사랑을 받고 있다.

가공 식품도 있어요!

Churros

추로스

극장이나 놀이공원에서 흔히 맛볼 수 있는 간식인 추로스가 바로 스페인을 대표하는 음식 중 하나이다. 스페인 사람들은 초콜라떼와 밀가루 반죽을 막대 모양으로 튀겨 낸 추로스를 아침 식사 대용으로 먹을 만큼 추로스는 서민적인 음식이다.

Gazpacho

가스파초

안달루시아에서 여름철에 즐겨 먹는 전통 음식으로, 덥고 건조한 날씨 때문에 일반 가정에서도 쉽게 만들어 먹는 차가운 토마토 수프라고 생각하면 된다. 토마토와 양파, 오이 등을 갈아서 마늘과 식초, 소금으로 간을 맞춘 후 냉장고에 넣어 두고 차갑게 해서 먹는 음식이다.

Tortilla

토르티야

토르티야는 감자와 시금치, 양파, 버섯 등 원하는 재료를 넣고 두껍게 만드는 스페인식 오믈렛이다. 그중에서도 스페인 사람들이 가장 즐겨 먹는 토르티야는 토르티야 파타타(Tortillas Patata)로 감자가 들어간 오믈렛이다.

Pan con Tomate

판 콘 토마테와 판 콘 아호

구운 바게트 위에 으깬 토마토와 올리브오일, 소금을 뿌려서 먹는 음식을 판 콘 토마테라 한다. 카탈루냐 사람들이 많이 먹는 음식 중 하나. 잦은 전쟁으로 빵이 마르지 않게 하기 위해 만들어진 음식으로 겉은 바삭하면서 속은 촉촉해서 카탈루냐 지방에서는 식전 빵으로도 많이 먹는다. 토마토 외에 마늘을 사용한 판 콘 아호(Pan con Ajo)도 있다.

Pastel de Nata

파스텔 데 나타 (에그타르트)

'에그타르트' 하면 떠오르는 곳이 마카오겠지만 마카오의 에그타르트 역시 포르투갈이 원조라는 사실! 패스추리 위에 부드러운 달걀 노른자 크림을 올려 구워 낸 파이로, 바삭하면서도 부드러운 맛이 특징이다. 세상에서 가장 맛있는 에그타르트 전문점은 리스본 벨렝 지구에 가면 만날 수 있다.

Bacalhau

바깔라우

포르투갈 사람들이 가장 많이 먹는 음식 중 하나가 바로 생선 '대구'를 이용한 음식이다. 그냥 대구가 아닌 소금에 절인 대구를 가지고 다양한 레시피로 만들어 먹는다. 소금에 절여 짠맛이 강해서 싱거운 음식을 좋아하는 사람들은 입맛에 맞지 않을 수도 있다.

Bocadillo

보카디요

바게트 빵이나 이탈리아 빵인 차바타(치아바타)에 원하는 재료를 넣어서 먹는 스페인식 샌드위치이다. 속에 넣어 먹는 재료는 정말 다양한데, 하몬, 훈제 연어, 베이컨, 토르티아 파타타, 삶은 달걀, 참치, 야채, 올리브 등이 가장 흔하게 맛볼 수 있는 재료이다.

Chorizo

초리소

이베리아 반도에서 키운 돼지고기와 파프리카를 갈아서 창자 안에 넣어 만든 소시지로 우리나라의 순대와 비슷하다고 보면 된다. 스페인식 초리소는 훈제를 하거나 소금에 절여 소시지처럼 슬라이스해서 맥주 안주로 즐겨 먹는다. 마트나 시장에서 쉽게 구입할 수 있다.

Arroz de Polvo

아로스 데 폴부

포르투갈은 문어 요리가 유명한데 그중에서도 가장 유명한 요리는 '문어밥'이라는 요리인데 문어 국밥 정도라고 생각하면 된다. 포르투갈 음식을 전문으로 하는 레스토랑에서는 기본적으로 맛볼 수 있으며 문어뿐만 아니라 싱싱한 해산물이 들어간 '해물 국밥'도 포르투갈 사람들이 즐겨 먹는 음식 중 하나이다.

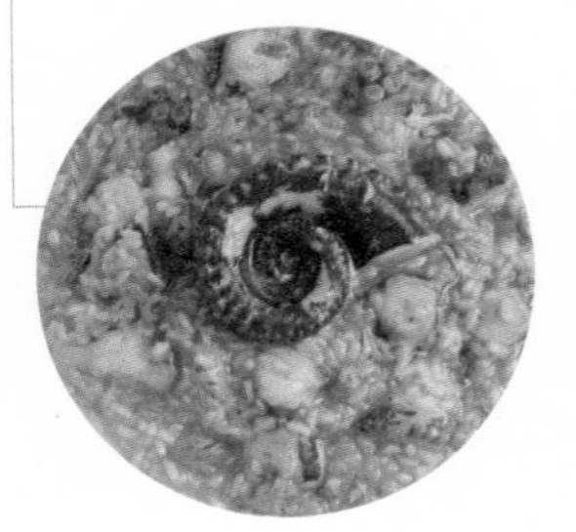

Pulpoa la gallega

폴포 아 라 가예가

두드려서 부드럽게 만든 문어를 슬라이스로 썬 다음 그릴에 굽거나 기름에 볶은 후 익힌 감자를 함께 접시에 담아 소금과 파프리카 가루를 뿌려서 내는 갈라시아 지방의 전통 음식이다. 지역마다 폴포 아 라 가예가를 전문으로 하는 레스토랑이나 바르가 많이 생겨나고 있다.

포르투갈스러운 음식

PriPri Chicken

피리피리 치킨

포르투갈 고추인 피리피리로 만든 소스를 발라 구운 피리피리 치킨은 만드는 과정은 우리나라 전기식 통구이 치킨과 비슷하다. 피리피리 치킨은 전 세계에서 맛볼 수 있는 가장 포르투갈스러운 음식으로 손꼽히고 있다.

여행을 기념하는
특별한 방법
Must Buy

스페인은 어느 하나의 품목을 특정 짓지 않고 다양한 제품을 구입할 수 있는, 유럽에서도 쇼핑 강국으로 손꼽히는 나라이다. 음식, 패션, 화장품, 주얼리까지 미리 알아 두면 도움이 되는 쇼핑 아이템을 살펴보자.

올리브 제품

스페인은 세계 최대의 올리브오일 생산국이며, 전 세계에서 소비하는 올리브오일의 절반 이상을 담당하고 있는 만큼 올리브로 만들어진 품질 좋은 제품들을 저렴한 가격에 구입할 수 있다. 올리브로 만들어진 제품만 따로 판매하는 올리브 전문 매장도 있으며, 마트에서도 쉽게 구할 수 있는 올리브 제품은 스페인 쇼핑의 1순위 아이템이다.

패션 아이템

스페인 쇼핑에서 빼놓을 수 없는 것이 바로 패션 관련 제품들이다. 전 세계적으로 유명한 스페인 브랜드를 현지에서 저렴한 가격에 구입할 수 있고, 쉽게 구할 수 없는 디자인의 제품들도 더 다양하게 구입할 수 있는 장점이 있다. 토스, 로에베, 알파르가테라 신발, 아바카스 샌들 등이 유명하다.

마요리카 모조 진주

마요리카(MAJORICA)는 스페인의 유명한 모조 진주 브랜드로, 스페인 최대의 섬인 마요르카에서 만들어지고 있다. 백화점이나 기념품 가게 등 어디서든 쉽게 눈에 들어오는데 매장마다 판매하고 있는 디자인이 조금씩 다르다. 모조 진주지만 퀄리티가 우수하고 가격도 저렴해서 특히 신혼부부들이 부모님 선물로 가장 선호하는 아이템이기도 하다.

캄페르 CAMPER

영어 발음인 '캠퍼'로 잘 알려진 스페인 신발 브랜드 캄페르는 우리나라보다 판매 가격이 저렴해서 스페인 쇼핑 목록에서 절대 빼놓을 수 없는 아이템이다. 스페인 백화점에서 외국인 할인과 텍스 리펀드까지 동시에 받을 수 있으니 일반 매장보다는 백화점을 잘 활용해 보는 것이 좋다.

바이빠세 클렌징 워터

바이빠세(BYPHASSE)는 스페인 기초 화장품 브랜드로, 바이빠세의 클렌징 워터가 유럽을 넘어서 일본 뷰티 프로그램에서 클렌징 워터 부문 1위를 차지하면서 우리나라에도 급속도로 알려지게 되었다. 동시에 연예인들이 사용하는 클렌징 워터로도 소문이 나면서 핫 아이템이 된 제품이다. 스페인 뷰티 숍에서 쉽게 구입할 수 있으며 가격도 저렴해서 선물용으로 인기가 높다.

와인

전 세계 와인 생산량에서 3위를 차지할 정도로 다양한 종류의 와인을 생산하고 있는 스페인에서 와인을 빼놓으면 섭섭하다. 마트에서도 좋은 와인을 저렴한 가격에 구입할 수 있는 곳이 바로 스페인이다. 포트 와인은 포르투갈을 대표하는 와인이자 쇼핑 순위 1위에 빛날 만큼 유명한 제품이다.

카카올라트

바르셀로나 라발 지구에 있는 카페인 '그란하 에메 비아데르'에서 우유와 카카오 가루를 처음으로 섞어서 만든 카카올라트는 스페인 마트에 가면 쉽게 볼 수 있는 유제품이다. 얼핏 보면 병 디자인이 코카콜라와 흡사하다. 진한 코코아의 부드러운 맛은 아이들부터 어른들까지 누구나 좋아한다.

꿀과 꿀 국화차

스페인에서는 마트에서 판매하는 저렴한 꿀조차 100% 벌꿀로 만들어지고 있기 때문에 진짜 꿀인지 아닌지 고민할 필요가 없다. 우리나라 여행객들이 한번 왔다 가면 싹쓸이한다는 꿀 국화차 또한 스페인 쇼핑에서 빠지지 않는 제품으로, 만자니야(Manzanilla)가 유명하다. '꿀'을 뜻하는 'Miel'이 적힌 차들 중 'Savor Miel'은 '꿀맛'을 뜻하고, 'Con Miel'은 '꿀 함유'를 뜻하니 구입할 때 'Manzanilla Con Miel'이라고 쓰여 있는 차를 구입하면 된다.

짧게는 일주일, 길게는 한 달이라는 기간 동안
스페인과 포르투갈을 알차게 돌아볼 수 있는 추천 코스를 소개한다.
단기, 중기, 장기 여행 일정에 따라 구분하여 정리한 만큼
자신의 여행 일 수와 가고자 하는 여행지를 결정한 후
소개된 일정을 참고하여 여행 계획을 세워 보자.
각자의 여행 스케줄과 스타일에 따라 일정을 거꾸로 따라 가거나,
변형해도 상관없다. 여행은 오롯이 나를 위한 시간이어야 하니까.
일정이 정해지고, 몸과 마음이 이미 떠날 준비를 마쳤다면
자, 이제 여행을 시작하자.

추천코스

- 신혼여행 카탈루냐 7일
- 마드리드 9일 코스
- 바르셀로나 9일 코스
- 바르셀로나 + 마드리드 9일
- 마드리드 + 안달루시아 9일
- 바르셀로나 + 안달루시아 9일
- 마드리드 + 포르투갈 9일
- 포르투갈 9일 코스
- 스페인 14일 코스
- 포르투갈 14일 코스
- 스페인 + 포르투갈 14일
- 스페인 21일 코스
- 스페인 + 포르투갈 21일
- 스페인 30일 코스

신혼여행 카탈루냐 7일

신혼여행 시 가장 추천할 만한 일정이다. 비행기를 타고 왕복하는 시간을 빼면 여행할 수 있는 시간은 5일에 불과하기 때문에 많은 도시를 돌아보는 것보다 두 도시 정도의 일정이 무난하다. 칼레야 데 팔라프루헬과 베구르는 사진 찍기 좋은 아름다운 도시라 적극 추천한다. 단, 겨울이라면 바르셀로나에서 가까운 마요르카 섬을 추천한다.

일자	이동 루트	숙박 도시	교통수단	이동 시간
1일	한국 ➡ 바르셀로나	바르셀로나1박	비행기	13시간 이상(경유 시간에 따라 이동 시간이 다름)
2일	바르셀로나	바르셀로나2박		
3일	바르셀로나 ➡ 칼레야 데 팔라프루헬	칼레야 데 팔라프루헬 1박	버스 (경유)	2시간 15분 + 15분
4일	칼레야 데 팔라프루헬 ➡ 베구르 ➡ 바르셀로나	바르셀로나 1박	버스 (경유)	30분 / 2시간 30분
5일	바르셀로나	바르셀로나 2박		
6일	바르셀로나 ➡ 한국	기내 1박	비행기	12시간 이상(경유 시간에 따라 이동 시간이 다름)
7일	한국			

바르셀로나에서 칼레야 데 팔라프루헬로 이동 시 팔라프루헬 터미널에서 1회 경유해야 한다. 마찬가지로 칼레야 데 팔라프루헬에서 베구르로 이동 시 팔라프루헬 터미널에서 베구르행 버스로 갈아타야 한다.

여행 Point

- 짧은 일정인 만큼 숙소는 미리 예약하고 간다.
- 바르셀로나는 가우디의 도시로 대표되는 곳이다. 가우디에 대해 제대로 알고 싶다면 현지 한국어 가이드 투어를 예약해 보자.
- 쇼핑도 빼놓을 수 없는 여행의 재미! 일요일은 대부분의 상점이 문을 닫으니 쇼핑은 일요일을 피해서 하는 것이 좋다. (포트 벨에 있는 마레마그넘은 바르셀로나에서 유일하게 일요일에 오픈)

마드리드 9일 코스

연휴나 휴가를 이용해 여행을 떠나는 직장인들을 위한 알찬 일정이다. 가고 싶은 지역을 먼저 선택한 다음 그 지역의 희망 여행지를 정리해 일정을 계획해 보는 것도 좋은 방법이다. 마드리드의 하이라이트는 미술관 관람이다. 프라도 미술관과 소피아 미술관 등을 관람하고, 마드리드 근교에 위치한 중세 도시들을 방문해 보도록 하자.

일자	이동 루트	숙박 도시	교통수단	이동 시간
1일	한국 ➡ 마드리드	마드리드 1박	비행기	14시간
2일	마드리드	마드리드 2박		
3일	마드리드	마드리드 3박		
4일	마드리드 근교 ⬌ 톨레도	마드리드 4박	버스	50분
5일	마드리드 근교 ⬌ 코르도바	마드리드 5박	기차(AVE)	1시간 42분
6일	마드리드 ⬌ 세고비아 또는 쿠엥카	마드리드 6박	버스 / 기차	1시간 15분 / 50분~2시간
7일	마드리드	마드리드 7박		
8일	마드리드 ➡ 한국	기내 1박	비행기	12시간
9일	한국			

교통 Tip

① 마드리드와 바르셀로나는 스페인과 포르투갈을 통틀어 대한 항공 직항편이 들어가는 도시로 여러모로 직항편을 이용하는 것이 좋지만 조금이라도 저렴한 항공권을 이용하고 싶다면, 유럽 항공사들과 터키 항공, 러시아 항공 등 경유 항공편을 이동해도 된다.

② 코르도바는 초고속 열차 AVE를 타고 이동해야 하므로 사전에 예매해 두는 것이 좋다. 성수기가 아니거나 미처 예매를 하지 못했다면 마드리드의 어느 기차역에서든 티켓 구입이 가능하다.

마드리드에서 미술관 관람 위주로 여행을 즐기고 싶다면 프라도 미술관, 소피아 미술관, 티센 미술관 등 세 곳의 미술관을 통합으로 입장할 수 있는 통합권을 구입하도록 하자. (Paseo del Arte Ticket : €28)

바르셀로나 9일 코스

스페인 최고의 예술가들을 만나는 여행이다. 바르셀로나에서는 가우디와 피카소를, 피게레스에서는 달리를 만날 수 있다. 가우디가 많은 영감을 얻었다는 곳, 몬세라트까지 돌아보는 알찬 코스이다. 조금 더 욕심을 부린다면 바르셀로나 근교의 해안 마을로, 〈파라다이스〉라는 샤갈 작품의 배경이 된 토사 데 마르도 갈 수 있다.

일자	이동 루트	숙박 도시	교통수단	이동 시간
1일	한국 ➡ 바르셀로나	바르셀로나 1박	비행기	13시간 이상(경유 시간에 따라 이동 시간이 다름)
2일	바르셀로나	바르셀로나 2박		
3일	바르셀로나	바르셀로나 3박		
4일	바르셀로나 ➡ 히로나 ➡ 피게레스	피게레스 1박	기차 기차	1시간 40분
5일	피게레스 ➡ 바르셀로나	바르셀로나 1박	버스 or 기차	2시간 30분 1시간 50분
6일	바르셀로나 ⬌ 몬세라트	바르셀로나 2박	기차(FGC)+케이블카 or 기차(FGC)+산악기차	1시간 10분 1시간 20분
7일	바르셀로나	바르셀로나 3박	비행기	12시간 이상(경유 시간에 따라 이동시간이 다름)
8일	바르셀로나 ➡ 한국	기내 1박		
9일	한국			

교통 Tip

근교 도시로 이동 시 버스보다 기차를 추천한다. 버스는 하루에 편수가 많지 않은 반면 기차는 바르셀로나에서 피게레스까지 편수가 많기 때문에 기차 이동이 편리하다.

- 몬세라트에도 한국어 가이드 투어가 있다. 자유롭게 트레킹을 즐기고 싶거나 여러 사람과 함께 다니는 것이 번잡하게 느껴진다면 필수는 아니지만, 아는 것이 힘! 몬세라트에 대해 제대로 알고 싶다면 투어를 이용해 볼 것.
- 바르셀로나와 히로나는 맛있고 다양한 음식을 즐길 수 있어 미식가들에게 사랑 받는 도시이다. 본인의 기호에 맞게 유명한 음식과 음식점을 미리 조사해 가는 것도 좋은 방법!

바르셀로나 + 마드리드 9일

스페인을 대표하는 두 도시를 여행하는 핵심 일정으로 바르셀로나는 스페인 관광의 중심이고, 마드리드는 스페인 정치와 경제의 중심이다. 두 도시 모두 역사와 전통이 살아 있는 곳인 동시에 가장 현대적인 관광지이기도 하다. 스페인에서 쇼핑하면 빼놓을 수 없는 대표적인 곳도 바로 바르셀로나와 마드리드! 패션 아이템의 선두 주자인 대표 스파 브랜드가 스페인에서 시작되었다.

일차	이동 루트	숙박 도시	교통수단	이동 시간
1일	한국 ➡ 바르셀로나	바르셀로나 1박	비행기	13시간 이상(경유 시간에 따라 이동 시간 다름)
2일	바르셀로나	바르셀로나 2박		
3일	바르셀로나 ⬌ 몬세라트	바르셀로나 3박	기차(FGC)+케이블카 or 기차(FGC)+산악기차	1시간 10분 1시간 20분
4일	바르셀로나	바르셀로나 4박		
5일	바르셀로나 ➡ 마드리드	마드리드 1박	저가 항공 or 기차(AVE)	1시간 15분 2시간 30분
6일	마드리드	마드리드 2박		
7일	마드리드	마드리드 3박		
8일	마드리드 ➡ 한국	기내 1박	비행기	12시간
9일	한국			

바르셀로나에서 마드리드로 이동 시 저가 항공과 초고속 열차인 AVE를 이용할 수 있는데 이동 시간은 저가 항공이 빠르지만 공항 이동 시간과 대기 시간을 생각하면 기차가 더 나을 수도 있다.

- 마드리드의 상점은 일요일에도 문을 여는 곳이 많다.
- 백화점 쇼핑을 원한다면 바르셀로나에 도착해서 바로 백화점 관광객 카드를 미리 만들어 놓자.

마드리드 + 안달루시아 9일

마드리드와 안달루시아 지방을 돌아보는 핵심 일정으로 스페인 전형의 거대 왕궁과 옛 이슬람 왕국의 흔적들을 따라 가 보자. 카스티야 왕국의 국토 회복 운동과 탐험가 콜럼버스의 흔적을 짚어 볼 수 있다. 세비야 대성당 안의 콜럼버스 무덤을 보고, 신대륙 발견에 대한 그의 열망을 느껴 보자.

일자	이동 루트	숙박 도시	교통수단	이동 시간
1일	한국 ➡ 마드리드	마드리드 1박	비행기	14시간
2일	마드리드 ➡ 그라나다	그라나다 1박	저가 항공 or 기차(AVE) or 버스	1시간 5분 4시간 25분 4시간 30분
3일	그라나다 ➡ 세비야	세비야 1박	버스	3시간
4일	세비야	세비야 2박		
5일	세비야 ➡ 코르도바 ➡ 마드리드	마드리드 1박	기차((AVE) or 버스 / 기차(AVE)	45분, 2시간 / 1시간 45분
6일	마드리드	마드리드 2박		
7일	마드리드	마드리드 3박		
8일	마드리드 ➡ 한국	기내 1박	비행기	12시간
9일	한국			

교통 Tip

❶ 대한 항공 직항편 추천하지만 저렴한 항공권을 원한다면 1회 경유하는 유럽 항공사나 터키 항공, 러시아 항공을 이용하도록 하자.

❷ 세비야에서 코르도바로 이동 시 여행 경비가 여유 있다면 기차를 타고 이동하는 것이 좋지만 절약이 필요하다면 버스로 이동하는 것도 나쁘지 않다.

❸ 코르도바를 일정에서 제외한다면 세비야에서 마드리드로 초고속 열차 AVE를 타고 한 번에 이동 가능하다.

- 그라나다 알암브라 성 입장권은 미리 예약하는 것이 좋다. 인터넷 사이트 또는 현지 은행에서 티켓을 미리 구입할 수 있다. 만약 미리 구입하지 못했다면 기념품 가게 옆에 있는 티켓 발매기를 이용하자. 티켓 창구에서 줄을 서지 않고 좀 더 빠르게 티켓을 구입할 수 있다.
- 그라나다 까사꼰띠고 민박에서 한국어로 진행하는 가이드 투어가 있다. 그라나다를 더욱 알차게 여행하고 싶다면 가이드 투어 예약은 필수! (까사꼰띠고 투어 : 알암브라 성 투어, 알바이신 플라멩코 야경 투어, cafe.naver.com/casacontigo)
- 여행 중 플라멩코 관람 계획이 있다면 세비야나 그라나다에서 관람하자.

바르셀로나 + 안달루시아 9일

바르셀로나와 안달루시아 지방을 돌아보는 핵심 일정으로 바르셀로나의 여행 일정이 조금 아쉽지만 최대한 일찍 서둘러 일정을 시작한다면 충분히 만족스러운 여행이 될 것이다. 9일 동안 스페인을 여행하는 일정 중에 가장 추천할 만한 코스로, 바르셀로나와 그라나다, 세비야 등 스페인 주요 도시의 하이라이트라 할 수 있다.

일자	이동 루트	숙박 도시	교통수단	이동 시간
1일	한국 ➡ 바르셀로나	바르셀로나 1박	비행기	13시간 이상(경유 시간에 따라 이동 시간 다름)
2일	바르셀로나	바르셀로나 2박		
3일	바르셀로나	바르셀로나 3박		
4일	바르셀로나 ➡ 그라나다	그라나다 1박	저가 항공	1시간 25분
5일	그라나다 ➡ 세비야	세비야 1박	버스	3시간
6일	세비야	세비야 2박		
7일	세비야 ➡ 바르셀로나	바르셀로나 1박	저가 항공	1시간 50분
8일	바르셀로나 ➡ 한국	기내 1박		12시간 이상(경유 시간에 따라 이동 시간 다름)
9일	한국			

교통 Tip

바르셀로나에서 그라나다로 이동하는 교통편은 저가 항공과 야간 기차가 있는데 짧은 일정 중에는 야간 기차로의 이동은 추천하지 않는다. 바르셀로나에서 그라나다로 가는 저가 항공은 이른 시간에 있기 때문에 하루 일정 계획에도 무리가 없다.

여행 Point

- 안달루시아 지방은 타파스의 고향인 만큼 마음껏 다양한 타파스를 즐기자. 특히 그라나다의 경우 맥주 한 잔을 주문하면 타파스가 무료로 제공되는 곳이 많다.

마드리드 + 포르투갈 9일

짧은 일정 동안 스페인과 포르투갈 두 나라를 모두 경험하고 싶은 이들에게 추천하는 일정이다. 각각 다른 분위기의 도시들을 두루 느껴 보고 싶다면 이 일정대로 준비해 보자. 현대적인 분위기의 마드리드와 소박한 포르투갈의 도시들을 비교해 볼 수 있는 이색적인 여행이 될 것이다.

일차	이동 루트	숙박 도시	교통수단	이동 시간
1일	한국 ➡ 마드리드	마드리드 1박	비행기	14시간 이상(경유 시간에 따라 이동 시간 다름)
2일	마드리드	마드리드 2박		
3일	마드리드	마드리드 3박		
4일	마드리드 ➡ 포르투	포르투 1박	저가 항공	1시간 15분
5일	포르투	포르투 2박		
6일	포르투 ➡ 리스본	리스본 1박	기차 or 버스	2시간 45분 3시간 30분
7일	리스본	리스본 2박		
8일	리스본 ➡ 한국	기내 1박		13시간 이상 (경유 시간에 따라 이동 시간 다름)
9일	한국			

교통 Tip

❶ 마드리드는 직항이 있지만 포르투갈은 우리나라에서 직항이 없기 때문에 항공편 일정을 잡을 때 유럽 항공사를 통해 항공편을 예약하는 것이 다양한 스케줄을 확보할 수 있다.

❷ 마드리드에서 포르투로 가는 교통편은 저가 항공과 야간 버스가 있지만 버스의 경우는 살라망카를 지나 포르투로 들어가는 여정으로 거의 반나절 이상 걸리기 때문에 저가 항공을 이용해서 이동하는 것을 추천한다.

❸ 포르투에서 리스본으로 이동하는 교통편은 기차가 가장 빠르고 도착 후 시내로의 접근성도 기차역이 가장 좋다.

- 마드리드에서 포르투로 가는 저가 항공은 미리 예약해 두는 것이 좋다. 저가 항공의 경우에 수하물의 무게에 따라 가격이 추가되는 경우도 있는 만큼 티켓 예약 시 수하물 관련 규정을 꼼꼼하게 따져 보는 것이 중요하다.
- 포르투는 포트 와인의 생산지이다. 포트 와인 저장 창고가 밀집되어 있는 빌라 노바 데 가이아의 와인 창고에 방문해 포트 와인을 시음해 보자.

포르투갈 9일 코스

포르투갈 여행의 핵심 코스로 긴 시간을 낼 수 없는 직장인들에게 가장 추천하는 일정이다. 짧은 시간 동안 포르투갈의 다양한 매력을 충분히 소화할 수 있는 코스이기도 하다. 영국의 시인 바이런이 에덴의 동산이라 불렀다는 신트라와 유럽의 최서단 카보 다 로카는 포르투갈 여행의 꽃이라 할 수 있다.

일자	이동 루트	숙박 도시	교통수단	이동 시간
1일	한국 ➡ 리스본	리스본 1박	비행기	15시간 이상(경유 시간에 따라 이동 시간 다름)
2일	리스본	리스본 2박		
3일	리스본 ⬌ 신트라 → 카보 다 로카 → 카스카이스	리스본 3박	리스본 → 신트라 국철 신트라 → 카보 다 로카 버스 카보 다 로카 → 카스카이스 버스 / 카스카이스 → 리스본 국철	40분 30분 30분 35분
4일	리스본 ➡ 나자레	나자레 1박	버스	1시간 45분
5일	나자레 ➡ 포르투	포르투 1박	버스	3시간 15분
6일	포르투	포르투 2박		
7일	포르투 ➡ 리스본	리스본 1박	저가 항공 or 기차 or 버스	55분 2시간 45분 3시간 30분
8일	리스본 ➡ 한국	기내 1박	비행기	13시간 이상(경유 시간에 따라 이동 시간 다름)
9일	한국			

교통 Tip

❶ 포르투갈은 직항이 없어 1회 경유하는 유럽 항공사를 통해 인 아웃이 가능하다.

❷ 리스본 카드가 있다면 리스본~신트라와 리스본~카스카이스로 연결되는 국철 구간은 리스본 카드로 탑승할 수 있다.

> 리스본 일정을 여행 후반에 2박으로 잡아도 상관없다. 만약 일정 마지막에 쇼핑을 즐기고 싶다면 리스본 일정을 뒤로 길게 잡는 것이 좋을 것이다.

스페인 14일 코스

스페인 14일 일정은 스페인의 주요 도시들을 충분히 돌아볼 수 있는 시간이다. 9일 일정에 비해 조금 여유롭게 스페인에서 꼭 봐야 할 도시들을 알차게 여행하고 즐길 수 있다. 카탈루냐, 안달루시아, 카스티야 지방의 가장 중요한 도시들을 두루 방문하는 여행인 만큼 각 지방의 특색을 경험하는 여행이 될 것이다.

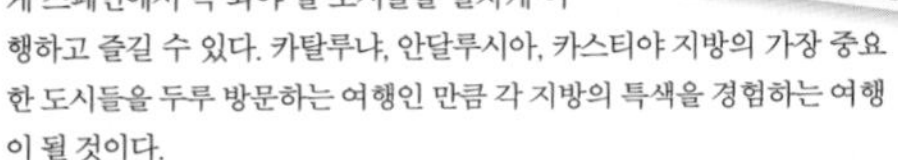

일자	이동 루트	숙박 도시	교통수단	이동 시간
1일	한국 ➡ 바르셀로나	바르셀로나 1박	비행기	13시간 이상(경유 시간에 따라 이동 시간 다름)
2일	바르셀로나	바르셀로나 2박		
3일	바르셀로나	바르셀로나 3박		
4일	바르셀로나 ⬌ 몬세라트	바르셀로나 4박	FGC + 케이블카 or FGC + 산악기차	1시간 10분 1시간 20분
5일	바르셀로나 ➡ 그라나다	그라나다 1박	저가 항공	1시간 25분
6일	그라나다	그라나다 2박		
7일	그라나다 ➡ 론다	론다 1박	기차	2시간 30분
8일	론다 ➡ 세비야	세비야 1박	버스	2시간 30분
9일	세비야	세비야 2박		
10일	세비야 ➡ 코르도바 ➡ 마드리드	마드리드 1박	기차(AVE) or 버스 / 기차 (AVE)	45분, 2시간 / 1시간 45분
11일	마드리드	마드리드 2박		
12일	마드리드	마드리드 3박		
13일	마드리드 ➡ 한국	기내 1박	비행기	12시간
14일	한국			

교통 Tip

여러 도시를 알차게 둘러보려면 1회 경유를 하더라도 인 아웃이 자유로운 유럽 항공사나 터키 항공사, 러시아 항공사 등을 이용하는 것이 일정 짜기가 좀 더 수월하다. 바르셀로나와 마드리드 두 도시 모두 대한항공 직항이 운항하기 때문에 인, 아웃 순서를 바꿔도 상관없다.

여행 Point

- 론다에서 숙박 시 스페인 국영 호텔인 파라도르를 이용하는 것도 좋은 경험이다. 예약 시 전망이 좋은 룸을 선택하여 예약한다.
- 코르도바 일정을 빼고 마드리드에서 다른 근교 도시 한 곳을 추가하는 일정도 좋다.

포르투갈14일 코스

여유롭게 포르투갈의 여러 도시를 경험할 수 있다. 포르투는 포르투갈에서 가장 머물고 싶은 도시, 유럽인들이 가장 가보고 싶어 하는 도시로 손꼽힌다. 포르투의 매력적인 곳들을 여유 있게 눈으로 마음으로 담아 오는 것이 여행의 포인트!

일자	이동 루트	숙박 도시	교통수단	이동 시간
1일	한국 ➡ 리스본	리스본 1박	비행기	15시간 이상(경유 시간에 따라 이동 시간이 다름)
2일	리스본 ➡ 포르투	포르투 1박	저가 항공 or 기차 or 버스	55분 2시간 45분 3시간 30분
3일	포르투	포르투 2박		
4일	포르투	포르투 3박		
5일	포르투 ➡ 코임브라	코임브라 1박	기차	1시간
6일	코임브라 ➡ 나자레	나자레 1박	버스	1시간 45분
7일	나자레 ⬌ 파티마	나자레 2박	버스	1시간 50분
8일	나자레 ➡ 리스본	리스본 1박	버스	1시간 45분
9일	리스본	리스본 2박		
10일	리스본 ⬌ 오비두스	리스본 3박	버스	1시간
11일	리스본 ⬌ 신트라 → 카보 다 로카 → 카스카이스	리스본 4박	리스본 → 신트라 국철 신트라 → 카보 다 로카 버스 카보 다 로카 → 카스카이스 버스 / 카스카이스 → 리스본 국철	40분 30분 30분 35분
12일	리스본	리스본 5박		
13일	리스본 ➡ 한국	기내 1박		13시간 이상(경유 시간에 따라 이동 시간이 다름)
14일	한국			

교통 Tip

리스본 카드가 있다면 국철 이용 시 활용하자.

- 유럽에서도 손꼽히는 성지 순례지인 파티마와 나자레는 가톨릭을 종교로 가지고 있다면 꼭 가 볼 만한 추천 도시이다.
- 여왕의 직할시 오비두스에서는초콜릿 잔에 한 잔씩 판매하는 진지냐를 맛본다.

스페인 + 포르투갈 14일

스페인과 포르투갈하면 딱 떠오르는 주요 도시를 알차게 돌아보는 일정으로, 그야말로 핵심 도시들만 선별했다. 이베리아 반도를 대표하는 바르셀로나, 마드리드, 리스본, 포르투를 돌아본다. 짧은 시간 동안 두 나라를 동시에 여행하고 싶다면 참고하자.

일자	이동 루트	숙박 도시	교통수단	이동 시간
1일	한국 ➡ 리스본	리스본 1박	비행기	15시간 이상 (경유 시간에 따라 이동 시간 다름)
2일	리스본	리스본 2박		
3일	리스본 ⬌ 신트라 → 카보 다 로카 → 카스카이스 또는 리스본 ⬌ 오비두스	리스본 3박	리스본↔신트라 국철 신트라→카보 다 로카 버스 카보다로카→카스카이스 버스 카스카이스→리스본 국철 버스	40분 30분 30분 35분 1시간
4일	리스본 ➡ 포르투	포르투 1박	저가 항공 or 기차 or 버스	55분 2시간 45분 3시간 30분
5일	포르투	포르투 2박		
6일	포르투 ➡ 마드리드	마드리드 1박	저가 항공	1시간 15분
7일	마드리드	마드리드 2박		
8일	마드리드	마드리드 3박		
9일	마드리드 ➡ 바르셀로나	바르셀로나 1박	저가 항공 or 기차(AVE)	1시간 15분 2시간 30분
10일	바르셀로나	바르셀로나 2박		
11일	바르셀로나 ⬌ 몬세라트	바르셀로나 3박	FGC + 케이블카 FGC + 산악기차	1시간 10분 1시간 20분
12일	바르셀로나	바르셀로나 4박		
13일	바르셀로나 ➡ 한국	기내 1박		12시간 이상(경유 시간에 따라 이동 시간 다름)
14일	한국			

교통 Tip

리스본은 직항편이 없지만, 바르셀로나는 직항편이 있기 때문에 바르셀로나 아웃을 추천한다. 단, 매일 운항하지 않기 때문에 일정을 맞추기가 어렵다면 경유 항공을 선택하는 것이 좋다.

- 리스본에서 조금 더 여유 있는 시간을 보내고 싶다면 리스본 근교 여행을 빼고 그 시간을 충분히 리스본에서 보낸다.
- 마드리드 근교 도시를 방문하고 싶다면 바르셀로나에서 몬세라트 가는 일정을 빼고 마드리드에 하루 더 투자해도 된다.

스페인 21일 코스

21일 코스는 주요 도시들은 물론 주요 도시에 머무르면서 근교의 소도시까지 둘러보는 일정을 소화할 수 있다. 안달루시아 지방 여행을 더욱 알차고 여유롭게 즐길 수 있고, 저가 항공, 기차, 버스는 물론이고 야간 기차까지 다양한 교통수단을 이용해 볼 수 있다.

일자	이동 루트	숙박 도시	교통수단	이동 시간
1일	한국 ➡ 바르셀로나	바르셀로나 1박	비행기	13시간 이상(경유 시간에 따라 이동 시간 다름)
2일	바르셀로나	바르셀로나 2박		
3일	바르셀로나	바르셀로나 3박		
4일	바르셀로나 ➡ 히로나 ➡ 피게레스	피게레스 1박	바르셀로나 → 히로나 기차 바르셀로나 → 히로나 버스 히로나 → 피게레스 기차 히로나 → 피게레스 버스	1시간 1시간 20분 50분 1시간 10분
5일	피게레스 ➡ 바르셀로나	바르셀로나 1박	기차 or 버스	1시간 50분 2시간 30분
6일	바르셀로나 ➡ 발렌시아	발렌시아 1박	기차 or 버스	3시간 30분 4시간
7일	발렌시아 ➡ 그라나다	야간 기차 1박	야간 기차(호텔 트레인)	6시간 40분
8일	그라나다	그라나다 1박		
9일	그라나다	그라나다 2박		
10일	그라나다 ➡ 말라가	말라가 1박	버스	1시간 30분
11일	말라가 ⬌ 푸엔히롤라 ⬌ 미하스	말라가 2박	말라가 → 푸엔히롤라 세르카니아스 (C-1) 푸엔히롤라 → 미하스 버스	45분 15분

12일	말라가 ⇔ 네르하 ⇔ 프리힐리아나	말라가 3박	말라가 → 네르하 버스 네르하 → 프리힐리아나 버스	50분 20분
13일	말라가 ➡ 론다	론다 1박	버스	2시간
14일	론다 ➡ 세비야	세비야 1박	버스	2시간 30분
15일	세비야	세비야 2박		
16일	세비야 ➡ 코르도바 ➡ 마드리드	마드리드 1박	세비야 → 코르도바 기차(AVE) 세비야 → 코르도바 버스 코르도바 → 마드리드 기차(AVE)	45분 2시간 1시간 45
17일	마드리드	마드리드 2박		
18일	마드리드 ⇔ 톨레도, 세고비아, 쿠엥카 중 한 곳	마드리드 3박	톨레도 버스 세고비아 기차 or 버스 쿠엥카 기차	50분 30분 / 1시간 15분 50분
19일	마드리드	마드리드 4박		
20일	마드리드 ➡ 한국	기내 1박	비행기	12시간
21일	한국			

교통 Tip

발렌시아에서 그라나다로 가는 야간 기차와 세비야에서 마드리드로 가는 AVE 기차를 이용하기 때문에 스페인 철도 패스를 구입하는 것이 좋다. 다른 지역 여행 시 기차 이용을 얼마나 추가하느냐에 따라 일정에 맞는 패스를 구입하도록 하자.

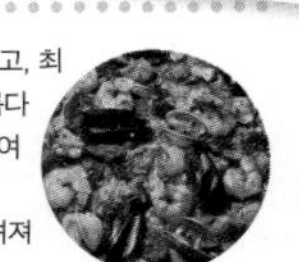

- 발렌시아는 파에야의 본고장이다. 본고장의 파에야 맛도 보고, 최후의 만찬 때 예수가 사용했다는 성배와 스페인에서 가장 아름다운 야경을 자랑하는 예술과 과학 도시의 야경까지 발렌시아 여행의 하이라이트를 놓치지 말자.
- 안달루시아 지방의 버스 구간은 창밖 풍경이 아름답기로 알려져 있으니 이왕이면 창가 자리에 앉는다.

스페인 + 포르투갈 21일

스페인과 포르투갈 14일 일정에 안달루시아 지방이 추가된 일정이다. 좀 더 여유 있게 스페인과 포르투갈의 다양한 도시 여행을 즐길 수 있으며, 대항해 시대의 흔적을 찾아 둘러본다면 더욱 알찬 여행이 될 것이다.

일자	이동 루트	숙박 도시	교통수단	이동 시간
1일	한국 ➡ 바르셀로나	바르셀로나 1박	비행기	13시간 이상(경유 시간에 따라 이동 시간 다름)
2일	바르셀로나	바르셀로나 2박		
3일	바르셀로나 ⬌ 몬세라트	바르셀로나 3박	FGC + 케이블카 FGC + 산악기차	1시간 10분 1시간 20분
4일	바르셀로나	바르셀로나 4박		
5일	바르셀로나 ➡ 그라나다	그라나다 1박	저가 항공	1시간 25분
6일	그라나다	그라나다 2박		
7일	그라나다 ➡ 론다	론다 1박	기차	2시간 30분
8일	론다 ➡ 세비야	세비야 1박	버스	2시간 30분
9일	세비야	세비야 2박		
10일	세비야	세비야 3박		
11일	세비야 ➡ 코르도바 ➡ 마드리드	마드리드 1박	기차(AVE) or 버스 / 기차(AVE)	45분, 2시간 / 1시간 45
12일	마드리드	마드리드 2박		
13일	마드리드 ⬌ 톨레도, 세고비아, 쿠엥카 중 한 곳	마드리드 3박	톨레도 버스 세고비아 기차 or 버스 쿠엥카 기차	50분 30분 /1시간 15분 50분
14일	마드리드	마드리드 4박		
15일	마드리드 ➡ 포르투	포르투 1박	저가 항공	1시간 15분
16일	포르투	포르투 2박		
17일	포르투 ➡ 리스본	리스본 1박	저가 항공 or 기차 or 버스	55분 2시간 45분 3시간 30분
18일	리스본 ⬌ 신트라 → 카보 다 로카 → 카스카이스 또는 리스본 ⬌ 오비두스	리스본 2박	리스본 → 신트라 국철 신트라 → 카보 다 로카 버스 카보다로카 → 카스카이스 버스 카스카이스 → 리스본 국철 / 버스	40분 30분 30분 35분 1시간
19일	리스본	리스본 3박		
20일	리스본 ➡ 한국	기내 1박	비행기	13시간 이상(경유 시간에 따라 이동 시간 다름)
21일	한국			

세비야에서 마드리드로 이동하는 구간에만 초고속 열차인 AVE를 이용하기 때문에 다른 구간은 구간권으로 현지에서 직접 사도 되기 때문에 철도 패스의 필요성은 그리 높지 않다.

바르셀로나와 세비야에서 콜럼버스의 흔적을 찾고, 리스본에서 바스코 다 가마의 흔적을 찾으며 대항해 시대의 번영했던 모습을 떠올려 보자.

스페인 30일 코스

스페인 완전 정복! 이 책에서 소개하는 스페인의 모든 도시를 한 달 동안 소화하는 일정으로 도시, 산, 바다, 강 등 스페인의 다양한 모습을 속속들이 만날 수 있다. 모든 도시를 돌아보기엔 일정이 너무 타이트하다면 본인이 선호하는 성향의 도시들을 잘 선별하여 만족스러운 여행을 계획해 본다.

일자	이동 루트	숙박 도시	교통수단	이동 시간
1일	한국 ➡ 바르셀로나	바르셀로나 1박	비행기	13시간 이상(경유 시간에 따라 이동 시간 다름)
2일	바르셀로나	바르셀로나 2박		
3일	바르셀로나	바르셀로나 3박		
4일	바르셀로나 ➡ 칼레야 데 팔라프루헬	칼레야 데 팔라프루헬 1박	버스 (팔라프루헬에서 칼레야 데 팔라프루헬행으로 경유)	2시간 15분 + 15분
5일	칼레야 데 팔라프루헬 ➡ 베구르	베구르 1박	버스 (팔라프루헬에서 베구르행으로 경유)	15분 + 15분
6일	베구르 ➡ 피게레스	피게레스 1박	버스 (팔라프루헬에서 피게레스행으로 경유)	15분 + 1시간
7일	피게레스 ⬌ 카다케스	피게레스 2박	버스	1시간 20분
8일	피게레스 ➡ 베살루 ➡ 히로나	히로나 1박	피게레스 → 베살루 버스 베살루 → 히로나 버스	30분 50분
9일	히로나 ➡ 바르셀로나	바르셀로나 1박	기차 or 버스	1시간 1시간 20분
10일	바르셀로나 ⬌ 몬세라트	바르셀로나 2박	FGC + 케이블카 or FGC + 산악기차	1시간 10분 1시간 20분
11일	바르셀로나 ➡ 발렌시아	발렌시아 1박	기차 or 버스	3시간 30분 4시간
12일	발렌시아 ➡ 그라나다	야간 기차 1박	야간 기차(호텔 트레인)	6시간 40분
13일	그라나다	그라나다 1박		
14일	그라나다 ⬌ 카필레이라, 부비온, 팜파레이라	그라나다 2박	버스	2시간 10분
15일	그라나다 ➡ 말라가	말라가 1박	버스	1시간 30분
16일	말라가 ⬌ 푸엔히롤라 ⬌ 미하스	말라가 2박	말말라가 → 푸엔히롤라 세르카니아스 (C-1) 푸엔히롤라 → 미하스 버스	45분 15분

17일	말라가 ⇔ 네르하 ⇔ 프리힐리아나	말라가 3박	말라가 → 네르하 버스 네르하 → 프리힐리아나 버스	50분 20분
18일	말라가 ⇒ 론다	론다 1박	버스	2시간
19일	론다 ⇔ 그라살레마	론다 2박	버스	40분
20일	론다 ⇒ 세비야	세비야 1박	버스	2시간 30분
21일	세비야	세비야 2박		
22일	세비야 ⇒ 코르도바 ⇒ 마드리드	마드리드 1박	세비야 → 코르도바 기차 (AVE) 세비야 → 코르도바 버스 코르도바 → 마드리드 기차 (AVE)	45분 2시간 1시간 45분
23일	마드리드	마드리드 2박		
24일	마드리드	마드리드 3박		
25일	①마드리드 ⇒ 톨레도	톨레도 1박	버스	50분
	②마드리드 ⇔ 톨레도	마드리드 1박	버스	50분
26일	①톨레도 ⇒ 콘수에그라 ⇒ 마드리드	마드리드 1박	톨레도 → 콘수에그라 버스 콘수에그라 → 마드리드 버스	1시간 2시간
	②마드리드 ⇔ 캄포 데 크립타나	마드리드 2박	기차	2시간
27일	마드리드 ⇔ 세고비아	①마드리드 2박 ②마드리드 3박	기차 or 버스	30분 1시간 15분
28일	마드리드 ⇔ 쿠엥카	①마드리드 3박 ②마드리드 4박	기차 or 버스	50분 2시간 30분
29일	마드리드 ⇒ 한국	기내 1박	비행기	12시간
30일	한국			

교통 Tip

장기 일정에 야간 기차와 AVE를 이용하기 때문에 본인의 일정에 맞는 스페인 철도 패스를 구입하는 것이 좋다.

- 스페인 30일 일정의 핵심 포인트는 스페인의 숨겨진 소도시 여행이라 할 수 있다.
- 안달루시아 지방의 하얀 마을들은 역사적인 의미도 있지만 동화 속 세상 같은 아름다움이 있다.
- 카스티야 라만차 지방은 스페인 최고의 작가인 세르반테스의 걸작 〈돈키호테〉의 배경이 된 곳이다. 여행 전 작품을 읽고 간다면 더욱 특별한 여행이 되지 않을까.

스페인

유럽의 서쪽, 이베리아 반도에 위치한 스페인은 유럽에서 러시아, 프랑스에 이어서 세 번째로 큰 나라이다. 로마와 기독교 문화에 이슬람 문화까지 융합되면서 스페인은 유럽에서 가장 복합적인 문화를 가지게 되었다. 해마다 5천만 명이 넘는 관광객들이 스페인을 찾고 있는데, 각 지방의 특색이 뚜렷하게 대조되기 때문에 마치 여러 나라를 여행하는 느낌을 강하게 준다. 〈돈키호테〉의 세르반테스, 천재적인 건축가 가우디, 그리고 초현실주의 화가인 피카소, 달리, 미로 등을 배출해 낸 스페인은 문화와 예술에서도 뒤지지 않는 힘을 가지고 있다. 지중해성 기후의 영향을 받은 환상적인 날씨와 아름다운 자연 경관, 다양한 문화유산을 지닌 스페인은 유럽 최고의 여행지로서 손색이 없다.

Spain

INFORMATION

국가명 스페인 왕국(Kingdom of Spain), 스페인어로 에스파냐 왕국(Reino de Espana)

수도 마드리드(Madrid)

통화 유로 €, €1 ≒ 1,300원 (2019년 1월 기준)
보조 통화는 센트(Cent)이다. €1 = 100Cent

전압 220V, 50Hz
우리나라 제품을 그대로 사용할 수 있다.

언어 스페인어
카탈루냐 지방의 바르셀로나는 표준어인 스페인어보다 지역 언어인 카탈루냐어를 더 많이 사용하고 있다.

국가번호 0034 (+34)

시차 한국보다 8시간 느리다. 서머타임 기간에는 7시간 느리다.

역사

고대 이베리아 반도의 원주민인 이베리아족과 이주민 켈트족이 이베리아 반도에 정착하면서 스페인의 역사가 시작됐다. 기원전 209년에는 로마가 이베리아 반도를 침략해 '히스파니아'라는 이름의 속주를 건설하면서 스페인은 로마의 식민지가 되었다.
그러나 5세기 초 로마 제국이 쇠퇴하자 서고트족이 침략해와 서고트 왕국을 설립하고 기독교를 받아들였다. 8세기 초에는 우마이야 왕조의 이슬람 군대가 침입하여 서고트 왕국이 무너지고 오랫동안 이슬람의 지배를 받게 된다. 우수한 문화를 지닌 이슬람 왕조 아래에서 스페인은 놀랄 만한 발전을 이룬다. 특히 안달루시아 지방에 위치한 코르도바는 수십 만의 인구를 자랑하는 후기 우마이야 왕조의 수도로 화려한 면모를 자랑했다. 지중해에 위치한 스페인의 도시들은 서유럽과 이슬람을 잇는 통로로서 무역을 통해 많은 부를 축적하며 동서양의 문화가 결합된 아름다운 문화유산들을 많이 남겼다.
이슬람에게 영토를 빼앗긴 기독교 세력은 레콩키스타라는 이름의 국토 회복 운동을 벌였으며, 1469년 아라곤 왕국의 페르난도 2세와 카스티야 왕국의 이사벨 1세는 결혼을 통해 통일 에스파냐 왕국을 설립한 뒤 이슬람 세력을 압박해 스페인에서 이슬람 세력을 완전히 축출하게 되었다. 1492년은 크리스토퍼 콜럼버스가 이사벨 1세의 원조를 바탕으로 아메리카 대륙을 발견한 해이기도 하다. 통일 에스파냐 왕국은 이슬람 왕조가 축적한 부와 과학 기술, 그리고 풍부한 자원을 바탕으로 유럽에서 가장 강대한 국가로 자리 잡게 되었다. 신대륙에 식민지가 건설되면서 막대한 자원이 유럽으로 유입되었으며, 당시 스페인 해군은 '무적 함대'라는 이름으로 위세를 떨쳤다. 이때 신성 로마 제국의 제위를 차지한 오스트리아의 합스부르크 왕가는 스페인 왕가의 혈통이 끊긴 틈을 타서 스페인의 왕조를 계승하게 되었으며, 카를로스 1세가 신성 로마 제국의 황제가 되면서 스페인-합스부르크 왕조는 유럽에서 가장 넓은 영토를 지배하는 왕조로 전성기를 맞았다. 그러나 식민지 확장을 노리는 영국과 지속적인 충돌이 발생했으며, 1588년 칼레 해전에서 스페인의 무적 함대가 영국 해군에 대패하면서 스페인은 몰락의 길을 걷게 되었다.

1931년에는 공화정이 새롭게 수립되고 선거를 통해 좌파 인민 전선 정부가 정권을 잡았으나, 1936년 우파를 중심으로 하는 기득권층이 반란을 일으켜 1939년까지 스페인 내전이 일어났다. 이때 프랑코가 이끄는 우파 반란군이 승리하면서 1975년까지 프랑코의 독재 정권이 스페인을 통치하게 되었다. 1975년 프랑코가 사망한 뒤 후안 카를로스 1세가 즉위하여 입헌 군주제가 부활하였다. 영국과 비교하면 국왕이 대외 활동에서 실질적인 대표 역할을 하는 경우도 있고 정치적인 활동도 활발하지만, 실제 정치는 총리를 중심으로 한 양원제를 바탕으로 하고 있다.

기후

유럽 대륙의 남부에 자리 잡은 스페인은 국토 면적이 넓은 만큼 다양한 형태의 기후를 보여 준다. 스페인 남부에서 동부에 이르는 지중해 연안의 해안 지방은 여름에 기온이 높고 건조하며 겨울에 눈이나 비가 많은 전형적인 지중해성 기후를 나타낸다. 남부인 안달루시아 지방은 아프리카의 사하라 사막에서 넘어오는 뜨거운 바람 때문에 여름에 40도가 넘을 만큼 덥고 건조하다. 수도 마드리드를 중심으로 하는 내륙 지방은 연교차가 큰 대륙성 기후를 나타내며, 빌바오를 중심으로 하는 북서부 일부는 여름에 선선하며 연교차가 적은 서안 해양성 기후가 나타나기도 한다.

공휴일(2019년 기준)

1월 1일 새해
1월 6일 동방 박사의 날
4월 18일~19일 부활절 주간 성 목요일, 성 금요일
4월 21일 부활절
4월 22일 부활절 다음 월요일
5월 1일 노동절
8월 15일 성모 승천일
10월 12일 신대륙 발견 기념일
11월 1일 만성절
12월 6일 제헌절
12월 8일 성모 수태일
12월 25일 크리스마스

세금 환급 Tax Refund / Tax Free

한 매장에서 €91 이상 물건을 구입하고 3개월 내 출국하는 경우, 공항에서 세금을 환급 받을 수 있다. 환급이 되는 매장에는 입구에 'TAX FREE' 스티커나 안내표가 붙어 있다. 환급 서류를 작성할 때에는 여권이 필히 있어야 한다. 서류 작성 후 출국할 때 공항에서 수속을 밟고 환급 받으면 된다.

시에스타 Siesta

스페인어로 '낮잠'을 뜻하는 시에스타는 여름 한낮 기온이 40도 이상 올라가는 더운 날씨 때문에 기온이 가장 높은 낮 시간에 휴식을 취하는 이베리아 반도의 고유 풍습이다. 시에스타 시간에는 쇼핑센터, 레스토랑 등 대부분의 사업장들이 2시간 이상 문을 닫는데, 그 시간은 가게마다 조금씩 다르다. 하지만 관광지의 레스토랑은 시에스타 시간 없이 운영하는 곳들이 늘어나고 있다.

슈퍼마켓

스페인을 대표하는 슈퍼마켓은 엘 코르테 잉글레스 백화점의 지하 식품 매장과 스페인 대형 슈퍼마켓 체인인 메르카도나(Mercadona), 안달루시아 지방을 대표하는 슈퍼 솔(Super Sol) 등이 있다. 도시마다 유명한 시장들도 많다. 다른 유럽 도시에 비해 슈퍼마켓을 찾기가 쉽지 않으니 필요한 품목이 있으면 미리 구입해 두는 것이 좋다.

파라도르 Parador

스페인 전역에 약 90여 개 정도가 운영되고 있는 스페인 국영 호텔로 역사적, 예술적 가치나 경관이 빼어난 곳에 자리하고 있는 중세 궁전이나 고성, 수도원 등을 개조해서 고품격 인테리어와 최상의 서비스를 제공하는 스페셜 호텔이다. 그 중에서도 톨레도, 그라나다, 론다, 쿠엥카 등의 파라도르는 인기가 많기 때문에 성수기 여행 시에는 서둘러 예약해야 한다.

주 스페인 한국 대사관

주소 C/ González Amigó 15, 28033 Madrid
GPS 좌표 위도 40.4661170 (40° 27′ 58.02″ N, 경도 -3.6668520 (3° 40′ 0.67″ W)
전화 0913 53 20 00 (근무 시간 외 긴급 연락처 648 92 46 95)
업무 월~금 09:00~14:00, 16:00~18:00 (영사 민원 업무 시간은 09:00~14:00)
위치 메트로 4호선 Arturo Soria 역에서 하차, Plaza de Castilla 방향의 버스 70번으로 환승하여 Arturo Soria con Añastro(4~5번째 정류장, Arturo Soria 246번지)에서 하차, Pepitos Restaurante 건물을 끼고 González Amigó 길(입구에 대사관 안내 표지판 있음)로 들어가면 도착

스페인 도시 개념도

카스티야

스페인의 중심에 위치한 고원 지대의 지방으로, 정치적 중심이기도 하다. 다양한 건축 양식들이 남아 있다.

- **주요 도시** : 마드리드, 세고비아, 톨레도, 쿠엥카
- **주요 스폿** : 마드리드의 프라도 미술관, 세고비아의 로마 수도교, 톨레도의 구시가

카탈루냐

스페인 동북쪽에 위치한 지방으로, 스페인에서 가장 강력한 힘을 가지고 있는 자치구이며 자부심 또한 강하다. 지중해 연안에서도 가장 큰 해상 파워를 지닌 곳이기도 하다.

- **주요 도시** : 바르셀로나, 히로나
- **주요 스폿** : 바르셀로나의 사그라다 파밀리아 성당, 구엘 공원

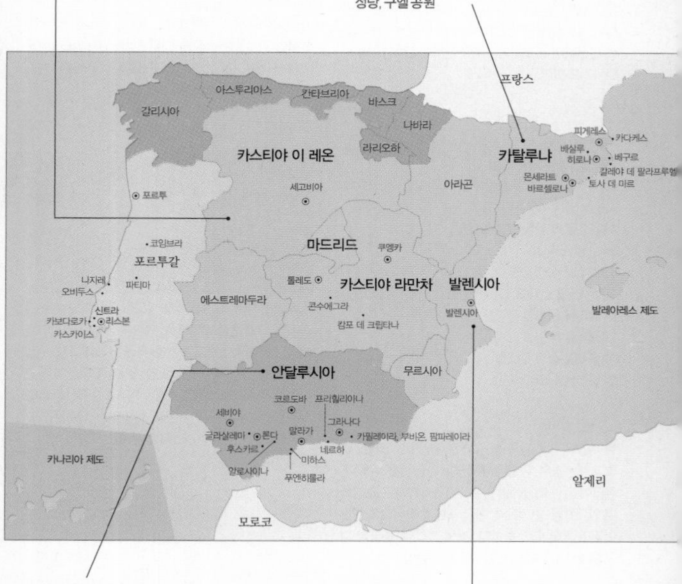

안달루시아

스페인 남부 지방으로 바다, 산맥, 강 등 다양한 지형이 공존하고, 이슬람식 건축 양식이 가장 잘 보존되어 있다. 플라멩코와 투우의 고장이기도 하다.

- **주요 도시** : 세비야, 코르도바, 론다, 말라가, 그라나다
- **주요 스폿** : 세비야의 대성당, 코르도바의 메스키타, 그라나다의 알암브라 성

발렌시아

스페인 동남쪽에 해당하는 지방으로 지중해 연안의 코스타 블랑카 해안 지대가 자리하고 있기 때문에 휴양지로 각광 받고 있다.

- **주요 도시** : 발렌시아
- **주요 스폿** : 발렌시아의 예술과 과학 도시

마드리드

마드리드 지방

마드리드

Madrid

스페인의 수도 마드리드는 이베리아 반도의 중앙에 위치한 카스티야 지방의 대표 도시이자 스페인 교통의 요충지이다. 16세기부터 펠리페 2세가 왕궁을 마드리드로 옮기면서 스페인의 수도가 되었고 이후 스페인의 정치, 경제의 중심 역할을 맡아 왔다. 왕실에서 수집한 방대한 미술품들을 전시하여 세계 3대 미술관 중 하나로 손꼽히는 프라도 미술관

이 마드리드에 자리 잡고, 피카소의 〈게르니카〉가 소피아 왕립 미술 센터에 전시되면서 마드리드는 세계적인 미술의 도시가 되었다. 1936년부터 3년간 치러진 스페인 내전으로 인해 마드리드도 큰 피해를 입었지만 후안 카를로스 1세가 왕이 되면서 마드리드는 빠르게 성장하기 시작했다.

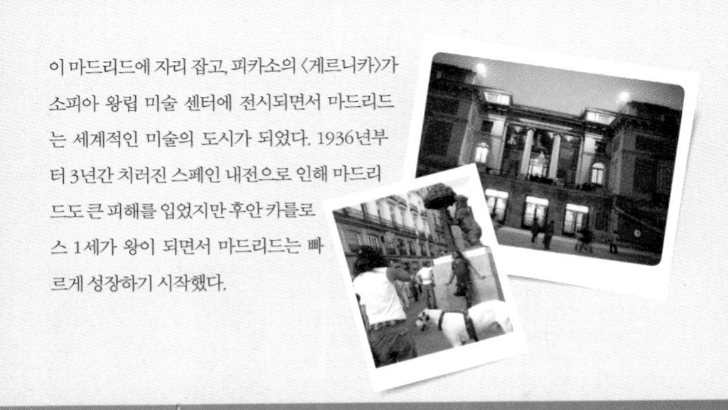

인천 공항에서 마드리드 바라하스 국제 공항까지 직항편이 운행되며, 파리나 로마 등 유럽 주요 도시를 경유하여 마드리드로 가는 항공편도 있다. 유럽의 다른 도시에서 마드리드로 이동할 때는 야간열차나 장거리 버스를 이용하면 된다.

항공

인천 공항에서 마드리드 바라하스 국제 공항(Aeropuerto de Barajas)까지 대한 항공에서 매주 월·수·목 직항편을 운행하며 소요 시간은 12~14시간이다. 경유 항공편으로는 아시아나 항공이 있는데, 보통 파리나 로마를 통해서 경유하는 편이다. 유럽 항공사도 자국을 경유해서 마드리드로 들어오는 노선들이 있는데, KLM(암스테르담 경유), 에어프랑스(파리 경유), 루프트한자(프랑크푸르트 경유), 터키 항공(이스탄불 경유), 러시아 항공(모스크바 경유) 등이 우리나라에서 마드리드로 이동할 때 많이 이용되는 항공편이다. 마드리드 공항은 마드리드 시내에서 약 13km 떨어져 있으며, 마드리드 시내까지는 제1, 제2, 제3, 제4 터미널에서 메트로를 타고 이동하거나 공항 버스를 타고 이동할 수 있다. 2006년 새로 오픈한 제4 터미널과 제1, 제2, 제3 터미널 사이에는 무료 셔틀버스가 운행된다.

마드리드 바라하스 국제 공항 www.aena-aeropuertos.es
대한 항공 kr.koreanair.com

저가 항공

유럽의 다른 도시나 스페인 내의 다른 도시에서 마드리드로 이동할 때 가장 편리한 방법이 저가 항공이다. 주요 도시에서 마드리드로 들어오는 저가 항공사는 이베리아에어와 이지젯, 브엘링 등이 있으며 저가 항공 스케줄은 유럽 저가 항공 검색 사이트인 '스카이스캐너', '위치버짓'에서 검색할 수 있다.

이베리아에어 www.iberia.com
이지젯 www.easyjet.com
브엘링 www.vueling.com
스카이스캐너 www.skyscanner.co.kr
위치버짓 www.whichbudget.com

나라 / 도시	소요 시간
스페인 그라나다	1시간 5분~
스페인 세비야	1시간 10분~
스페인 바르셀로나	1시간 15분~
프랑스 파리	2시간 15분~
이탈리아 로마	2시간 30분~
영국 런던	2시간 35분~

공항에서 시내 가기

마드리드 바라하스 국제 공항에서 마드리드 시내까지는 렌페 C-1 또는 메트로, 공항 버스로 목적지에 맞게 이동할 수 있다. 관광지가 밀집해 있는 마드리드 중심부로 이동하려면 렌페나 공항 버스(EXPRESS BUS)로 이동하는 게 가장 편리하다.

렌페 C-1 (쎄르까니아 Cercanía-1)

제4 터미널(T4)에서 교외선인 렌페 C-1를 타고 누에보스 미니스테리오스(Nuevos Ministerios) 역에서 C-3 또는 C-4으로 환승하면 푸에르타 델 솔까지 이동할 수 있고, 아토차 역까지도 한 번에 갈 수 있다. 단, 렌페 역은 제4 터미널(T4)에 있으므로, 제1, 제2, 제3 터미널로 도착했다면 무료 셔틀버스(그린버스)를 타고 제4 터미널로 이동해야 한다.

요금 누에보스 미니스테리오스까지 편도 €2.60, 20분 소요

메트로
제1, 제2, 제3 터미널에서는 제2 터미널의 메트로 8호선 아에로푸에르토(Aeropuerto) 역을 이용하고, 제4 터미널에서는 메트로 8호선 아에로푸에르토 T4(Aeropuerto T4) 역을 이용하면 된다.

요금 T10(10회권) 사용 시 공항에서 구입하면 인당 추가 요금 €3 / 공항에서 Zone A 다섯 정거장까지는 €4.50(한 정거장이 추가될 때마다 €0.10씩 추가, 아홉 정거장 이후부터는 €5 동일) / Zone A 이외 Metro Sur, Metro Norte, Metro Este, TFM 콤비 티켓은 €6, 운행 시간 06:00~01:30, 종점까지 약 50분 소요

공항 버스
바라하스 공항과 아토차 역 사이를 운행하는 노란색 익스프레스 버스(EXPRESS BUS)는 13~20분 간격으로 운행되며, 아토차 역까지 약 40분 소요된다. 아토차 역의 전 정류장인 시벨레스 광장에서도 하차 가능하다. (24시간 운행, 단 23:00~05:30 이후엔 시벨레스 광장까지 운행)

요금 편도 €5 (티켓은 기사에게 구입 가능)
타임 테이블 www.emtmadrid.es/Aeropuerto

철도

마드리드에서는 철도보다 버스로 이동하는 경우가 대부분이지만, 만일 기차로 이동한다면 아토차 역, 차마르틴 역, 프린시페 피오 역에서 출발·도착하니, 어느 역에서 기차가 출발하는지 미리 확인해 두는 것이 좋다. 다른 유럽 도시에서 직행으로 마드리드로 들어오는 기차는 포르투갈 리스본에서 오는 야간열차밖에 없다. 기차의 종류는 초고속 열차인 아베(AVE), 고속 열차 탈고(Talgo), 스페인 국철 렌페(Renfe), 민간 철도 페베(Feve) 등으로 나뉜다. 초고속 열차인 아베의 경우 반드시 미리 좌석 예약을 해야 하며, 유레일 패스를 소지하였더라도 추가 비용을 내야 한다.

기차 예약 사이트(렌페 홈페이지) www.renfe.com

나라 / 도시	소요 시간 / 발착 역
스페인 세고비아	26분~ / 차마르틴 역
스페인 톨레도	33분~ / 아토차 역
스페인 세비야	2시간 20분~ / 아토차 역
스페인 바르셀로나	2시간 30분~ / 아토차 역
스페인 그라나다	4시간 25분~ / 아토차 역
포르투갈 리스본	10시간 40분~ / 차마르틴 역(야간열차)

아토차 역 Estación de Atocha
아토차 역은 마드리드의 중앙역이라고 할 수 있다. 초고속 열차인 아베(AVE)와 교외선이 발착하며, 톨레도, 바르셀로나, 그리고 안달루시아 지방(세비야, 그라나다, 코르도바, 말라가) 등으로 가는 노선을 이용할 수 있다.

위치 메트로 1호선 아토차 렌페(Atocha Rente) 역 하차

차마르틴 역 Estación de Chamartín
시내 중심에서 5km 떨어져 있는 역으로, 포르투갈 리스본으로 발착하는 야간열차를 탈 수 있는 국제선과 산티아고 데 콤포스텔라 등의 스페인 북부 지역으로 가는 노선을 이용할 수 있다.

위치 메트로 1, 10호선 차마르틴(Chamartín) 역 하차

프린시페 피오 역 Estación de Príncipe Pío
마드리드 북역으로 노르테(Norte) 역이라고도 한다. 스페인 북서부의 살라망카, 아빌라 지역으로 가는 기차를 탈 수 있다.

위치 메트로 6, 10호선, R호선 프렌시페 피오(Príncipe Pío) 역 하차

버스

스페인 여행에서 기차보다 많이 이용하게 되는 게 바로 장거리 버스이다. 산이 많은 스페인의 지형상 기차가 갈 수 없는 지역까지 버스는 다양한 노선을 확보하고 있다. 특히 각 지방에서 도시와 도시 사이를 이동할 때는 기차보다 버스가 이동 시간도 짧고 가격도 저렴하기 때문에, 버스로 이동하는 경우가 많을 수밖에 없다. 마드리드에는 버스 터미널이 여러 군데 있으며 목적지별로 터미널이 달라지니, 목적지에 따라 어느 터미널로 가야 하는지는 미리 알아 두는 것이 좋다. 버스 회사별로 티켓 창구가 다르니, 티켓을 구입할 때는 티켓 창구에 목적지 이름이 있는지 미리 확인하고 줄을 서도록 하자. 티켓은 자동 티켓 발매기에서도 구입할 수 있다.

톨레도 / 바르셀로나 알사(ALSA) 버스 예약 사이트 www.alsa.es
안달루시아 소시(Soci) 버스 예약 사이트 www.socibus.es
살라망카 / 포르투갈 리스본 아우토레스(Auto Res) 버스 예약 사이트
www.avanzabus.com

플라자 엘리팁카 버스 터미널 Plaza Elíptica

톨레도로 가는 알사(ALSA) 버스를 탈 수 있는 버스 터미널이다.
위치 메트로 6, 11호선 플라자 엘리팁카(Plaza Elíptica) 역에서 하차

플라자 엘리팁카 버스 터미널

몬클로아 버스 터미널 Moncloa

세고비아로 가는 라 세풀베다나(La Sepulvedana) 버스를 탈 수 있는 버스 터미널이다.
위치 메트로 3, 6호선 몬클로아(Moncloa) 역에서 하차

몬클로아 버스 터미널

남부 터미널 Estación Sur de Autobuses (Méndez Alvaro)

우리나라 고속버스 터미널처럼 중·장거리 버스가 발착하는 터미널로, 국제선 야간 버스, 스페인 내의 야간 버스, 안달루시아 지방(세비야, 그라나다, 말라가 등), 살라망카 등으로 가는 버스를 탈 수 있다.
위치 메트로 6호선 멘데스 알바로(Méndez Alvaro) 역에서 하차

아베니다 데 아메리카 버스 터미널 Avenida de América (Avda. De América)

바르셀로나로 가는 알사(ALSA) 버스를 탈 수 있는 버스 터미널이다.
위치 메트로 4, 6, 7, 9호선 아베니다 데 아메리카(Avda. De América) 역에서 하차

아베니다 데 아메리카 버스 터미널

아베니다 데 아메리카 버스 터미널

마드리드 시내 교통은 메트로(Metro)와 버스(Autobús)를 이용할 수 있으며, 관광지로 이동할 때는 버스보다 메트로를 이용하는 것이 더 편리하다. 티켓은 메트로와 버스 공용으로 사용할 수 있고, 메트로 역이나 티켓 발매기에서 구입할 수 있다.

지하철

마드리드의 관광지는 대부분 걸어서 이동할 수 있어서 대중교통을 이용할 일이 많지 않지만, 톨레도나 세고비아에 갈 예정이라면 메트로를 이용한다. 시내 교통 티켓은 1회권과 10회권이 있는데, 10회권은 인원 수에 상관없이 1장으로 10회 이용할 수 있는 티켓이다. 일행이 있다면 10회권을 이용하는 것이 경제적이다.

요금 1회권 €1.50, 10회권 €12.20 (A존 기준)
마드리드 메트로 www.metromadrid.es

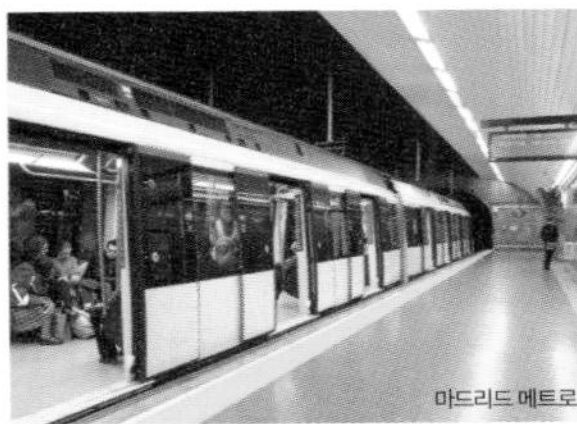
마드리드 메트로

티켓 창구

마드리드 카드

마드리드의 3대 미술관인 국립 프라도 미술관, 국립 소피아 왕비 예술 센터, 티센 보르네미스사 미술관과 레알 마드리드 홈 구장인 산티아고 베르나베우 스타디움, 라스 벤타스 투우장 등 54군데 이상 무료 입장 또는 할인 가능하며, 마드리드 시내 교통은 물론 관광 버스까지 이용할 수 있는 티켓이다. 마드리드의 관광 안내소나 인터넷을 통해 구입 가능하며, 인터넷으로 구입하면 특별 기간 중 할인까지 받을 수 있다.

요금 24시간 €47 / 48시간 €60 / 72시간 €67 / 120시간 €77

관광 안내소

주소 Plaza Mayor, 27, 28012 Madrid
GPS 좌표 위도 40.415848 (40° 24′ 57.05″ N), 경도 -3.707409 (3° 42′ 26.67″ W)
전화 0914 54 44 10
오픈 09:30~20:30
위치 마드리드 마요르 광장(Plaza Mayor) 내
홈페이지 www.esmadrid.com

마드리드 지하철 노선도

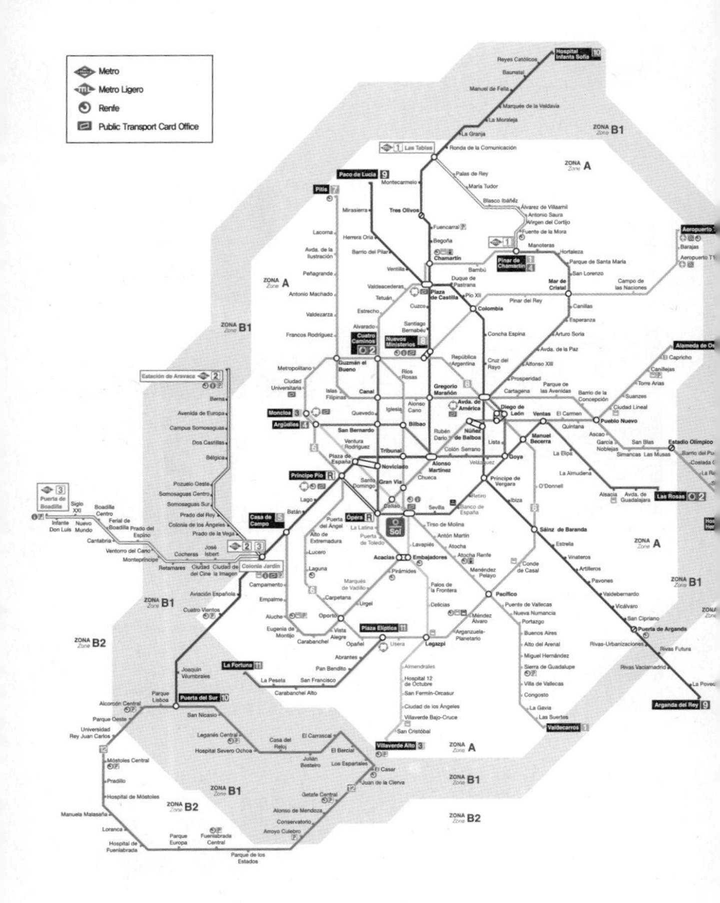

Metro de Madrid : www.metromadrid.es

마드리드 전체
산티아고 베르나베우 스타디움
Santiago Bernabeu Stadium
Parroquia de San Agustin
VP 엘 마드로뇨
VP El Madroño
라스 벤타스 투우장
Plaza de Toros de Las Ventas
Palacio de Liria
우 호스텔
U Hostel
콜론 광장
Plaza de Colon
Temple of Debod
에스파냐 광장
Plaza de España
Principe Pio Train Terminal
그란 비아
Gran Via
알칼라 문
Puerta de Alcalá
왕립 산 페르난도 미술 아카데미
Real Academia de Bellas Artes de San Fernando
시벨레스 광장
Plaza de Cibeles
Hospital Vniversitario Santa Cristina
왕궁
Palacio Real
알무데나 대성당
Catedral de Nuestra Señora de la Almudena
티센 보르네미스사 미술관
Museo Thyssen-Bornemisza
산 미구엘 시장
Mercado de San Miguel
마요르 광장
Plaza Mayor
라 포사다 데 우에르타스
La Posada de Huertas
국립프라도 미술관
Museo Nacional del Prado
레티로 공원
Parque del Retiro
Escuelas Aguirre
푸에르타 델 솔
Puerta del Sol
San Francisco el Grande Basilica
Museo Nacional de Antropologia
라스트로
Rastro
국립 소피아 왕비 예술 센터
Museo Nacional Centro de Arte Reina Sofía
아토차 역
Estacion de Atocha
Basilica of Nuestra Senora de Atocha
Menendez Pelayo
Delicias
Calle Capitan Blanco Argibay
Calle del Marques de Viana
Paseo de la Castellana
Calle Mateo Inurria
Av. de Alberto Alcocer
Calle Costa Rica
Calle Arturo Soria
Calle Santa Maria Magdalena
Av. del General Peron
Av. de Ramon y Cajal
Calle del Principe de Vergara
Calle de Lopez de Hoyos
Calle de Bravo Murillo
Av. de Filipinas
Calle de Maria de Molina
Calle de Serrano
Calle de Velazquez
Calle de Montesa
Circunvalacion M-30
Calle de Genova
Calle de Jorge Juan
Calle de Alcala
Calle de Cervantes
Calle de Santa Isabel
Calle Argumosa
Ronda de Toledo
Ronda de Atocha
Paseo de la R. Cristina
Av. del Mediterraneo
Calle Dr. Esquerdo
Calle Pedro Bosch
Paseo de las Delicias
Calle de Embajadores
Calle Toledo
Paseo Pontones

마드리드 중심
Museum Cerralbo
Church of San Marco
Noviciado
에스파냐 광장
Plaza de Espana
스페인 상원
Senado de Espana
Santo Domingo
호스탈 메인 스트리트 마드리드
Hostal Main Street Madrid
엘 부에이
El Buey
Callao
Gran Via
Gran Via
Plaza de Oriente
Opera
왕궁
Palacio Real
Puerta del Sol
가야금
초콜라테리아 산 히네스
Chocolateria San Gines
라 핀카 데 수산나
La Finca De Susana
벤타 엘 부스콘
Venta El Buscón
Centro de Turismo
Plaza Mayor
마요르 광장
Plaza Mayor
산 미구엘 시장
Mercado de
San Miguel
알무데나 대성당
Catedral de
Nuestra Señora
de la Almudena
타베르나 델 차토
Taberna del Chato
레스타우란테 보틴
S.L Restaurante Botin
Calle Segovia
유로스타 플라자 마요르
Eurostars Plaza Mayor
Tirso de Molina
San Andres Church
Museo De Los Origenes
(Casa De San Isidro)
La Latina
San Francisco el
Grande Basilica
San Cayetano Church
Lavapies
Iglesia Virgen
de la Paloma
Ronda de Segovia
Puerta de Toledo
라스트로
Rastro
Ronda de Toledo
Instituto Bilingue de
Secundaria Cervantes
Embajadores
Calle Pozas
Calle Jesus del Valle
Calle Pez
Calle de la Madera
Calle de Fuencarral
Calle del Barco
Calle Valverde
Calle Luna
Calle Estrella
Calle Arriaza
Calle Reloj
Calle de Fomento
Calle Bola
Calle de la Cruz
Calle Concepcion Jeronima
Calle Beatriz Galindo
Calle Cava Baja
Calle Grafal
Calle Toledo
Calle Magdalena
Calle de la Cabeza
Calle Juanelo
Calle Encomienda
Calle Jesus y Maria
Calle Olivar
Calle Ave Maria
Calle Santa Ana
Calle Abades
Calle Oso
Calle Amparo
Calle del Meson de Paredes
Calle de Embajadores
Calle Toledo
Calle Cameco
Calle Rodas
Calle Casino

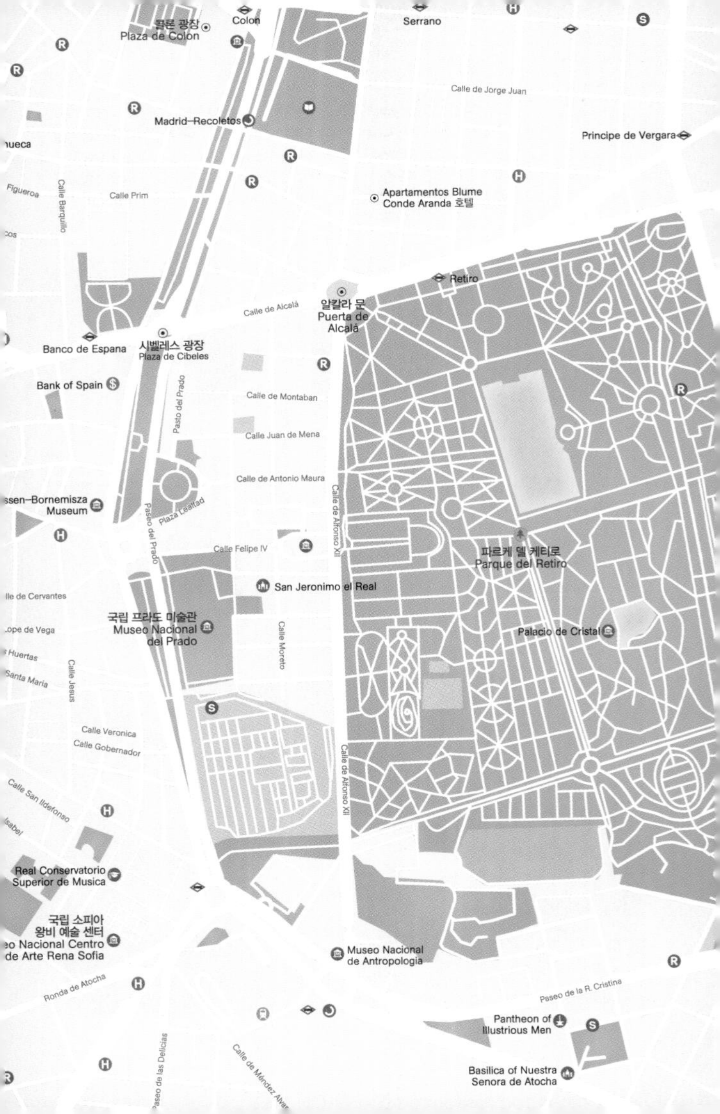

콜론 광장
Plaza de Colon
Colon
Serrano
Calle de Jorge Juan
Madrid-Recoletos
Principe de Vergara
Apartamentos Blume
Conde Aranda 호텔
Calle Prim
Calle Barquillo
Figueroa
Retiro
알칼라 문
Puerta de
Alcalá
Calle de Alcalá
Banco de Espana
시벨레스 광장
Plaza de Cibeles
Bank of Spain
Pasto del Prado
Calle de Montaban
Calle Juan de Mena
Calle de Antonio Maura
Calle de Alfonso XII
ssen-Bornemisza
Museum
Plaza Lealtad
Paseo del Prado
Calle Felipe IV
San Jeronimo el Real
파르케 델 레티로
Parque del Retiro
lle de Cervantes
국립 프라도 미술관
Museo Nacional
del Prado
Calle Moreto
Palacio de Cristal
Lope de Vega
Huertas
Santa Maria
Calle Jesus
Calle Veronica
Calle Gobernador
Calle de Alfonso XII
Calle San Ildefonso
Isabel
Real Conservatorio
Superior de Musica
국립 소피아
왕비 예술 센터
eo Nacional Centro
de Arte Rena Sofia
Museo Nacional
de Antropologia
Ronda de Atocha
Paseo de la R. Cristina
Pantheon of
Illustrious Men
Basilica of Nuestra
Senora de Atocha
Paseo de las Delicias
Calle de Méndez Alvar

마드리드 추천 코스

마드리드 여행은 곰 동상이 자리하고 있는 솔 광장에서 시작한다. 중앙 광장인 마요르 광장을 지나 산 미구엘 시장에 들러 타파스 한 접시로 시장 분위기를 즐기고 거대한 왕궁 지역을 지나 세르반테스 서거 300주년 기념비가 자리한 스페인 광장에 다다르면 최대 번화가인 그란비아 거리가 시작된다. 스페인 회화의 보고인 프라다 미술관과 피카소의 대작 〈게르니카〉를 만날 수 있는 소피아 미술관도 놓치지 말자.

1일 코스

1박 2일 코스

1일

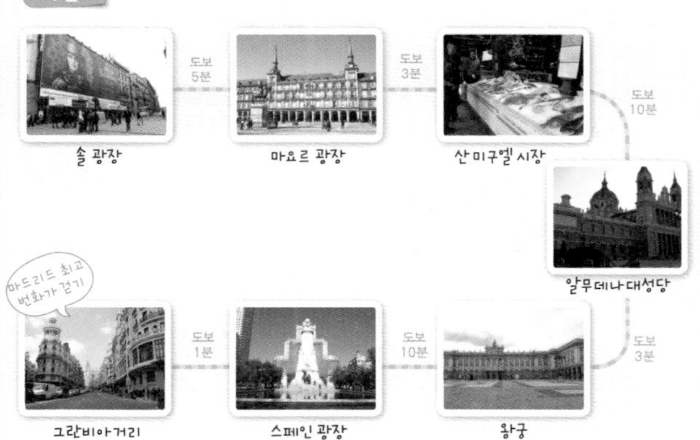

솔 광장
도보 5분
마요르 광장
도보 3분
산 미구엘 시장
도보 10분
알무데나 대성당
도보 3분
왕궁
도보 10분
스페인 광장
도보 1분
그란비아 거리
마드리드 최고 번화가 걷기

2일

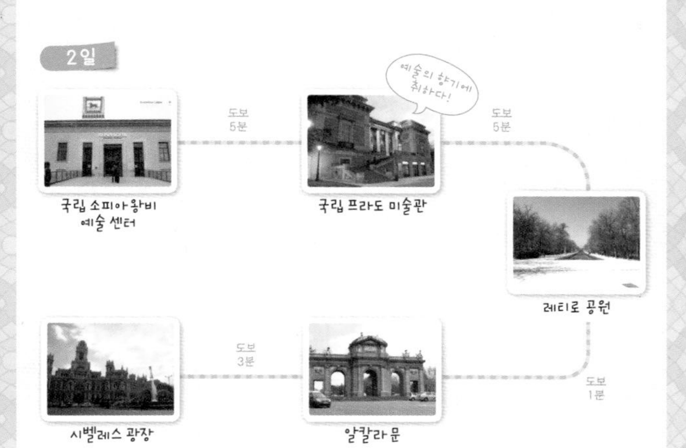

국립 소피아 왕비 예술 센터
도보 5분
국립 프라도 미술관
예술의 향기에 취하다!
도보 5분
레티로 공원
도보 1분
알칼라 문
도보 3분
시벨레스 광장

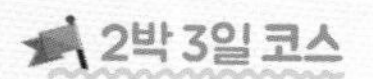

2박 3일 코스

1일

솔 광장

도보 5분

마요르 광장

도보 3분

산 미구엘 시장

도보 10분

알무데나 대성당

도보 3분

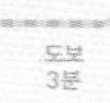

왕궁

도보 10분

스페인 광장

도보 1분

그란 비아 거리

2일

국립 소피아 왕비 예술 센터

메트로 15분

산티아고 베르나베우 스타디움

메트로 15분

티센 보르네미스사 미술관

3일

국립 프라도 미술관

도보 5분

레티로 공원

도보 1분

알칼라 문

도보 1분

세라노 거리

메트로 5분

라스 벤타스 투우장

메트로 10분

시벨레스 광장

도보 5분

왕립 산 페르난도 미술 아카데미

솔 광장 & 왕궁 지역
Puerta del Sol & Palacio Real

◆ 마드리드 관광의 거점인 솔 광장과 왕궁 주변은 마드리드의 중심부에 위치해 있다. 솔 광장을 중심으로 마드리드 최대 번화가인 그라시아와 구시가지에 해당하는 마요르 광장이 인접해 있으며, 마드리드의 역사와 문화를 느낄 수 있는 왕궁 지역까지 이어져 있다. 한마디로 마드리드의 대표적인 관광 코스라고 할 수 있다.

MAPECODE **27001**

솔 광장(푸에르타 델 솔) Puerta del Sol

마드리드의 상징 소귀나무와 곰 조각상

흔히 '솔 광장'이라고 부르는 푸에르타 델 솔은 국도의 기점에 해당하는 장소로, 스페인 각지로 통하는 10개의 도로가 이곳에서 뻗어 나간다. '태양의 문'이라는 뜻의 푸에르타 델 솔에는 16세기까지 태양의 그림이 그려진 성문이 있었지만, 현재는 남아 있지 않다. 광장 한편에 있는 소귀나무와 곰의 조각상은 마드리드의 상징이며, 만남의 장소로 시민들에게 사랑 받고 있다. 이 일대는 마드리드의 옛 모습이 가장 많이 남아 있는 곳으로, 푸에르타 델 솔에서 마드리드 왕궁까지 구시가지가 이어진다. 광장 주변에는 레스토랑, 백화점, 쇼핑센터, 카페, 서점 등이 자리하고 있어 언제나 많은 사람들로 활기가 넘친다.

위도 40.416853 (40° 25′ 0.67″ N), 경도 -3.702822 (3° 42′ 10.16″ W) 메트로 1, 2, 3호선 Sol 역에서 하차, 도보 1분 버스 3, L1, L5, N16, N17번 Pta. del Sol - Carretas에서 하차, 도보 1분

MAPECODE 27002

마요르 광장 Plaza Mayor

마드리드를 대표하는 광장

중세에는 시장으로 사용되던 장소였는데, 펠리페 3세 때인 1619년 주요 행사가 열리는 광장으로 건설된 후에는 왕의 취임식, 종교 의식, 투우 경기, 교수형 등이 치러지는 장소로 사용되었다. 3번의 화재로 옛 모습은 남아 있지 않고 19세기에 현재의 모습으로 재건축되었다. 커다란 4층 건물이 반듯한 직사각형을 이루며 광장 전체를 둘러싸고 있는데, 9개의 아치 문이 광장으로 통하고 있어서 어느 방향에서든 광장으로 들어가는 것은 어렵지 않다. 광장 가운데에서 기품 있게 말을 타고 있는 기마상은 바로 펠리페 3세이다. 광장 주위를 둘러싼 건물의 1층에는 레스토랑, 카페, 기념품 가게, 관광 안내소 등이 자리하고 있다. 9개의 아치문 중 하나인 광장 남서쪽의 쿠치예로스 문의 계단을 통해 내려가면 메손과 바르가 늘어서 있는 카바 데 산 미구엘(Cava de San Miguel) 거리와 만나게 된다. 마요르 광장에서는 매주 일요일 오래된 우표를 판매하는 우표 벼룩시장이 열리고, 12월에는 크리스마스 시장도 열린다.

Plaza Mayor, s/n, 28005 Madrid 위도 40.415364 (40° 24′ 55.31″ N), 경도 -3.707398 (3° 42′ 26.63″ W) 메트로 1, 2, 3호선 Sol 역에서 하차, 도보 5분 버스 3, N16번 Mayor N° 21에서 하차, 도보 2분

MAPECODE 27003

라스트로(벼룩시장) Rastro

500년 이상 된 스페인 최고의 벼룩시장

매주 일요일과 공휴일 아침 9시부터 오후 3시까지 열리는 라스트로는 500년 넘게 이어지며 마드리드 시민들과 관광객들의 발길을 사로잡았다. 라스트로에서는 옷, 잡화, 액세서리, 골동품, 스페인 특산품까지 다양한 품목의 제품들을 판매한다. 11시 이후에는 엄청난 인파가 몰리기 때문에 조금이라도 여유 있게 돌아보고 싶다면 11시 이전에 찾아가도록 하자. 워낙 많은 사람들이 몰리는 장소이기 때문에 특히 소매치기를 조심해야 한다.

매주 일요일, 공휴일 09:00~15:00 메트로 5호선 La Latina 역에서 하차, 도보 3분

MAPECODE 27004

산 미구엘 시장 Mercado de San Miguel

스페인의 국제적인 식문화 센터

마요르 광장 동쪽에 자리한 시장으로, 마드리드 시민들의 식재료를 공급하고 있으며 관광객들에게도 큰 사랑을 받고 있다. 처음엔 전통 시장에 가까웠으나 화재로 인해 폐쇄되었다가 지역 주민들을 위해 농산물과 식재료를 판매하기 시작하면서 다시 시장의 모습을 갖추게 되었다. 최근 리모델링을 통해 철골을 세우고 통유리로 둘러싸면서, 개방형이던 시장이 실내 시장으로 다시 태어났다. 흔히 생각하는 재래시장과는 달리 굉장히 깔끔한 분위기로, 간단하게 음식을 맛볼 수 있는 바르와 다양한 먹거리가 진열된 상점들이 발길을 잡고 있다. 과일, 채소, 생선, 하몬, 꽃, 견과류 등의 식재료와 식품을 파는 상점들은 바둑판 모양으로 자리하고 있기 때문에 쇼핑하는 동선도 어렵지 않다. 부담 없이 와인 한잔이나 타파스를 먹기에도 좋은 곳이다.

Plaza de San Miguel, s/n, 28005 Madrid 위도 40.415444 (40° 24′ 55.60″ N), 경도 -3.709114 (3° 42′ 32.81″ W) 0915 42 49 36 일~목 10:00~24:00 / 금~토 10:00~01:00 마요르 광장 도보 1분 버스 3, N16번 Mayor – Pza. de La Villa에서 하차, 도보 3분 www.mercadodesanmiguel.es

MAPECODE 27005

알무데나 대성당 Catedral de Nuestra Señora de la Almudena

스페인 왕실의 주 성당이자 마드리드 대성당

왕궁 바로 옆에 자리하고 있는 알무데나 대성당은 스페인이나 유럽의 다른 대성당에 비해 역사도 길지 않고 예술적인 완성도도 크게 주목 받지 못하는 편이다. 이곳은 마드리드의 수호 성모 알무데나를 기리는 성당인데, 알무데나는 아랍어로 성벽을 뜻하는 '알무다이나'에서 유래한 이름으로, 마드리드를 점령한 무슬림들이 파괴할까 봐 성벽에 숨겨 놓았던 성모상이 300년 후에 발견되면서 붙여진 이름이다. 성당은 1879년 착공되었지만 정치적인 이유와 내전 등의 이유로 100년 넘게 걸려 1993년에 와서야 완공되었다.

Calle de Bailén, 10, 28013 Madrid 위도 40.415496 (40° 24′ 55.79″ N), 경도 -3.713674 (3° 42′ 49.23″ W) 0915 42 22 00 09:00~20:30, 하절기 10:00~21:00 €1 메트로 2, 5호선 Opera 역에서 하차, 왕궁 방향으로 도보 7분 버스 3, 148, N16번 Bailén – Mayor에서 하차, 도보 1분 www.catedraldelaalmudena.es

MAPECODE 27006

왕궁 Palacio Real

스페인에서 가장 호화스러운 왕궁

원래 9세기에 세워진 무슬림의 요새가 있던 자리로, 무슬림이 물러난 후에는 합스부르크 왕가가 요새를 궁전으로 사용했으나 1734년 크리스마스 밤에 대형 화재로 소실되었다. 프랑스 부르봉 왕조 출신으로 베르사유 궁전에서 태어나고 자란 펠리페 5세가 이 자리에 베르사유 궁전과 비슷한 왕궁을 건립하라는 명을 내린다. 이탈리아 건축가였던 필리포 유바라(Filippo Juvara)가 설계를 끝내고 착공 전 사망하자 그의 제자였던 사게티가 승계 받아 사바티니, 로드리게스와 함께 1764년 지금과 같은 모습으로 완공하였다. 스페인 왕의 공식 거처이지만 현재는 공식 행사에만 사용되고 실제 거주하지는 않는다. 사방 150m의 왕궁 안에는 2,800개의 방이 있는데 그중 50개의 방만 일반에 공개하고 있다. 특히 베르사유 궁전에서 가장 유명한 거울의 방을 모방해서 만든 '옥좌의 방', 건축가 유바라가 설계한 로코코 양식의 걸작으로 정교함과 화려함이 더해져 호화스러움의 극치를 보여 주는'가스파리니 방', 벽 전체가 황금 비단으로 꾸며져 있는 '황금의 방', 145명이 한꺼번에 앉아 식사를 할 수 있는 대형 식탁이 자리한 '연회장'에서 스페인의 화려했던 궁중 생활을 엿볼 수 있다. 또한 왕궁 안의 아르메리아 광장에 있는 약물 박물관도 왕궁에서 놓치지 말아야 할 코스이다.

🏠 Calle Bailén, s/n, 28071 Madrid ⓖ 위도 40.417955 (40° 25′ 4.64″ N), 경도 -3.714312 (3° 42′ 51.52″ W) ☎ 0914 54 87 00 ⓞ 4~9월 10:00~20:00 / 10~3월 10:00~18:00 ⓔ 성인 €10, 학생 €5 🚇 메트로 2, 5호선 Opera 역에서 하차, 왕궁 방향으로 도보 5분 버스 3, 148, N16번 Bailén - Mayor에서 하차, 도보 3분 ⓘ www.patrimonionacional.es

MAPECODE 27007

스페인 광장 Plaza de España

세르반테스 사후 300주년 기념비가 있는 광장

고층 빌딩으로 둘러싸인 에스파냐 광장은 마드리드 최고의 번화가인 그란 비아가 시작하는 곳에 위치해 있다. 1930년 <돈키호테>로 잘 알려진 스페인 작가 세르반테스의 사후 300주년을 기념하기 위해 제작한 기념비가 서 있는 곳이다. 기념비 중앙에는 작가 세르반테스가 앉아 있고 그 앞에 로시난테를 타고 있는 돈 키호테와 당나귀를 타고 있는 산초 판사의 청동상이 자리하고 있다. 해가 지면 주변 나무들이 빛을 막아 어두워 늦은 시간 혼자서는 찾지 않는 것이 안전하다.

🏠 Plaza de España, 20, 28008 Madrid ⓖ 위도 40.423229 (40° 25′ 23.62″ N), 경도 -3.712592 (3° 42′ 45.33″ W) 🚇 메트로 3, 10호선 Plaza de España 역에서 하차, 도보 1분 버스 44, 133번 Pza. España에서 하차, 도보 1분 / 3, 46, 75, 148, C2번 Pza. España - Cta. San Vicente에서 하차, 도보 1분

MAPECODE 27008

그란 비아 Gran Vía

마드리드 최고의 번화가

마드리드에서 가장 번화한 거리인 그란 비아는 20세기 초 프랑스 파리와 미국 뉴욕을 모티브로 하여 건설된 거리이다. 에스파냐 광장에서부터 알칼라 거리까지 약 1.5km에 이르는 거리에 고급 호텔, 명품 숍, 백화점, 고급 레스토랑, 카페 등이 자리하고 있다.

메트로 1, 5호선 Gran Vía역에서 하차, 도보 1분 / 3, 5호선 Callao 역에서 하차, 도보 1분 / 2호선 Santo Domingo 역에서 하차, 도보 1분 / 3, 10호선 Plaza de España 역에서 하차, 도보 1분 버스 1, 2, 46, 74, 146, N18, N19, N20, N21번 Gran Vía 거리 모든 정류장에서 하차 가능

MAPECODE 27009

왕립 산 페르난도 미술 아카데미 Real Academia de Bellas Artes de San Fernando

프라도 미술관과 함께 스페인 회화의 보고

푸에르타 델 솔(Puerta del Sol) 역과 세비야(Sevilla) 역 중간에 위치해 있는 왕립 산 페르난도 미술 아카데미는 1744년 펠리페 5세의 지시로 예술 보호와 화가 육성을 위해 설립되었고, 1752년 페르난도 6세 때 개축되었다. 고야, 달리, 피카소 등 유명 화가들이 아카데미를 거쳐 간 만큼 고야, 무리요, 리베라, 수르바란 등 16~19세기 스페인 대표 화가들의 작품들과 루벤스, 틴토레토, 아르틴보르도 등 다른 유럽 화가들의 작품까지 1,000여 점의 작품을 소장하고 있다. 특히 수르바란과 고야의 작품은 놓치지 말고 감상하도록 하자.

Cambio de local Alcalá, 13, 28014 Madrid 위도 40.417564 (40° 25′ 3.23″ N), 경도 -3.701245 (3° 42′ 4.48″ W) 0915 24 08 64 미술관 화~토 10:00~15:00 / 휴관 미술관 매주 월요일, 1월 1일 · 6일, 5월 1일 · 30일, 11월 9일, 12월 24일 · 25일 · 31일, 마드리드 축제 기간 성인 €8, 학생 €4 메트로 1, 2, 3호선 Puerta del Sol 역에서 하차, 도보 3분 / 2호선 Sevilla 역에서 하차, 도보 2분 버스 51번 Alcala-Pta. del Sol에서 하차, 도보 2분

아토차 역 주변

Estación de Atocha

◆ 국립 프라도 미술관, 국립 소피아 왕비 예술 센터, 티센 보르네미스사 미술관 등의 미술관과 박물관이 모여 있는 아토차 역 주변은 그야말로 박물관 거리라고 할 수 있다. 아토차 역부터 시벨레스 광장으로 이어지는 이 거리는 옛 왕실의 중후한 멋이 살아 있는 곳이기도 하다.

MAPECODE 27010

국립 소피아 왕비 예술 센터 Museo Nacional Centro de Arte Reina Sofía

피카소의 대작 〈게르니카〉가 전시된 미술관

스페인의 수도에도 파리의 퐁피두 센터 같은 현대 미술관이 필요하다는 스페인 예술가들의 요청에 따라 설립된 국립 현대 미술관이다. 원래 국립 병원이었던 건물을 보수하여 1986년 레이나 미술 센터로 개관하였고 1988년 국립 미술관이 되었으며 1992년 9월 10일 스페인의 현 왕비인 소피아 왕비에서 이름을 따서 재설립하였다. 18세기에 지어진 신고전주의 양식의 건물에 통유리로 된 3개의 엘리베이터 탑을 증축하면서 18세기의 건물에 현대적인 느낌을 더해 현재의 모습으로 완성되었다. 20세기 스페인을 대표하는 화가들의 회화와 조각들이 모여 있는 만큼, 모더니즘, 초현실주의, 입체파 등의 현대 미술 사조를 한자리에서 만날 수 있다. 가장 유명한 작품인 피카소의 〈게르니카〉는 2층 피카소 컬렉션에서 만나볼 수 있으며, 달리, 미로, 타피에스 등의 작품도 놓치지 않도록 하자.

🏠 Calle de Santa Isabel, 52, 28012 Madrid 위도 40.408566 (40° 24′ 30.84″ N), 경도 -3.694040 (3° 41′ 38.54″ W) ☎ 0917 74 10 00 월, 수~토 10:00~21:00 / 일 10:00~14:30, 14:30~19:00(전시실 1개만 오픈) / 휴관 매주 화요일, 1월 1일 · 6일, 5월 15일, 11월 9일, 12월 24일 · 25일 · 31일 성인 €10 (온라인 예매 €8) 무료 입장 25세 미만 국제 학생증 지참 / 월, 수~토 19:00~21:00, 일 13:30~19:00 / 4월 18일, 5월 18일, 10월 12일 프라도 미술관에서 도보 10분 / 메트로 1호선 Atocha 역에서 하차, 도보 5분 버스 27, 34, C1, E1, N12, N15, N17번 Pza. Emperador Carlos V에서 하차, 도보 2분 www.museoreinasofia.es

피카소의 작품

달리의 작품

Tip 게르니카 Guernica

스페인 정부는 1937년 여름에 개최될 예정인 파리 만국 박람회의 스페인관에 전시할 작품을 몇 년 전부터 피카소에게 의뢰하였다. 하지만 그 해 초까지도 작품의 주제를 정하지 못하던 피카소는, 1937년 4월 26일 독일 나치군이 스페인 바스크 지방의 작은 마을 게르니카에 24대의 비행기로 엄청난 폭격을 퍼부었고, 그로 인해 6,000여 명의 마을 인구 중에서 약 1/3에 해당하는 1,600여 명의 사상자가 생기고 마을의 70%가 파괴되었다는 기사를 접하게 된다. 당시 스페인에서 공화당의 세력이 커지자 기존의 왕당과 프랑코 군대가 독일의 히틀러에게 군사 지원을 요청했고, 히틀러가 공화당의 근거지였던 게르니카를 폭격함으로써 스페인 내전은 프랑코 군대의 승리로 돌아갔던 것이다. 피카소는 이 비극적인 사건을 소재로 하여 5월부터 작업을 시작해서 한 달 이상의 시간을 들여 대작을 완성하고 〈게르니카〉라고 이름을 붙였다. 이 작품을 완성하기까지 드로잉만 해도 수백 장을 그렸는데 이 드로잉 역시 함께 전시되고 있다. 당시 공화당을 지지했던 피카소는 프랑코의 독재하에 있는 스페인에서는 절대 〈게르니카〉를 전시할 수 없다며 그림 반입을 거부하였고, 뉴욕 현대 미술관에 무기한 대여 형식으로 빌려 주게 되었다. 피카소 탄생 100주년인 1981년 스페인 국민들의 열망으로 드디어 〈게르니카〉가 스페인의 품으로 돌아왔고, 잠시 프라도 미술관에 소장되었다가 1992년 보관상의 문제로 국립 소피아 왕비 예술 센터로 옮겨져 전시되고 있다.

피카소, 1937, 캔버스에 유채, 782 x 351cm

MAPECODE **27011**

티센 보르네미스사 미술관 Museo Thyssen—Bornemisza

개인 컬렉션 중에서 세계 2위

스위스의 티센 보르네미스사 남작은 영국 엘리자베스 여왕에 이어 두 번째로 많은 개인 컬렉션을 갖고 있었다. 1993년 스페인 정부가 그의 유럽 회화 컬렉션을 사들였고, 18세기에 건축된 비야에르모사 궁전에 미술관을 개관하였다. 13세기 이탈리아 르네상스 시대의 작품부터 19~20세기 근현대 회화까지 유럽 각국의 각 시대별 작품을 망라하고 있어서 유럽 미술사의 시대별 흐름을 한눈에 볼 수 있다.

Paseo del Prado, 8, 28014 Madrid 위도 40.415725 (40° 24′ 56.61″ N), 경도 -3.695061 (3° 41′ 42.22″ W) ☎ 0902 76 05 11 화~일 10:00~19:00, 월 12:00~16:00, 12월 24일 · 31일 10:00~15:00 / 휴관 1월 1일, 5월 1일, 12월 25일 상설 전시 성인 €12, 학생 €8 (매주 월 12:00~16:00 무료 입장) 프라도 미술관에서 도보 3분 / 메트로 2호선 Banco de España 역에서 하차, 도보 5분 버스 10, 14, 27, 34, 37, 45, N9, N10, N11, N12, N13, N14, N15, N17, N25, N26번 Pza. Canovas del Castillo에서 하차, 도보 3분 www.museothyssen.org

MAPECODE **27012**

레티로 공원 Parque del Retiro

마드리드 시민들의 휴식처

16세기 펠리페 2세가 세운 동쪽 별궁의 정원이었던 곳으로, 펠리페 4세 때 궁전과 정원을 증축했지만 프랑스와의 전쟁 때 파괴되어 현재는 군사 박물관으로 사용되는 건물만 유일하게 남아 있다. 19세기 중반에 이사벨 2세가 마드리드 시로 양도한 뒤 지금은 시민들에게 휴식처를 제공해 주는 공원으로 많은 사랑을 받고 있다. 120ha의 광대한 도심 속 공원에는 알폰소 2세의 기념상이 서 있는 인공 연못이 있고, 연못에서는 노를 저으며 뱃놀이를 할 수도 있다. 만국 박람회 때 건축된 벨라스케 궁과 수정궁에서 전시회가 열리기도 하며, 장미 정원 역시 이 공원에서 인기 있는 휴식 장소이다. 다만 구역이 상당히 넓어 인적이 드문 곳은 범죄의 위험이 있으니 되도록 피하는 것이 좋다.

Plaza de la Independencia, 7, 28001 Madrid 위도 40.419737 (40° 25′ 11.05″ N), 경도 -3.688220 (3° 41′ 17.59″ W) ☎ 0915 30 00 41 겨울철 06:00~22:00 / 여름철 06:00~24:00 프라도 미술관에서 도보 4분 / 메트로 2호선 Retiro 역에서 하차, 도보 2분 / 9호선 Ibiza 역에서 하차, 도보 2분 버스 19번 Alfonso XII-Espalter 거리의 모든 정류장에서 하차 가능 / 1, 2, 9, 15, 20, 28, 51, 52, 74, 146, 202, N2, N3, N5, N6, N7, N8번 Puerta de Alcalá에서 하차, 도보 1분 / 20, 26, 63, 152, C1번 Av. Menendez Pelayo - A. Sainz Baranda에서 하차, 도보 1분

파블로 피카소 Pablo Picasso

1881년 10월 25일 스페인 말라가에서 태어난 피카소는 말을 배우기 시작할 때부터 미술 교사였던 아버지 덕분에 자연스럽게 그림을 그리기 시작했다. 학교에 들어가서도 미술 시간만큼은 남다른 재능을 보였고, 14세가 되던 해 말라가에서 바르셀로나로 이사를 하면서 그림을 제대로 배우기 시작했지만 자유롭게 그림을 그리던 어린 피카소는 엄격한 규율과 규칙에 적응하지 못하면서 학교를 그만둔다. 남달랐던 그림 실력 때문에 또 다시 미술 학교인 마드리드 왕립 학교에 들어갔지만, 그 역시 적응에 실패하면서 다시 바르셀로나로 돌아와 그 당시 유명했던 화가들의 그림을 보면서 혼자서 자유롭게 그림을 그리는 데 몰두했다.
1900년 젊은 피카소는 스페인을 떠나 프랑스 파리에 정착했다. 그곳에서 인상파 화가들의 작품을 접하며 많은 영향을 받은 피카소는 그의 나이 20세 때 첫 전시회를 열면서 유명해지기 시작했다. 처음 파리에 정착하면서 그가 겪은 가난에 대한 공포는 자살을 결심할 만큼 엄청난 두려움이기도 했지만 그 경험을 작품에 반영하여 가난한 하층 계급을 푸른색의 컬러를 사용하여 표현했다. 이 시기를 흔히 피카소의 '청색 시대'라 부른다. 1904년 연애를 시작하면서 색상이 밝은 색으로 변하였고, 작품의 모티브도 가난한 사람들에서 광대를 표현하는 것으로 바뀌었다. 〈공 위에서 묘기를 부리는 소녀〉, 〈광대〉, 〈곡예사 가족〉 등 많은 작품들이 인정을 받았다. 1905년 피카소는 파리에서 손꼽히는 화가로 자리를 잡았고, 1907년 피카소의 가장 대표적인 작품인 〈아비뇽의 처녀들〉이 탄생하였다. 이맘때쯤 공동 작업을 하던 조르주 브라크와 새로운 미술 양식인 입체주의 양식을 만들어냈고, 20세기 회화의 최대 거장으로 이름을 남기게 된다. 1936년 스페인 내전 당시는 프랑코 총통에 대한 증오와 적의를 표현한 작품들을 연작으로 그리기 시작했다.
프랑스와 스페인 곳곳에 피카소의 작품을 감상할 수 있는 미술관들이 자리하고 있는데, 스페인에는 피카소가 태어난 말라가와 유년 시절을 보낸 바르셀로나에 피카소 미술관이 있고, 피카소의 대표작인 〈게르니카〉는 마드리드 소피아 미술관에 전시되어 있다. 피카소는 1973년 4월 8일 92세의 나이로 프랑스 남부 무쟁이라는 마을에서 심장마비로 세상을 떠났다. 그는 고령의 나이에도 불구하고 죽는 날까지 그림 그리는 일을 쉬지 않았을 정도로 평생 동안 작품 활동을 해온 현대 미술사에서 절대 빼놓을 수 없는 거장임에 틀림없다.

청색 시대

아비뇽의 처녀들

국립 프라도 미술관

MAPECODE 27013

Museo Nacional del Prado

세계 3대 미술관으로 손꼽히는 미술관

미국 뉴욕의 메트로폴리탄 미술관, 러시아 상트 페테르부르크의 에르미타주 미술관과 함께 세계 3대 미술관으로 꼽힌다. 18세기에 자연사 박물관을 개관하기 위해 지었지만 계속되는 전쟁으로 완공하지 못하다가, 1819년 페르난도 7세의 명으로 스페인 왕실이 소장한 9,000여 점의 회화를 일반인들에게 공개하는 미술관으로 바꾸어 개관하였다. 무려 3만 점 이상의 작품을 소장하고 있으며, 그중 약 3,000점의 작품만 전시되고 있다. 스페인 회화는 물론이고 중세부터 18세기까지의 유럽 회화들이 나라별로 전시되어 있기 때문에 나라별 회화 스타일을 미리 공부한다면 관람하는 재미를 더해 줄 것이다. 엘 그레코, 벨라스케스, 고야 등 3대 거장의 전시관은 반드시 들러야 할 필수 코스이고, 그 밖에 티치아노, 루벤스, 리베라, 무리요, 수르바란의 작품들도 눈여겨볼 만하다. 2013년부터 한국어 오디오 가이드를 유료로 대여할 수 있으니 오디오를 통해 주요 작품의 설명을 듣는 것도 좋은 방법이 될 것이다.

Paseo del Prado, s/n, 28014 Madrid 위도 40.413782 (40° 24′ 49.62″ N), 경도 -3.692127 (3° 41′ 31.66″ W) ☎ 0913 30 28 00 월~토 10:00~20:00 / 일 · 공휴일 10:00~19:00 / 1월 6일, 12월 24일 · 31일 10:00~14:00 / 휴관 1월 1일, 5월 1일, 12월 25일 18세 이상 일반 €15 / 한국어 오디오 가이드 대여 €5 무료 입장 25세 미만 학생 (국제 학생증 소지자에 한함), 월~토 18:00~20:00, 일 · 공휴일 17:00~19:00 티센 보르네미스사 미술관에서 도보 3분 / 메트로 1호선 Atocha 역에서 하차, 도보 10분 (고야 문까지는 도보 15분) 버스 10, 14, 27, 34, 37, 45, N9, N10, N11, N12, N13, N14, N15, N17, N25번 Prado-Pza. Murillo에서 하차, 도보 2분 www.museodelprado.es

쾌락의 정원 히에로니무스 보스

〈쾌락의 정원〉은 보스의 작품 중에서 가장 유명한 작품이다. 이 그림은 3부작으로 구성되어 있으며, 각각 '피조물', '쾌락의 동산', '지옥'을 묘사하고 있다. 왼쪽 패널의 '피조물'은 인간이 창조될 때의 모습을 담은 것으로, 에덴 동산에서 신이 아담의 뼈로 이브를 창조한 후, 아담에게 이브를 소개하고 있다. 가운데 패널인 '쾌락의 동산'은 세속에서 오직 즐거움만 탐닉하는 모습이 그려져 있다. 오른쪽 패널의 '지옥'은 쾌락의 즐거움으로 인해 지옥에 떨어진다는 메시지를 담고 있다. 초현실주의의 선구자라고 할 수 있는 보스의 작품들은 대부분 난해한 데 비해, 이 작품은 비교적 이해하기 쉬운 작품이다.

삼위일체 엘 그레코

이 작품은 톨레도의 산토 토메 성당의 제단화로 그려진 것으로, 성모 승천 대축일을 기념해 제작된 것이다. 엘 그레코가 스페인 정착 초기에 이 작품을 의뢰 받았고, 덕분에 그는 톨레도에 잘 정착할 수 있게 되었다. 이 그림의 주제인 삼위일체는 '성자'인 예수와 '성부'인 하나님, '성령'을 대변하는 비둘기를 뜻하며, 성부·성자·성령이 이 그림 속에 모두 담겨 있다.

아담과 이브 알브레히트 뒤러

뒤러는 최초로 자화상을 그린 화가이기도 하다. 그는 인체를 연구하여 정확히 인체를 묘사한 것으로 유명한데, 이 작품은 인체 비례 면에서 수작으로 손꼽히는 것이다. 뒤러가 묘사한 아담과 이브는 당시 화가들이 그리던 아담과 이브와는 달리, 밝고 경쾌하게 묘사되어 있다. 또한 세상의 중심이 인간이라는 르네상스 정신에 맞게, 아담과 이브는 현실 속의 인간의 모습처럼 표현되어 있다.

비너스와 아도니스 베첼리오 티치아노

이 작품은 그리스 신화 속 비너스와 아도니스의 사랑을 주제로 한 그림으로, 신과 인간의 슬픈 사랑을 묘사하고 있다. 비너스는 큐피트의 화살을 맞은 후 아도니스에게 반해 사랑에 빠지게 되는데, 아도니스는 신이 아닌 사람이었다. 이 그림은 아도니스가 멧돼지에게 죽임을 당할 운명이라는 것을 알고 그가 사냥에 나가지 못하도록 비너스가 말리고 있는 장면을 그린 것이다. 아도니스는 비너스의 만류에도 불구하고 사냥에 나갔다가 죽고 결국 아네모네꽃으로 피어나게 된다.

가슴에 손을 얹은 기사 엘 그레코

이 작품 속의 기사는 전형적인 스페인 귀족의 모습을 하고 있다. 기사는 검을 가지고 있고, 왼팔은 등 뒤로 한 채, 오른손을 가슴에 얹어 마치 기사의 서약을 하고 있는 듯하다. 이 작품 속 주인공은 산티아고의 돈 후안 드 실바라고 짐작하고 있다.

삼미신 루벤스

루벤스의 말기 작품 중의 하나로, 죽을 때까지 자신이 보관하고 있던 작품이기도 하다. 그림 속에는 아글라이아, 탈레이아, 유프로시네 등 세 명의 미의 여신이 등장하고 있으며, 풍만한 여성미가 극대화되어 표현되어 있다. 맨 왼쪽에 그려진 여인은 루벤스가 만년에 만난 두 번째 부인 헬레나 푸르망을 모델로 하여 그려졌다.

브레다의 항복 벨라스케스

이 작품은 1625년 스페인이 네덜란드의 브레다 성을 포위해서 결국 항복을 받아 낸 사건을 묘사한 것으로, 스페인 왕궁의 알현실을 장식하기 위해 그린 것이다. 그림 가운데에 열쇠를 건네는 사람이 브레다의 사령관인 나사우이며, 열쇠를 받는 사람이 스페인의 사령관인 스피놀라다. 그림 속의 스페인은 승자이지만 거만하지 않고, 마치 패자에게 관용을 베푸는 것처럼 표현되어 있다.

시녀들 벨라스케스

이 작품은 벨라스케스의 최대 걸작으로 일컬어지고 있는 작품이다. 이 그림의 제목은 시녀들이지만, 그림 속을 자세히 보면, 한쪽에서 시녀들을 그리고 있는 벨라스케스 자신의 모습이 그려져 있어 자신이 주인공인 것 같다. 벨라스케스 옆에는 마르가리타 공주와 시녀, 난쟁이와 궁중 시종장 등이 보인다. 그리고 벽면에 걸린 작은 거울에 펠리페 4세와 왕비가 비친다. 궁중의 다양한 인물들의 모습을 마치 스냅 사진을 찍은 것같이 묘사해 놓았다.

카를로스 4세의 가족의 초상 프란시스코 고야

고야가 궁정 화가로 활동하면서 가장 마지막에 그린 왕가 일가의 초상화다. 이 작품 속에는 총 14명의 인물이 등장하는데, 화가 자신의 모습도 왼쪽 위에 그려져 있다. 이 작품에서 고야는 왕족의 모습을 현명한 모습보다는 멍청한 느낌으로 묘사하고 있는데, 이는 타락한 왕실의 모습을 풍자한 것이다. 당시 유럽에 퍼진 계몽주의와 프랑스 대혁명 등의 영향으로 고야는 군주제에 환멸을 느끼고 있었기 때문이다. 하지만 이 그림을 본 카를로스 4세는 매우 흡족해 했다고 한다.

1808년 5월 3일 프란시스코 고야

이 작품은 1808년 5월 3일에 스페인에서 일어난 역사적인 사건을 기록하고 있다. 1808년 나폴레옹이 마드리드를 점령하고 자기 동생을 스페인 왕으로 삼았는데, 이에 저항한 마드리드 시민들이 폭동을 일으키자 5월 3일 밤에 프랑스 군대가 폭동 가담자 수천 명을 처형했다. 고야는 처형당하는 시민들을 영웅적으로 묘사하기보다 사실 그대로 그렸다. 특히 강한 명암 대비가 긴장감을 극대화하고 있으며, 줄을 서서 기다리는 사형수들의 절망적인 모습이 전쟁의 참혹함을 보여 준다.

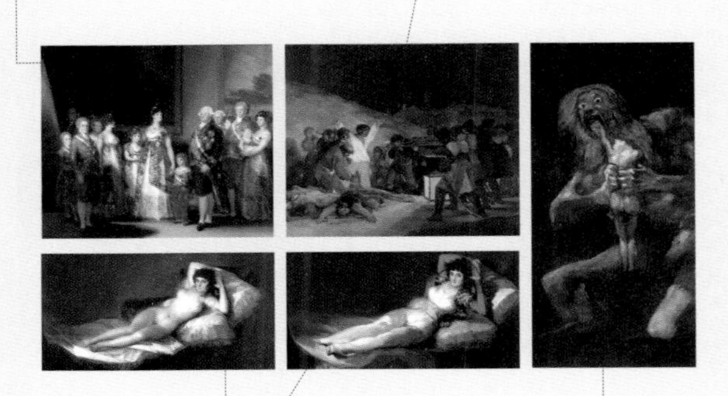

벌거벗은 마하, 옷 입은 마하 프란시스코 고야

이 두 작품은 쌍을 이루는 작품으로, 같은 모델을 각각 누드와 옷을 입은 모습으로 그린 것이다. 고야는 이런 외설적인 그림을 그렸기 때문에 종교 재판에까지 가게 된다. 하지만 재판에서도 누구를 그렸는지 밝히지 않았기 때문에 모델이 누구인지는 알려져 있지 않다. 〈벌거벗은 마하〉는 처음으로 여성의 음부가 그려진 그림이라고 한다. 〈옷 입은 마하〉는 옷을 입고 있기는 하지만 실루엣이 드러나 있어서, 어쩌면 더 퇴폐적으로 느껴지기도 한다.

아들을 잡아먹는 사투르누스 프란시스코 고야

프라도 미술관에는 고야의 작품 중 〈검은 회화〉 시리즈도 많이 전시되어 있는데 그중에서 이 작품이 가장 충격적인 작품이다. 이 작품은 로마 신화에 나오는 사투르누스 신이 자신의 아들을 잡아먹는 장면을 그린 것인데, 그는 아들이 자라 자신의 자리를 빼앗을까 봐 두려워 아들을 낳는 족족 잡아먹었다고 한다. 이 그림 속에서는 피를 뚝뚝 흘린 채 아버지에게 먹히는 아들의 모습이 그려져 있다. 이 작품을 통해 고야는 폭력성이나 인간성의 타락, 죽음에 대한 두려움 등을 표현하고 있다.

살라망카 주변
Salamanca

◆ 19세기 상류층이 밀집되어 있던 지역으로, 알칼라 문 북쪽의 카스테야나 대로와 세라노 거리를 중심으로 형성된 번화가이다. 고풍스러운 건축물이 즐비한 이곳은 지금도 옛 분위기를 그대로 이어가듯 고급 부티크와 브랜드 숍이 가득한 명품 쇼핑가이다.

MAPECODE 27014

시벨레스 광장 Plaza de Cibeles

마드리드에서 가장 유명한 분수가 있는 교차로

마드리드 시의 교통의 중심지인 시벨레스 광장은 알칼라 거리와 프라도 거리가 만나는 교차점에 위치해 있다. 중앙 우체국과 부에나 비스타 궁전, 스페인 은행에 둘러싸인 광장에는 마드리드에서 가장 유명한 시벨레스 분수가 있다. 시벨레스 분수는 두 마리의 사자가 이끄는 마차 위에 풍년과 다산의 상징인 시벨레스 여신이 올라타 있는 모습의 멋진 조각이 있으며 18세기에 만들어진 것이다. 마드리드에서 가장 화려한 건축물로 손꼽히는 중앙 우체국은 시벨레스 분수와 함께 야경 포인트이기도 하다.

🏠 Plaza de la Cibeles, Madrid 🅖 위도 40.419167 (40° 25′ 9.00″ N), 경도 −3.693056 (3° 41′ 35.00″ W) 🚌 프라도 미술관 도보 5분 / 메트로 2호선 Banco de España 역에서 하차, 도보 1분 버스 1, 2, 9, 10, 15, 20, 51, 52, 53, 74, 146, 203, N2, N3, N5, N6, N7, N8, N12, N15, N16, N17, N18, N19번 Plaza de Cibeles에서 하차, 도보 1분

MAPECODE 27015

알칼라 문 Puerta de Alcalá

카를로스 3세를 위한 개선문

이탈리아 건축가인 프랑시스코 사바티니가 1778년에 카를로스 3세의 마드리드 입성을 기념하기 위해 직접 설계한 마드리드의 개선문으로, 로마의 개선문을 모티브로 하였다. 알칼라 문은 스페인 독립 전쟁의 승리를 기념하기 위해 만들어진 독립 광장 중앙에 자리하고 있다.

🏠 Plaza de la Independencia, 1, 28014 Madrid 🅖 위도 40.420019 (40° 25′ 12.07″ N), 경도 −3.688686 (3° 41′ 19.27″ W) ☎ 0915 29 82 10 🚌 시벨레스 광장에서 도보 5분 / 메트로 2호선 Retiro 역에서 하차, 도보 2분 / 2호선 Banco de España 역에서 하차, 도보 5분 버스 1, 2, 9, 15, 20, 28, 51, 52, 74, 146, 202, N2, N3, N5, N6, N7, N8번 Puerta de Alcalá에서 하차, 도보 1분

MAPECODE 27016

콜론 광장 Plaza de Colón

콜럼버스를 기념하기 위한 공원

고층 빌딩이 모여 있는 비즈니스 거리 중심부의 교차로에 콜론 기념탑이 서 있는데, 이곳이 바로 콜론 광장이다. 콜론은 스페인어로 콜럼버스를 부르는 말로, 콜론 기념탑에는 스페인의 역사에서 빼놓을 수 없는 콜럼버스와 이사벨 여왕의 이야기가 조각되어 있다. 이 탑은 몇 년 전만 하더라도 광장 건너편에 있는 발견의 정원에 위치해 있었는데 현재는 교차로 중심의 분수대 위에 우뚝 솟아 있다. 원래 탑이 있었던 발견의 정원에는 거대한 돌로 만들어진 범선 분수대가 자리하고 있다.

Plaza de Colón, 14, 28004 Madrid 위도 40.424637 (40° 25′ 28.69″ N), 경도 -3.690076 (3° 41′ 24.27″ W) 메트로 4호선 Colón 역에서 하차, 도보 2분 버스 5, 14, 27, 45, 150, N1, N23, N24번 P o Castellana - Pza. de Colon에서 하차, 도보 1분 / 21, 37, L4, NC2번 Genova - Pza. de Colon에서 하차, 도보 1분 / 21, 53번 Goya - Serrano에서 하차, 도보 2분

MAPECODE 27017

세라노 거리 Calle de Serrano

마드리드의 명품 쇼핑 거리

살라망카 지역의 알칼라 문에서부터 미국 대사관까지 이어지는 약 1.5km의 거리가 마드리드의 명품 쇼핑 거리인 세라노 거리이다. 프라다, 디올, 발리, 구찌, 샤넬, 루이비통 등 우리가 흔히 아는 명품 브랜드부터 스페인 명품 브랜드까지 약 200개가 넘는 명품 숍들과 백화점, 쇼핑센터들이 자리하고 있다.

메트로 2호선 Retiro 역에서 하차, 도보 2분 / 4호선 Serrano 역 하차, 도보 1분 버스 28번 Puerta de Alcala에서 하차, 도보 1분 / 1, 9, 19, 51, 74, N4번 Serrano - Museo Arqueologico, Serrano - Goya, Serrano - Mques. Villamagna에서 하차, 도보 1분 www.shoppingmadrid.com/serrano.html

라스 벤타스 투우장 Plaza de Toros de Las Ventas

스페인에서 가장 큰 투우장

멕시코의 플라사 메히코(Plaza México) 투우장에 이어서 세계에서 두 번째로 크고 스페인에서는 가장 큰 투우장으로, 2만 5000석을 수용할 수 있다. 1922년 스페인 역사상 가장 유명한 투우사인 호세 고메스 오르테가가 친한 친구였던 당대 최고의 건축가 호세 에스펠리우스에게 부탁하여 설계하였는데, 호세 에스펠리우스는 아쉽게도 설계도만 남겨 놓고 사망하였다. 나중에 산티아고 베르나베우 스타디움을 설계한 마누엘 무노스 모나스테리오가 그의 뒤를 이어 1929년 투우장을 완공하였고, 이슬람 양식인 네오 무데하르(Neo-Mudéjar) 양식으로 지었다. 3년 뒤인 1931년 6월 첫 번째 투우 경기가 열리면서 현재까지도 이어지고 있다. 매년 5~6월 산 이시드로 축제 때에는 투우 경기가 절정에 이르기 때문에 표를 구하기가 매우 어려운 만큼 미리 표를 구해 두는 것이 좋다. 투우 경기의 입장료는 경기 내내 빛이 드는 솔(Sol) 구역과 경기 내내 그늘진 솜브라(Sombra), 처음엔 빛이 들어오다 점점 그늘이 되는 자리인 솔 이 솜브라(Sol y Sombra), 경기장과 가장 가까운 거리인 1층 특석 바레라(Barrera), 1층 텐디도(Tendido), 2층 그라다(Grada), 3층 안다나다(Andanada), 발코니석인 바르콘시요(Barconcillo) 등 좌석 종류에 따라 요금이 천차만별이다.

Calle Alcala, 237, 28028 Madrid 위도 40.431383 (40° 25′ 52.98″ N), 경도 -3.663061 (3° 39′ 47.02″ W) ☎ 0913 56 22 00 투우 경기 3~10월 일요일 17:00~19:00 경기장 투어 7~8월 10:00~19:00, 9~6월 10:00~18:00 / 휴무 1월 1일, 12월 25일 투우 경기 좌석에 따라 €5.40~150 경기장 투어 오디오 투어(스페인어, 포르투갈어, 이탈리아어, 프랑스어, 영어) 성인 €15, 12세 이하 €8 / 가이드 투어(스페인어, 이탈리아어, 프랑스어, 영어) 2~3명 1인당 €35, 4~5명 1인당 €30, 6~10명 1인당 €25, 11~20명 1인당 €20 메트로 2, 5호선 Ventas 역에서 하차, 도보 2분 버스 38, 106, 110, 146, 210, L2, L5, N5, N7번 Pza. de Toros de las Ventas에서 하차, 도보 1분 / 53번 Julio Camba - Alcala에서 하차, 도보 3분 / 21, 53번 Av. de los Toreros - Alcala에서 하차, 도보 3분 투우 경기 www.las-ventas.com / 투어 www.lasventastour.com

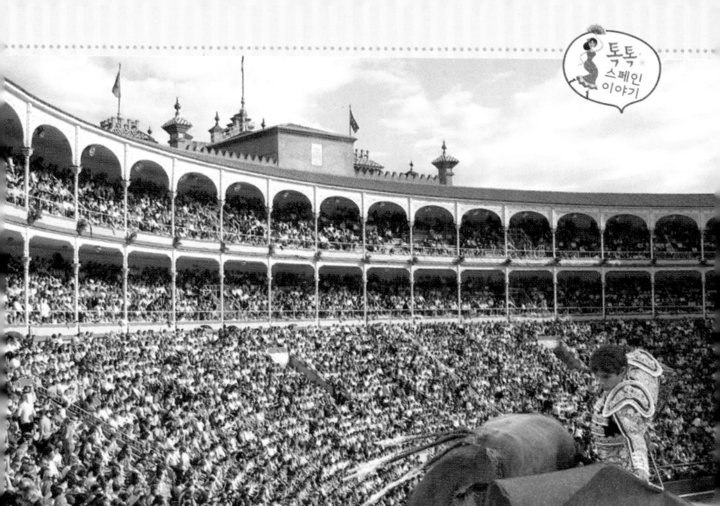

열정의 스포츠 투우

투우는 스페인을 대표하는 국기로, 큰 경기장 안에서 투우사와 소가 목숨을 건 싸움을 벌이는 스포츠다. 이베리아 반도를 점령했던 무어인(북아프리카 출신의 이슬람교도)에 의해 전파되었으며, 1080년 아비라에서 귀족 결혼식의 축하연으로 개회된 경기가 기록상 남아 있는 가장 오래된 경기이다. 17세기까지는 궁정 귀족들의 오락이었지만, 18세기 초부터 일반인도 즐길 수 있게 되었다.

스페인의 투우는 매년 3월 중순 발렌시아의 '불 축제' 기간부터 시작되어, 10월 중순 사라고사의 '피라르 축제'까지 약 7개월간 계속되며, 일요일과 국경일엔 거의 경기가 있다.

그러나 투우가 스페인의 국기가 된 것에 대해서 부정적인 시각을 가지고 있는 사람들도 많다. 투우가 본래 무어인에 의해 전파된 것이고, 안달루시아 지방에서 주로 행해지던 것이 스페인 정부의 대대적인 홍보에 의해 국기로 자리잡게 되었기 때문이다. 거기다 동물보호단체의 반발도 만만치 않다. 실제로 바르셀로나가 있는 카탈루냐 지방과 카나리아 제도에서는 투우가 금지되었다.

1933년 바르셀로나 투우 포스터

피카도르

반데리예로

투우의 진행

투우의 주역이 되는 수석 투우사를 '마타도르(Matador)'라 하며, 작살을 꽂는 '반데리예로(Banderillero)' 3명, 말을 타고 소를 창으로 찌르는 '피카도르(Picador)' 2명, 조수인 '페네오(Peneo)', 견습 투우사인 노비예로(Novillero)' 여러 명이 한 팀을 이루어 진행한다.

입장 ★ 마타도르를 앞세운 세 팀의 투우사가 경기장인 아레나에 등장한다.

1막 ★ 창의 막 카포테(앞-분홍, 뒤-노랑)를 든 노비예로가 소와 말을 떼어 놓고, 말을 탄 피카도르가 창으로 소를 찔러 소의 성질을 파악한다.

2막 ★ 작살의 막 반데리예로가 장식이 달린 반데리야스로 소의 급소를 찔러 소를 흥분시키고 체력을 소모시킨다.

3막 ★ 물레타의 막 마타도르가 등장해 보통 15분 정도에 걸쳐 소와 대결을 펼친다. 소의 정면에 서서 물레타(빨간 천)를 흔들면서 소를 빗겨 가게 하며 체력을 소모시키고 마지막으로 소의 숨통을 끊으면 경기가 끝난다.

퇴장 ★ 마타도르에게는 주최자가 죽은 황소의 귀와 꼬리를 포상으로 준다.

마타도르

투우 관람하기

❶ 좌석은 바레라(Barrera, 맨 앞줄), 1층 텐디도(Tendido, 상중하 세 종류 있음), 2층석 그라다(Grada), 3층석 안다나다(Andanada) 등으로 나뉘고, 햇살이 비치는 정도에 따라 다시 솔(Sol, 양지), 솜브라(Sombra, 그늘), 솔이 솜브라(Sol y Sombra, 점차 그늘짐)로 종류가 나뉜다.

❷ 투우에서 빨간 천을 쓰는 이유를 소가 빨간 색에 흥분을 하기 때문이라고 알고 있는 경우가 많은데 이것은 사실이 아니다. 실제로 소는 색맹이다. 경기 전 24시간 동안 소를 완전히 어두운 곳에 가둬다가 갑자기 밝은 곳으로 나와 흔들리는 천의 모습을 보면서 흥분하는 것이다. 빨간 천을 쓰는 이유는 관중들에게 시각적으로 잘 보이게 하기 위해서이다.

❸ 스페인의 주요 투우장으로는 2만 5천명을 수용할 수 있는 스페인 최대의 투우장인 마드리드의 라스 벤타스 투우장과 유명한 투우사들을 많이 배출한 투우의 전당 세비야의 마에스트란사 투우장이 대표적이고, 이밖에 바르셀로나의 모누멘탈 투우장, 말라가 투우장, 미하스 투우장 등이 있다.

말라가 투우장

모누멘탈 투우장

미하스 투우장

마에스트란사 투우장

그 밖의 지역

MAPECODE 27019

산티아고 베르나베우 스타디움 Santiago Bernabéu Stadium

레알 마드리드 CF의 홈 구장

산티아고 베르나베우 스타디움은 스페인 명문 축구 클럽인 레알 마드리드 CF가 소유한 세계적인 축구 경기장이다. 레알 마드리드 CF를 처음 창단한 산티아고 베르나베우의 이름을 따서 경기장 이름으로 사용하고 있다. 총 8만 1254명을 수용할 수 있는 규모의 경기장으로, 처음엔 이보다 더 많은 12만 5천 명을 수용했으나 거듭된 개조를 통해 지금의 모습을 갖추게 되었다. 레알 마드리드 CF의 홈 경기가 없는 날에는 셀프 가이드 투어를 통해 경기장과 선수들이 사용하는 로커룸, 레알 마드리드 축구팀과 농구팀의 역사를 전시하고 있는 박물관을 둘러볼 수 있고, 경기가 있는 날은 경기 시간 5시간 전까지 투어를 할 수 있다. 투어의 마지막에는 레알 마드리드 CF의 기념품을 구입할 수 있는 기념품 가게를 들르게 된다.

Avenida de Concha Espina, 1, 28036 Madrid 위도 40.453237 (40° 27′ 11.65″ N), 경도 -3.689393 (3° 41′ 21.81″ W) 0913 98 43 00 경기가 없는 날 월~토 10:00~19:00, 일·공휴일 10:00~18:30 경기가 있는 날 킥-오프 5시간 전까지 오픈 (단, 로커룸은 투어할 수 없음) / 휴무 1월 1일, 12월 25일 15세 이상 €25, 14세 이하 €18 메트로 10호선 Santiago Bernabéu 역에서 하차, 도보 3분 www.realmadrid.com

Eating

초콜라테리아 산 히네스 Chocolateria San Gines

MAPECODE 27020

역사와 전통을 자랑하며 120년간 마드리드 사람들은 물론이고 관광객들에게도 많은 사랑을 받고 있는 카페로, 초콜라테와 추로스를 맛볼 수 있다. 초콜라테는 우리가 흔히 알고 있는 음료가 아니라 추로스를 찍어 먹는 걸죽한 초콜릿인데, 여러 명이 가더라도 초콜라테는 1개만 주문하면 충분하다.

Pasadizo de San Ginés, 5, 28013 Madrid ☎ 091 365 65 46 24시간 초콜라테 1잔 + 추로스 6개 세트 메뉴 €4 / 초콜라테 1잔 €2.60 푸에르타 델 솔에서 도보 5분 / 마요르 광장에서 도보 3분 www.chocolateriasangines.com

라 핀카 데 수산나 La Finca De Susana

MAPECODE 27021

관광객들보다 현지인들에게 더 많은 사랑을 받고 있는 레스토랑이다. 럭셔리한 분위기에서 평범한 가격대의 스테이크를 맛보고 싶다면 수산나를 추천한다.

Calle del Principe, 10, 28012 Madrid ☎ 0914 29 76 78 일~수 13:00~23:45 / 목~토 13:00~24:00 메뉴+음료 €12~ 푸에르타 델 솔에서 도보 3분 www.grupandilana.com

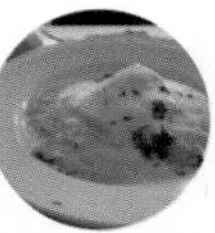

벤타 엘 부스콘 Venta El Buscón

MAPECODE 27022

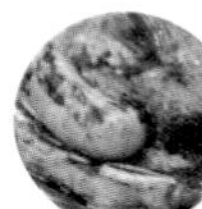

저렴한 가격에 고기를 배불리 먹을 수 있는 레스토랑으로 한국인들 사이에서 입소문이 나기 시작한 곳이다. 한국인 여행자들에게 가장 인기가 많은 메뉴는 2인 이상 주문 가능한 모둠 고기(Parrillade de Carne)로 고기를 좋아하는 분들에게는 추천하지만, 호불호가 있는 맛이다.

Calle de la Victoria 5, 28012 Madrid ☎ 0915 22 54 12 일~수 09:00~01:30, 목 09:00~02:00, 금~토 09:00~02:30 메뉴 델 디아 €13~ / 모듬 고기(2인) €21.50 솔 광장에서 도보 3분

엘 부에이 El Buey

MAPECODE 27023 27024

1982년 살라망카 지역에 처음 오픈한 엘 부에이는 소고기 구이 전문점이다. 테이블에서 1인용 뜨거운 접시에 원하는 대로 익혀 먹는 이색 고기 구이 레스토랑. 로모 데 부에이(Lomo de Buey, 소고기 안심) 구이가 주 메뉴인데, 메뉴판에는 1kg의 가격으로 나와 있지만 주문을 하면 1인 350g씩 먼저 가져다 준다.

월~토 13:00~16:00, 21:00~24:00 / 일 13:00~16:00 소고기 안심구이 1kg €42.40~ (3인) restauranteelbuey.com

[마드리드 본점]

Calle del General Pardiñas, 10, 28001 Madrid ☎ 0914 31 44 92 메트로 2, 9호선 Príncipe de Vergara 역에서 도보 4분 / 2, 4호선 Goya 역에서 도보 5분

[마리나 광장점]

Plaza de la Marina Española, 1, 28013 Madrid ☎ 0915 41 30 41 메트로 2호선 Santo Domingo 역에서 산토 도밍고 광장 출구로 나와서 도보 5분 / 왕궁에서 도보 5분

타베르나 델 차토 Taberna del Chato

MAPECODE 27025

타파스 전문 레스토랑으로 예쁜 유리잔에 담겨 있는 핀초스(타파스의 일종으로 이쑤시개를 꽂아 놓은 음식이며, 나중에 남은 이쑤시개만큼 계산)와 칵테일이 유명하다.

Calle Cruz, 35, 28012 Madrid ☎ 0915 23 16 29 ⓒ 월~목 19:00~01:00, 금 19:00~02:30, 토 12:00~16:30, 19:00~02:30 / 일 · 공휴일 12:00~16:30, 19:00~01:00 ⓔ 스테이크 €12~, 핀초스 1개당 €2.50~, 타파스 €2.50~, 칵테일 €7~ ⓑ 푸에르타 델 솔에서 도보 4분 / 마요르 광장에서 도보 5분 / 프라도 미술관에서 도보 10분 ⓘ www.tabernadelchato.com

레스타우란테 보틴 S.L Restaurante Botín

MAPECODE 27026

1725년 문을 연 레스토랑 보틴은 세계에서 가장 오래된 레스토랑으로 기네스북에 실릴 정도로 오랜 역사를 가진 곳이다. 〈노인과 바다〉, 〈무기여 잘 있거라〉, 〈누구를 위하여 종은 울리나〉의 작가 헤밍웨이가 자주 찾던 단골 레스토랑으로 알려진 덕분에 관광객들의 발길이 끊임없이 이어지고 있다. 새끼 돼지 바비큐인 코치니요 아사도 요리가 가장 유명하다.

Calle Cuchilleros, 17, 28005 Madrid ☎ 0913 66 42 17 ⓒ 13:00~16:00, 20:00~24:00 ⓔ 코치니요 아사도 1인분 €24~, 상그리아 1/2병 €7.50~ ⓑ 마요르 광장에서 도보 1분 / 산 미구엘 시장에서 도보 2분 ⓘ www.botin.es

가야금

마드리드에 있는 한식당으로 마드리드 외곽에 있다가 2014년 시내 중심으로 옮겨 왔다. 한식 메뉴델디아와 단품 메뉴 등 다양하게 맛볼 수 있으며, 반찬을 한 상 가득히 차려 준다.

Calle Bordadores, 7, 28013 Madrid ☎ 0915 42 04 88 ⓒ 12:00~02:00 ⓔ 김치찌개 €16, 돌솥비빔밥 €14.50 ⓑ 마요르 광장에서 도보 2분 / 솔 광장에서 도보 4분

SPAIN

Sleeping

우 호스텔 U Hostel

MAPECODE 27028

19세기의 궁전을 개조해 만든 호스텔로 현대적인 분위기가 엿보이는 디자인 호스텔이다. 지하철역에서 멀지 않으며, 전 구역에 와이파이가 무료로 제공되고 있다.

Calle de Sagasta, 22, 28004 Madrid ☎ 0914 45 03 00 € 도미토리 12인실 €14~, 도미토리 8인실 €18~, 도미토리 6인실 €19~, 도미토리 4인실 €21.50~ / 조식 1박당 €3 메트로 4, 5, 10호선 Alonso Martínez 역에서 도보 3분 ℹ en.uhostels.com

라 포사다 데 우에르타스 La Posada de Huertas

MAPECODE 27029

교통 조건이 너무 좋은 호스텔로, 프라도 미술관, 푸에르타 델 솔, 마요르 광장 등 주요 관광지에서 도보 10분 정도 걸리는 곳에 자리하고 있다. 전 구역에서 와이파이가 무료로 제공되고 있다.

Calle de Las Huertas, 21, 28014 Madrid ☎ 0914 29 55 26 € 도미토리 10인실 €11~, 도미토리 8인실 €13~, 도미토리 6인실 €14.50~, 도미토리 5인실 €15~, 도미토리 4인 €16~ / 조식 포함 메트로 1호선 Antón Martín 역에서 도보 3분 ℹ www.posadadehuertas.com

OK 호스텔 마드리드 OK Hostel Madrid

MAPECODE 27030

500년 전통의 벼룩시장인 라스트로가 열리는 라티나 지역에 새롭게 자리한 호스텔로, 국제 수상 경력이 있는 팀의 노하우로 만든 최고의 시설과 놀라운 서비스로 인해 오픈하면서부터 마드리드에서 핫하게 떠오르는 호스텔로 자리잡았다. 전 객실 무료 와이파이가 제공된다.

Calle de Juanelo, 24, 28012 Madrid ☎ 0914 29 37 44 € 도미토리 6인실 €15~, 도미토리 4인실 €17~, 더블룸 €66~ / 조식 불포함 메트로 5호선 La Latina 역에서 도보 3분 / 메트로 1호선 Tirso de Molina 역에서 도보 5분 ℹ okhostels.com

호스탈 마요르 Hostal Mayor MAPECODE 27031

푸에르타 델 솔과 마요르 광장 사이에 위치한 호스탈로, 관광하기에 최적의 위치에 자리하고 있다. 모든 객실은 현대적으로 꾸며져 있고, 전 객실에 무료 와이파이가 제공된다.

Calle Mayor, 5, 28013 Madrid ☎ 0915 22 61 82 싱글룸 €45~, 더블룸 €55~, 트리플룸 €80~ 메트로 1, 2, 3호선 Puerta del Sol 역에서 도보 4분 / 마요르 광장에서 도보 3분

호스탈 메인 스트리트 마드리드 Hostal Main Street Madrid MAPECODE 27032

그란 비아 거리의 중심인 카야오 역 바로 옆에 위치해 있는 호스탈로, 마드리드에서 가장 인기 있는 호스텔 중 한 곳이다. 화이트에 블루 포인트로 디자인된 인테리어는 산토리니를 연상시킨다. 전 객실에 무료 와이파이가 제공된다.

Calle Gran Vía, 50, 28013 Madrid ☎ 0915 48 18 78 더블룸 €75~, 슈피리어 더블룸 €90~ 메트로 3, 5호선 Callao 역에서 도보 2분 / 1, 2, 3호선 Puerta del Sol 역에서 도보 7분 mainstreetmadrid.com

유로스타 플라자 마요르 Eurostars Plaza Mayor MAPECODE 27033

마드리드 관광지 중심부에 위치해 있는 호텔로, 마요르 광장, 푸에르타 델 솔, 프라도 미술관, 아토차 역 등으로 이동하기 좋은 곳에 자리한 현대식 분위기의 호텔이다. 전 객실에 무료 와이파이가 제공된다.

Calle Doctor Cortezo, 10, 28047 Madrid ☎ 0913 30 86 60 싱글룸 · 더블룸 €130~ 메트로 1호선 Tirso de Molina 역에서 도보 2분 / 마요르 광장에서 도보 5분 / 푸에르타 델 솔에서 도보 5분 www.eurostarsplazamayor.com

VP 엘 마드로뇨 VP El Madroño MAPECODE 27034

고급 부티크와 명품 브랜드 숍들이 넘치는 쇼핑가인 살라망카 지역에 자리하고 있는 디자인 호텔이다. 호텔 내에 산책을 즐길 수 있는 작은 정원이 있고, 각 룸마다 간이 주방이 설치되어 있다. 전 객실에 무료 와이파이가 제공된다.

Calle del General Díaz Porlier, 101, 28006 Madrid ☎ 0915 62 52 92 더블룸 €130~ 메트로 4, 5, 6호선 Diego de León 역 www.madrono-hotel.com

카스티야 지방

세고비아
Segovia

스페인에서 가장 넓은 면적을 차지하고 있는 카스티야 이 레온 지방의 대표적인 도시로, 과다라마 산맥의 해발 1,000m 고원 지대에 자리하고 있다. 중세 시대의 모습을 그대로 간직하고 있어 유네스코 세계 문화유산에 선정되었으며, 2,000년 역사를 간직한 로마 수도교, 디즈니 만화 영화 〈백설공주〉에 나오는 성의 모델이 된 알카사르, 유럽에서 가장 우아한 세고비아 대성당은 수많은 관광객들을 끌어들이고 있다. 모든 랜드마크는 구시가지에 몰려 있기 때문에 도보로 충분히 둘러볼 수 있으며, 알카사르에서 내려다보는 경관은 이곳에서 놓치지 말아야 할 풍경이다. 세고비아의 전통 요리인 새끼 돼지 바비큐 '코치니요 아사도'도 꼭 먹어 보도록 하자.

마드리드에서 기차와 버스를 타고 세고비아로 갈 수 있다. 기차는 세고비아 역에서 내려 시내 버스를 이용해야 하기 때문에 약간 번거롭다. 반면, 버스 터미널은 구시가지에서 가깝고 버스의 왕복 요금이 기차의 편도 요금과 비슷할 정도로 저렴하기 때문에 기차보다 버스를 이용하는 게 편리하다.

기차

세고비아 역

마드리드의 차마르틴 역에서 매 시간 출발하는 기차가 있으며, 세고비아 역까지 30분~2시간 걸린다. 세고비아 역에서 내리면 버스나 택시를 이용해서 세고비아 구시가지까지 이동해야 하는데, 약 15~20분 소요된다.

버스

세고비아 버스 터미널

마드리드의 몬클로아(Moncloa) 버스 터미널에서 세고비아행 버스가 1시간에 1~2대씩 출발하며, 직행은 1시간 15분, 완행은 1시간 30분 정도 소요된다. 지하철 3, 6호선 몬클로아 역과 연결되어 있는 몬클로아 버스 터미널은 지하철에서 내려 버스 터미널(Terminal Autobuses) 방향으로 가다 보면 세고비아(Segovia)행 버스 티켓을 판매하는 곳의 방향을 안내해 주는 녹색 간판이 나타난다. 던킨도너츠 옆 '라 세풀베다나(La Sepulvedana)'라고 표시된 매표소에서 표를 구입할 수 있다. 편도 티켓보다 왕복 티켓을 구입하는 것이 좋은데, 왕복 티켓을 구입할 때 돌아오는 티켓을 오픈으로 하면, 돌아올 때 세고비아 버스 터미널의 매표소에서 원하는 시간의 티켓으로 발권해 준다. 그리고 아래 홈페이지에서 온라인 예매도 가능하다.

홈페이지 www.lasepulvedana.es

관광 안내소

주소 Plaza del Azoguejo, 1, 40001 Segovia
GPS 좌표 위도 40.948010 (40° 56′ 52.84″ N), 경도 -4.118264 (4° 7′ 5.75″ W)
전화 0921 46 67 20
오픈 10:00~18:30
위치 아소게호 광장
홈페이지 visitsegovia.turismode segovia.com

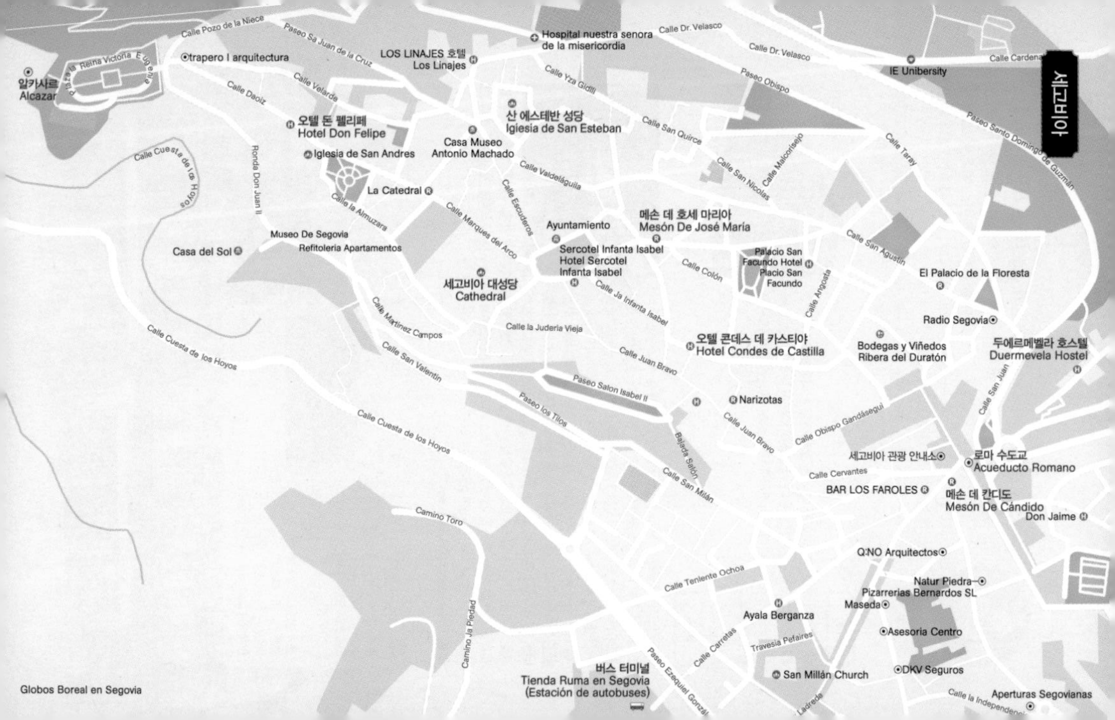

세고비아
알카사르
Alcazar
Plaza la Reina Victoria Eugenia
Calle Pozo de la Niece
trapero I arquitectura
Paseo Sa Juan de la Cruz
LOS LINAJES 호텔
Los Linajes
Hospital nuestra senora
de la misericordia
Calle Dr. Velasco
IE Unibersity
Calle Cardena
Paseo Obispo
Paseo Santo Domingo de Guzmán
Calle Daoiz
Calle Velarde
오텔 돈 펠리페
Hotel Don Felipe
Iglesia de San Andres
Casa Museo
Antonio Machado
산 에스테반 성당
Iglesia de San Esteban
Calle Yza Gidili
Calle San Quirce
Calle San Nicolas
Calle Malconsejo
Calle Taray
Calle Cuesta de los Hoyos
Ronda Don Juan II
La Catedral
Calle la Almuzara
Calle Valdeláguila
Calle Escuderos
Calle Marques del Arco
Museo De Segovia
Refitoleria Apartamentos
Casa del Sol
Ayuntamiento
메손 데 호세 마리아
Mesón De José María
Sercotel Infanta Isabel
Hotel Sercotel
Infanta Isabel
Calle Colón
Palacio San
Facundo Hotel
Placio San
Facundo
Calle Angosta
Calle San Agustín
El Palacio de la Floresta
세고비아 대성당
Cathedral
Calle Ja Infanta Isabel
Calle Martínez Campos
Calle la Judería Vieja
Radio Segovia
오텔 콘데스 데 카스티야
Hotel Condes de Castilla
Bodegas y Viñedos
Ribera del Duratón
두에르메벨라 호스텔
Duermevela Hostel
Calle Cuesta de los Hoyos
Calle San Valentín
Calle Juan Bravo
Paseo Salon Isabel II
Paseo los Tilos
Narizotas
Calle San Juan
Calle Juan Bravo
Calle Obispo Gandásegui
Bajada Salón
세고비아 관광 안내소
로마 수도교
Acueducto Romano
Calle Cervantes
Calle San Millán
BAR LOS FAROLES
메손 데 칸디도
Mesón De Cándido
Don Jaime
Camino Toro
Q:NO Arquitectos
Calle Teniente Ochoa
Natur Piedra
Pizzerías Bernardos SL
Maseda
Ayala Berganza
Asesoría Centro
Camino Ja Piedad
Calle Carretas
Travesia Pefaires
Paseo Ezequiel Gonzál
버스 터미널
Tienda Ruma en Segovia
(Estación de autobuses)
San Millán Church
DKV Seguros
Ladreda
Calle la Independencia
Aperturas Segovianas
Globos Boreal en Segovia

Best Tour 세고비아 추천 코스

아소게호 광장
(로마 수도교)

도보 15분

세고비아대성당

도보 10분

알카사르

* 또는 반대로 아소게호 광장에서 알카사르로 바로 이동해서 알카사르 → 세고비아 대성당 → 아소게호 광장으로 이동해도 상관없다.

MAPECODE 27101

로마 수도교 Acueducto Romano

1세기에 지은 스페인에서 가장 오래된 수도교

기원 1세기 후반에서 2세기 초반 사이에 만들어져 약 2,000년의 역사를 간직하고 있는 세고비아의 로마 수도교는 세고비아에서 가장 오래된 건축물이자 로마 시대의 토목 공학 기술을 보여 주는 가장 뛰어난 유적 중 하나이다. 이 수도교는 이베리아 반도를 점령했던 로마인들이 약 16km 떨어진 프리오(Frío) 강물을 마을로 끌어오기 위해 세운 것으로 전체 길이가 약 728m이며, 아소게호 광장을 가로지르는 가장 높은 구간의 높이는 약 28m이다. 2만 400여 개의 화강암을 쌓아 총 167개의 2단 아치를 세웠는데, 어떤 접착제도 사용하지 않고 순전히 누르는 힘만으로 지탱하면서 지금까지 버티고 있다는 사실이 놀랍기만 하다. 11세기 무어인들의 침략으로 36개의 아치가 파괴되었지만 15세기에 다시 완벽하게 복구하였고, 1884년까지 물을 흘려 보내는 역할을 하다가 1928년에 들어서는 수도관을 설치하여 지금까지도 사용하고 있다. 1985년 유네스코 세계 문화유산으로 선정되기도 했다.

Plaza del Azoguejo, 1, 40001 Segovia 위도 40.947972 (40° 56′ 52.70″ N), 경도 -4.117939 (4° 7′ 4.58″ W) 아소게호 광장 내에 위치

MAPECODE 27102

세고비아 대성당 Cathedral

유럽에서 가장 우아하고 아름다운 대성당

'모든 성당 중의 여왕', '대성당의 귀부인'이라 불리는 대성당이다. 원래 있던 대성당이 코무네로스의 반란으로 파괴된 후, 카를로스 1세의 명령으로 1525년에 재건 공사가 시작되었으며 1768년에야 축성하였다. 후기 고딕 양식으로 완성된 성당은 드레스를 활짝 펼친 듯한 모습을 하고 있어서 유럽에서 가장 우아하고 아름다운 대성당 중 하나라는 평가를 받고 있다. 성당 내부의 화려한 스테인드글라스와 제단 장식은 놓치지 말도록 하자. 박물관 안에는 순금으로 만든 보물들과 유모의 실수로 떨어져 죽게 된 엔리케 2세의 아들 페드로의 묘도 있다.

Calle del Marqués del Arco, 1, 40003 Segovia 위도 40.950271 (40° 57′ 0.98″ N), 경도 -4.125012 (4° 7′ 30.04″ W) ☎ 0921 46 22 05 4~9월 09:30~18:30, 10~3월 09:30~17:30 부속 박물관 €3 (일요일 09:30~13:15 무료) 아소게호 광장(로마 수도교)에서 도보 15분 / 알카사르에서 도보 10분 www.obispadodesegovia.es

MAPECODE 27103

산 에스테반 성당 Igiesia de San Esteban

아름다운 종루가 있는 성당

원래는 13세기에 로마네스크 양식으로 건축되었지만 1896년 화재로 인해서 건물 대부분이 손실되었다. 20세기 초반에 들어서 처음 모습 그대로 로마네스크 양식으로 재건축하였고 회랑과 기둥머리도 완벽하게 재건하였다. 산 에스테반 성당에서 놓치지 말아야 할 것은 높이 53m의 6층 종루인데, 섬세한 아치로 장식된 이 탑은 '비잔틴 양식 탑의 여왕'이라고 불린다.

Plaza de San Sebastián, s/n, 40001 Segovia 위도 40.949151 (40° 56′ 56.94″ N), 경도 -4.117887 (4° 7′ 4.39″ W) ☎ 0921 14 00 46 미사 시에만 오픈

알카사르 Alcázar

디즈니 만화 영화 〈백설공주〉의 모델이 된 성

월트 디즈니의 만화 영화 〈백설 공주〉의 실제 모티브가 되었던 성으로 알카사르라는 말보다 '백설 공주의 성'으로 더욱 많이 알려진 곳이다. 고대 로마 시대에는 요새가 있었던 자리에 12세기 알폰소 8세가 성을 건축한 뒤 수세기에 걸쳐 역대 왕들에 의해서 증개축이 거듭되었고, 1862년 화재로 소실되었다가 지금의 모습으로 복원되었다. 1474년 이사벨 여왕의 즉위식이 거행되었고, 1570년 스페인 전성기에 즉위했던 펠리페 2세의 결혼식이 거행되었던 역사적인 장소이기도 하다. 성 내부에는 왕들이 사용했던 가구와 유물들, 갑옷과 무기, 회화와 각종 미술품들이 전시되어 있다. 성의 탑에 오르면 우아한 대성당과 함께 중세의 모습을 그대로 간직한 세고비아 시내를 내려다볼 수 있다.

Plaza Reina Victoria Eugenia, s/n, 40003 Segovia 위도 40.952088 (40° 57′ 7.52″ N), 경도 -4.130816 (4° 7′ 50.94″ W) ☎ 0921 46 07 59 11~3월 10:00~18:00, 4~10월 10:00~20:00 / 휴무 1월 1일, 1월 6일, 12월 25일(12월 24일, 12월 31일, 1월 5일은 14:30까지만 오픈 성 성인 €8, 학생 €5.50 탑 €2.50 대성당에서 도보 10분 www.alcazardesegovia.com

메손 데 칸디도 Mesón De Cándido

MAPECODE 27105

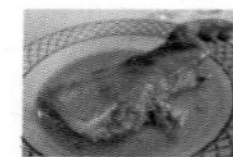

로마 수도교가 있는 아소게호 광장의 관광 안내소와 마주 보고 있는 레스토랑으로, 스페인에서 새끼 돼지 통구이인 코치니요 아사도 요리로 가장 유명한 레스토랑이다. 세고비아에 방문한다면 이곳의 코치니요 아사도 요리는 꼭 맛봐야 하는 요리이다. 항상 자리가 차기 때문에 세고비아에 도착했다면 먼저 방문한 뒤 예약 시간을 잡아 놓고 여행을 시작하는 것이 좋다.

Plaza Azoguejo, 5, 40001 Segovia ☎ 0921 42 59 11 코치니요 아사도 1인 €25~ 13:00~16:00, 20:00~23:00 아소게호 광장의 로마 수도교 근처 www.mesondecandido.es

Tip 코치니요 아사도 Cochinillo Asado

카스티야이 레온 지방에서 가장 유명한 전통 요리로, 생후 2주 정도 된 새끼 돼지를 통으로 구운 요리이다. 카스티야 이 레온 지방에서도 세고비아의 코치니요 아사도가 가장 유명하다. 바삭하게 구워진 껍질과 육즙이 살아 있어 부드러운 속살을 함께 먹는 요리로 원래는 결혼식이나 축제 때 즐겨 먹는 요리였다고 한다.

메손 데 호세 마리아 Mesón De José María

메손 데 칸디도와 더불어 세고비아에서 코치니요 아사도로 유명한 곳으로, 1982년에 개업해서 역사는 길지 않지만 스페인의 왕, 정치가, 배우들이 다녀가면서 유명해진 곳이다. 홈페이지를 통해 미리 예약해 놓고 가는 것을 추천한다.

Calle Cronista Lecea, 11, 40001 Segovia ☎ 0921 46 11 11 코치니요 아사도 1인 €25~ 월~금09:00~01:00, 토~일 10:00~02:00 대성당에서 도보 2분 restaurantejosemaria.com

두에르메벨라 호스텔 Duermevela Hostel

MAPECODE 27107

로마 수도교가 올려다보이는 곳에 위치해 있는 두에르메벨라 호스텔은 2인실과 4인실로만 운영되는 가족적인 분위기의 호스텔이다. 호스텔 내의 전 구역에서 무료 와이파이가 제공된다.

Calle los Gascos, 7, 40003 Segovia ☎ 0921 04 70 04 더블룸 1인당 €19~, 도미토리 4인실 €18.50~ / 조식 1박당 €1.50 로마 수도교에서 도보 5분 / 아소게호 광장에서 로마 수도교 밖으로 나와 로마 수도교를 등지고 100m 정도 직진하여 왼쪽에 있는 계단길(Calle los Gascos 방향)을 따라 내려가면 오른쪽에 위치 www.duermevelahostel.com

호텔 돈 펠리페

MAPECODE 27108

Hotel Don Felipe

대성당에서 알카사르로 가는 길에 위치해 있는 호텔 돈 펠리페는 아름다운 중세 도시의 전망을 자랑하며, 현대적인 분위기의 객실로 세고비아에서도 가장 인기가 많은 호텔이다. 모든 객실에서 무료 와이파이가 제공된다.

Calle Daoíz, 7, 40001 Segovia ☎ 0921 46 60 95 싱글룸 €65~, 더블룸 €110~, 트리플룸 €140~ 대성당에서 도보 5분 / 알카사르에서 도보 3분 www.hoteldonfelipe.es

호텔 콘데스 데 카스티야

MAPECODE 27109

Hotel Condes de Castilla

산 마르틴 성당 바로 옆에 위치한 13세기의 궁전을 리모델링한 호텔로, 스페인 특유의 느낌이 물씬 나는 호텔 분위기와 파스텔 톤의 디자인이 매우 인상적이다. 모든 객실에서 무료 와이파이가 제공된다.

Calle José Canalejas, 5, 40001 Segovia ☎ 0921 46 35 29 싱글룸 €70~, 더블룸 €100~ 마요르 광장에서 도보 4분 www.hotelcondesdecastilla.com

톨레도

Toledo

마드리드에서 남쪽으로 70km 떨어져 있는 톨레도는 타호강에 둘러싸여 있는 관광 도시이자 스페인의 옛 수도로, 스페인의 역사와 문화, 예술에 있어서 마드리드와 함께 가장 중요한 도시이다. 기원전 2세기 로마의 식민 도시를 거쳐 8세기 서고트 왕국의 수도가 되었고, 그 후 이슬람 세력의 지배를 받으면서 톨레도는 가톨릭, 유대교, 이슬람교 등 세 가지 종교의 유적지가 공존하는 특별한 도시가 되었다. 무어인들이 지배하던 시기에는 '톨레도의 칼'로 대변되는 철제 생산과 경공업이 크게 발달하여 황금시대를 맞이했지만, 15세기에 수도가 마드리드로 옮겨지자 톨레도는 침체기를 걷기 시작한다. 현대에 와서는 관광 도시로 인기를 누리고 있다.

톨레도는 마드리드에서 출발하는 교통편이 가장 많으며, 기차보다 버스로 이동하는 것이 편리하다.
마드리드의 플라자 엘리팁카(Plaza Elí ptica) 버스 터미널에 알사(ALSA)가 운행하는 톨레도행 버스가 있다. 알사에서 운행하는 버스는 30분 간격으로 출발하며 직행은 50분 정도 소요된다.
알사 자동 발권기 또는 티켓 창구에서 티켓 예매를 할 수 있는데, 돌아오는 시간이 정해져 있다면 왕복 티켓을 구입하는 편이 좋다. 왕복 티켓을 구입하면서 돌아오는 티켓을 오픈으로 할 경우에는, 톨레도 버스 터미널의 알사 매표소에서 돌아오는 티켓을 발권 받아야 한다.

버스 시간표 확인 www.alsa.es

톨레도 버스 터미널이나 톨레도 역에서 구시가지까지 도보로 이동할 수도 있지만, 엄청난 오르막길이고 초행자가 길을 찾기도 쉽지 않으므로 버스를 이용하는 게 좋다. 터미널 앞 버스 정류장에서 소코도베르 광장행 버스(L5D, L11, L12, L61, L62)를 탑승하면 된다.(편도 €1.40) 톨레도 구시가지에서 파라도르로 이동할 때는 소코도베르에서 알카사르 방향으로 올라가다 왼편에 첫 번째 나오는 골목에 있는 버스 정류장에서 7-1번 버스를 타면 파라도르 근처까지 이동할 수 있다.

톨레도 교통국 unauto.es

관광 안내소

주소 Plaza del Consistorio, 1, 45071 Toledo
GPS 좌표 위도 39.8566290 (39° 51′ 23.86″ N), 경도 -4.0249470 (4° 1′ 29.81″ W)
전화 0925 25 40 30
오픈 10:00~18:00
위치 대성당 앞 맞은편
홈페이지 www.toledo-turismo.com

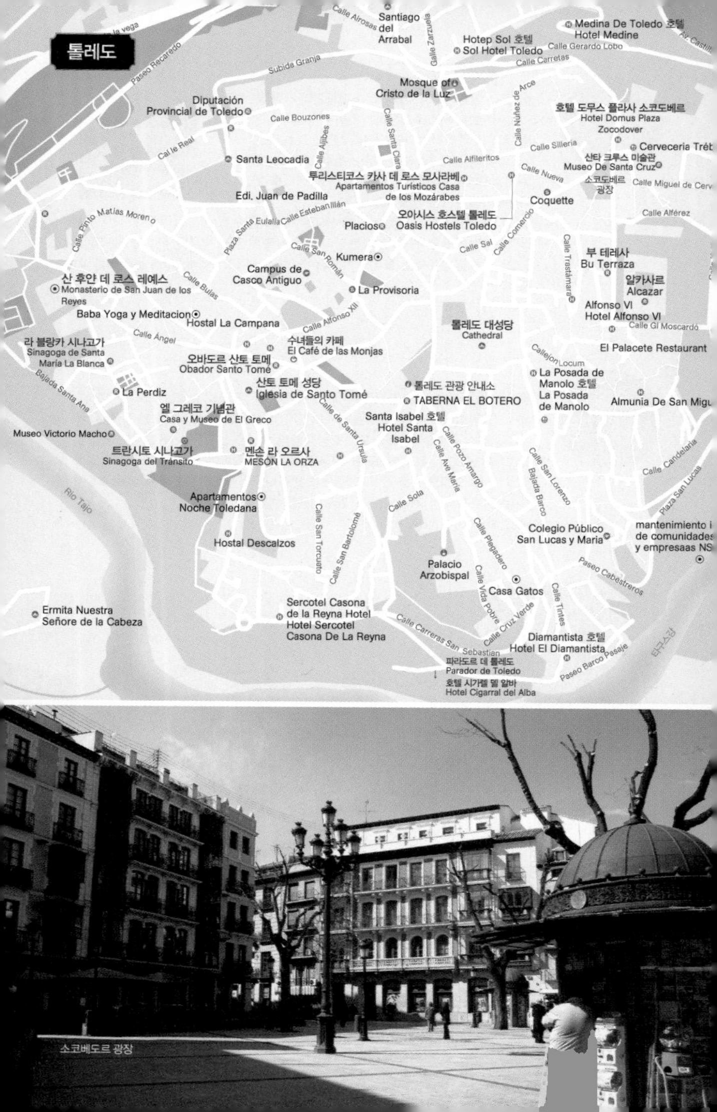
톨레도
Santiago del Arrabal
Medina De Toledo 호텔
Hotel Medine
Hotep Sol 호텔
Sol Hotel Toledo
Calle Gerardo Lobo
Calle Carretas
Calle Airosas
Calle Zarzuela
Paseo Recaredo
Subida Granja
Mosque of Cristo de la Luz
Diputación Provincial de Toledo
Calle Bouzones
Calle Real
Calle Aljibes
Calle Santa Clara
Calle Nuñez de Arce
호텔 도무스 플라사 소코도베르
Hotel Domus Plaza Zocodover
Calle Silleria
Cerveceria Tréb
Santa Leocadia
Calle Alfileritos
산타 크루스 미술관
Museo De Santa Cruz
투리스티코스 카사 데 로스 모사라베
Apartamentos Turísticos Casa de los Mozárabes
Calle Nueva
소코도베르 광장
Calle Miguel de Cerv
Edi. Juan de Padilla
Coquette
Calle Pinto Matías Moreno
Plaza Santa Eulalia
Calle Esteban Illán
오아시스 호스텔 톨레도
Oasis Hostels Toledo
Calle Alférez
Placios
Calle Comercio
Calle Sal
Calle San Román
Kumera
Calle Trastámara
부 테레사
Bu Terraza
Campus de Casco Antiguo
알카사르
Alcazar
산 후안 데 로스 레예스
Monasterio de San Juan de los Reyes
Calle Bulas
La Provisoria
Alfonso VI
Hotel Alfonso VI
Baba Yoga y Meditacion
Hostal La Campana
Calle Alfonso XII
톨레도 대성당
Cathedral
Calle Gi Moscardó
라 블랑카 시나고가
Sinagoga de Santa María La Blanca
Calle Ángel
수녀들의 카페
El Café de las Monjas
El Palacete Restaurant
오바도르 산토 토메
Obador Santo Tomé
Callejon Locum
La Posada de Manolo 호텔
La Posada de Manolo
Bajada Santa Ana
La Perdiz
산토 토메 성당
Iglesia de Santo Tomé
톨레도 관광 안내소
TABERNA EL BOTERO
Almunia De San Migu
엘 그레코 기념관
Casa y Museo de El Greco
Calle de Santa Ursula
Santa Isabel 호텔
Hotel Santa Isabel
Museo Victorio Macho
Calle Pozo Amargo
Calle Ave María
Calle San Lorenzo
Bajada Barco
트란시토 시나고가
Sinagoga del Tránsito
멘손 라 오르사
MESÓN LA ORZA
Calle Candelaria
Plaza San Lucas
Rio Tajo
Apartamentos Noche Toledana
Calle Sola
Calle San Torcuato
Calle San Bartolomé
Calle Plegadero
Colegio Público San Lucas y María
mantenimiento i de comunidades y empresaas NS
Hostal Descalzos
Palacio Arzobispal
Calle Vida Pobre
Casa Gatos
Paseo Cabestreros
Calle Tintes
Ermita Nuestra Señore de la Cabeza
Sercotel Casona de la Reyna Hotel
Hotel Sercotel Casona De La Reyna
Calle Carreras San Sebastian
Calle Cruz Verde
Diamantista 호텔
Hotel El Diamantista
Paseo Barco Pasaje
타구스강
파라도르 데 톨레도
Parador de Toledo
호텔 시가렐 델 알바
Hotel Cigarral del Alba
소코베도르 광장

톨레도 추천 코스

톨레도 구시가 여행의 시작은 소코베도르 광장에서부터 시작된다. 중세 시대 모습을 그대로 간직한 톨레도 구시가 거리를 지나 대성당으로 향해 보자. 엄청난 규모의 대성당에서 엘 그레코를 비롯한 거장들의 회화 작품을 감상하고, 산토 토메 성당으로 이동해 엘 그레코의 걸작 〈오르가스 백작의 매장〉을 관람한다. 스페인에서 몇 개 남지 않은 시나고가를 둘러 본 후 다시 소코베도르 광장으로 돌아와 꼬마 기차 소코트랜을 타고 구시가의 멋진 뷰를 볼 수 있는 톨레도 구시가의 맞은편 언덕을 돌아봄으로써 톨레도의 일정을 마무리한다.

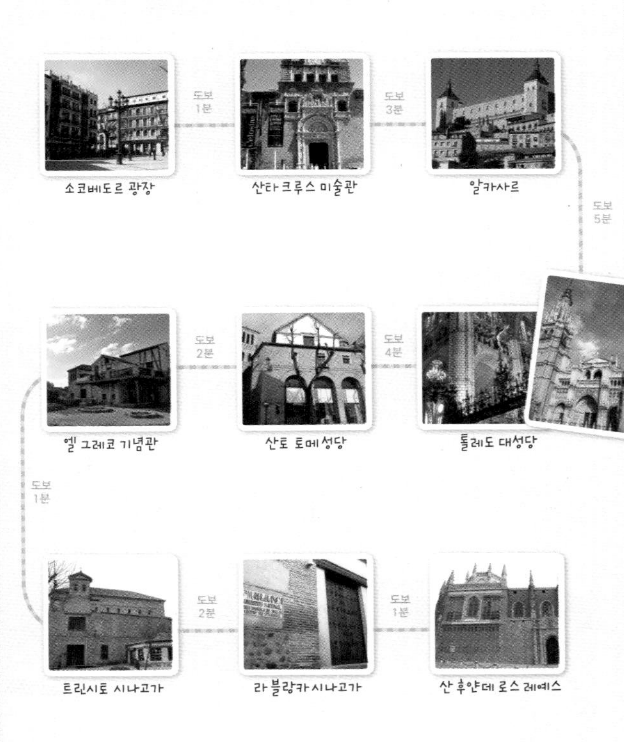

산타 크루스 미술관 Museo de Santa Cruz

톨레도를 대표하는 미술관

16세기 초 톨레도의 추기경이었던 멘도사의 뜻을 받아들인 이사벨 여왕이 아이들을 위한 자선 병원으로 지은 건물로, 현재는 미술관과 박물관으로 사용하고 있다. 종교화의 대가였던 엘 그레코의 작품 〈성모 마리아의 승천〉, 〈십자가를 진 성 도미니크〉와 고야의 〈십자가의 그리스도〉 등은 놓치지 말아야 할 작품이며 그 밖에 고고학 박물관, 장식 미술 박물관도 함께 관람할 수 있다.

Calle Miguel de Cervantes, 3, 45001 Toledo 위도 39.859731 (39° 51′ 35.03″ N), 경도 -4.020706 (4° 1′ 14.54″ W) ☎ 0925 22 10 36 월~토 09:30~18:30, 일 · 공휴일 10:00~14:00 / 휴관 1월 1일, 5월 1일, 12월 24일 · 25일 · 31일 입장료 일반 €4, 할인 €2 / 무료 입장 수 16:00~18:30 소코도베르 광장에서 도보 3분 www.patrimoniohistoricoclm.es

알카사르 Alcázar

톨레도에서 가장 높은 곳에 자리한 요새

톨레도에서 가장 높은 곳에 위치한 요새로 멀리에서도 한눈에 들어올 만큼 거대한 모습을 하고 있다. 13세기에 지어진 이래 수차례 화재가 일어났으며, 1936년 스페인 내전 때 폭탄으로 인해 파괴되어 폐허로 남을 뻔하다가 건축 도면이 발견되면서 지금의 모습으로 재건되었다. 현재는 군사 박물관으로 사용되고 있다.

Calle la Paz, s/n, 45001 Toledo 위도 39.857952 (39° 51′ 28.63″ N), 경도 -4.020814 (4° 1′ 14.93″ W) ☎ 0925 23 88 00 군사 박물관 10:00~17:00 / 휴관 군사 박물관 매주 수요일, 1월 1일, 1월 6일, 5월 1일, 12월 24일 · 25일 · 31일 군사 박물관 성인 €5, 학생(25세 미만) €2.50 소코도베르 광장에서 도보 5분 www.museo.ejercito.es

톨레도 대성당 Cathedral

스페인 카톨릭의 총본산

1225년 이슬람 세력을 물리친 것을 기념하기 위해 페르난도 3세의 명에 따라 원래 이슬람 사원이 있던 자리에 고딕 양식을 기반으로 성당을 짓기 시작하여 1493년 완성되었다. 그 후 세월이 지나면서 증축과 개축을 반복하면서 그 시대를 대표하는 많은 예술가들의 손길을 거쳐 현재의 엄청난 규모와 모습을 갖추게 되었고, 현재는 스페인 가톨릭의 총본산이다. 본당 보물실에는 16세기 초 엔리케 아르페가 만든 성체 현시대(Custodia)가 보관되어 있는데, 5,000개의 금 · 은 · 보석으로 만들어져 무게가 무려 180kg, 높이가 3m가량 된다. 또한 본당 중앙에 자리하고 있는 성가대석에는 그라나다가 함락되는 전쟁 장면을 세밀하게 묘사해 놓은 조각이 있으며, 성물실에는 엘 그레코의 종교화와 고야의 작품이 전시되어 있어서 마치 작은 미술관에 온 것처럼 작품을 감상할 수 있다.

Calle Cardenal Cisneros, 1, 45002 Toledo 위도 39.856956 (39° 51′ 25.04″ N), 경도 -4.024462 (4° 1′ 28.06″ W) ☎ 0925 22 22 41 월~토 10:00~18:00, 일 · 공휴일 14:00~18:00 (특별 행사 때는 오픈 시간이 달라질 수 있음) / 휴관 1월 1일, 12월 25일 €12.5(종탑 포함), €10(성당 및 박물관만) 소코도베르 광장에서 도보 8분 / 알카사르에서 도보 3분 www.catedralprimada.es

Tip 다마스키나도 톨레다노(상감 세공) Damazquinado Toledano

톨레도의 전통 공예 중 하나인 상감 세공은 본래의 표면과 대조적인 색상이나 재료로 화려한 무늬를 입히는 기술을 말한다. 톨레도의 상감 세공은 검은색 바탕에 금이나 은을 입혀서 만드는 특징이 있다. 시미안(Simian)이라는 상점에서는 상감 세공을 하는 장인들의 제작 과정을 직접 눈앞에서 관람할 수 있다.

Calle de Santa Ursula, 6, 45002 Toledo ☎ 0925 25 10 54 09:30~20:00 대성당에서 도보 3분 artesaniasimian.com

산토 토메 성당 Iglesia De Santo Tomé

엘 그리코의 걸작을 만나다

14세기에 재건된 무데하르 양식의 탑이 있는 성당으로, 톨레도에서 작품 활동만 40년 이상 해 온 종교화의 대가인 엘 그레코의 걸작 〈오르가스 백작의 매장〉이 전시되어 있다. 신앙심 깊은 오르가스 백작의 장례에 성 어거스틴과 성 스테판이 나타나 도왔다는 전설을 다룬 이 작품은 상하 2단으로 구성되어 있으며, 하단에는 성 어거스틴과 성 스테판이 오르가스 백작의 유해를 매장하는 장면을 그렸고, 상단에는 백작이 천사가 되어 그리스도와 성모 마리아가 그의 영혼을 맞이하는 장면을 묘사하고 있다.

🏠 Plaza del Conde, 4, 45002 Toledo ● 위도 39.856446 (39° 51′ 23.21″ N), 경도 -4.027961 (4° 1′ 40.66″ W) ☎ 0925 25 60 98 ● 3월 1일~10월 15일 10:00~18:45 / 10월 16일~2월 28일 10:00~17:45 ● €2.80 🚌 대성당에서 도보 4분 ℹ www.santotome.org

MAPECODE 27114

엘 그레코 기념관 Casa y Museo de El Greco

종교화의 대가 엘 그레코를 기념하기 위한 곳

원래 엘 그레코가 살던 집은 아니고, 1906년 베가인클란 후작이 그 옆에 있는 귀족의 저택을 사들여 엘 그레코 기념관으로 개조한 곳이다. 16세기 엘 그레코가 살던 집을 그대로 재현해 놓았으며, 그가 사용하던 집기와 작품 등을 전시하고 있다. 그의 작품들 중에서도 〈톨레도의 경관과 지도〉는 놓치지 말도록 하자.

🏠 Paseo del Tránsito, s/n, 45002 Toledo ● 위도 39.855874 (39° 51′ 21.15″ N), 경도 -4.029322 (4° 1′ 45.56″ W) ☎ 0925 22 36 65 ● 3~10월 화~토 09:30~19:30 / 11~2월 화~토 09:30~18:00, 일 · 공휴일 10:00~15:00 / 휴관 매주 월요일, 1월 1일 · 6일, 5월 1일, 12월 24일 · 25일 · 31일 ● 성인 €3, 학생 €1.50(토요일 14:00 이후~일요일 무료 입장) 🚌 산토 토메 성당에서 도보 2분 ℹ en.museodelgreco.mcu.es

트란시토 시나고가 Sinagoga del Tránsito

유대교 박물관으로 사용되는 유대교 회당

시나고가란 유대교의 회당을 일컫는 말이다. 현재 유대교 박물관으로 사용되는 트란시토 시나고가는 14세기 페드로 1세의 재무관을 지냈던 사무엘아 레비가 무데하르 양식으로 지은 우아하고 아름다운 모습의 유대교 회당이다. 15세기 말 유대인들을 추방하기 전에 사용되었던 묘비, 결혼예복, 예배에 사용되었던 물건들이 전시되어 있으며, 벽면 전체에 기하학 문양이 새겨져 있고 유대인들의 상징인 별과 성구들이 그대로 남아 있다.

Calle Samuel Levi, 0, 45002 Toledo 위도 39.855574 (39° 51′ 20.07″ N), 경도 -4.029579 (4° 1′ 46.48″ W) ☎0925 22 37 80 3~10월 화~토 09:30~19:30, 일 · 공휴일 10:00~15:00 / 11~2월 화~토 09:30~18:00, 일 · 공휴일 10:00~15:00 / 휴관 매주 월요일, 1월 1일, 1월 6일, 5월 1일, 12월 24~25일, 12월 31일, 톨레도 지역 공휴일 €3 (토요일 오후, 일요일, 공휴일, 18세 미만 학생 무료 입장) 엘 그레코 기념관에서 도보 1분 www.mecd.gob.es/msefardi

라 블랑카 시나고가 Sinagoga de Santa María La Blanca

톨레도에서 가장 크고 오래된 시나고가

톨레도에 남아 있는 시나고가 중에서 가장 크고 오래된 곳으로 12세기에 지어진 무데하르 양식의 유대교 회당이다. 내부는 이슬람 양식으로 되어 있으며 말굽 모양의 아치는 하얀 석회로 덮여 있고, 벽에는 아라베스크 문양이 그려져 있다. 1391년 유대인들의 대량 학살이 이루어지기도 한 끔찍한 역사의 장소이며, 그 후 가톨릭 성당으로 사용되기도 했다.

Calle de los Reyes Católicos, 4, 45002 Toledo 위도 39.856855 (39° 51′ 24.68″ N), 경도 -4.030589 (4° 1′ 50.12″ W) ☎0925 22 72 57 3월~10월 15일 10:00~18:45, 10월 16일~2월 10:00~17:45 €2.80 트란시토 시나고가에서 도보 2분 www.toledomonumental.com/sinagoga.html

산 후안 데 로스 레예스 Monasterio de San Juan de los Reyes

화려한 혼합 양식의 수도원

고딕 양식과 무데하르 양식이 혼합되어 있는 수도원으로 1476년 토로 전투에서 포르투갈군을 제압한 것을 기념하기 위해 세워졌다. 원래는 전투에 참여했던 가톨릭 군의 묘지로 사용하려 했으나, 최종적으로 그라나다에 묘지가 세워지는 바람에 무산되었고, 19세기 초 나폴레옹 군대에 의해서 심하게 파괴되었지만 복원을 통해 지금의 모습을 갖추게 되었다. 현재 1층 회랑은 고딕 양식으로 되어 있으며, 2층은 플라테레스코 양식이고, 천장은 화려한 무데하르 양식으로 조화를 이루고 있다.

Calle Reyes Católicos, 17, 45002 Toledo 위도 39.857802 (39° 51′ 28.09″ N), 경도 -4.031678 (4° 1′ 54.04″ W) ☎ 0925 22 38 02 10~3월 10:00~17:30, 4~9월 10:00~18:30 €2.80 라 블랑카 시나고가에서 도보 1분 www.sanjuandelosreyes.org

Tip 톨레도 최고의 뷰 포인트

소코트렌

톨레도 구시가지 남쪽 언덕에서 바라보는 톨레도 구시가지의 전망은 톨레도 여행의 하이라이트라고도 할 수 있다. 톨레도 파라도르도 바로 이 남쪽 언덕에 자리하고 있을 정도로, 이곳에서 바라보는 풍경은 그야말로 예술이다. 특히 야경도 매우 아름다워서 톨레도에서 숙박할 경우 저녁에 이곳의 야경을 보러 가는 것을 추천한다. 아니면 이곳에 위치한 호텔에서 머물러 보는 것도 하나의 방법이다. 남쪽 언덕으로 가려면 구시가지에서 택시를 타도 되고, 아니면 소코도베르 광장에서 출발하는 미니 기차 소코트렌(Zocotren)을 타면 뷰 포인트에서 10분간 사진 촬영을 할 수 있는 시간을 준다.

오바도르 산토 토메

MAPECODE 27118

Obador Santo Tomé

1856년에 문을 연 마사판 전문점으로, 6대째 이어져 내려오는 전통 있는 곳이다. 처음에는 산토 토메 성당 옆에서 시작했지만 지금은 소코도베르 광장에 분점을 낼 정도로 유명해진 톨레도의 명물이다.

Calle Santo Tome, 3, 45002 Toledo ☎ 0925 22 37 63 09:00~21:00 200g €6.45~ (g 단위로 판매) 대성당에서 도보 5분 / 산토 토메 성당에서 도보 1분

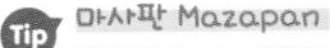

Tip 마사판 Mazapan

'마지판(Marzipan)'이라고도 부른다. 13세기부터 무어인들에 의해서 만들어지기 시작하여 톨레도의 마사판이 가장 유명하다. 아몬드와 달걀 노른자, 설탕(꿀) 등 천연 재료를 반죽해서 만들어진 전통 과자로, 무척 달다.

메손 라 오르사

MAPECODE 27119

MESÓN LA ORZA

톨레도에서 분위기와 서비스가 좋기로 유명한 레스토랑이다. 양고기와 아귀로 만든 음식이 맛있고, 메뉴 델 디아(오늘의 메뉴)는 저렴한 가격은 아니지만 음식의 퀄리티에 비해서는 비싸지 않은 편이다.

Calle de Descalzos, 5, 45002 Toledo ☎ 0925 22 30 11 월~토 13:30~16:00, 20:30~23:00 / 일·공휴일13:30~16:00 메뉴 델 디아 €25 트란시토 시나고가에서 도보 3분 www.restaurantelaorza.com

수녀들의 카페

MAPECODE 27120

El Café de las Monjas

파스텔레리아의 산토 토메 성당 본점과 같은 골목 초입에 있는 카페로, 마사판을 만드는 수녀님의 귀여운 모형을 전시해 놓은 쇼윈도가 관광객의 시선을 사로잡는다.

Calle de Santo Tomé, 2, 45002 Toledo ☎ 0925 21 34 24 09:00~21:00 약 7개 정도 €5~ (g 단위로 판매) 대성당에서 도보 5분 / 산토 토메 성당에서 도보 1분 www.elcafedelasmonjas.com

부 테라사 Bu Terraza

MAPECODE 27121

탁 트인 전망 때문에 인기 좋은 레스토랑 겸 카페이다. 이베리아 반도의 돼지고기는 부드럽기로 유명한 만큼 스페인 각 지역마다 돼지고기를 이용한 요리가 많다. 톨레도에도 돼지고기 요리를 전문으로 하는 레스토랑이 많은데 그중에서 부 테라사는 스테이크 또는 구이가 맛있기로 유명한 곳이다.

Plaza del Corralillo de San Miguel, 45001 Toledo ☎ 0925 10 90 44 18:00~02:00 이베리카 돼지고기 스테이크(Racion de Presa Iberica con Papas) €10 / 돼지고기구이(Parrilla de Cerdo) 2인분 €22 알카사르에서 도보 2분 www.bu-toledo.com

오아시스 호스텔 톨레도 Oasis Hostels Toledo

MAPECODE 27122

소코도베르 광장과 가까운 곳에 위치한 호스텔로, 스페인의 다른 지역과 포르투갈 유명 관광 도시에도 있는 체인 호스텔이다. 오픈한 지 얼마 되지 않아서 현대적이며 깔끔하다. 전 객실에서 무료 와이파이가 제공된다.

Calle Cadenas, 5, 45001 Toledo ☎0925 22 76 50 도미토리 6인실 €13~, 도미토리 4인실 €14~, 더블룸 €32~ 소코도베르 광장에서 도보 3분 hostelsoasis.com/hostels-toledo

투리스티코스 카사 데 로스 모사라베

MAPECODE 27123

Apartamentos Turísticos Casa de los Mozárabes

톨레도의 역사적 중심부에 위치한 아파트먼트로 가족 단위 여행객들이 머물기 좋은 숙박 시설이다. 16세기에 지어진 집으로 국가 문화유산으로 인정을 받아 복원된 만큼 역사적으로 의미 있는 장소이기도 하다. 전 객실에서 무료 와이파이를 사용할 수 있다.

Callejón de Menores 10, 45001 Toledo ☎0689 76 66 05 2~3인실(1베드룸) €90~ / 4~6인실(2베드룸) €120~ / 6인실(3베드룸) €145~ 소코도베르 광장에서 도보 4분 www.casadelosmozarabes.com

호텔 도무스 플라사 소코도베르 Hotel Domus Plaza Zocodover

MAPECODE 27124

톨레도 관광의 시작이라고 볼 수 있는 소코도베르 광장에 인접해 있는 호텔로 위치 조건이 매우 좋다. 17세기에 지어진 건물로, 호텔 곳곳에 유적을 그대로 인테리어로 사용하고 있는 점이 이색적인 곳이다. 전 구역에서 무료 와이파이가 제공되고 있다.

Calle Armas, 7, 45001 Toledo ☎0925 25 29 25 싱글룸 €67~, 더블룸 €71~ 소코도베르 광장에서 도보 1분

파라도르 데 톨레도 Parador de Toledo

MAPECODE 27125

파라도르 데 톨레도는 스페인에 있는 파라도르 중에서 가장 인기가 많은 곳이기 때문에 항상 서둘러 예약해야 한다.

톨레도 구시가지에서 4km 정도 떨어진 곳에 위치해 있으며, 파라도르에서 바라보는 톨레도의 전경은 그야말로 한 폭의 그림과 같다. 무데하르 양식으로 지어진 건물의 실내 인테리어는 마치 궁전에 와 있는 듯한 느낌마저 준다.

Cerro del Emperador, s/n, 45002 Toledo 위도 39.8490185 (39° 50′ 56.47″ N), 경도 -4.0231446 (4° 1′ 23.32″ W) ☎ 0925 22 18 50 더블룸 €120~ 톨레도 구시가지에서 4km 정도 떨어져 있기 때문에 터미널에서 택시를 이용하는 방법이 가장 좋다. / 소코도베르 광장에서 7-1번 버스를 타고 파라도르에서 하차, 도보 4분 www.parador.es

호텔 시가렐 델 알바 Hotel Cigarral del Alba

MAPECODE 27126

파라도르 근처에 자리한 호텔로 이곳에서 바라보는 톨레도의 경관은 매우 장엄하고 아름답다. 다른 호텔보다 넓은 객실이 장점이며, 현대적인 인테리어가 깔끔하다. 호텔 레스토랑의 야외 테라스에서 바라보는 톨레도의 야경도 멋스럽다. 전 객실에 무료 와이파이가 제공되며, 여름철에는 야외 수영장도 오픈하고 있다.

Cerro del Emperador s/n, 45002 Toledo 위도 39.8461520 (39° 50′ 46.15″ N), 경도 -4.0255907 (4° 1′ 32.13″ W) ☎ 0925 28 01 01 더블룸 €100~ 톨레도 구시가에서 3km 정도 떨어져 있기 때문에 터미널에서 택시를 이용하는 방법이 가장 좋다. / 소코도베르 광장에서 7-1번 버스를 타고 파라도르에서 하차, 도보 5분

쿠엥카
Cuenca

마드리드에서 약 160km 정도 떨어져 있는 쿠엥카는 쿠엥카주의 주도이다. 후카르강과 우에카르강 사이의 언덕 위에 자리잡은 도시이다. 1177년 알폰소8세가 이곳을 점령하기 전 아랍인들의 통치를 받았던 쿠엥카는 1182년 알폰소 8세에 의해 주교관구를 이곳으로 옮겨 오면서 카스티야 지방의 종교, 정치, 문화의 중심지가 되었고, 양모와 섬유 무역의 번영으로 직물 산업 또한 가장 활발히 이뤄지던 도시이기도 했다. 협곡 위에 자리한 중세 마을로 보존이 잘 되어 있어 1996년 유네스코 세계 문화유산에 등록됐다. 쿠엥카를 드나드는 기차역과 버스 터미널은 쿠엥카의 신시가지에 자리하고 있고, 대부분의 관광지는 구시가지에 자리하고 있다. 신시가지는 언덕 아래에 위치해 있기 때문에 언덕 위에 자리하고 있는 구시가지로 이동하려면, 도보로 30분 정도 걸린다. 마요르 광장까지 시내버스가 다니고 있으니 오르막길이 힘들다고 느껴진다면 시내버스를 타고 이동하는 것을 추천한다.

가는방법

쿠엥카는 마드리드에서 출발하는 교통편이 가장 많고, 기차와 버스로 이동하는 것이 가장 편리하다. 쿠엥카 기차역과 버스 터미널은 서로 마주한 위치에 있다.

기차

마드리드 아토차 역 또는 차마르틴 역에서 출발하는 편이 있으니, 출발하는 시간에 따라 어느 역에서 출발하는지 확인해 두는 편이 좋다. 기차의 종류에 따라 이동 시간은 50분~2시간까지 걸리며, 시간이 느릴수록 가격이 저렴하다.

버스

마드리드 남부 터미널에서 쿠엥카까지 아반사(AVANSA) 회사의 버스가 운행되며, 시간은 기차보다 많이 걸리지만 가격이 저렴하다.

소요 시간 마드리드 – 쿠엥카 2시간 30분

시내교통

쿠엥카의 기차역과 버스 터미널은 신시가지에 자리하고 있고, 대부분의 관광지는 구시가지에 자리하고 있다. 신시가지에서 구시가지로 이동하려면 도보로 30분 정도 걸리는데, 편의를 위해 시내버스를 타도 된다.

버스

기차역과 버스 터미널에 근접해 있는 대로인 Calle Fermín Caballero 버스 정류장에서 1번 또는 2번을 타고 마요르 광장으로 이동할 수 있고, 택시로 이동할 수도 있다.

요금 버스 €1.20 / 택시 €5~
쿠엥카 교통국 www.urbanoscuenca.com

관광 안내소

주소 Plaza Mayor 1, 16001 Cuenca
전화 0969 241 051
오픈 5~9월 월~토 09:00~14:00, 16:00~21:00, 일 09:00~14:30 / 10~4월 월~토 09:00~14:00, 16:00~18:30, 일 09:00~14:30
위치 마요르 광장에서 시청사 지나 맞은편
홈페이지 turismo.cuenca.es

쿠엥카
Calle Belén
Río Júcar
Calle Trabuco
성탑 전망
Hotel Leonor de Aquitania
Calle San Pedro
피곤 델 후에카르
Figon Del Huecar
포사다 산 호세
Posada San José
파라도르
PARADOR CUENCA
대성당
Cathedral
인도교
마요르 광장
Plaza Mayor
시청사
관광 안내소
매달려 있는 집
Casas Clogadas
Paseo del Jucar
Río Júcar
Calle Colón
Calle Palafox
Calle Santa María
Calle Alfonso VIII
Teatro Auditorio de Cuenca
Paseo del Huécar
Av San Ignacio de Loyola
La Bodeguilla de Basilio
Calle Tintes
Parque de San Julian
포사다 틴테스
Posada Tintes
Calle Colón
Hotel Alfonso VIII Cuenca
Calle las Torres
N-320a
Calle Dr. Ferrán
Calle Luis Brull
Calle Santa Teresa A
Camino Depósito
El Quinto Pecado
Calle de Santiago López
Calle Fausto Culebras
Camino Depósito
Hostal Cortes 호텔
Av Castilla la Mancha
Calle Santa Ana
Calle Santa Inés
Calle Cañete
N-320a
쿠엥카 기차역
Travesía Cañete
Calle de las Torcas
쿠엥카 버스 터미널

MAPECODE 27127

쿠엥카 대성당 Cathedral

작은 소도시의 아름다운 성당

13세기 유행하던 고딕 양식의 영향으로 고딕 양식으로 지어졌지만 20세기에 들어와 대성당의 정면 파사드는 대대적인 보수 공사에 들어갔다. 성당 내부에는 고딕 양식의 흔적이 남아 있고, 추상적인 모양의 천장과 기하학적 모양의 스테인드글라스는 이곳에서 가장 볼 만하다.

🏠 Plaza Mayor, s/n, 16001 Cuenca ⊙ 위도 40.0784270 (40° 4′ 42.34″ N), 경도 -2.1299120 (2° 7′ 47.68″ W) ☎ 0969 22 46 26 🚌 마요르 광장에 위치

MAPECODE 27128

매달려 있는 집(추상화 박물관) Casas Clogadas

절벽 위에 지어진 집

쿠엥카의 랜드마크라고 할 정도로 쿠엥카에서 가장 유명한 집이다. 14세기 절벽 위에 지어진 건물로 왕족들의 여름 별장과 시청사로 사용됐다가 1966년 건물의 일부를 추상화 박물관과 레스토랑으로 사용하고 있다. 20세기 스페인 추상 화가들의 작품들을 소장하고 있으며, 박물관 안 창문으로 내려다 보이는 풍경 역시 작품이라고 표현될 정도로 아름답다. 매달려 있는 집 앞 인도교를 건너 파라도르 앞에 서면 매달려 있는 집을 가장 잘 볼 수 있다.

Calle Obispo Valero, 16001 Cuenca 위도 40.0777390 (40° 4' 39.86" N), 경도 -2.1284920 (2° 7' 42.57" W) ☎ 0969 24 10 51 화~금 11:00~14:00, 16:00~18:00 / 토 11:00~14:00, 16:00~20:00 / 일 11:00~14:30 / 휴무 매주 월요일 마요르 광장에서 도보 5분 www.march.es

MAPECODE 27129

마요르 광장 Plaza Mayor

구시가 중심의 광장

구시가 중심에 있는 광장으로 18세기 바로크 양식으로 지어진 시청사 건물은 광장의 출입문 역할을 해주고 있다. 광장은 카페와 레스토랑, 기념품 가게들로 둘러싸여 있고, 대성당도 이곳에 자리하고 있다.

위도 40.0783013 (40° 4' 41.88" N), 경도 -2.1299565 (2° 7' 47.84" W) 기차역과 버스 터미널에서 도보 30분 / 버스 1번 또는 2번을 타고 마요르 광장에서 하차

Eating

포사다 틴테스

MAPECODE 27130

Posada Tintes

스페인 음식 전문점으로 메뉴는 계절에 따라 조금씩 다르게 선보이고 있다. 특히 질 좋은 고기와 생선으로 만든 스테이크가 인기가 많다.

Calle de los Tintes, 7, 16001 Cuenca ☎ 0969 21 23 98 14:00~16:00, 21:00~23:00 스테이크 €10~20, 코스 요리 €23.50 기차역에서 도보 15분 / 마요르 광장에서 도보 15분 www.posadatintes.com

피곤 델 우에카르

MAPECODE 27131

Figon Del Huecar

카스티야 지방의 특별 요리를 맛볼 수 있는 레스토랑으로 조금은 격식이 필요한 고급 레스토랑이다. 카스티야 음식 외에도 다양한 퓨전 음식을 즐길 수 있다.

Ronda Julián Romero, 6, 16001 Cuenca ☎ 0969 24 00 62 13:30~16:00, 21:00~23:00 코스 요리 €26~, 새끼 돼지 로스트 €22~ 대성당에서 도보 3분 / 성 방향 오르막길에 위치 www.figondelhuecar.es

Sleeping

포사다 산 호세 Posada San José

MAPECODE 27132

쿠엥카 구시가지 안에 자리하고 있는 호텔로 대성당과 마요르 광장에 인접해 있기 때문에 관광하기에 최적의 위치를 자랑한다. 객실에 따라 아름다운 풍경의 뷰를 감상할 수 있는 룸도 있으며, 공용 공간에서 무료 와이파이가 제공된다.

Julián Romero, 4, 16001 Cuenca ☎ 0969 21 13 00 싱글룸(공용 욕실) €25~, 더블룸 €100~ / 조식 1박당 €9 대성당에서 도보 3분 www.posadasanjose.com

라만차, 돈키호테를 찾아 떠나는 여행

카스티야 라만차의 주도는 톨레도이지만 라만차하면 떠오르는 것은 바로 소설 돈키호테의 배경이 아닐까 싶다. 라만차 지역엔 세르반테스의 소설 출간 400주년을 기념해 250km에 이르는 '돈키호테 길'이 만들어졌다. 곳곳에서 돈키호테가 괴물로 생각하고 싸움을 벌였던 풍차와 돈키호테의 흔적을 만날 수 있다.

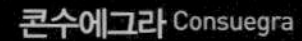

콘수에그라 Consuegra

12개의 풍차가 나란히 자리하고 있는 콘수에그라는 라만차 지역에서 가장 멋진 풍경을 자랑하는 마을이다. 풍차마다 이름이 있다는 것도 새롭다. 관광안내소는 장거리 버스 정류장 앞에 있으며, 시계탑을 지나면 풍차로 올라가는 계단 길이 나온다.

위도 39.4532103 (39° 27′ 11.56″ N), 경도 −3.6075720 (3° 36′ 27.26″ W) 마드리드 남부 터미널에서 콘수에그라 버스 정류장까지 하루에 6편 (일요일 및 공휴일은 3편), 이동 시간은 2시간~2시간 30분 정도 걸린다. 버스 회사는 사마르(Samar bus)이며, 타임 테이블 확인 및 티켓 예약은 samar.es에서 하면 된다. / 톨레도에서는 버스로 1시간 걸린다.

캄포 데 크립타나 Campo de Cripatna

라만차 지역에서 빼놓을 수 없는 캄포 데 크립타나는 돈키호테의 무대로 유명하다. 드넓은 평야에 그림처럼 자리한 10대의 풍차는 전 세계적으로 CF의 배경이나 카메라 신제품의 샘플 사진에도 빠지지 않고 등장하는 장소이다. 이름은 몰라도 어디선가 한번쯤은 봤던 그 풍경 속 마을이 바로 돈키호테가 괴물로 착각하고 돌진했던 풍차가 있는 캄포 데 크립타나이다.

위도 39.4088628 (39° 24′ 31.91″ N), 경도 −3.1240764 (3° 7′ 26.68″ W) 캄포 데 크립타나는 마드리드 차마르틴 역에서 기차로 2시간 정도 걸리지만, 비정기적으로 운행되기 때문에 미리 렌페 홈페이지(www.renfe.com)에서 타임 테이블을 확인해 보는 것이 좋다.

안달루시아 지방

세비야
Sevilla

안달루시아 지방의 주도인 세비야는 마드리드에서 남서쪽으로 540km 떨어진 곳에 위치하고 있다. 스페인에서 네 번째로 큰 도시로 안달루시아의 심장이라고도 한다. 고대 로마 시대부터 지방 중심지로 번창했던 세비야는 수세기를 걸쳐 수많은 민족들의 침입을 겪었는데, 이슬람의 지배를 받던 시기 알카사르, 히랄다의 탑 등이 세워졌고, 15세기 말 콜럼버스가 아메리카 대륙을 발견하면서 항구 도시였던 세비야는 무역의 기지로

서 전성기를 누리게 됐다. 배를 타고 들어온 무역인들이 집시들의 플라멩코에 관심을 보이면서 세비야는 화려한 플라멩코의 본고장이 되었다. 스페인의 대표 화가 '벨라스케스', '무리요'를 배출해 내고, 프랑스 작가의 소설을 오페라로 재탄생시킨 〈세비야의 이발사〉와 〈카르멘〉, 모차르트의 〈돈조반니〉의 배경이 될 정도로 세비야는 예술가들이 사랑하는 도시이기도 했다. 지리적으로 포르투갈과 인접해 있는 대도시이기 때문에 스페인의 교통의 중심지 중 하나이다. 대부분의 관광지는 산타 크루스 지구와 엘 아레날 지구에 모여 있다.

한국에서 세비야까지 직항편은 없기 때문에 마드리드나 바르셀로나에서 초고속열차 아베(AVE) 또는 저가 항공으로 이동하는 방법을 가장 선호한다. 또 다른 방법은 유럽의 다른 대도시에서 저가 항공으로 이동할 수 있다.

저가 항공

세비야 산 파블로 국제 공항은 세비야 시내에서 약 10km 정도 떨어진 곳에 위치해 있다. 스페인의 네 번째 대도시답게 유럽 주요 도시와 스페인 주요 도시에서 연결되는 항공편이 많다.

이베리아 익스프레스 www.iberiaexpress.com
이베리아에어 www.iberia.com
브엘링 www.vueling.com
라이언에어 www.ryanair.com
탑 포르투갈 www.flytap.com
스카이 스캐너 www.skyscanner.co.kr

나라 / 도시	소요 시간
스페인 마드리드	1시간 05분~
스페인 발렌시아	1시간 10분~
스페인 바르셀로나	1시간 50분~
포르투갈 리스본	1시간 05분~
영국 런던	2시간 50분~
프랑스 파리	2시간 15분~
이탈리아 밀라노	2시간 40분~
이탈리아 로마	2시간 50분~

공항에서 시내 가기

공항에서 시내까지는 공항버스 EA를 타고 이동하면 된다. 시간대에 따라 매시간 2~3편씩 운행 중이고 시내까지 20~30분 걸린다. 공항에서 산타 후스타(Santa Justa) 역, 호텔 레브레로스(Hotel Lebreros), 호텔 노보텔(Hotel Novotel), 산 베르나르도(San Bernardo) 역, 프라도 데 산 세바스티안(Prado de San Sebastián) 버스 터미널, 토레 델 오로(Torre del Oro), 플라사 데 아르마스(Plaza de Armas) 버스 터미널까지 순서대로 정차한다.

EA 버스 요금 편도 €4, 당일 왕복 €6

기차

세비야 중앙역은 산타 후스타(Santa Justa) 역으로 마드리드에서 코르도바를 거쳐 세비야로 들어오는 AVE와 그라나다에서 들어오는 일반 열차(하루 4편)가 다닌다. 역에서 세비야 구시가까지는 도보로 30분 이상 걸리는 만큼 초행길이라면 버스로 이동한다. B출구로 나가 길 건너 버스 정류장에서 C1 버스를 타고 종점인 프라도 데 산 세바스티안(Prado de San Sebastián) 버스 터미널에서 하차한다. 산타 후스타에서 구시가와 가장 가깝게 연결되는 노선이다. 단, C1 버스는 순환버스로, 역으로 갈 때는 엄청 돌아가니 다른 버스를 타는 것이 좋다.

도시	소요 시간
코르도바	AVE 45분~
마드리드	AVE 2시간 30분~
그라나다	MD 3시간 10분~

버스

안달루시아 지방은 해안부터 산맥으로 이루어진 곳이기 때문에 기차보다는 버스가 구석구석 연결이 잘 되어 있다. 세비야에는 두 개의 장거리 버스 터미널이 있는데, 투우장에서 북쪽으로 조금 떨어진 곳에 위치한 플라사 데 아르마스(Plaza de Armas) 버스 터미널은 ALSA에서 운영하는 대부분의 버스 노선과 다른 유럽 도시에서 출발하는 국제선 노선이 많이 들어오고, ALSA를 제외한 안달루시아 지방에서 출발하는 다른 버스 회사들의 버스는 산타 쿠르스 인근에 위치한 프라도 데 산 세바스티안(Prado de San Sebastián) 버스 터미널을 이용하게 된다. 스페인 최대 버스 회사인 ALSA 버스는 플라사 데 아르마스 버스 터미널은 A로 표시하고, 프라도 데 산 세바스티안 버스 터미널은 P로 표시한다.

Tip 터미널에서 수상하게 생긴 사람이 말을 걸어오면 소지품 및 캐리어나 배낭에 신경 쓰도록 하자. 요즘 터미널에서 다가와 말을 거는 척하며 시선을 돌리고 가방이나 소지품을 훔쳐 가는 도난 사고가 많이 발생했다.

플라사 데 아르마스 Estación de Autobuses Plaza de Armas

국제 노선과 스페인 최대 버스 회사인 ALSA 버스가 들어오는 버스 터미널로 왕립 마에스트란사 투우장 북쪽에 위치해 있다.

주소 Puente del Cristo de la Expiración, 41001 Sevilla 전화 0955 03 86 65 위치 왕립 마에스트란사 투우장에서 도보 20분 *터미널에서 구시가로 이동할 때는 C4번 버스를 타고 파세오 크리스토발 콜론(Paseo Cristóbal Colón, 대성당 인근 정류장) 또는 메넨데스 펠라오(Menéndez Pelayo, 산타 크루즈 지역) 하차 / 구시가에서 터미널로 이동할 때는 파세오 콜론(Paseo Colón) 버스 정류장에서 3번 버스를 타고 토르네오(Torneo, Estacion Plaza de Armas)에서 하차 홈페이지 www.autobusesplazadearmas.es

나라 / 도시	소요 시간	버스 회사
스페인 코르도바	2시간~	ALSA - www.alsa.es
스페인 그라나다	3시간~	ALSA - www.alsa.es
스페인 말라가	2시간 45분~	ALSA - www.alsa.es
스페인 마드리드	6시간 15분~	SOCIBUS - www.socibus.es
스페인 발렌시아	야간버스 11시간 15분~	ALSA - www.alsa.es
스페인 바르셀로나	야간버스 15시간 15분~	ALSA - www.alsa.es
포르투갈 리스본	야간버스 7시간~	ALSA - www.alsa.es
포르투갈 포르투	야간버스 12시간 45분~	ALSA - www.alsa.es

프라도 데 산 세바스티안 Estación de Autobuses Prado de San Sebastián

산타 크루스 지구와 스페인 광장 사이에 자리하고 있는 프라도 데 산 세바스티안 버스 터미널은 세비야 근교의 도시들과 연결되는 노선이 많다.

주소 Plaza Prado de San Sebastián, s/n, 41004 Sevilla 전화 0954 41 71 11 위치 알카사르에서 도보 12분 / 터미널에서 트램 T1번 타고 두 정거장 지나면 세비야 대성당

도시	소요 시간	버스 회사
론다	1시간 45분~	Los Amarillos - samar.es
포르투갈 리스본	야간버스 7시간 30분~	ALSA - www.alsa.es
포르투갈 포르투	야간버스 13시간 15분~	ALSA - www.alsa.es

Tip 리스본에서 야간버스를 타고 세비야에 도착했다면 대부분 새벽 시간이기 때문에 민박집이 아니고서는 호텔이나 호스텔을 새벽 시간에 찾아가는 게 고민일 수 있을 것이다. 이런 경우 터미널에 짐을 보관하고 론다나 코르도바 등 세비야에서 당일 여행이 가능한 도시들을 다녀오는 것을 추천한다.

시내교통

세비야에서 산타 크루스 지구와 엘 아레날 지구만 돌아본다면 대중교통을 타고 다닐 일은 거의 없으나 숙소 위치가 주요 관광지와 거리가 있거나 버스터미널 또는 기차역으로 갈 일이 있다면 대중교통을 이용할 일이 생길 수도 있다.

대중교통

세비야의 대중교통은 버스, 트램, 메트로가 있다. 트램과 메트로에 비해 버스 노선이 더 잘 되어 있는 편이다. 티켓 종류는 1회권과 충전식 카드, 1일 여행자 패스, 3일 여행자 패스로 다양하게 선택 가능하며, 충전식 카드와 여행자 패스는 보증금 €1.50가 추가되지만 카드 반납 시 되돌려 준다. 1회권을 제외한 나머지 카드는 기차역과 터미널 내에 있는 인포메이션에서 판매하니 미리 구입해 두는 것이 좋다.

요금 1회권 €1.40 / 충전식 카드 €7~€50 / 1일권 여행자 패스 €5 / 3일권 여행자 패스 €10
세비야 교통국 홈페이지 www.tussam.es

관광 안내소

주소 Avenida de la Constitucion, 21B, 41004 Sevilla
GPS 좌표 위도37.3837175 (37° 23′ 1.38″ N), 경도-5.9937073 (5° 59′ 37.35″ W)
전화 0954 78 75 78
오픈 월~금 09:00~10:30, 토~일&공휴일 09:30~15:00
위치 알카사르에서 도보 2분 / 대성당에서 도보 2분

스페인의 특급 열차

스페인에는 아직 우리에게 잘 알려지지는 않았지만 지방마다 특색 있는 특급 열차를 운행하고 있다. 이 열차들은 각 지방의 관광 시기에 맞춰 돌아가며 운행 중이다.

특급 열차의 종류

★ 산티아고 데 콤포스텔라(Santiago de Compostela) ~ 산 세바스티안(San Sebastian)
스페인 북부 해안을 따라 달리는 특급 열차

★ 엘 트란스칸타브리코(El Transcantabrico)
레온(León) ~ 빌바오(Bilbao)

★ 엘 익스프레소 데 라 로블라(El Expreso de la Robla)
세비야(Sevilla) ⇨ 헤레스(Jerez) ⇨ 카디스(Cadiz) ⇨ 론다(Ronda) ⇨ 그라나다(Granada) ⇨ 리나레스(Linares) ⇨ 바에사(Linares-Baeza) ⇨ 코르도바(Cordoba) ⇨ 세비야까지 안달루시아 지방을 순환하는 루트

★ 알 안달루스(Al Andalus)
에스트레마두라(Extremadura)라 불리는 세비야에서 ⇨ 메리다(Merida) ⇨ 플라센시아 (Plasencia) ⇨ 몬프라궤(Monfrague) ⇨ 톨레도(Toledo) ⇨ 아란후에스(Aranjuez) ⇨ 마드리드(Madrid)까지 횡단하는 루트

알 안달루스 Al Andalus 특급 열차

안달루시아의 주도인 세비야 산타 후스타 역(Santa Justa)에서 출발하는 '알 안달루스 특급 열차'는 1930년 프랑스에서 만들어진 기차를 복원시켜 만든 초호화 고급 호텔 트레인으로 스위트룸, 스탠다드룸으로 구분되어 있으며, 조식 및 석식이 제공된다. 지정된 도시에서 잠시 하차해 자유 관광 또는 단체로 도시 관광을 하고, 유명한 공연을 보거나 고급 레스토랑에서 식사를 한 후 오후에 열차로 돌아와 파티를 즐기거나 휴식을 취하게 된다. 밤이 되면 열차는 다시 달려 다음 도시로 이동한다. 정장으로 갖춰 입어야 하는 것은 아니지만 스마트 캐주얼로 단정한 복장을 갖춰야 하는 드레스 코드가 있다. 보통 4개월 전에 마감되니 서둘러 예약하는 것이 좋다.

일정 매주 월요일 출발, 5박 6일의 일정 / 성수기(5~6월, 9월)와 이외 기간(3~4월, 10월)별로 다름. 겨울 시즌(11~2월)은 운행하지 않으며, 여름 시즌(7~8월) 동안은 북부 지방에서 특별 운행 가격 정보 및 예약 사이트 www.luxurytrainclub.com/trains/al-andalus

세비야 구시가
메트로폴 파라솔
Metropol Parasol
Hostal Santa Catalina
Calle Alfonso XII
NH 프라자 드 아르마스 호텔
Iglesia de San Pedro
Calle San Eloy
Calle Alhóndiga
Calle Cuna
플라사 데 아르마스
Plaza de Armas
플라사 데 아르마스 버스 터미널
Calle Bailén
Calle Sierpes
Calle Imperial
Calle Marqués de Paradas
Calle Gravina
Capilla de S. José Church
카사 라 비우다
Casa La Viuda
Calle Aguilas
Calle Moratín
Calle Arjona
Calle Radio Sevilla
Hotel Bécquer
라 플라멘카 호스텔
La Flamenka Hostel
누에바 광장
Plaza Nueva
Ayuntamiento de Sevilla
플라멩코 박물관
Museo del Baile Flamenco
Calle Conde de Ibarra
Calle Pastor y Landero
Calle Gamazo
그랜드 럭스 호스텔
Grand Luxe Hostel
Calle Aire
호텔 아마데우스
Hotel Amadeus
산 마르코
San Marco
Calle Genil
Calle Castelar
왕립 마에스트란사 투우장
Plaza de Toros de la Real Maestranza
Calle Arfe
Giralda
보데가 산타 크루즈
Bodega Santa Cruz
호텔 알칸타라
Hotel Alcántara
Puente de Isabel II
Calle Antonia Díaz
엘 아레날
El Arenal
세비야 대성당
Catedral
로스 가요스
Los Gallos
Río Júcar
라 반다 루프톱 호스텔
La Banda Rooftop Hostel
Calle Santo Tomás
알카사르
Real Alcázar
산타 크루즈 옛 지구
Teatro de la Maestranza
관광 안내소
Calle Pureza
Calle Betis
Calle Pagés del Corro
Torre de la Plata
Iglesia de Santa Ana
Calle Pelay Correa
Calle Rodrigo de Triana
황금의 탑
Torre del Oro
Puerta de Jerez
Calle San Fernando
Royal Tobacco Factory
University of Seville
Av. Portugal
세비야
에스라바
Eslava
Calle Torneo
보데가 도스 데 마요
Bodega Dos de Mayo
Espacio Metropol Parasol
Calle Recaredo
산타 후스타 역
Santa Justa
Casa de Pilatos
Ayuntamiento de Sevilla
Luis de Montoto
Plaza de toros de la Real Maestranza
세비야 대성당
Catedral
알카사르
Real Alcázar
Sevilla-San Bernardo
Nervion
Teatro de la Maestranza
세비야 구시가
Teatro Lope de Vega
Plaza de España
스페인 광장
Av de María Luisa

세비야 추천 코스

스페인 광장에서 시작해 황금의 탑과 왕립 마에스트란사 투우장이 있는 엘 아레날 지구를 둘러본 후 콜럼버스가 잠들어 있는 대성당과 세비야가 한눈에 내려다보이는 히랄다 탑에 올라가 본다. 알카사르와 산타 크루즈 지구를 거닐고 석양 무렵 메트로폴 파라솔에 올라 세비야의 매력적인 밤을 즐긴다. 하루의 마무리는 세비야의 하이라이트라 할 수 있는 플라멩코 공연 관람하기!

메트로폴 파라솔석양

산타 크루즈 지구

Santa Cruz

◆ 엘 아레날 지구 동쪽에 자리한 옛 유대인 거주 지역으로 세비야 관광의 핵심이 되는 지역이다. 대성당, 알카사르, 시청사 등이 자리하고 있다.

MAPECODE 27201

알카사르 Real Alcázar

나스르 궁전을 모티브로 한 자매 궁전

원래는 1170년 이슬람 양식으로 지어진 성이었던 자리에 잔인왕이라고 불렸던 카스티야 왕국의 국왕 페드로 1세가 그라나다의 알암브라 성을 보고 반해 그라나다와 톨레도에서 이슬람 장인들을 불러 모아 무데하르 양식의 궁전을 짓게 했다. 대성당과 가장 가까이에 인접해 있는 '사자의 문(Puerta del León)'을 통과하면 작은 정원을 지나 페드로 1세 궁전이 보이는 '파티오 델 라 몬테리아(Patio del la Monteria)'가 나오고 이곳을 통과하면 세비야 알카사르의 하이라이트인 페드로 1세 궁전 안에 자리한 '아가씨의 파티오(Patio de las Doncellas)'가 나타난다. 페드로 1세가 이슬람 장인들을 불러 모아 그라나다 알암브라 성의 나스르 궁전을 모티브로 만든 곳으로 무데하르 양식의 절정을 볼 수 있다. 중앙 연못을 기준으로 대칭을 이루고 있으며, 파티오를 둘러싸고 있는 페드로 1세 궁전 내 대사의 방은 우주를 상징하는 천장 무늬의 화려함이 입이 다물어지지 않을 정도로 놀랍다. 페드로 1세 궁전 관람이 끝나면 알카사르 뒷편의 르네상스 정원에 나가 잠시 휴식을 취하고, 그로테스크 갤러리가 있는 머큐리 연못으로 이동하자. '그로테스크(Grotesque)'는 괴기스럽다는 뜻으로, 용암을 사용해 벽면을 액자화시킨 모습이 독특하다. 그밖에 카를로스 5세의 방과 소성당, 곳곳에 자리하고 있는 파티오도 둘러보도록 한다.

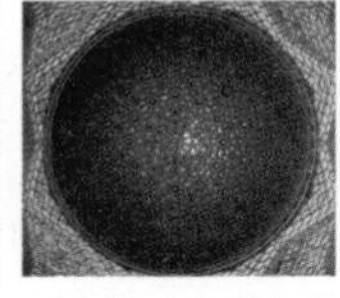

🏠 Patio de Banderas, s/n, 41004 Sevilla ⓖ 위도 37.3845271 (37° 23′ 4.30″ N), 경도 -5.9921838 (5° 59′ 31.86″ W) ☎ 0954 50 23 24 ⓣ 10~3월 09:30~17:00, 4~9월 09:30~19:00 / 휴무 1월 1일, 1월 6일, 12월 25일, 성주간 금요일 ⓔ €11.50 / 학생(17~25세) €3 / 16세 이하 무료 입장 🚌 대성당에서 도보 2분 ⓘ www.alcazarsevilla.org

MAPECODE 27202

산타 크루즈 옛 지구 Barrio de Santa Cruz

옛 유대인 거주 지역

대성당과 알카사르 동쪽에 위치해 있는 옛 유대인 거주 지역이다. 뜨거운 날씨 때문에 햇볕을 피하고자 만든 미로 같은 좁은 골목이 오밀조밀하게 연결되어 있는데, 그 모습이 사랑스럽다. 좁은 골목길을 따라가다 보면 나타나는 비밀스러운 광장들과 자연스럽게 발길을 멈추게 하는 파티오, 아기자기하게 꾸며 놓은 레스토랑과 호텔들이 자리하고 있다. 17세기 유대인들이 추방된 후 이곳은 귀족들이 들어와 정착했던 지역으로 카사노바와 함께 세기의 바람둥이로 손꼽히는 돈 후안이 귀족 부인들을 유혹했던 밀회의 장소이기도 하다. 지금도 당시 돈 후안이 수백 명의 여자들과 사랑을 나눴던 여관이 1년 전에 예약을 하지 않으면 머물 수 없을 정도로 엄청난 인기를 누리는 작은 호텔로 성업 중이다. 우리가 잘 알고 있는 모차르트의 '돈 조반니'가 바로 '돈 후안'으로 '돈 조반니'의 배경이 된 곳이 바로 이곳이다. 또 세비야를 배경으로 한 희극 '세비야의 이발사'에 나오는 알마비바 백작이 한눈에 사랑에 빠진 로지나에게 사랑의 세레나데를 부른 발코니도 이곳에 있다. 아기자기한 기념품 가게도 몰려 있는 만큼 여유 있게 산책하듯 산타 크루스 지구를 걸어 보도록 하자.

위도 37.3851664 (37° 23′ 6.60″ N), 경도 -5.9882999 (5° 59′ 17.88″ W) 알카사르에서 도보 1분

MAPECODE 27203

세비야 대성당 Catedral

전 세계에서 세 번째로 큰 성당

바티칸 시국의 성 베드로 대성당(르네상스 양식), 영국 런던의 세인트 폴 대성당(네오르네상스 양식) 다음으로 전 세계에서 세 번째로 큰 성당이다. 고딕 양식 성당 중에서는 세비야 대성당이 가장 크다. 1401년 성당 참사회의 "그 어떤 다른 성당과도 비교되지 않을 정도로 아름답고 크게 지어 이 성당이 마무리되면 성당을 보는 사람들이 우리를 보고 미쳤다고 생각할 정도로 해야 한다."라는 결정으로 무조건 톨레도 대성당보다 크게 지어야 한다며 이슬람 사원이 있던 자리에 짓기 시작해 105년 후인 1506년에 완공된 세비야 관광의 핵심이다. 대성당 종탑인 히랄다 탑은 오렌지 정원과 함께 유일하게 남은 12세기에 지어진 이슬람 사원의 한 부분이다. 17~18세기에 들어와 르네상스 양식과 바로크 양식이 추가되면서 여러 양식이 혼합된 건축물이기도 하다.

Avenida de la Constitución, s/n, 41004 Sevilla 위도 37.3864196 (37° 23′ 11.11″ N), 경도 -5.9926719 (5° 59′ 33.62″ W) 0902 09 96 92 9~6월 월 11:00~15:30, 화~토 11:00~17:00, 일 14:30~18:00 / 7~8월 월 09:30~14:30, 화~토 09:30~16:30, 일 14:30~18:30 일반 €9, 학생 €4, 16세 이하 무료 입장 알카사르에서 도보 2분 www.catedraldesevilla.es

중앙 제단 Capilla Mayor

1480년부터 1560년까지 무려 80년 동안 제작된 높이 27m, 폭 18m 크기의 화려한 중앙 제단 장식은 세계 최대 규모라고 한다.

콜럼버스의 묘 Sepulcro de Colón

스페인 정부는 콜럼버스가 세운 공을 인정하여 '죽어서도 스페인 땅을 밟지 않으리라'라는 그의 유언을 지켜 주기 위해 당시 스페인 4대 왕국이었던 카스티야, 레온, 나바라, 아라곤의 4명의 왕들이 그의 무덤을 짊어지게 했다. 앞에 있는 카스티야, 레온 왕국의 왕들은 고개를 들고 있고, 뒤에 있는 나바라, 아라곤 왕들은 고개를 숙이고 있는데 이것은 콜럼버스의 항해를 지지했던 왕은 고개를 들도록, 반대했던 왕은 고개를 숙이도록 한 것이란다. 그리고 오른쪽 레온 왕의 창살 아래에는 그라나다를 뜻하는 석류가 꽂혀 있는데 국토 회복 운동으로 그라나다를 함락시킨 것을 의미한다고 한다. 왕들이 입고 있는 옷에 그려진 문장이 해당 왕국을 의미한다. 오른쪽 레온 왕의 발과 왼쪽 카스티야 왕의 발이 유난히 반짝이는데, 이것은 이들의 발을 만지면 사랑하는 사람과 세비야에 다시 온다는 속설과 부자가 된다는 속설이 전해지기 때문이다.

히랄다 탑 La Giralda

1198년 이슬람 사원의 탑인 미나레트로 세워졌지만 세 번의 증축을 거치면서 높이 97m의 현재의 모습을 하고 있다. 히랄다 탑은 계단이 없고 경사로를 따라 올라가도록 되어 있는데 이슬람 시대에는 미나레트를 오르기 위해 당나귀를 타고 올라갔기 때문이라고 한다. 탑 정상에 오르면 세비야 시내가 한눈에 내려다 보이는 장관이 펼쳐진다. 28개의 종이 매시간 아름다운 소리로 종을 연주하는데, 축제 기간에는 종이 360도 회전하면서 엄청난 소리를 낸다. 탑 꼭대기에 한 손에는 종려나무 가지를 들고 다른 한 손에는 깃발을 들고 있는 여인상은 '엘 히랄디요'라고 하는데, '엘 히랄디요'는 '바람개비'를 뜻하는 말로 바람이 불면 바람개비처럼 회전을 한다고 해서 붙여진 이름이다. 대성당 입구 앞에 보면 히랄다 탑 위에 올려진 '엘 히랄디요'와 똑같은 조각상이 있으니 눈여겨보도록 하자.

오렌지 정원

히랄다 탑과 함께 옛 이슬람 사원의 일부가 남아 있는 장소다. 정원 한가운데 있는 중앙 분수대는 이슬람교도들이 예배를 드리기 전 손과 발을 씻었던 곳으로 고트족 시대에 만들어졌다. 정원을 통과하면 대성당의 출구인 '용서의 문(Puerta del Perdón)'이 나타난다. 용서의 문을 빠져 나가면 재입장이 불가하니 나오기 전 놓친 곳은 없는지 확인하자.

대륙 발견을 향한 끊임없는 항해

크리스토퍼 콜럼버스

Christopher Columbus, 1451.8~1506.5.21

서쪽으로 항해하면 인도에 도착할 것이라 믿었던 콜럼버스는 포르투갈의 왕 주앙 2세에게 항해의 후원을 부탁했지만 거절을 당하고 스페인으로 건너와 후원자를 찾았지만 아무도 그의 항해에 관심을 갖지 않았다. 영국, 프랑스 등 다른 국가에서도 후원자를 찾지 못했던 콜럼버스는 다시 스페인으로 돌아와 후원자를 찾아 나섰다. 이때 카스티야 이 레온 왕국의 왕이었던 이사벨 여왕이 해상 무역에 관심을 가지면서 콜럼버스의 인도를 찾아 떠나는 항해에 거대한 후원자가 되어 준다.

30일 동안 바다를 건너 인도의 향신료를 가지고 돌아온다고 했지만, 약 70일 만에 신대륙을 찾게 되었고, 그곳은 인도가 아닌 중앙아메리카 산살바도르였다. 그곳에서 콜럼버스는 금을 가지고 돌아갔고, 그 금으로 인해 스페인은 황금 시대를 누리게 되었다. 이후 너도 나도 금을 캐기 위해 항해를 시작하고, 더 이상 금을 얻기 힘들게 되자 콜럼버스는 인디언들을 무참히 살해하고 노예로 왕국에 바치기도 하고, 팔기도 하는 악행을 저지른다.

죽는 날까지 콜럼버스를 신임했던 이사벨 여왕이 1504년 죽자, 대부분이 가톨릭을 믿고 있던 스페인 사람들은 그가 행한 악행을 용서하지 않았고 대신들은 그의 직위는 물론 재산까지 모두 빼앗았다. 콜럼버스는 화병과 항해 중 얻게 된 질병으로 '죽어서도 스페인 땅을 밟지 않으리라.'라는 유언을 남기고 결국 1506년 스페인 카스티야 이 레온 지방의 바야돌리드에서 사망하게 된다.

그가 숨진 지 3년 후 유해는 세비야주 라 카르투아섬의 카르투시안 수도원으로 옮겨졌고, 1537년 그의 며느리 마리아 데 로하스이 톨레도가 자신의 남편과 시아버지인 콜럼버스의 유해를 도미니카 공화국 산토도밍고 대성당으로 옮기면서 콜럼버스의 유언대로 스페인을 떠나게 되었다. 하지만 1795년 도미니카 공화국이 프랑스에 넘어가면서 유해는 다시 당시 스페인령이었던 쿠바 아바나의 성당으로 또 다시 옮겨졌고, 이마저도 1898년 쿠바가 독립하면서 약 400년 만에 다시 세비야로 옮겨졌다. 죽기 전에도 한곳에 정착하지 못했던 콜럼버스는 죽어서도 대륙을 넘나드는 항해를 하고 있는 듯하다.

플라멩코 박물관 Museo del Baile Flamenco

세계 유일의 플라멩코 박물관

플라멩코 공연도 보거나 배울 수도 있고, 플라멩코에 관한 전시실까지 갖춘 세계 유일의 플라멩코 박물관이다. 공연장으로 사용되는 1층의 파티오는 공중에 매달린 의자들이 인상적이다. 전시실에서 플라멩코의 역사를 한눈에 볼 수 있고, 플라멩코 동작을 하나하나 설명하여 쉽게 이해할 수 있도록 도와주는 영상도 관람 가능하다. 플라멩코를 주제로 한 그림과 공연 사진들, 플라멩코에 사용되었던 옷과 소품들까지 한번에 볼 수 있는 박물관이다. 박물관과 공연을 함께 보면 관람 요금이 할인된다.

Calle de Manuel Rojas Marcos, 3, 41004 Sevilla 위도 37.3889390 (37° 23′ 20.18″ N), 경도 -5.9912320 (5° 59′ 28.44″ W) 0954 34 03 11 박물관 10:00~19:00 / 공연 19:00~20:00 박물관 일반 €10, 학생 €8, 어린이 €6 공연 일반 €22, 학생 €15, 어린이 €12 박물관+공연 일반 €26, 학생 €19, 어린이 €15 대성당에서 도보 7분 www.museoflamenco.com

화려한 열정의 춤

플라멩코 Flamenco

플라멩코의 시작이 그라나다였다면, 플라멩코를 무대에 올려 돈을 받고 지금의 화려한 플라멩코를 만든 건 세비야이다. 과달퀴비르강을 통한 무역이 활발했을 때 집시들이 강변에서 플라멩코를 추고 있으면 지나던 무역 상인들이 돈을 던져 주던 것이 하나의 공연으로 장착된 것이다. 그라나다의 플라멩코보다 세비야의 플라멩코가 더 화려하다. 그라나다는 온전히 손과 박수로만 박자를 맞춘다면 세비야에서는 캐스터네츠가 등장하고 부채 같은 소품을 이용한다. 또 다른 차이점은 여성 무용수인 바일라오라의 화려한 옷으로, 세비야의 의상은 더 화려하고 드레스의 꼬리 자락이 더 길다. 세비야에서 플레멩코 공연을 본다면 산타 크루즈 지구의 로스 가요스와 엘 아레날 지구의 엘 아레날이 가장 유명하고, 수준 높은 공연을 볼 수 있다.

플라멩코의 3대 요소

바일레 Baile ★ 무용수. 남자 무용수는 바일라오르(Baílaor), 여자 무용수는 바일라오라(Baílaora)라고 부른다. 플라멩코는 젊은 무용수들보다 나이 든 무용수들이 경험을 바탕으로 더욱 대접을 받는 춤이기도 하다.

칸테 Cante ★ 노래를 하는 가수. 남자 가수는 칸타오르(Cantaor), 여자 가수는 칸타오라(Cantaora)라고 불리는데, 대부분 남자가 노래하는 경우가 많다. 집시들의 애환과 한을 노래하던 것이 현재는 연애 이야기를 노래하는 경우가 많아졌다.

토케 Toque ★ 기타리스트. 플라멩코가 처음 시작되었을 때는 기타 연주 없이 오로지 박수와 노래로만 춤을 췄었고, 200년 전부터 반주로 기타가 등장하기 시작했는데 지금은 기타 연주가 없으면 플라멩코를 추기 어려울 정도로 큰 비중을 차지하고 있다. 플라멩코 공연장에서 토케의 독주 연주는 꼭 포함되는 프로그램 중 하나다.

플라멩코 용어

팔마 Plama ★ 플라멩코 고유의 박수치기를 '팔마'라고 부른다. 플라멩코 초기엔 기타 연주가 존재하지 않고 오로지 '팔마'와 노래만으로 플라멩코를 표현해 냈다. 여러 사람이 무대에 함께 올라 추는 단체 춤은 쿠아드로(Cuadro)라 하는데 이때 팔마로 분위기를 띄워주기도 하는데 춤을 추는 무용수 외에도 팔마를 전문으로 하는 팔메로(Palmero)가 등장하기도 한다.
피토스 Pitos ★ 손가락으로 내는 소리를 뜻하는데, 플라멩코의 전통 방식인 그라나다 플라멩코에서 많이 볼 수 있는 표현 방식이다. 세비야에는 캐스터네츠(팔리요스, Palillos)가 등장하면서 손가락을 사용해서 소리를 내는 방식은 점차 사라졌다.

사파테아도 Zapateado ★ 플라멩코를 출 때 신는 구두로 바닥을 내리치면서 나는 소리를 사파테아도라고 한다. 보통 탭 댄스와 같다고 생각하는 경우가 많지만 탭 댄스와는 전혀 다른 동작으로, 구두의 코끝과 굽에 못을 박아서 구두로 무대 바닥을 치면 소리가 나는데 앞창을 쳐서 소리가 나는 것은 플란타(Planta), 앞코를 쳐서 소리가 나는 것을 푼타(Punta), 뒷굽을 쳐서 소리가 나는 것을 타콘(Tacon)이라 한다.

파레하 Pareja ★ 남녀 커플이 나와 추는 플라멩코

사파토 Zapato ★ 플라멩코를 출 때 신는 소리를 내는 구두

만톤 Mantón ★ 바일라오라가 걸치는 숄. 사이즈에 따라 가장 큰 숄을 만톤이라고 하며 그 다음 작은 숄을 만티야(Mantilla), 가장 작은 사이즈의 숄을 만톤시요(Mantónsillo)로 구분한다. 바일라오라가 보여 주는 기술 중 하나로 숄 하나로 다양한 표현을 연출해 낸다.

바타 데 콜라 Bata de Cola ★ 세비야 타블라오에서 볼 수 있는 바일라오라의 꼬리처럼 길게 늘어지는 치마를 부르는 말이다. 긴 치마꼬리를 발 기술을 이용해 돌리는 고난도 기술로 경력에 따라 치마꼬리의 길이가 차이가 난다.

Tip 플라멩코 공연 중 팔마를 따라서 박수를 치는 분들이 간혹 있는데 절대 무용수들이 춤을 추고 있을 때 박수를 치면 안 된다. 팔마 소리에 박자와 리듬을 맞춰 춤을 추는 경우가 많은데 이때 다른 박자가 섞이면 무용수들이 큰 지장을 받는다. 박수가 치고 싶다면 무용수들의 공연이 끝날 때 힘껏 쳐주면 된다.

로스 가요스 Los Gallos

1966년에 문을 연 세비야에서 가장 오래된 타블라오로 산타 크루즈 지구에 자리하고 있다. 가장 전통적인 플라멩코를 감상할 수 있으며, 수준 높은 무용수와 칸타오르의 노래는 로스 가요스를 지금까지 세비야에서 가장 유명한 타블라오라는 명성을 유지하도록 하는 비결 중 하나다.

Plaza de Santa Cruz, 11, 41004, Sevilla ☎ 0954 216 981 매일 20:30~22:00, 22:30~24:00 (1시간 30분 공연) €35 (음료 1잔 포함) 알카사르에서 도보 5분 / 대성당에서 도보 5분 www.tablaolosgallos.com

엘 아레날 El Arenal

엘 아레날 지구에 자리하고 있는 타블라오로 세비야에서 태어난 스페인 플라멩코 바일라오르 중 최고의 무용수였던 '쿠로 벨레스(Curro Vélez)'가 17세기 대저택을 개조해서 만든 곳이다. 최고의 수준을 자랑하는 무용수들과 가수, 기타리스트 등이 무대 위에 오르면 한시도 눈길을 뗄 수 없게 만든다. 음료, 타파스, 디너에 따라 자리가 배정된다.

Calle Rodo, 7, 41001, Seville ☎ 0954 216 492 매일 19:30~21:00, 21:30~23:00 (1시간 30분 공연) 음료 €39, 타파스 €62, 디너 €72 대성당에서 도보 5분 / 투우장에서 도보 2분 tablaoelarenal.com

Tip 공연 예약은 홈페이지를 통해서 할 수 있지만, 공연장에서 현장 구매하거나 세비야 기념품 가게에서도 판매하고 있다. 해당 타블라오 포스터가 붙어 있는 곳에서 쉽게 구입 가능하다.

엘 아레날 지구
El Arenal

◆ 산타 크루즈 지구 서쪽편으로 과달퀴비르강까지 이어지는 구간이 엘 아레날 지구이다. 과달퀴비르강을 접하고 있어 무역이 활발했던 지역으로 지금은 투우장과 황금의 탑, 플라멩코, 타파스 가게가 밀집되어 있다.

MAPECODE 27205

황금의 탑 Torre del Oro

이슬람 시대 마지막 남은 군사용 건물

왕립 마에스트란사 투우장 맞은편 과달퀴비르 강변에 자리하고 있는 13세기 이슬람 시대에 지은 12각형 형태의 탑으로 강 상류로 침입하는 적을 막기 위해 세워졌다. 원래는 강 맞은편에 똑같이 생긴 은의 탑이 있었지만 지금은 황금의 탑만 남았다. 두 개의 탑을 쇠사슬로 연결해서 적의 침투를 막았다고 한다. 이슬람 시대에 지어진 군사용 건물로는 마지막으로 남겨진 건물이라는 중요한 의미를 담고 있다. 탑 위에 작은 부속 탑은 18세기 후반에 들어와 새롭게 증축된 것이다. 탑은 소성당, 화약 저장고, 감옥 등으로 사용되다 현재는 해양 박물관으로 사용하고 있다.

🏠 Paseo de Cristóbal Colón, s/n. Sevilla 위도 37.3824602 (37° 22′ 56.86″ N), 경도 -5.9964248 (5° 59′ 47.13″ W) ☎ 0954 222 419 월~금 09:30~18:45, 토~일 10:30~18:45 / 휴무 공휴일 일반 €3, 학생 €1.50 / 월요일 무료 입장 왕립 마에스트란사 투우장에서 도보 3분 / 대성당에서 도보 10분 www.visitasevilla.es/monumentos-y-cultura/torre-del-oro

MAPECODE 27206

왕립 마에스트란사 투우장 Plaza de Toros de la Real Maestranza

스페인에서 가장 크고 오래된 투우장

스페인에서 가장 큰 투우장으로 마드리드에 있는 라스 벤타스 투우장과 함께 스페인을 대표하는 투우장이다. 론다와 함께 우리가 알고 있는 근대 투우가 시작된 으로, 완전한 원형 상태가 아닌 살짝 반원형의 형태를 가지고 있다. 투우 경기는 매년 성주간이 시작되는 날부터 10월 12일 건국 기념일에 끝이 나며 축제 기간에는 매일 경기가 있고, 나머지 기간에는 홈페이지나 관광 안내소에서 스케줄을 확인해 봐야 한다. 경기가 없을 때는 투어로 내부 관람을 할 수 있다. 축제 기간에는 티켓이 빨리 매진되므로 투우를 보고 싶다면 미리 예매해 두는 것이 좋다. 투우장 주변으로는 오페라 하우스 겸 극장인 마에스트란사 극장이 있고, 돈 주앙의 실제 모델이었던 돈 미구엘 마냐라(Don Miguel Mañara)가 자신의 방탕함을 뉘우친 후 전 재산을 투자해서 지은 자선 병원과 대성당으로 이어지는 거리에는 타파스 가게가 밀집되어 있다.

Paseo de Cristóbal Colón, 12, 41001 Sevilla 위도 37.3836537 (37° 23′ 1.15″ N), 경도 -5.9969612 (5° 59′ 49.06″ W) ☎ 0954 22 45 77 11월 1일~3월 31일 09:30~19:00, 4월 1일~10월 31일 09:30~21:00 일반 €8, 학생 €5, 6~11세 어린이 €3 대성당에서 도보 10분 www.realmaestranza.com

그 밖의 지역

MAPECODE 27207

스페인 광장 Plaza de España

스페인에서 가장 아름다운 광장

마리아 루이사 공주가 1893년 산 텔모 궁전 정원의 반을 시에 기증하면서 그녀의 이름을 따서 마리아 루이사 공원이 만들어졌다. 마리아 루이사 공원 안에는 스페인에서 가장 아름다운 광장으로 손꼽히는 세비야의 대표적인 랜드마크 중 하나인 스페인 광장이 자리하고 있다. 1929년 라틴 아메리카 박람회장으로 사용하기 위해 조성되었다. 당시 본부 건물로 지어진 건물은 바로크 양식과 신고전주의 양식이 혼합되어 있고, 건물 양쪽의 탑은 대성당에 있는 히랄다 탑을 본 따 만들었고, 건물 아래층 반원을 따라 타일로 장식된 곳은 스페인 모든 도시의 문장과 지도, 역사적인 사건들을 보여 준다. 우리나라 핸드폰 광고와 카드사 광고의 배경이 되었던 곳이기도 하다. 친구나 연인과 함께 마차 투어를 즐겨 봐도 좋다.

위도 37.3768675 (37° 22′ 36.72″ N), 경도 -5.9877129 (5° 59′ 15.77″ W) 산타 크루즈 지구에서 도보 15분 / 알카사르에서 도보 20분

MAPECODE 27208

메트로폴 파라솔 Metropol Parasol

전세계에서 가장 큰 목재 건축물

산타 크루즈 지구 북쪽 끝과 마주하고 있는 메트로폴 파라솔은 안달루시아의 큰 버섯이라고도 불리운다. 총 3,400여 개의 폴리우레탄 코팅을 한 목재로 2004년부터 2011년까지 총 8년여에 걸쳐 만든 지구상의 가장 큰 목재 건축물이기도 하다. 버려진 광장이다시피 했던 엔카르나시온 광장(Plaza de la Encarnación)에 새로운 현대 도시의 중심이 되고자 하는 프로젝트를 진행하면서 세비야의 옛 산업이었던 직물 산업을 모티브로 디자인한 건축물이다. 메트로폴 파라솔은 지하에서 엘리베이터를 타고 전망대까지 올라가면 세비야를 한눈에 내려다 볼 수 있다. 전망대 위에는 간단하게 식사도 할 수 있는 레스토랑이 자리하고 있고, 입장료에 포함된 무료 음료 한 잔을 이곳에서 바꿔 마실 수 있다. 메트로폴 파라솔 위에 펼쳐진 전망대 길은 그늘이 없기 때문에 되도록이면 해가 질 때 찾아가는 것이 좋다. 특히 노을이 질 때 올라가면 아름다운 석양에 물든 세비야를 감상할 수 있다. 빌바오의 구겐하임 미술관, 발렌시아의 예술과 과학 단지처럼 세비야의 메트로폴 파라솔도 스페인을 대표하는 현대 건축물 중 하나라 할 수 있다.

Plaza de la Encarnación, s/n, 41003 Sevilla
위도 37.3926215 (37° 23′ 33.44″ N), 경도 -5.9916826 (5° 59′ 30.06″ W) ☎ 0606 63 52 14
전망대 일~목 10:00~23:00, 금~토 10:00~23:30
€3 (음료 한 잔 포함) 플라멩코 박물관에서 도보 10분 www.setasdesevilla.com

Eating

보데가 도스 데 마요 Bodega Dos de Mayo

MAPECODE 27209

세비야의 타파스 맛집으로 선정될 만큼 유명한 타파스 집이다. 주문은 셀프로 해야 한다. 영어로 된 메뉴판이 있으니 주문하는 데 특별한 어려움은 없다. 문어 요리인 푸르포 아 라 가예고(Purpo a la Gallego), 해산물 튀김, 꼬치 요리 등 다양한 타파스를 즐길 수 있다.

Plaza de la Gavidia, 6, 41002 Sevilla ☎ 0954 90 86 47 13:00~16:30, 20:00~24:00 문어 요리 €12~, 해산물 튀김 €7~ 메트로폴 파라솔에서 도보 12분 comerdetapasensevilla.es

에스라바 Eslava

MAPECODE 27210

관광지와는 조금 멀리 떨어진 곳에 위치해 있는 에스라바는 2010년 세비야 타파스 경연 대회에서 우승, 2011년에는 준우승을 차지한 레스토랑 겸 바르이다. 10년이 넘게 미슐랭 가이드에 선정될 정도로 맛도 일품이지만 가격도 착한 곳이다. 말라가 앤초비 튀김(Sardinitas malagueñas fritas), 로즈마리 꿀 소스로 달콤하게 졸인 돼지 폭립(Costilla de cerdo con miel de romero al horno) 등은 에스라바에서 꼭 먹어야 할 메뉴이다. 워낙 유명한 집이기 때문에 재료가 빨리 떨어지는 경우가 있으므로 여유 있게 방문하는 것이 좋다.

Calle Eslava, 3, 41002 Sevilla ☎ 0954 90 65 68 화~토 13:30~16:00, 21:00~23:30 / 일 13:30~16:00 / 휴무 매주 월요일, 일요일 오후 타파스 메뉴 €2.80~ 투우장 앞에서 3번 버스를 타고 토르네오(산 로렌소) Torneo(San Lorenzo) 정류장에서 하차, 도보 5분 / 메트로폴 파라솔에서 도보 20분 www.espacioeslava.com

산 마르코 San Marco

MAPECODE 27211

탐 크루즈, 마돈나도 다녀갔다는 이탈리안 레스토랑으로 대성당 근처에 자리하고 있다. 아랍식 목욕탕을 개조해서 만든 인테리어가 눈여겨 볼 만하다. 샐러드, 피자, 파스타 등 다양한 이탈리안 메뉴를 제공한다. 참치 샐러드와 토마토 소스를 베이스로 한 스파게티를 추천한다.

🏠Calle Mesón del Moro, 6, 41003, Sevilla ☎0954 21 43 90 ⏱13:00~16:30, 20:00~24:30 🚌대성당에서 도보 4분 ℹrestaurantesanmarcosantacruz.es

보데가 산타 크루즈 Bodega Santa Cruz

MAPECODE 27212

한국 여행자들이 많이 가는 타파스 바르 중 한 곳이다. 영국 BBC 저널에서도 소개할 만큼 산타 크루즈 지구에서 유명한 곳이다. 관광객들이 줄을 잇는 곳인데도 안타깝게 영어가 잘 통하지 않지만 이 집의 모든 메뉴가 인기가 많으니 크게 걱정할 필요는 없다. 명란알 튀김 타파스(Huevas Fritas)는 보데가 산타 크루즈의 명물인 만큼 꼭 맛볼 것. 주문을 하면 하얀색 분필로 테이블에 가격을 표시해 준다.

🏠Calle de Rodrigo Caro, 1A, 41004 Sevilla ☎0954 21 32 46 ⏱일~목요일 08:00~24:00, 금~토요일 08:00~24:30 €타파스 €2~ 🚌대성당에서 도보 2분

카사 라 비우다 CASA LA VIUDA

MAPECODE 27213

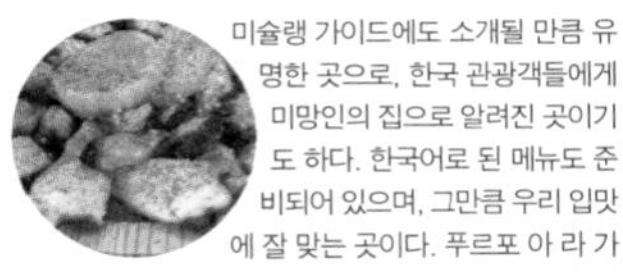

미슐랭 가이드에도 소개될 만큼 유명한 곳으로, 한국 관광객들에게 미망인의 집으로 알려진 곳이기도 하다. 한국어로 된 메뉴도 준비되어 있으며, 그만큼 우리 입맛에 잘 맞는 곳이다. 푸르포 아 라 가예고(Purpo a la Gallego) 문어 요리가 가장 많이 찾는 메뉴이고, 대구 요리도 추천한다. 사진이 있는 메뉴판에 한국어로 설명이 되어 있어 고민 없이 다양한 메뉴를 선택하기에 안성맞춤인 곳이다.

🏠Calle Albareda, 2, 41001 Sevilla ☎0954 21 54 20 ⏱12:30~16:30, 20:30~24:00 €문어 요리 €13, 대구 요리 €11 🚌대성당에서 도보 4분 ℹcomerdetapasensevilla.es

라 반다 루프톱 호스텔 La Banda Rooftop Hostel

MAPECODE 27214

대성당과 과달퀴비르강 중간에 위치해 있는 호스텔로 현대적인 객실과 감각적인 인테리어로 세비야에서 가장 인기 있는 호스텔 중 한 곳이다. 옥상 테라스에는 휴식을 취할 수 있는 공간이 마련되어 있으며, 무료 영어 투어도 진행된다. 호스텔 공용 공간에서만 와이파이가 무료로 제공된다.

Calle Dos de Mayo, 16, 41001 Sevilla ☎ 0955 22 81 18 € 8인실 도미토리(공용 욕실) €20~, 8인실 도미토리 €20.70~, 6인실 도미토리(공용 욕실) €21.60~, 6인실 도미토리 €24~, 4인실 도미토리 €26.50~ 대성당에서 도보 3분 www.labandahostel.com

그랜드 럭스 호스텔

MAPECODE 27215

Grand Luxe Hostel

대성당 인근에 자리하고 있는 호스텔로 새로 오픈한지 얼마 되지 않아 깨끗하고 시설도 좋다. 옥상에서 대성당의 멋진 전망을 바라볼 수 있으며, 커피와 차는 항상 자유롭게 마실 수 있다. 와이파이는 전 객실에서 무료로 사용 가능하다.

Calle Don Remondo, 7, 41004 Sevilla ☎ 0955 32 65 46() € 더블룸 €48~, 패밀리룸(4인) €65~, 여성 전용 도미토리 €21~, 8인실 도미토리 €15.50~, 6인실 도미토리 €16.50~, 4인실 도미토리 €20~ / 조식 포함 대성당에서 도보 2분 www.grandluxehostel.net

라 플라멘카 호스텔

MAPECODE 27216

La Flamenka Hostel

마치 동화 속 주인공이 된 것처럼 아기자기한 인테리어와 파스텔톤의 컬러가 사랑스러운 호스텔로 여자들이 꼭 한번 머물렀으면 싶어 할 만한 곳이다. 스텝들이 친절하고 위생 상태에 신경을 많이 쓰는 숙소이다. 신호는 약하지만 호스텔 전 구역에서 무료 와이파이를 사용할 수 있다.

Avenida Reyes Católicos, 11, 41001 Sevilla ☎ 0955 03 88 10 € 더블룸(2층 침대) €30~, 트리플룸 €50~, 8인실 도미토리 €17~, 5인실 도미토리 €19~, 4인실 도미토리 €20~ 플라사 데 아르마스 버스 터미널에서 도보 10분 / 왕립 마에스트란사 투우장에서 도보 5분 www.laflamenkahostel.com

호텔 아마데우스 & 라 무지카 Hotel Amadeus & La Musica

MAPECODE 27217

고급스러운 인테리어가 돋보이는 호텔로 객실마다 클래식 음악을 베이스로 한 디자인이 이색적이다. 18세기 건물을 개조해서 만든 호텔답게 호텔 안뜰의 파티오는 그 당시의 화려함이 그대로 묻어난다. 옥상 테라스에는 마음껏 휴식할 수 있는 휴식 공간이 마련되어 있으며, 이곳에서 바라보는 세비야 전망도 매우 아름답다. 매월 옥상 테라스에서 클래식 공연을 하기도 한다.

Calle Farnesio, 6, 41004 Sevilla ☎ 0954 50 14 43 더블룸&트윈룸 €95~, 슈피리어 더블룸&트윈룸 €109~ / 조식 포함 대성당에서 도보 5분 www.hotelamadeussevilla.com

호텔 라스 카사스 데 라 후데리아 Hotel Las Casas de la Judería

MAPECODE 27218

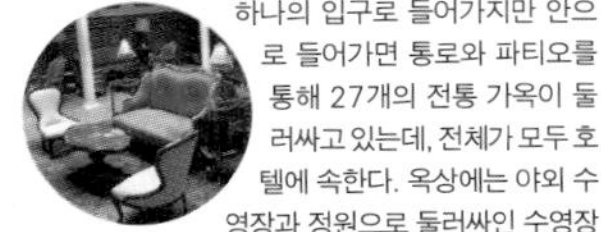

하나의 입구로 들어가지만 안으로 들어가면 통로와 파티오를 통해 27개의 전통 가옥이 둘러싸고 있는데, 전체가 모두 호텔에 속한다. 옥상에는 야외 수영장과 정원으로 둘러싸인 수영장이 있고, 클래식한 인테리어가 고풍스러운 분위기를 풍긴다. 와이파이는 호텔 공용 공간에서 무료로 사용 가능하다. 수영장은 6~9월까지만 개장한다.

Calle Santa María la Blanca, 5, 41004 Sevilla ☎ 0954 41 51 50 이코노미 더블룸 €151.25~, 더블룸 €173~, 슈피리어 더블룸 €203~, 주니어 스위트룸 €253~ / 조식 포함 대성당에서 도보 10분 www.casasypalacios.com

호텔 알칸타라 Hotel Alcántara

MAPECODE 27219

산타 크루즈 지구 안에 자리하고 있는 호텔의 입구는 18세기 마차 출입구가 있었던 저택을 새롭게 리모델링한 것이다. 호텔 입구에는 플라멩코 공연장도 있다. 아늑하고 현대적인 분위기의 호텔로 주요 관광지와도 인접해 있어서 위치가 괜찮은 편이다.

Calle Ximénez de Enciso, 28, 41004 Sevilla ☎ 0954 50 05 95 싱글룸 €55~, 이코노미 더블룸 €65~, 더블룸&트윈룸 €85~ / 조식 1박당 €6 산타 크루즈 옛 지구 내에 위치 / 대성당에서 도보 4분 www.hotelalcantara.net

코르도바
Córdoba

안달루시아 지방의 중앙에 위치한 코르도바는 세비야에서 약 135km 정도 떨어져 있다. 중세에는 이슬람의 지배를 받아 스페인에서 이슬람의 흔적이 가장 많이 남아 있는 도시이기도 하다. 8세기 이후 이슬람 세력의 지배하에서 코르도바는 경제, 예술, 학문의 중심지로 최고의 전성기를 누렸지만, 13세기 기독교인들의 국토 회복 운동으로 이슬람의 시대가 끝이 나고 점차 쇠퇴해 갔다.

지금은 작고 조용한 도시지만 곳곳에 번영했던 과거의 흔적이 남아 있다. 코르도바의 구시가는 유네스코 세계 문화유산에 등재되어 있으며, 몇 번에 걸쳐 증개축된 세계 최대 규모의 메스키타와 스페인에서 가장 아름답다는 알카사르, 미로 같은 좁은 골목길, 안달루시아를 대표하는 주거 형태인 파티오 등 코르도바의 이색적인 아기자기함이 여행 내내 매력으로 다가올 것이다.

기차

코르도바는 안달루시아(그라나다, 말라가, 세비야 등)에서 마드리드를 오가는 대부분의 기차들이 정차하는 곳이기 때문에 안달루시아 어느 지역에서든 기차로 어렵지 않게 들어오고 나갈 수 있다. 마드리드에서 코르도바를 거쳐 안달루시아 지방으로 이어지는 열차는 하루 평균 30편이 넘을 만큼 기차 종류도 다양하므로, 시간과 비용을 잘 계산해 보면 시간적으로나 비용적으로 좀 더 경제적인 기차 이용을 할 수 있다.

도시	소요 시간
마드리드 아토차 역	AVE 1시간 42분~
세비야 산타 후스타 역	AVE 40분~
말라가 마리아 삼브라노 역	AVE 50분~
그라나다 역	Altaria 2시간 20분~

버스

안달루시아 지방의 대부분의 주요 도시에서 코르도바까지는 버스로 이동하는 것도 가능한데, 비용은 절약할 수 있으나 이동 시간은 기차가 빠르다. 코르도바 역을 통과하면 역 뒤편에 바로 버스 터미널이 있다.

도시	소요 시간	버스 회사
세비야	2시간~	ALSA - www.alsa.es
말라가	4시간~	ALSA - www.alsa.es
그라나다	2시간 30분~	ALSA - www.alsa.es

코르도바 기차역이나 버스 터미널에서 주요 관광지가 밀집해 있는 구시가까지는 도보 20분~30분 정도 걸리는 만큼 숙소가 코르도바 구시가 안에 있거나 걷는 게 힘들다면 버스로 이동하도록 하자. 기차역과 버스 터미널 사이에 있는 버스 정류장에서 3번 버스를 타면 유대인 지구, 알카사르, 메스키타로 이동 가능하다.

3번 버스 유대인 지구는 Doctor Fléming에서 하차 / 알카사르는 Mártires에서 하차 / 메스키타는 Puerta del Puente에서 하차
요금 1회권 €1.30 (축구 경기, 축제가 있다면 특별 요금으로 €1.60로 오름)
홈페이지 www.aucorsa.es

역내 관광 안내소

주소 Estación de tren AVE-RENFE-ADIF Córdoba Central - Glorieta de las Tres Culturas, s/n, 14004 Córdoba **GPS 좌표** 위도 37.8882089 (37° 53′ 17.55″ N) 경도 -4.7891677 (4° 47′ 21.00″ W) **전화** 0902 20 17 74 **오픈** 09:00~14:00, 16:30~19:00 **위치** 코르도바 기차역 **홈페이지** www.turismodecordoba.org

관광 안내소

주소 Campo Santo de los Mártires, s/n, 14004 Córdoba **GPS 좌표** 위도 37.8776430 (37° 52′ 39.51″ N), 경도 -4.7823400 (4° 46′ 56.42″ W) **전화** 0902 20 17 74 **오픈** 09:00~14:00, 16:30~19:00 **위치** 알카사르에서 도보 1분 **홈페이지** www.turismodecordoba.org

코르도바
AC Hotel Cordoba
코르도바 버스 터미널
코르도바 기차역 / 관광 안내소
Av. de America
Av de América
Calle Alhaken II
Av del Gran Capitán
Calle Doce de Octubre
Av de los Mozárabes
Calle Arfe
Bulevar Hernán Ruiz
Calle Osario
Santa Marina de Aguas Santas Church
Palacio Museo de Viana
Calle Alfaros
Calle Góngora
Calle San Pablo
Calle Alfonso XIII
Calle Concepción
Plaza de las Tendillas
Roman Temple
Calle Albéniz
Plaza del Dr. Emilio Luque
Calle Jesús María
NH 코르도바 칼리파
NH Córdoba Califa
Plaza de la Trinidad
Calle Antonio Maura
Calle Miguel Benzo
Puerta de Almodóvar
Calle Sta Victoria
Calle San Fernando
Museo Arqueologico
유대인 지구
타베르나 루쿠에
Taberna Ruque
훌리오 로메로 데 토레스 순수 미술관
플라멩코 박물관
포트로 광장
Plaza del P
Hotel Eurostars Palace
Camino de los Sastres
작은 꽃길
Calle Lucano
Calle Damasco
시나고가
세네카 호스텔
Séneca Hostel
아카 소코
백패커 알-카트레
Backpacker Al-Katre
마이모니데스 청동상
메스키타
Mezquita
Calle Ronda de Isasa
호텔 곤살레스
Hotel Gonzalez
라 트란쿠에라
La Tranquera
Río Guadalquivir
Calle Tomás de Aquino
Calle Doctor Barraquer
Calle Amador de los Ríos
Calle Virgen de la Salud
관광 안내소
José Luis Villegas Zea
A-431
알카사르
Alcázar
로마 다리
칼라오라탑
Torre de la Calahorra
Av del Alcázar
Sotos de Albolafia
Av de la Dipu
Hesperia Córdoba
Teatro Axerquia
Cruz Conde Park
Av. Fray Albino
Calle Obispo Cubero
Calle Cordel de Écija
Calle el Rosario
Calle Fray Pedro de Córdoba
Calle Adalid
Beato Henares
Carretera de Castro
Calle Aguilares
Calle los Ríos
Calle Almería

MAPECODE 27220

알카사르 Alcázar

이사벨 여왕과 페르난도 왕이 머물던 궁전 겸 요새

무어인들이 왕궁으로 사용하기 위해 짓기 시작했지만, 완성하기도 전에 국토 회복 운동으로 정복되면서 1328년 알폰소 11세에 의해 남아 있던 무어인들이 완공시킨 궁전 겸 요새이다. 이사벨 여왕과 페르난도 국왕은 이곳 알카사르에 머물며 국토 회복 운동을 지휘하면서 1492년 그라나다를 함락시키고 무어인의 마지막 왕이었던 보아브딜 왕을 이곳에 감금시켰다. 콜럼버스가 신대륙을 발견하기 위해 첫 항해를 떠나기 전 두 왕을 알현했던 장소이기도 하다. 스페인 전역에 남아 있는 알카사르 중 가장 아름다운 정원을 가진 곳으로 손꼽히며, 물의 정원은 코르도바 알카사르의 하이라이트인 만큼 야간 개장 때에는 화려한 조명과 음악이 더해져 아름다움의 절정을 선보이는 분수 쇼도 진행되고 있다. 정원 한가운데에는 두 왕과 알현하고 있는 콜럼버스의 석상이 서 있다. 성탑으로 올라가면 코르도바 시내가 한눈에 내려다보인다.

🏠 Plaza Campo Santo de los Mártires, s/n, 14004 Córdoba 📍 위도 37.8769655 (37° 52′ 37.08″ N), 경도 -4.7819967 (4° 46′ 55.19″ W) ☎ 0957 42 01 51 ✔ 화~금 08:30~20:45, 토 08:30~16:30, 일 08:30~14:30 / 휴무 매주 월요일 € 일반 €4.50 🚌 메스키타에서 도보 5분 ℹ www.alcazardelosreyescristianos.cordoba.es

MAPECODE 27221

메스키타 Mezquita

한 공간 두 개의 종교 사원이 공존하는 건축물

메스키타는 모스크, 즉 이슬람 사원을 뜻한다. 아랍어로는 '땅에 엎드려 절을 하는 곳'이란 의미로 시작된 말이다. 8세기 후반 후기 우마이야 왕조를 세운 아브드 알 라흐만 1세가 바그다드에 버금가는 도시를 코르도바에 세우고자 당시 서고트족의 교회의 일부를 구입한 뒤 이슬람 사원을 건축하게 되었고, 이는 스페인 이슬람 사원의 중심이 되었다. 9~10세기 동안 크게 세 번 증축을 하면서 약 2만 5천 명의 신자들이 동시에 예배를 드릴 수 있는 엄청난 규모로 완공되었다. 예배 전 전 몸을 씻는 수반이 자리했던 중정, 850개의 말굽 모양의 아치 기둥, 정교하면서도 기하학적인 이슬람식의 문양은 전통적인 이슬람 사원의 양식을 따랐다. 국토 회복 운동 후에는 승리를 상징하는 가톨릭 성당을 사원 중앙에 만들었으며, 수반이 있던 중정에는 오렌지 나무를 심고, 중정을 둘러싸고 있던 아치들도 모두 벽으로 막아 버렸다. 원래 말굽 모양의 아치 기둥은 1000개가 넘었었는데 성당을 세우면서 약 150여 개의 기둥은 사라졌다고 한다. 역사의 흔적으로 인해 한 공간에 두 개의 종교 양식이 공존하는 독특한 건축물로 스페인을 넘어 전 세계 어디에서도 찾아볼 수 없는 세상에 하나뿐인 종교 건축물이다.

Calle del Cardenal Herrero, 1, 14003 Córdoba 위도 37.8788625 (37° 52′ 43.90″ N), 경도 -4.7801728 (4° 46′ 48.62″ W) 0957 47 05 12 3~10월 월~토 10:00~19:00, 일·공휴일 08:30~11:30, 15:00~19:00 11~2월 월~토 10:00~18:00, 일·공휴일 08:30~11:30, 15:00~18:00 일반 €10, 10~14세 어린이 €5 / 월~토 08:30~09:30 종교 행사가 없을 시에는 무료 입장 (단, 단체는 해당되지 않음) 알카사르에서 도보 5분 / 작은 꽃길에서 도보 2분 www.catedraldecordoba.es

유대인 지구 La Judería

좁은 골목 아기자기한 꽃 장식이 매력적인 지구

과거 안달루시아, 그중에서도 코르도바에는 많은 유대인들이 살고 있었다. 15세기 말 이곳에 거주하던 유대인들이 추방되면서 메스키타와 알카사르의 북쪽의 하얀 회벽이 칠해진 집들이 모여 있는 지역이 유대인들의 흔적이 남아 있는 유대인 마을이다. 스페인 전 지역을 통틀어 톨레도와 함께 몇 개 남아 있지 않은 유대 교회인 시나고가가 코르도바 유대인 지구에 남아 있다. 시나고가 주변으로 코르도바 전통 공예 작가들이 작품을 만들고 판매하는 공방들이 모여 있는 아카 소코(Aca Zoco)가 자리하고 있는데, 수공예로 만든 가죽 제품, 도자기, 액세서리 등 다양한 상점들이 아기자기한 정원을 둘러싸고 있다. 이곳을 지나 마을의 한가운데 작은 광장에는 유대인 철학자였던 마이모니데스(Maimónides)의 동상이 있는데 발을 만지면 현명해진다는 속설 때문에 동상의 발이 반질반질하다. 미로처럼 이어져 있는 좁은 골목들 사이로 하얀 회벽과 발코니마다 색색의 꽃 화분이 걸려 있는 작은 꽃길(Calleja de las Flores)은 유대인 지구의 하이라이트라고 할 수 있다. 작은 꽃길 뒤로 메스키타의 첨탑인 미나레트가 보이는 풍경도 놓치지 말고 사진에 담아 보자. 매년 5월이 되면 코르도바 최대 축제인 파티오 축제가 이곳 유대인 지구에서 열린다.

🚌 메스키타와 알카사르 북쪽 지구, 도보 5분
작은 꽃길 메스키타 면죄의 문을 등지고 오른쪽 끝에 있는 골목으로 들어가서 첫 번째 오른쪽 골목이 작은 꽃길이다.

포트로 광장 Plaza del Potro

세르반테스가 머물렀던 여관이 있는 작은 광장

'망아지'라는 뜻을 가지고 있는 '포트로'는 〈돈키호테〉의 작가인 세르반테스가 작품 구상을 위해 코르도바에 머물렀을 때 지내던 여관(Posada del Potro)이 있어서 유명해진 광장이다. 현재 여관 건물은 플라멩코 박물관으로 사용하고 있으며, 코르도바 출신으로 흑발의 코르도바 여인을 즐겨 그렸던 훌리오 로메로 데 토레스의 미술관과 같은 건물 안에는 고야, 무리요, 수르바란 등의 작품을 전시하고 있는 순수 미술관도 자리하고 있다. 이 건물은 훌리오 로메로 데 토레스가 태어났던 집이기도 하다.

📍 위도 37.8810896 (37° 52′ 51.92″ N), 경도 -4.7748942 (4° 46′ 29.62″ W) 🚌 메스키타에서 도보 10분

Eating

타베르나 루쿠에

Taberna Ruque

MAPECODE 27224

아주 작은 레스토랑이지만 지긋한 연세의 주인 아저씨의 친절한 서비스를 받을 수 있는 곳으로 현지 사람들에게 인기 있는 로컬 레스토랑이다. 특히 오징어로 만든 요리가 인기 있으며, 안달루시아 전통 요리인 소 꼬리 요리도 인기가 많다. 질 좋은 올리브 오일도 레스토랑에서 구입할 수 있다.

Calle Blanco Belmonte 4, 14003 Córdoba ☎ 0699 806 560 통 오징어 구이 €12.90~, 오징어 튀김 €12.90~, 절인 정어리 €3.90~ 메스키타에서 도보 10분

라 트란쿠에라

La Tranquera

MAPECODE 27225

아르헨티나와 코르도바의 퓨전 요리를 전문으로 하는 레스토랑이다. 스테이크와 해산물 요리를 다양하게 즐길 수 있고, 아보카도가 메인인 샐러드도 맛볼 수 있다.

Corregidor Luis de la Cerda 53, 14003 Córdoba ☎ 0957 787 569 13:30~16:30, 20:30~00:30 메스키타에서 도보 3분 www.la-tranquera.es

Sleeping

백패커 알-카트레 Backpacker Al-Katre

MAPECODE 27226

메스키타 인근에 자리한 호스텔로 전형적인 코르도바 주거 형태의 분위기가 느껴지는 곳이다. 호스텔 주변에는 맛있고 저렴한 타파스를 즐길 수 있는 타파스 가게들이 몰려 있고, 구시가 안에 자리하고 있기 때문에 관광하기에도 좋은 위치를 자랑한다.

Martinez Rucker, 14, 14003 Córdoba ☎ 0689 75 82 83 더블룸(공용 욕실) €40, 2인실 도미토리 €22~, 4인실 도미토리 €19~, 6인실 도미토리 €18~ 메스키타에서 도보 2분 alkatre.com

세네카 호스텔 Séneca Hostel

MAPECODE 27227

유대인 지구 중심에 자리하고 있는 호스텔로 아름다운 테라스와 파티오가 있는 전형적인 코르도바 건물이 인상적이다. 옥상 테라스에서 유대인 지구와 메스키타 첨탑을 감상할 수 있다. 호스텔 근처에는 기념품 가게들과 맛있는 음식을 즐길 수 있는 레스토랑들이 몰려 있다.

Calle del Conde y Luque, 7, 14003 Córdoba ☎ 0957 49 15 44 싱글룸(공용 욕실) €23~, 트윈룸 · 더블룸(공용 욕실) €28~, 트윈룸 · 더블룸(개인 욕실) €30~, 4인실 도미토리 €14~ / 조식 불 포함 메스키타에서 도보 4분 www.senecahostel.com

호텔 곤살레스 Hotel Gonzalez

MAPECODE 27228

알카사르와 메스키타 사이에 자리하고 있는 호텔로 위치, 시설, 가격 모두 만족도가 높은 곳이기 때문에 코르도바의 호텔 중에서도 인기가 높은 편이다. 성수기나 축제 기간에는 미리 예약해 두는 것이 좋다. 와이파이는 공용 공간에서 무료로 사용할 수 있다.

Manriquez, 3, 14003 Córdoba ☎ 0957 47 98 19 싱글룸 €35~, 더블룸 · 트윈룸 €60~ 알카사르에서 도보 3분 / 메스키타에서 도보 2분 www.hotel-gonzalez.com

NH 코르도바 칼리파 NH Córdoba Califa

MAPECODE 27229

기차역과 구시가지 중간쯤에 위치해 있는 NH 체인 호텔이다. 현대식 분위기의 비즈니스 호텔로 조용하고 깨끗하며 직원들도 친절하다. 조식이 잘 나오기로 유명하며 객실에서 무료 와이파이는 가능하나 용량이 한정되어 있다.

Lope de Hoces, 14, 14003 Córdoba ☎ 0957 29 94 00 싱글룸 €110~, 더블룸 · 트윈룸 €120~, 슈피리어 싱글룸 €130~, 슈피리어 더블룸 · 트윈룸 €140~ / 조식 포함 기차역에서 도보 10분 / 시나고가에서 도보 5분 www.nh-hoteles.es

론다
Ronda

말라가에서 북서쪽으로 113km 떨어져 있는 도시로 말라가주에서 두 번째로 큰 도시이다. 세계적인 작가 헤밍웨이가 '사랑하는 사람과 로맨틱한 시간을 보내기 좋은 곳'이라 말했을 정도로 스페인에서도 전경이 아름답기로 유명한 곳이다. 헤밍웨이가 소설 〈누구를 위하여 종은 울리나〉를 이곳 론다에서 집필하였다고 한다. 안달루시아의 꽃이라고 일컫는 아름다운 마을 론다는 과달레빈강(Río Guadalevín) 타호 협곡(El Tajo Canyon) 위 해발 780m 고지대에 세워진 절벽 위의 도시이기도 하다. 론다 하면 빠질 수 없는 것이 바로 스페인을 대표하는 경기 중 하나인 투우인데, 말을 타고 창으로 찌르던 전통 투우 방식에서 우리가 흔히 알고 있는 빨간 천을 흔들어 소를 흥분시키는 방식의 투우를 창시한 곳이 론다이다. 예술가들이 사랑했던 낭만적인 협곡 도시 론다는 산책하듯 둘러보면 그 매력을 충분히 느낄 수 있을 것이다. 특히 누에보 다리를 건너서 오른쪽에 있는 첫 번째 골목을 따라가면 캄피요 광장(Plaza del Campillo)이 나오고 광장 오른쪽 끝의 전망대까지 가면 누에보 다리와 협곡 위에 자리잡은 론다의 아름다운 모습을 바라볼 수 있다.

론다 파라도르

기차

론다로 들어오는 기차는 그라나다에서 하루 2편, 마드리드에서 하루 3편이 있다. 기차역에서 누에보 다리가 있는 관광지까지는 도보로 20분 정도 걸린다.

도시	소요 시간
그라나다	2시간 30분~
마드리드 아토차	4시간~

기차역

버스터미널

버스

안달루시아 대부분의 주요 도시에서 론다까지는 버스로 이동하는 것이 가장 편리하다. 버스 터미널에서 누에보 다리까지는 도보로 15분 정도 걸린다.

도시	소요 시간	버스 회사
그라살레마	30분	Los Amarillos - http://samar.es
말라가	1시간 45분~	Los Amarillos - http://samar.es
세비야	2시간 30분~	Los Amarillos - http://samar.es

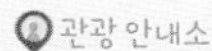
관광 안내소

주소 Paseo Blas Infante, s/n, 29400 Ronda **GPS 좌표** 위도 36.7418501 (36° 44′ 30.66″ N), 경도 -5.1669213 (5° 10′ 0.92″ W) **전화** 0952 18 71 19 **오픈** 월~금 10:00~18:00, 토 10:00~14:00, 15:00~17:00, 일 10:00~17:00 **위치** 투우장 앞 광장 **홈페이지** www.turismoderonda.es

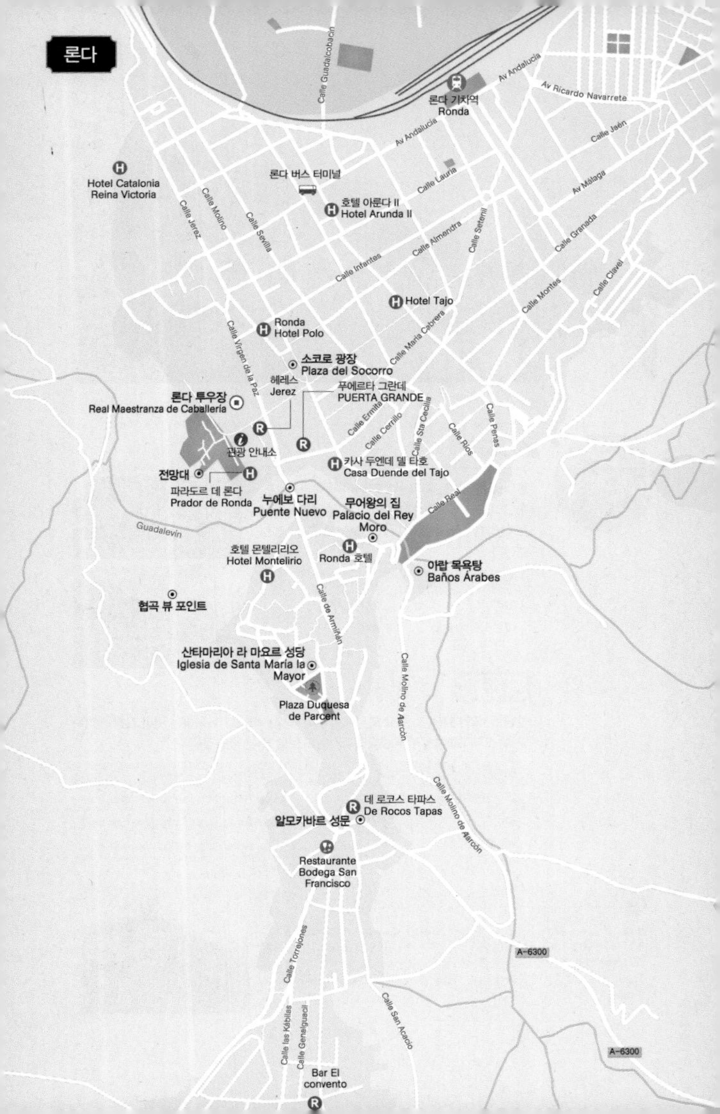

론다

Calle Guadalcobacin
Av Andalucía
론다 기차역
Ronda
Av Ricardo Navarrete
Av Andalucía
Calle Jaén
Hotel Catalonia
Reina Victoria
론다 버스 터미널
Calle Lauria
Av Málaga
호텔 아룬다 II
Hotel Arunda II
Calle Molino
Calle Jerez
Calle Sevilla
Calle Almendra
Calle Setenil
Calle Granada
Calle Infantes
Calle Clavel
Calle Montes
Hotel Tajo
Ronda
Hotel Polo
Calle María Cabrera
Calle Virgen de la Paz
소코로 광장
Plaza del Socorro
헤레스
Jerez
푸에르타 그란데
PUERTA GRANDE
론다 투우장
Real Maestranza de Caballería
Calle Ermita
Calle Cerrillo
Calle Sta Cecilia
Calle Ríos
Calle Penas
관광 안내소
카사 두엔데 델 타호
Casa Duende del Tajo
전망대
파라도르 데 론다
Prador de Ronda
누에보 다리
Puente Nuevo
무어왕의 집
Palacio del Rey
Moro
Calle Real
Guadalevín
호텔 몬텔리리오
Hotel Montelirio
Ronda 호텔
아랍 목욕탕
Baños Árabes
협곡 뷰 포인트
Calle de Armiñán
Calle Molino de Aarcón
산타마리아 라 마요르 성당
Iglesia de Santa María la
Mayor
Plaza Duquesa
de Parcent
Calle Molino de Aarcón
데 로코스 타파스
De Rocos Tapas
알모카바르 성문
Restaurante
Bodega San
Francisco
A-6300
Calle Torrejones
Calle San Acacio
Calle las Kábilas
Calle Genelguacil
A-6300
Bar El
convento

론다 추천 코스

론다는 도시 자체가 워낙 작아 천천히 발길 닿는 대로 산책하듯 걸어 보자. 절벽 위에 자리한 알라메다 델 타호 공원과 함께 투우장, 전망대를 시작으로 파라도르를 지나 론다의 상징인 누에보 다리를 건너면 론다의 관광 포인트들이 자리하고 있다. 특히, 론다 절벽 아래 자리한 협곡과 절벽을 조망할 수 있는 뷰포인트는 놓치지 말도록 하자.

론다 투우장

MAPECODE 27230

론다 투우장 Real Maestranza de Caballería de Ronda

스페인 투우에서 가장 중요한 역사를 지닌 투우장

1785년에 완공된 투우장으로 세비야 투우장 다음으로 스페인에서 가장 오래된 투우장 중 하나이다. 내부는 바로크 양식으로 지어졌고, 최대 6,000명 정도의 인원이 입장할 수 있는 규모로 오직 투우만을 위해 지어진 최초의 투우장이기도 하다. 1984년에는 내부에 투우 박물관도 만들어졌다. 이곳 론다 투우장에서 투우의 창시장 프란시스코 로메로에 의해 붉은색 천(케이프)을 흔들어 소를 흥분시키는 투우가 시작됐고, 그의 손자였던 페드로 로메로는 투우사로 지내는 동안 약 6,000마리의 황소를 단 한 번의 부상도 없이 쓰러뜨렸던 스페인의 전설적인 투우사로 기록되고 있다. 지금도 가끔 투우 경기가 열리고, 경기가 없을 때는 경기장 투어와 박물관을 둘러볼 수 있다.

Calle Virgen de la Paz, 15 , 29400 Ronda 위도 36.7422764 (36° 44′ 32.20″ N), 경도 -5.1665752 (5° 9′ 59.67″ W) 0952 871 539 11~2월 10:00~18:00, 3월 · 10월 10:00~19:00, 4~9월 10:00~20:00 €7, 경기 관람 시 €150까지 관광 안내소 맞은편 / 누에보 다리나 파라도르에서 도보 2분 www.rmcr.org / 투우 일정 검색 및 티켓 예약 www.turismoderonda.es

MAPECODE 27231

누에보 다리 Puente Nuevo

론다를 상징하는 대표적인 랜드마크

120m 높이의 타호 협곡 위에 세워진 론다의 구시가와 신시가를 이어 주는 다리로, 론다를 상징하는 대표적인 랜드마크이다. 협곡 아래 과달레빈강이 흘러 옛날부터 두 지역의 소통의 어려움이 있었고, 이 문제를 해결하기 위해 건설한 3개의 다리 중 하나이다. 당시 아라곤 지역의 천재 건축가였던 마르틴 데 알데후엘라(Martín de Aldehuela)가 40여 년 동안 공을 들여 1793년 완성했는데, 3개의 다리 중 가장 늦게 완공이 되어 '누에보(새로운)'라는 이름을 갖게 되었다. 스페인 내전 당시에는 이곳에서 포로들을 떨어뜨려 죽였고, 다리 중간 아치에 있는 공간은 감옥으로 사용했었다는 슬픈 역사를 지닌 장소이기도 하지만 현재는 사진 촬영지로 전 세계 작가들에게 사랑을 받고 있다.

위도 36.7408277 (36° 44′ 26.98″ N), 경도 -5.1659101 (5° 9′ 57.28″ W) 투우장에서 도보 2분 / 파라도르 옆에 위치

MAPECODE 27232

산타마리아 라 마요르 성당 Iglesia de Santa María la Mayor

다양한 양식이 혼합되어 있는 성당

본래 이슬람 사원이 있던 자리에 16세기 말 성당으로 새롭게 완공된 후 지진으로 인해 다시 복원되면서 성당 내부는 고딕 양식과 바로크 양식, 아라베스크 양식이 뒤섞여 있고, 종탑과 외관은 무데하르 양식으로 다양한 양식이 혼합되어 있는 건축물이다. 성당 안에는 평화를 상징하는 론다의 수호성인이 모셔져 있다.

Plaza Duquesa de Parcent s/n, 29400 Ronda 위도 36.7371950 (36° 44′ 13.90″ N), 경도 -5.1653670 (5° 9′ 55.32″ W) ☎ 0952 87 22 46 월~토 10:00~19:00 / 일 10:00~12:30, 14:00~19:00 €4 누에보 다리에서 도보 5분

MAPECODE 27233

무어왕의 집(레이모로 저택) Palacio del Rey Moro

타호 협곡 아래로 내려가는 비밀의 계단

누에보 다리를 건너 좌측 첫 번째 골목으로 내려가면 골목 내리막길 끝 모퉁이에 위치해 있는 무어왕의 집은 현재는 귀족의 저택으로 내부 관람은 할 수 없고 정원과 타호 협곡으로 내려갈 수 있는 지하 계단만 개방하고 있다. 안달루시아의 대부분의 주요 건축물들이 그러하듯이 이슬람 건축물 위에 18세기에 들어와 새롭게 단장하면서 혼합 양식으로 지어졌다. 프랑스 조경 전문가에 의해 무어인의 조경 양식을 따라 재현된 정원과 타호 협곡 아래까지 내려갈 수 있는 절벽 안 365개의 비밀의 계단이 이 저택의 하이라이트이다. 계단을 내려가다 보면 여러 개의 방들이 나오는데 예전에 무기고나 지하 감옥으로 사용되었던 장소이다.

Calle Cuesta de Santo Domingo, 17, 29400 Ronda 위도 36.7397206 (36° 44′ 22.99″ N), 경도 -5.1638676 (5° 9′ 49.92″ W) ☎ 0952 18 71 19 10:00~19:00 €5 누에보 다리에서 도보 3분

아랍 목욕탕 Baños Árabes

이슬람 시대에 만들어진 아랍 목욕탕

이슬람 시대에 만들어진 아랍 목욕탕으로 스페인에 남아 있는 아랍 목욕탕 중 보존 상태가 가장 뛰어나다 할 만큼 상태가 양호하다. 지하로 들어가면 냉탕, 온탕, 열탕으로 나뉘어져 있으며, 별 모양의 채광창을 통해서 목욕탕 내부로 빛이 들어온다. 가장 안쪽 방에는 목욕탕에 대한 다큐멘터리 영상이 상영되고 있는데, 영상을 보면 이곳을 이해하는 데 도움이 되니 살펴보자.

C/ San Miguel, s/n, 29400 Ronda 위도 36.7389834 (36° 44′ 20.34″ N), 경도 -5.1630281 (5° 9′ 46.90″ W) ☎ 0656 95 09 37 월~금 10:00~18:00(봄 · 여름 시즌 ~19:00), 토 · 일 · 공휴일 10:00~15:00 일반 €3, 학생 €2 / 14세 미만 무료입장 무어왕의 집에서 도보 3분

안달루시아의 하얀 마을

푸에블로 블랑코 Pueblo Blanco

아르코스 델라 프론데라에서부터 말라가 북쪽 그라살레마 산맥을 거쳐 론다까지 이어지는 일대의 하얀 마을을 통틀어 '푸에블로 블랑코'라 부른다. 무어인들이 안달루시아에 정착하면서 평지보다는 깊은 산속 꼭대기나 가파른 협곡 위 등 요새화되어 있는 장소를 선호했다. 그래서 안달루시아 지방은 산맥 깊숙한 곳까지 하얀 회벽을 칠한 무어인들의 전통적인 흔적을 간직한 하얀 마을들이 비밀의 도시처럼 숨겨져 있다. 푸에블로 블랑코는 하얀색 회벽을 칠한 것 외에 스페인의 붉은 기와로 지붕을 올리고, 집의 높이는 낮게 하고, 길바닥엔 조약돌이 깔려 있으며 미로와 같은 골목들이 많은 것이 특징이다. 가톨릭 군주들의 국토 회복 운동이 성공하면서는 무어인들은 살던 곳에서 쫓겨나고, 마을의 가장 높은 위치에 가톨릭의 상징인 성당이 지어지게 됐다.

푸에블로 블랑코를 구분 지어 나누기는 모호하지만 코스타 델 솔의 지중해 해안과 마주하고 있는 하얀 마을들은 이슬람의 영향이라기보다 뜨거운 태양을 피하기 위해 하얗게 칠한 하얀 마을이다. 우리가 흔히 알고 있는 그리스의 산토리니가 그 대표적인 마을이라 할 수 있다.

그라살레마 • 후스카르
Grasalema · Júzcar

그라살레마 Grasalema

론다에서 33km 떨어진 곳에 위치한 그라살레마는 그라살레나 산맥 자연 공원 내에 자리한 9개의 마을 중 가장 알려진 산악 마을이자 하얀 마을이다. 산속에 자리한 아주 작은 마을이기 때문에 특별한 랜드마크는 없지만 조용히 마을을 거닐거나 그라살레마 산맥의 구릉 지대를 바라볼 수 있는 전망대가 마을 곳곳에 자리하고 있으니 자연 그대로를 감상하기 좋은 마을이다. 8세기 무어인들의 지배를 받을 당시 물 부족 문제를 해소하기 위해 마을 곳곳에 공용으로 사용할 수 있는 식수대를 만들었다. 식수대마다 각기 다른 모양의 사람 얼굴 모습을 하고 있어 보는 재미까지 더하고 있다.

위도 36.7586750 (36° 45′ 31.23″ N), 경도 -5.3684390 (5° 22′ 6.38″ W) 론다 버스 터미널에서 그라살레마 광장까지 로스 아마리요스(Los Amarillos) 버스 회사에서 하루에 2편 운행한다. 이동 시간은 40분 / 말라가 버스 터미널에서 론다를 경유하여 그라살레마 광장까지 로스 아마리요스 버스 회사에서 하루에 2편 운행한다. 이동 시간은 3시간

후스카르 Júzcar

론다에서 22km 떨어진 곳에 위치한 후스카르는 안달루시아의 전형적인 하얀 마을이었는데, 2011년 소니픽처스에서 제작한 영화 '스머프 3D(Los Pitufos 3D, The Smurfs 3D)'의 제작과 홍보를 위해 다시 하얀색을 칠해 준다는 조건하에 마을 전체에 스머프와 어울리는 파란색으로 채색을 했다. 하지만 이 마을이 스머프 마을로 유명해지면서 관광객들이 몰려 들자 주민들의 투표로 파란 마을을 유지하기로 결정했다고 한다. 스머프들의 익살스런 모습의 벽화와 마을 곳곳에 세워져 있는 스머프 캐릭터 인형들이 시선을 끈다.

위도 36.6253420 (36° 37′ 31.23″ N), 경도 -5.1703370 (5° 10′ 13.21″ W) 네르하와 론다 중간쯤에 있는 후스카르는 아쉽게도 대중교통으로는 갈 수가 없다. 자동차 여행을 한다면 운전에 주의하자.

Eating

헤레스 Restaurant Jerez

MAPECODE 27235

론다 전통 요리인 소꼬리찜(Rabo de Toro)이 맛있는 레스토랑으로 소꼬리찜과 튀김 요리도 인기가 많다. 분위기 좋은 테라스석이 마련되어 있다.

Plaza Teniente Arce, 2, 29400 Ronda ☎0952 87 20 98 12:00~14:00, 19:00~23:00 소꼬리찜 €17.90~ 관광 안내소 옆에 위치 www.restaurantejerez.com

푸에르타 그란데 PUERTA GRANDE

MAPECODE 27236

파라도르 건너편 레스토랑 거리인 누에바 거리에 자리하고 있는 스페인에서도 파에야가 맛있기로 유명한 레스토랑이다. 해산물 파에야가 가장 인기가 많다. 직접 만든 수제 디저트도 이곳의 인기 메뉴이다.

Calle Nueva, 10, 29400 Ronda ☎0952 87 92 00 수~월 12:30~23:00 / 휴무 매주 화요일 메뉴 델 디아 €15~, 파에야 €15~ 누에보 다리에서 도보 2분

데 로코스 타파스 De Rocos Tapas

MAPECODE 27237

누에보 다리에서 직진하면 구시가 끝 알모카바르 성문(Puerta de Almocábar) 바로 안에 자리하고 있는 타파스 전문점이다. 빵 위에 올려진 푸아그라 타파스와 보리로 만든 파에야 등 흔하지 않은 메뉴를 맛볼 수 있는 곳이다.

Plazuela Arquitecto Francisco Pons Sorolla, 7, 29400 Ronda ☎0605 76 84 08 화~토 13:00~16:00, 20:00~23:30 / 일 13:00~16:00 / 휴무 매주 월요일 타파스 €5~15 산타마리아 라 마요르 성당에서 도보 5분 / 누에보 다리에서 도보 10분

카사 두엔데 델 타호

MAPECODE 27238

Casa Duende del Tajo

누에보 다리 맞은편에 자리하고 있어 누에보 다리와 타호 협곡의 멋진 전망을 테라스에서 바로 감상할 수 있다. 직접 음식을 조리할 수 있는 공용 주방이 있고, 공용 화장실, 공용 샤워실을 이용해야 한다. 모든 객실에서 무료 와이파이를 사용할 수 있다.

Virgen de los Remedios, 32, 29008 Ronda ☎ 0952 87 74 25 싱글룸 €25~, 더블룸 €40~, 트리플룸 €55~ / 조식 포함 버스 터미널에서 도보 15분 / 누에보 다리에서 도보 5분 www.casaduendedeltajo.com

호텔 몬텔리리오

MAPECODE 27240

Hotel Montelirio

17세기 저택을 리모델링한 호텔로 타호 협곡과 누에보 다리, 파라도르의 환상적인 전망을 자랑하는 곳이다. 야외 수영장, 터키식 목욕탕과 안달루시아의 전통 요리를 맛볼 수 있는 레스토랑을 갖추고 있다. 모든 객실에는 무료 와이파이가 제공된다.

Tenorio, 8, 29400 Ronda ☎ 0952 87 38 55 더블룸 · 트윈룸 €130~, 더블룸 · 트윈룸(타호 협곡 전망) €170~, 주니어 스위트룸(2인) €20~ / 조식 포함 누에보 다리에서 도보 5분 www.hotelmontelirio.com

호텔 아룬다 Hotel Arunda II

MAPECODE 27239

버스 터미널 바로 앞에 위치해 있으며 론다 기차역에서도 5분 거리여서 짐이 많은 여행자들에게 좋은 호텔이다. 론다는 관광지가 터미널에서 조금 떨어져 있기 때문에 짐을 가지고 이동하는 수고를 덜 수 있다. 모든 객실에서 무료 와이파이를 사용할 수 있다.

Jose Maria Castello Madrid, 10 - 12, 29400 Ronda ☎ 0952 87 25 19 싱글룸 €26~, 트윈룸 €41~, 트리플룸 €60~ / 조식 포함 론다 버스 터미널에서 도보 2분 / 론다 기차역에서 도보 5분 www.hotelarunda2.com

파라도르 데 론다

MAPECODE 27241

Prador de Ronda

스페인 국영 호텔인 파라도르 중 론다 파라도르는 Top3에 꼽을 정도로 인기 있는 곳이다. 옛 시청 건물을 재건해서 완공되었고, 객실의 방향에 따라 다른 뷰를 선보이는데 그중에서도 누에보 다리가 보이는 테라스나 구릉 지대가 보이는 테라스가 딸린 객실은 요금이 추가된다. 구릉 지대가 보이는 테라스에서 맞이하는 새벽 풍경은 그야말로 그림 같은 풍경을 선사하니 기회가 된다면 구릉 지대가 보이는 테라스의 객실을 이용해 보자.

Plaza de España, s/n, 29400 Ronda ☎ 0952 87 75 00 싱글룸 €130~, 더블룸 · 트윈룸 €140~ / 조식 포함 누에보 다리 가기 전 바로 옆에 위치 www.parador.es/es/paradores/parador-de-ronda

말라가
Málaga

안달루시아 지방에서 세비야 다음으로 큰 도시이고, 스페인에서는 여섯 번째로 큰 대도시이다. 코스타 델 솔(Costa del Sol)의 대문 역할을 하는 바르셀로나에 이어 스페인에서 두 번째로 큰 항구 도시이기도 하다. 지중해와 맞닿아 있는 지리적 특성 때문에 페니키아, 카르타고, 로마, 이슬람에 의해 식민 생활을 했었던 아픈 역사도 가지고 있다. 국토 회복 운동이 끝난 이후에는 콜럼버스가 아메리카 대륙을 발견하면서 활발한 교역의 출입문으로 황금기를 맞이했고, 대서양과도 가까워 항구 도시로 크게 발전했다. 스페인 출신의 세계적인 화가 파블로 피카소가 태어난 곳으로도 유명하다.

저가 항공

말라가는 유럽인들이 사랑하는 대표적인 휴양지답게 유럽의 주요 도시들과 연결되는 항공편이 많다. 스페인 주요 도시에서 출발하는 국내선도 많은 편이다.

이베리아 익스프레스 www.iberiaexpress.com
이베리아에어 www.iberia.com
브엘링 www.vueling.com
라이언에어 www.ryanair.com
스카이 스캐너 www.skyscanner.co.kr

나라 / 도시	소요 시간
스페인 마드리드	1시간 10분~
스페인 바르셀로나	1시간 30분~
프랑스 파리	2시간 20분~
이탈리아 로마	2시간 45분~
영국 런던	2시간 50분~
독일 뮌헨	2시간 55분~

공항에서 시내 가기

공항에서 시내로는 공항버스와 시내버스 또는 근교선 세르카니아스로 이동할 수 있다.

공항버스 Airport Bus Line A Express

터미널 3(T3)로 나오면 공항버스 타는 곳이 있다. 버스는 오전 7시부터 24시까지 30분마다 출발한다. 말라가 시내 중심은 알라메다 프린시팔(Alameda Principal)에서 하차하면 되고, 터미널이나 마리아 삼브리노 역으로 간다면 종점까지 가면 된다. 시내까지 20~25분 정도 걸린다. 편도 €3.

시내버스 C19번

시내버스 역시 터미널 3으로 나오면 버스 타는 곳이 있다. 공항버스를 타는 것이 가장 편리하지만 공항버스를 놓쳤다면 C19번이 조금 더 자주 운행되니 필요에 따라 이용하도록 하자. 시내까지 25~30분 정도 걸린다. 편도 €3.

근교선 세르카니아스 Cercanías

터미널 3과 연결되는 기차역 표시를 따라가면 세르카니아스를 타는 역이 나온다. 시내 중심은 센트로 알라메다(Centro Alameda) 역에서 하차하고, 버스 터미널이나 마리아 삼브리노까지 간다면 마리아 삼브리노(María Zambrano) 역에서 하차한다. 시내까지 15분 정도 걸린다. 편도 €1.80.

기차

말라가의 중앙역은 마리아 삼브라노(María Zambrano) 역으로 마드리드, 세비야에서 기차를 타면 코르도바를 거쳐 말라가 마리아 삼브라노 역에 도착한다.

도시	소요 시간
마드리드 아토차 역	AVE 2시간 20분~
세비야	AVANT 1시간 55분~

버스

말라가는 코스타 델 솔의 해안 도시들을 연결시켜 주는 교통의 중심지이다.

도시	소요 시간	버스 회사
그라나다	1시간 30분~	ALSA - www.alsa.es
네르하	1시간 45분~	ALSA - www.alsa.es
론다	2시간~	Los Amarillos - samar.es Sierra de las Nieves - es.grupopacopepe.com Portillo - portillo.avanzabus.com
코르도바	2시간 25분~	ALSA - www.alsa.es
세비야	2시간 45분~	ALSA - www.alsa.es
마드리드	6시간~	DAIBUS - www.daibus.es

버스 터미널과 마리아 삼브리노 역에서 시내 중심까지는 도보로 20분 이상 걸리는 만큼 대중교통을 이용하는 것이 좋다. 언덕 위에 자리한 히브랄파로 성 입구까지는 35번 버스를 타면 된다. 2014년 7월 말라가에도 지하철이 개통되었지만 주요 관광지와 반대 방향의 노선이기 때문에 지하철을 탈 일은 별로 없을 것이다.

요금 1회권 €1.30, 10회권 €8.30

관광 안내소

마리나 광장 관광 안내소와 공항, 버스 터미널, 마리아 삼브리노 역 내에 간이 관광 안내소가 자리하고 있다.

주소 Plaza de la Marina, 11, 29001 Málaga **GPS 좌표** 위도 36.7180368 (36° 43′ 4.93″ N), 경도 -4.4205605 (4° 25′ 14.02″ W) **전화** 0952 21 34 45 **오픈** 4~10월 월~금 09:00~19:00, 토·일·공휴일 10:00~19:00 11~3월 월~금 09:00~18:00, 토·일·공휴일 10:00~18:00 / **휴무** 1월 1일, 12월 25일 **위치** 마리나 광장(Plaza de la Marina). 히브랄파로성 방향으로 알라메다 프린시팔(Alameda Principal) 거리 끝에 마리나 광장이 있다.

MAPECODE 27242

말라가 대성당 Cathedral

하나의 팔을 가진 여인이라 불리는 대성당

국토 회복 운동이 성공하면서 말라가에 이사벨 여왕과 페르난도 왕이 마지막으로 세운 르네상스 양식의 대성당이다. 1528년 건축을 시작해 여러 건축가가 이어 공사에 참여해 1782년에 완성했다. 설계 당시 두 개의 종탑이었으나 자금 부족으로 남쪽의 종탑은 완성되지 못한 채 미완성으로 남겨져 하나의 팔을 가진 여인이라는 뜻의 '라 만쿠이타(La Manquita)'라는 별칭이 붙었다.

🏠 Calle Molina Lario, 9, 29015 Málaga ⓘ 위도 36.7200922 (36° 43′ 12.33″ N), 경도 -4.4200241 (4° 25′ 12.09″ W) ☎ 0952 21 59 17 ⏰ 4월~10월 15일 월~금 10:00~21:00, 토 10:00~18:30 / 10월 16일~3월 월~토 10:00~18:30 / 일 · 공휴일 14:00~18:30 ⓔ 일반 €6, 학생 €3 🚌 마리나 광장에서 도보 2분

말라가
Calle Eugenio Gross
Calle Ecuador
Calle Rafaela
Calle Lemus
Calle Malasaña
Av. Fátima
Calle Don Rodrigo
Calle Purificación
Calle Gigantes
Calle Trinidad
Calle Cataluña
Av de Barcelona
Calle Carril
Calle Lanuza
Calle Pelayo
Salles Hotel
Málaga Centro
오아시스 백패커스
Oasis Backpackers
Calle Arango
Calle Montes de Oca
Calle Armengual de la Mota
Ibis Málaga
Centro Ciudad
Calle Peso de la Harina
Calle Santa Elena
Vincci
Selección
Posada del
Patio
Calle San Juan
Calle Fuentecilla
Plaza Arriola
Calle Hilera
Centro
Comercial
Málaga Plaza
Calle Calvo
Hotel Suite
Novotel Málaga
Centro
Calle Huéscar
카사
Casa A
Calle Compositor Lehmberg Ruiz
Calle Panaderos
엘 코르테 잉글레스 백화점
El Corte Inglés
Av. de Andalucía
Calle Trinidad Grund
Calle Vendeja
Av de la Aurora
Calle Casas de Campo
Calle Montalban
Larios Centro
Alameda Colón
Calle San Lorenzo
Calle Malpica
Av de las Américas
Calle Peregrino
Av. Manuel Agu
Calle Cuarteles
Río Guadalmedina
Calle Saltre
말라가 버스 터미널
마리아 삼브라노 기차역
María Zambrano
Calle San Andrés
Calle Constancia
Calle Canales
Barceló
Málaga
Media
Markt
Hotel Monte
Málaga
Silken Puerta
Malaga

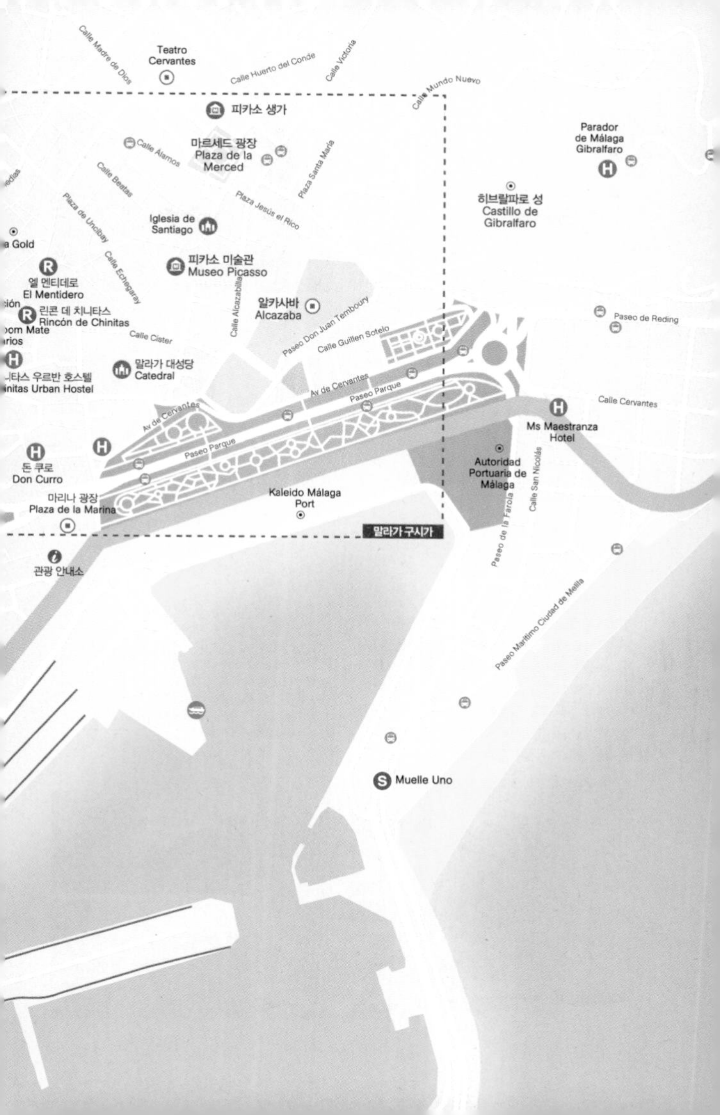

Teatro
Cervantes
Calle Madre de Dios
Calle Huerto del Conde
Calle Victoria
Calle Mundo Nuevo
피카소 생가
Calle Álamos
마르세드 광장
Plaza de la
Merced
Plaza Santa María
Calle Beatas
Plaza de Uncibay
Plaza Jesús el Rico
Iglesia de
Santiago
a Gold
피카소 미술관
Museo Picasso
엘 멘티데로
El Mentidero
Calle Echegaray
Calle Alcazabilla
알카사바
Alcazaba
린콘 데 치니타스
Rincón de Chinitas
Paseo Don Juan Temboury
Calle Císter
Calle Guillen Sotelo
말라가 대성당
Catedral
Av de Cervantes
Paseo Parque
Av de Cervantes
Paseo Parque
돈 쿠로
Don Curro
마리나 광장
Plaza de la Marina
Kaleido Málaga
Port
말라가 구시가
관광 안내소
Parador
de Málaga
Gibralfaro
히브랄파로 성
Castillo de
Gibralfaro
Paseo de Reding
Calle Cervantes
Ms Maestranza
Hotel
Autoridad
Portuaria de
Málaga
Calle San Nicolás
Paseo de la Farola
Paseo Marítimo Ciudad de Melilla
Muelle Uno

피카소 미술관 Museo Picasso

유럽에서 네 번째로 오픈한 피카소 미술관

10살 때까지 말라가에 살다가 바르셀로나로 이사를 갔던 피카소는 죽기 전까지 고향이었던 말라가를 늘 그리워했다. 그가 죽고 나서 그의 며느리였던 크리스틴과 다른 가족들이 가지고 있던 피카소의 작품을 말라가에 기증하면서 2003년 피카소의 고향 말라가에 그의 미술관이 만들어졌다. 그림뿐만 아니라 조각, 세라믹 등 200점이 넘는 다양한 피카소의 작품이 전시되어 있다. 미술관에서 멀지 않은 곳에 피카소가 태어난 생가도 위치해 있다.

🏠 Palacio de Buenavista, C/ San Agustin, 8, 29015 Malaga 위도 36.7216488 (36° 43′ 17.94″ N), 경도 -4.4184684 (4° 25′ 6.49″ W) ☎ 0952 12 76 00 11~2월 10:00~ 18:00, 3~6월 10:00~19:00, 7~8월 10:00~20:00, 9~10월 10:00~19:00 / 1월 5일, 12월 25일, 12월 31일 10:00~15:00 / 12월 26일~30일, 1월 2일~4일 10:00~19:00 / 휴무 1월 1일, 1월 6일, 1월 15일 일반 €9, 학생 €6 / 일요일 6시 이후 무료 입장 대성당에서 도보 5분 museopicassomalaga.org

알카사바 Alcazaba

이슬람 양식의 요새

말라가 동쪽에 11세기~14세기에 걸쳐 지어진 이슬람양식 요새인 알카사바는 부분적으로 발굴된 로마시대 원형 경기장이 입구 앞에 있는데, 요새를 건설하기 전부터 있던 경기장을 그대로 남겨둔 채 알카사바를 건설했다. 말라가 알카사바의 특징은 성을 감싸는 벽을 이중으로 만들었다라는 점에 있으며, 보존 상태도 굉장히 잘 되어 있는 요새에 속한다.

🏠 Calle Alcazabilla, 2, 29012 Málaga 위도 36.7208318 (36° 43′ 14.99″ N), 경도 -4.4170307 (4° 25′ 1.31″ W) ☎ 0630 93 29 87 4월 1일~10월 31일 09:00~20:00, 11월 1일~3월 31일 09:00~18:00 (30분 전 입장 마감) / 휴무 1월 1일, 2월 28일, 12월 25일 €2.20, 알카사바+히브랄파로 성 €3.55 / 일요일 2시 이후 무료 입장 대성당에서 도보 3분 / 마리나 광장에서 도보 4분

히브랄파로 성 Castillo de Gibralfaro

말라가 시내가 한눈에 내려다보이는 언덕 위의 성

알카사바 뒤편 언덕 위에는 14세기에 세운 '등대의 산'이라는 뜻을 가진 히브랄파로 성이 있는데, 원래 이 자리는 페니키아 시대에 세운 등대가 있던 자리이다. 성벽을 따라 걸으면 말라가 시내와 항구를 한눈에 내려다볼 수 있으며, 성 일부분은 스페인 국영 호텔인 파라도르로 사용하고 있다. 히브랄파로 성과 알카사바로 이어지는 길 곳곳에 항구를 바라볼 수 있는 전망대가 있다.

Camino de Gibralfaro, S/N, 29016 Málaga 위도 36.7236697 (36° 43′ 25.21″ N), 경도 -4.4099390 (4° 24′ 35.78″ W) ☎ 0952 227 230 6월 1일~9월 30일 09:00~20:00, 10월 1일~5월 31일 09:00~18:00 / 휴무 1월 1일, 2월 28일, 12월 25일 €2.20, 알카사바+히브랄파로 성 €3.55 / 일요일 2시 이후 무료 입장 알카사바에서 도보 20분 / 마리나 광장 앞 버스 정류장에서 35번 타고 종점인 히브랄파로 성에서 하차

알로사이나
Alozaina

산악 요새 마을
알로사이나 Alozaina

말라가에서 약 50km 정도 떨어진 곳에 위치한 하얀 마을 알로사이나는 말라가와 론다의 중간쯤에 위치해 있는 산악 요새 마을이다. 9~10세기 무어인들이 정착하면서 마을화되었지만, 인근 동굴에서 구석기 시대의 사냥 도구들과 신석기 시대의 묘지, 청동기 시대의 금으로 만들어진 황금 나팔이 발견되면서 구석기 시대부터 이곳에 사람들이 살기 시작했다고 보고 있다. 다소 생소한 마을이었지만 1976년 스페인의 아름다운 마을을 뽑는 첫 번째 대회에서 수상하면서 조금씩 관광객들의 발길이 잦아지고 있는 곳이다. 아기자기한 골목길을 따라 올라가면 가장 높은 곳에 산타아나 성당이 자리하고 있고, 길가에 세워진 이슬람 양식의 말굽 모양의 아치가 인상적이다.

산타아나 성당

위도 36.7280142 (36° 43′ 40.85″ N), 경도 -4.8565033 (4° 51′ 23.41″ W) 말라가 버스 터미널에서 알로사이나까지는 시에라 데 라스 니에베스(Sierra de las Nieves) 버스 회사에서 평일에는 하루에 3편, 주말에는 2편 운행한다. 이동 시간은 약 1시간 (버스 스케줄은 버스 회사 홈페이지에서 꼭 확인할 것) 파코페페 버스 en.grupopacopepe.com

말굽 모양의 아치

Eating

엘 멘티데로 El Mentidero

MAPECODE 27246

항구 도시 말라가는 해산물이 풍부하여 저렴한 가격에 맛있는 해산물 요리를 맛볼 수 있는데, 엘 멘티데로 역시 해산물 요리로 인기 있는 곳이다. 문어를 통째로 튀겨 내오는 문어튀김도 별미이니, 꼭 맛보자.

Calle Sánchez Pastor, 12, 29015 Málaga ☎ 0656 82 40 83 월~목 12:00~24:30, 금~일 12:00~01:00 문어튀김 €8, 미니 오징어튀김 €8~ 대성당에서 도보 5분

린콘 데 치니타스 Rincón de Chinitas

MAPECODE 27247

구시가에서 가장 활기가 넘치는 콘스티투시온 광장(Plaza Constitución) 근처 레스토랑이 즐비하게 자리한 길(Pasaje de Chinitas)에 있는 레스토랑으로 각종 튀김과 올리브 오일로 조리한 다양한 해산물들을 맛볼 수 있는 곳이다.

Pasaje Chinitas, 11, 29015 Málaga ☎ 0722 46 09 94 13:00~16:00, 20:00~24:00 튀김 메뉴 €3~ 콘스티투시온 광장에서 도보 5분

카사 아란다 Casa Aranda

MAPECODE 27248

1932년에 오픈한 카사 아란다는 말라가뿐만 아니라 스페인에서도 최고의 맛을 자랑하는 추로스 전문점이다. 실내 좌석과 노천 좌석에 따라 메뉴의 가격이 달라진다.

Calle Herrería del Rey, 1, 29005 Málaga ☎ 0952 22 28 12 월~토 07:30~13:30, 17:00~21:00 / 일 08:00~12:30 추로스 개당 €0.50~, 초콜 라테 €1.65~ 대성당에서 도보 5분 www.casa-aranda.net

Sleeping

치니타스 우르반 호스텔 Chinitas Urban Hostel

MAPECODE 27249

구시가 중심에 자리하고 있는 호스텔로 현대적인 분위기와 스텝이 친절하기로 소문난 인기 호스텔이다. 대성당을 조망할 수 있는 전용 테라스가 있을 만큼 호스텔에서 내려다보이는 구시가의 풍경이 멋있다. 와이파이는 공용 공간에서 무료로 사용 가능하다.

Pasaje Chinitas, 3, 29002 Málaga ☎ 0951 13 63 70 € 트윈룸(공용 욕실) €44~, 4인실 도미토리 €20.50~ / 조식 포함 🚌 대성당에서 도보 5분 ℹ www.chinitashostel.es

오아시스 백패커스 호스텔 Oasis Backpackers' Hostel

MAPECODE 27250

스페인 주요 도시에 거의 있는 체인 호스텔로 구시가 중심에 자리하고 있다. 현대적인 분위기로 깔끔하며, 옥상에 마련된 휴식 공간에서 잠시 여유를 부려도 좋다. 무료 워킹 투어를 진행하고 있으며, 자전거 대여도 가능하다. 모든 객실에서 무료로 와이파이를 사용할 수 있다.

Calle San Telmo, 14, 29008 Málaga ☎ 0952 005 116 € 4인실 도미토리 €22~, 6인실 도미토리 €20~, 8인실 도미토리 €16~, 10인실 도미토리 €14~ 🚌 콘스티투시온 광장(Plaza Constitución)에서 도보 5분 ℹ www.oasismalaga.com/malaga-hostel

호텔 수르 Hotel Sur

MAPECODE 27251

말라가 구시가지와 인접해 있는 호텔로 고전적인 분위기로 가격 대비 시설과 서비스가 좋아 말라가를 찾는 여행자들에게 항상 인기 높은 호텔이다. 모든 객실에서 무료로 와이파이를 사용할 수 있다.

Trinidad Grund, 13, 29001 Málaga ☎ 0952 22 48 03 싱글룸 €42~, 더블룸 · 트윈룸 €54~ / 조식 불포함으로 1박당 €4.50 마리나 광장에서 도보 5분 www.hotel-sur.com

돈 쿠로 Don Curro

MAPECODE 27252

대성당에서 얼마 떨어지지 않은 곳에 있는 호텔로 말라가 여행 시 가장 이상적인 위치에 자리하고 있다. 호텔 레스토랑에서는 지중해풍 요리를 맛볼 수 있으며, 호텔 전 객실에서 무료로 와이파이 사용이 가능하다.

Sancha de Lara, 9, 29015 Málaga ☎ 0952 22 72 00 더블룸 · 트윈룸 €89~, 트리플룸 €125~, 패밀리룸 €147~ 대성당에서 도보 5분 www.hoteldoncurro.com

태양의 해안

코스타 델 솔

Costa del Sol

스페인 남부 해안 지대로, 말라가를 중심으로 서쪽으로 타리파(Tarifa), 동쪽으로 모트릴(Motril)까지 약 300km 이르는 지역을 코스타 델 솔(Costa del Sol)이라 한다. 코스타 델 솔은 '태양의 해안'을 뜻하며 스페인 북동쪽 코스타 브라바(Costa Brava) 해안과 남동쪽 코스타 블랑카(Costa Blanca) 해안과 함께 3대 해안 지대이다. 일년 내내 온화한 기후 때문에 유럽의 대표적인 휴양지로 각광 받고 있고, 수상 스포츠를 즐기려는 사람들로 항상 활기가 넘치는 곳이다. 코스타 델 솔의 대문이라 할 수 있는 말라가에 베이스캠프를 두고 버스나 근교선 세르카니아스를 타고 당일치기로 태양의 해안을 즐겨도 좋다.

푸엔히롤라 Fuengirola

말라가 서쪽 해안을 따라 약 34km 정도 떨어진 곳에 위치해 있는 푸엔히롤라는 코스타 델 솔의 인기 관광지인 미하스로 가기 위해서는 꼭 들러야 하는 작은 어촌 마을이다. 지금은 영국인들이 많이 찾는 휴양지로 어촌의 분위기보다 휴양지 분위기가 점점 더 강하게 느껴지는 곳으로 변화되어 가고 있다. 푸엔히롤라 근교에는 호화로운 리조트들이 몰려 있는 코스타 델 솔의 최고급 휴양 도시 마르베야(Marbella)가 자리하고 있다.

위도 36.5420793 (36° 32′ 31.49″ N), 경도 -4.6238067 (4° 37′ 25.70″ W) 말라가 센트로 알라메다(Centro Alameda) 역에서 근교선 세르카니아스(C-1) 푸엔히롤라행을 타고 약 45분 이동. 평균 1시간에 3편 운행 / 말라가 버스 터미널에서 CTSA-포르티요(Portillo) 버스의 M-113번을 타고 약 55분 이동 후 푸엔히롤라 버스 터미널에서 하차. 평일은 하루에 9편, 주말은 5편 운행 CTSA – Portillo 버스 www.ctmam.es

미하스 Mijas

푸엔히롤라 북쪽 산 중턱으로 약 7Km 정도 떨어진 곳에 위치해 있는 하얀 마을 미하스는 코스타 델 솔에서 가장 인기 있는 관광지 중 한 곳이다. 버스에서 내리면 당나귀들이 몰려 있는 비르헨 데 라 페냐(Virgen de la Peña) 광장에 있는 관광 안내소에 들려 한국어로 된 지도를 챙기자.

관광 안내소를 뒤로 하고 좌측 전망대 방향으로 가면 미하스 수호 성녀인 페냐 성녀가 모셔져 있는 천연 동굴 성당(Ermita de la Virgen de la Peña)이 있고, 1900년에 지어진 타원형의 미하스 투우장도 앙증맞게 자리하고 있는데, 투우장 관중석은 하얀 마을을 제대로 조망하기에 너무 좋은 뷰 포인트이다. 또 한 곳의 뷰 포인트는 투우장 근처의 옛 성터 자리에 있는 전망대 공원으로, 푸엔히롤라가 한눈에 내려다보인다. 마을 중심의 산 세바스티안 성당과 그 앞의 산 세바스티안 거리(Calle San Sebastián)는 창가와 벽에 걸린 예쁜 꽃 화분과 함께 미하스 그림 엽서에 자주 등장한다.

관광 안내소 근처에 미하스의 명물인 나귀 택시 승차장이 있는데, 나귀 택시를 타고 마을 바깥쪽을 10~15분 정도 돌아볼 수 있다. 나귀 택시는 €10, 나귀 마차는 €20이고, 나귀 택시를 타고 촬영만 한다면 €2이다.

위도 36.5960180 (36° 35′ 45.66″ N), 경도 -4.6368024 (4° 38′ 12.49″ W) 말라가 버스 터미널에서 CTSA-포르티요(CTSA-Portillo) 버스의 M-112번을 타고 미하스 버스 정류장에서 하차. 평일은 하루에 5편, 주말은 2편 운행하고 이동 시간은 1시간 10분 / 푸엔히롤라 버스 터미널에서 CTSA-포르티요(CTSA-Portillo) 버스의 M-122번을 타고 미하스 버스 정류장에서 하차. 하루 10편 이상 운행하고, 이동 시간은 약 15~20분 CTSA-Portillo 버스 www.ctmam.es

네르하 Nerja

말라가 해안을 따라 동쪽으로 52km 정도 떨어진 곳에 위치한 해안 도시인 네르하는 코스타 델 솔의 종착지 같은 곳이다. 카스티야 이 레온(Castilla y León) 지방의 왕이었던 알폰소 12세가 네르하를 방문했을 때 이곳의 전망에 감동을 받아 '유럽의 발코니'라 했다는데, 해안 전망대에서 내려다보는 에메랄드빛 해안은 왜 네르하가 유럽의 발코니라 불리는지 알게 해 준다. 약 16km에 달하는 모래 해안은 해수욕뿐만 아니라 수상 레포츠를 즐기기에도 최적의 환경이라서 유럽의 젊은이들이 많이 찾기 때문에 코스타 델 솔의 마을 중 가장 활기차다.

네르하 동쪽에는 푼다시온 쿠에바 데 네르하(Fundación Cueva de Nerja)라는 거대한 종류석 동굴이 있는데, 약 500만 년 전 형성된 것으로 추청하고 있다. 동굴 안에서 기원전 2만 5000년경 구석기 시대 사람들의 유골과 벽화 등이 발굴되었고, 스페인의 고고학 자료로 높은 평가를 받아 기념물로 지정하고 있다. 동굴 깊이 들어갈수록 동굴 안을 가득 채운 종유석과 석순이 장관을 이루고, 자연적으로 형성된 수백 명이 동시에 들어가도 될 정도의 넓은 공간은 여름이면 음악회나 콘서트가 열리는 공연장으로 이용된다.

네르하 - 유럽의 발코니

위도 36.7450438 (36° 44′ 42.16″ N), 경도 -3.8759851 (3° 52′ 33.55″ W) 말라가 버스 터미널에서 알사(ALSA)의 네르하행 버스를 타고 네르하 버스 정류장에서 하차. 하루에 20편 이상 운행하고, 50분~1시간 30분 정도 소요 (버스 시간대에 따라 이동 시간의 차이가 있으니 하차 시 잘 확인할 것) ALSA 버스 www.alsa.es

네르하 동굴

위도 36.7619008 (36° 45′ 42.84″ N), 경도 -3.8458531 (3° 50′ 45.07″ W) Carretera de Maro, s/n, 29787 Nerja ☎ 0952 52 95 20 10:00~13:00, 16:00~17:30 (7~8월 10:00~18:00) €10, 6~12세 어린이 €6 네르하 버스 정류장에서 알사(ALSA)의 네르하(쿠에바)행 버스를 타고 10분 정도 소요 / 네르하 유럽의 발코니에서 도보 1시간 www.cuevadenerja.es

프리힐리아나 Frigiliana

네르하에서 북쪽으로 약 6km 떨어진 산 중턱에 위치한 프리힐리아나는 '안달루시아의 산토리니'라는 애칭을 갖고 있는, 하얀 마을 중에서도 그 이름에 가장 걸맞는 예쁜 마을이다. 마을의 겉모습과는 달리 대부분의 하얀 마을이 그렇듯이 이곳도 그라나다의 국토 회복 운동으로 숨어 지낼 곳이 필요했던 무어인들이 정착하면서 형성된 마을이라는 아픈 역사를 지니고 있다. 시간이 흐르면서 유대인들의 흔적이 더해져 지금의 프리힐리아나의 모습을 갖추게 되었다. 어디를 둘러봐도 그림이 되는 아름다운 이 마을은 조금씩 세상 밖으로 그 이름을 알리고 있다. 네르하에 방문했다면 함께 방문해 보도록 하자.

위도 36.7908578 (36° 47′ 27.09″ N), 경도 -3.8952639 (3° 53′ 42.95″ W) 네르하 버스 정류장(버스 티켓 창구 앞)에서 프리힐리아나행 버스를 타면 약 20분 후 프리힐리아나에 도착

네르하 ⇨ 프리힐리아나 버스 타임테이블

www.nerjatoday.com/nerja/bus-timetables
(단, 일요일은 네르하-프리힐리아나 버스는 운행하지 않으니 일정에 참고한다.)

그라나다
Granada

그라나다는 이베리아 반도의 남부, 안달루시아 지방에 위치한 도시다. 내륙에 위치하여 한여름에는 매우 덥지만, 스페인에서 가장 높은 산맥인 시에라 네바다 산맥을 끼고 있어 겨울에는 수많은 스키어들이 방문하기도 한다. 8세기 초반부터 이슬람 왕조의 지배 아래 크게 번영을 누렸으며 1492년 기독교 세력에 의해 점령되기까지 이슬람교도의 마지막 거점 도시였던 그라나다는 서유럽에서 이슬람의 흔적이 가장 많이 남아 있는 도시이다. 세계에서 가장 아름다운 건축물 중 하나로 꼽히는 알암브라 성과 이슬람의 영향을 받은 아름다운 건축물이 남아 있는 구시가지의 거리는 다른 유럽 도시에서 만나기 힘든 이국적인 풍경을 선사한다.

스페인의 다른 지역 또는 도시에서 그라나다로 들어오는 방법은 기차와 버스가 있다. 바르셀로나에서는 저가 항공으로 이동하는 방법도 있다.

저가 항공

바르셀로나에서 그라나다로 이동할 때는 야간열차를 타는 방법이 보편적이지만, 저가 항공을 이용하는 방법도 있다. 소요 시간은 1시간 25분이다.

부엘링 홈페이지 www.vueling.com

공항에서 시내 가기

그라나다 공항은 워낙 작아 짐을 찾아서 밖으로 나오면 시내로 가는 공항 버스가 대기하고 있다. 배차 간격이 1시간에 1대뿐이니, 짐을 찾으면 곧바로 버스를 타도록 하자. 같은 비행기를 타고 온 승객들이 대부분 같은 버스로 그라나다 시내로 들어가기 때문에 조금만 뒤처지면 버스 안은 승객들로 꽉 차게 된다. 시내까지는 버스로 40분 정도 소요된다. 혹시나 짐을 찾다가 버스를 놓쳤다면 택시를 타고 이동하는 것이 좋다.

공항 버스 요금 편도 €3 **택시 요금** 시내까지 €30 내외 **그라나다 공항 홈페이지** www.granadaairport.com

기차

스페인은 기차보다는 버스 노선이 잘 갖춰져 있고, 소요 시간도 버스가 더 단축되기 때문에 기차를 이용할 일이 그리 많지 않다. 하지만 안달루시아 지역에서 기차로 이동하는 경우와 바르셀로나에서 야간열차로 이동하는 경우, 그라나다 기차역으로 도착한다. 역에서 시내로 갈 때, 기차역을 등 뒤로 하고 오르막길로 계속 올라가다 보면 대로인 콘스티투시온 거리(Av. de la Constitución)가 나온다. 이곳의 오른쪽 버스 정류장에서 LAC 버스를 타면 관광지의 중심인 이사벨 라 카톨리카 광장(Plaza de Isabel la Catolica)까지 이동할 수 있다.

나라/도시	소요 시간
스페인 세비야 산타후스타 역	3시간 20분~
스페인 마드리드 아토차 역	4시간 25분~
스페인 바르셀로나 산츠 역	야간열차 11시간 10분~

버스

안달루시아의 대부분 도시에서 그라나다로 들어오는 버스가 하루에도 몇 차례씩 있다. 장거리 버스 터미널(Estación de Autobuses)은 그라나다 시내에서 조금 떨어진 곳에 위치해 있다. 터미널 밖으로 나오면 바로 있는 시내버스 정류장에서 N4 버스 승차 후, 크루스 델 수르(Cruz del Sur) 또는 칼레타(Caleta)에서 LAC 버스로 환승한 뒤 구시가로 이동한다.

도시	소요 시간	버스 회사
말라가	(직행) 1시간 30분~	ALSA - www.alsa.es
세비야	(직행) 3시간~	ALSA - www.alsa.es
마드리드	(직행) 4시간 30분~	ALSA - www.alsa.es

그라나다에서는 대부분 도보로 이동 가능하지만 알암브라 성이나 사크로몬테까지 이동하려면 미니 버스를 타고 가는 것이 편하다.

미니 버스

그라나다에서는 한눈에 보기에도 앙증맞게 귀여운 미니 버스가 운행된다. 대형 버스가 들어가지 못하는 그라나다의 좁다란 골목 안까지 지나다닐 수 있는 버스로, 언덕이 많은 그라나다에서는 꼭 필요한 교통수단이다. 유럽의 도시들은 옛 모습 그대로를 지키기 위해 함부로 재개발을 하지 않기 때문에 좁은 골목길이 많은 도시에서는 미니 버스를 운행하는 경우가 흔하다. 특히 알바이신 지역을 오르내리는 31번 버스는 그야말로 버스의 양 옆이 건물과 건물 사이로 닿을 듯 말 듯 아슬아슬하게 지나가곤 하는데, 그때마다 버스 안은 놀라움을 금치 못하는 관광객들로 웃음이 넘친다.

주요 버스 노선

알암브라 성 : 이사벨라 카톨리카 광장(Plaza isabel la catolica)에서 C3 버스, C4 버스
알바이신 : 누에바 광장에서 C1 버스
사크로몬테 : 누에바 광장에서 C2 버스

대중교통 요금

티켓은 버스 기사나 신문 가판대에서 구입 가능하며, 교통카드를 구입할 경우 보증금 €2를 내야 한다. 교통카드를 버스 기사에게 구입했다면 나중에 보증금을 환불 받을 때도 버스 기사에게 환불 받을 수 있고, 신문 가판대에서 구입했다면 신문 가판대에서 보증금을 환불 받을 수 있다. 교통카드는 하나의 카드로 여러 사람이 중복 사용 가능하다. 남은 금액은 되돌려 받지 못하니 교통카드를 선택할 때 본인에게 맞는 티켓으로 구입하도록 하자.

요금 1회권 €1.40 (야간에는 €1.50)
교통카드 충전 보증금 €2 / €5 충전 시 €0.87씩 차감, €10 충전 시 €0.85씩 차감, €20 충전 시 €0.83씩 차감

관광 안내소

주소 Plaza de Santa Ana, 4 bajo, 18009 Granada
전화 0958 22 59 90
오픈 11~2월 월~금 09:00~19:30, 3~10월 월~금 09:00~20:00 / 토 10:00~19:00 / 일 · 공휴일 10:00~14:00
위치 누에바 광장 내
홈페이지 www.lovegranada.com/granada/tourist-offices

그라나다 추천 코스

유럽에서 이슬람 양식이 가장 잘 보존되어 있는 알암브라 성과 집시들의 흔적이 남아 있는 사크로몬테를 둘러보고 다음 날 옛 아랍 사람들의 거주지였던 알바이신 지구를 방문해 보자. 그란비아 거리를 사이에 두고 자리한 아랍 거리인 알카이세리아와 칼데레리아 누에바 거리에선 아기자기한 기념품 쇼핑을 즐길 수 있다.

이사벨라 카톨리카 광장

버스 10분 (C3번 또는 C4번)

알암브라 성

버스 10분 또는 도보 20분

누에바 광장

버스 15분 (C2번)

사크로몬테

도보 10분

알바이신에서 알암브라 야경 감상

2일

그라나다 대성당

도보 1분

왕실 예배당

도보 2분

알카이세리아

도보 5분

칼데레리아 누에바 거리 ~ 알바이신 지구

그라나다
Agencia Estatal de
la Administracion
Tributaria de Granada
Instituto de Educacion
Secundaria les
Padre Suárez
Calle Natalio Rivas
Calle Ceniceros
Cuesta de Alhacaba
Restaurante Paprika
Fran Russo
(Fotografo de boda)
Calle San Juan de Dios
Calle Navarrete
Crril de la Lona
Forex Up
Down
Calle Cedrán
Santa Isabel la Real
스위트 그란 비아 44
Suites Gran Via 44
Calle Rector López Argueta
Calle Arriola
Calle Elvira
Calle Zenete
Calle Cascajal
Calle Cruz de Quiros
Calle Oidores
Makuto Gu
Calle Arandas
Calle Gran Via de Colón
Calle San José Alta
Granada Acoge
Calle Elvira
Cuesta Beteta
Calle Colegios
Calle San Jerónimo
Calle Gran Capitán
Manuel Toledo fotografo
오아시스 백패커스 호스텔 그라
Oasis Backpackers Hostel
엘 그라나도
El Granado
Calle Candiota
Calle Misericordia
Calle Alonso Cano
FONTECRUZ
GRANADA HOPEL 호텔
Fontecruz granada
칼데레리아 누에바 거리
Calle de la Calderería Nueva
Copyplanet
Impresion Digital
Calle Homo Marina
iTRAD, Traducciones
y corsos de idiomas
Calle Carcel Alta
바르 미노타우로 타파스
Bar Minotauro Tapas
Calle Montalbán
Hotel Plaza Nueva
누에바 광장
Plaza Romanilla
그라나다 대성당
Catedral
Hos
바르 로스 디아만테(광장점)
Bar Los Diamante
Planta Baja
왕실 예배당
Capilla Real
이사벨 카토리카 광장
Plaza Isabel La Catolica
알카이세리아
Alcaiceria
카르멜라
Carmela
Torres Abogados
Calle Alhondiga
Plaza de Bib-Rambla
Calle Santa Esc
Calle Paz
Calle Jardines
Calle Reyes Católicos
Calle Escudo del Carmen
Calle San Matías
호텔 파라가 시에테
Hotel Párraga Siete
Calle Gracia
시청사
Calle Parraga
Calle Jardines
Calle Navas
바르 로스 디아만테(본점)
Bar Los Diamante
Calle Cruz
NH Victoria
바르 로스 디아만테(분점)
Bar Los Diamante
Calle Aguila
Calle Angel
Reprotec
Multiservice Granada
그라나다 인 백패커스
Granada Inn
Backpackers
Bankia
Rm-soft Translation
And Publishing
Calle Martinez Campos
Calle Recogidas
Calle Frailes
Calle Pino
Fuente de las Batallas
Cuesta de Aixa
Calle Homo Espadero
Calle Mirasol
Calle Luis Braille
Calle Nueca de San Antón
Calle Ancha de la Virgen
Calle San Antón
Calle San Isidro
Calle Castaneda
Calle Manuel de Falla

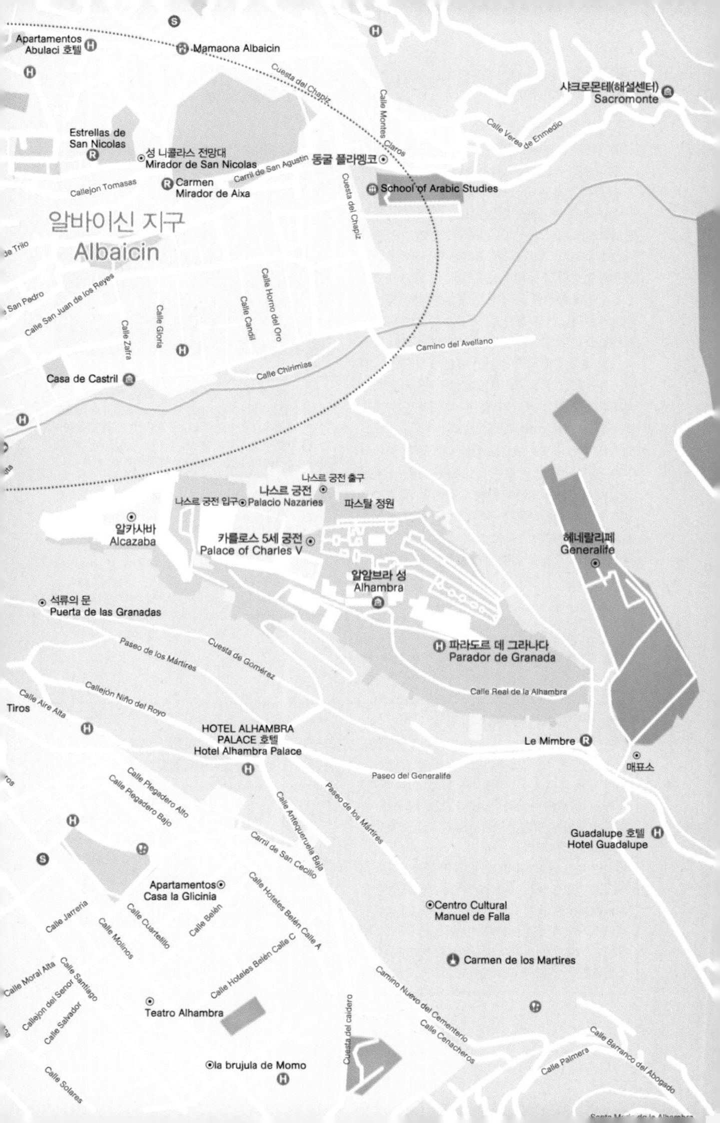

Apartamentos
Abulaci 호텔
Mamaona Albaicin
Cuesta del Chapiz
Calle Montes Claros
샤크로몬테(해설센터)
Sacromonte
Calle Verea de Enmedio
Estrellas de
San Nicolas
성 니콜라스 전망대
Mirador de San Nicolas
Carril de San Agustin
동굴 플라멩코
Carmen
Mirador de Aixa
Callejon Tomasas
School of Arabic Studies
Cuesta del Chapiz
알바이신 지구
Albaicin
Calle Hormo del Oro
Calle Candil
Calle San Juan de los Reyes
Calle Gloria
Calle Zafra
Camino del Avellano
Calle Chirimias
Casa de Castril
나스르 궁전 출구
나스르 궁전
나스르 궁전 입구
Palacio Nazaries
파스탈 정원
알카사바
Alcazaba
카를로스 5세 궁전
Palace of Charles V
헤네랄리페
Generalife
알함브라 성
Alhambra
석류의 문
Puerta de las Granadas
파라도르 데 그라나다
Parador de Granada
Paseo de los Mártires
Cuesta de Gomérez
Calle Real de la Alhambra
Callejón Niño del Royo
Calle Aire Alta
Tiros
HOTEL ALHAMBRA
PALACE 호텔
Hotel Alhambra Palace
Le Mimbre
매표소
Paseo del Generalife
Calle Plegadero Alto
Calle Plegadero Bajo
Calle Antequeruela Baja
Paseo de los Mártires
Guadalupe 호텔
Hotel Guadalupe
Carril de San Cecilio
Apartamentos
Casa la Glicinia
Calle Hoteles Belén Calle A
Centro Cultural
Manuel de Falla
Calle Jarreria
Calle Cuartelillo
Calle Belén
Calle Molinos
Carmen de los Martires
Calle Moral Alta
Calle Santiago
Callejon del Senor
Calle Salvador
Calle Hoteles Belén Calle C
Camino Nuevo del Cementerio
Teatro Alhambra
Cuesta del caldero
Calle Cenacheros
Calle Barranco del Abogado
Calle Palmera
la brujula de Momo
Calle Solares

알암브라 성 Alhambra

세계에서 가장 아름다운 건축물 중 하나

그라나다가 한눈에 내려다보이는 언덕 위에 위치한 알암브라 성은 기독교와 이슬람 양식을 절묘하게 융합해 건축한 궁전으로 세계에서 가장 아름다운 건축물 중 하나로 꼽히고 있다. 9세기에 이미 알암브라 언덕에 작은 성이 건축되었는데, 1238년 나스르 왕조가 그라나다에 자리를 잡은 뒤 성 안에 궁전이 건설되기 시작해 1333년 7대 왕인 유수프 1세 시대에 화려한 궁전의 모습이 완성되었다. 알암브라는 아랍어로 '붉은 성'이라는 뜻으로, 성벽이 붉은빛을 띠고 있어서 붙여진 이름이다. 성에 둘러싸인 폐쇄적인 형태의 궁전은 규모가 크지는 않지만, 궁전 내의 아치와 돔, 기둥에는 무어인의 뛰어난 손재주로 만들어 낸 아라베스크 무늬와 종유석 모양으로 화려한 장식이 되어 있으며 궁전 내부의 연못에 비치는 궁전의 모습도 매우 아름답다. 작곡가이며 기타 연주자였던 프란시스코 타레가는 알암브라 성의 아름다운 모습에 반해 그 유명한 〈알암브라 성의 추억〉이라는 기타 연주곡을 작곡했다. 트레몰로 주법이 인상적인 〈알암브라 성의 추억〉은 수많은 기타 꿈나무들을 좌절에 빠지게 만드는 연주곡이기도 하다.

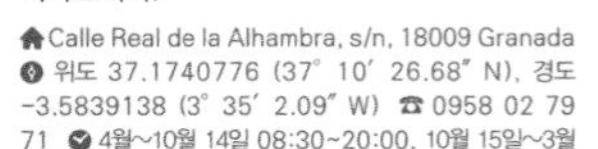

Calle Real de la Alhambra, s/n, 18009 Granada 위도 37.1740776 (37° 10′ 26.68″ N), 경도 -3.5839138 (3° 35′ 2.09″ W) ☎ 0958 02 79 71 4월~10월 14일 08:30~20:00, 10월 15일~3월 08:30~18:00 (티켓 오피스는 08:00~) / 야간 오픈 4월~10월 14일 화~토 22:00~23:30, 10월 15일~3월 금~토 20:00~21:30 / 야간 오픈은 나스르 궁전 또는 헤네랄리페만 선택해서 관람할 수 있음 / 휴무 12월 25일, 1월 1일 일반 티켓 €14 (알카사바+나스르 궁전+헤네랄리페) / 정원 티켓 €7 (알카사바+헤네랄리페) / 야간 투어 나스르 궁전 €8, 헤네랄리페 €5 / 예약 시 수수료가 추가된다. 도보 티켓이 있는 경우 - 누에바 광장에서 석류의 문(Puerta de las Granadas)을 지나면 세 갈래 길 중에서 가장 왼쪽에 있는 재판의 문(Puerta de la Justicia) 방향으로 올라간다. 20분 이상 소요 / 티켓이 없는 경우 - 누에바 광장에서 석류의 문을 지나면 세 갈래 길 중에서 매표소로 가는 길(Po de la Alhambra) 방향으로 올라가면 된다. 30분 이상 소요 버스 이사벨 라 카톨리카 광장(Plaza de Isabel la Catolica)에서 C3번, C4번 탑승 후 Alhambra에서 하차. 약 10분 소요 www.alhambra-patronato.es

Tip

알암브라 성 입장 티켓

티켓 예매 2017년 10월 이후로 알암브라 성 입장권은 현장에서 구입할 수 없으며 100% 사전 예매를 통해서만 티켓을 구입할 수 있다. 두 달 전에는 예매해야 원하는 날짜와 시간의 티켓을 순조롭게 구매할 수 있는 만큼 서둘러 예매하지 않으면 티켓 구입이 어려울 것이다.
온라인 티켓 예매 사이트로 들어가 해당 날짜를 선택하고 나스르 궁전 입장 시간까지 선택하면 된다. 선택한 나스르 궁전 입장 시간은 그 시간을 놓치면 절대 입장할 수 없다. 결제가 완료되면 이메일로 바우처가 전송되는데 이때 전송된 바우처 QR코드로 입장 확인이 되므로 바우처를 프린트해 가거나 스마트폰으로 저장해 두어야 한다. 예매를 했더라도 바우처 QR코드가 없다면 입장할 수 없다.
인터넷 예약 tickets.alhambra-patronato.es

나스르 궁전 입장 시간 확인 나스르 궁전의 입장 시간은 30분 간격인데, 티켓에 찍힌 입장 시간부터 30분 후까지만 입장할 수 있다. 여유 시간이 1시간 이상 남았다면 헤네랄리페부터 먼저 다녀오고, 1시간 정도 남아 있다면 나스르 궁전 근처에 있는 알카사바나 카를로스 5세 궁전부터 돌아보도록 하자. 30분도 남지 않았다면 나스르 궁전 앞에서 대기하는 것이 좋다.

헤네랄리페 Generalife

알암브라 성 인근에 위치한 헤네랄리페는 '건축가의 정원'이라는 뜻으로, 14세기 초에 이슬람 군주들이 여름 궁전으로 삼기 위해 건축했던 곳이다. 13세기 말 이베리아 반도를 통치하던 나스르 왕조에 의해 지어졌으며, 원래 알암브라 성과는 골짜기 형태의 좁은 통로로 연결되어 있었다고 한다. 헤네랄리페에는 크게 2개의 정원이 있는데, 그중에서 페르시아 양식으로 지어진 아세키아의 정원은 긴 연못 주변에 분수를 만들고 다양한 꽃을 심어 놓아 매우 아름다운 경관을 자랑한다.

카를로스 5세 궁전 Palacio de Carlos V

카를로스 5세는 신성 로마 제국의 황제이자 스페인 왕국의 공식적인 제1대 국왕이며, 유럽에서 가장 화려한 업적을 쌓은 황제로 손꼽히는 인물이다. 카를로스 5세는 왕비인 이사벨과 신혼여행을 위해 그라나다를 찾았다가 알암브라 성을 보고 이곳에 자신의 이름을 딴 궁전을 건축했다. 카를로스 5세 궁전은 당시 유행하던 르네상스 양식을 도입해 지어졌으며, 정교하고 복잡한 외관과 달리 내부는 30m 길이의 정원을 2층의 회랑이 둘러싸고 있는 단순한 형태로 지어져 있다. 현재 궁전의 1층은 무료 입장이 가능한 알암브라 박물관으로 사용되고 있으며 2층은 그라나다파의 작품 등을 소장한 미술관으로 사용되고 있다.

알카사바 Alcazaba

알암브라 성에 있는 건물 중에서 가장 오래된 건물로, 9세기에 로마 시대의 요새 위에 세워졌으며 13세기 때 견고한 성벽과 망루로 이루어진 요새로 정비하고 확장하여 지금의 모습으로 거듭나게 되었다. 당시의 알암브라는 문을 사이에 두고 요새인 알카사바와 왕족 및 주민이 거주하는 궁전으로 나뉘어 있었다. 요새의 성벽 안에는 병사들의 숙소, 대장장이의 방, 지하 감옥, 저수조 등이 있었으며 지금은 알마스 광장에서 그 흔적을 일부 찾아볼 수 있다. 알카사바에는 24개의 탑이 있었는데 현재까지 남아 있는 몇 개의 탑 중 일부는 올라가 볼 수 있게 되어 있다. 높이가 27m인 벨라의 탑은 그라나다 시가지는 물론 시에라 네바다 산맥까지 볼 수 있는 훌륭한 전망을 자랑한다.

코마레스-아라야네스의 정원

나스르 궁전 Palacio Nazaries

이베리아 반도를 지배했던 이슬람 세력 최후의 왕조인 나스르 왕조의 왕들이 살았던 궁전으로, 원래는 7개의 궁전이 있었으나 지금 남아 있는 것은 메수아르(Mexuar), 코마레스(Comares), 라이온(Leones) 등 3개의 궁전만 남아 있다. 성을 포함한 알암브라 성 전체에서 가장 아름다운 면모를 자랑하는 곳이 바로 이 나스르 궁전이다. 화려하게 장식된 천장이 인상적인 메수아르 궁은 왕의 집무실로 사용되었던 곳이며, 왕궁의 중심으로 들어가기 전에 위치한 전실의 개념으로 지어진 것이다. 메수아르 궁을 지나면 입구의 장식이 매우 아름다운 쿠아르토 도라도(황금의 방, Cuarto Dorado)라 불리는 작은 방이 나온다. 그 앞에는 파티오 델 쿠아르토 도라도(Patio del Cuarto Dorado)라 불리는 작은 분수가 있으며, 이곳을 지나면 나스르 궁전의 핵심이라 할 수 있는 코마레스 궁의 정면을 볼 수 있다. 코마레스 궁의 중심에는 직사각형의 큰 연못을 둘러싸고 있는 아라야네스의 정원(Patio del Los

라이온 궁
대사의 방

Arrayanes)이 있는데 연못에 반영되는 코마레스 탑의 모습은 알암브라 성의 상징적인 모습 중 하나이다. 코마레스 궁전 북쪽의 콜로네이드를 지나면 압도적인 규모와 아름다움을 자랑하는 대사의 방(Salón de Embajadores)을 볼 수 있다. 대사의 방은 외국에서 방문한 대사를 왕이 접견하기 위해 마련된 곳이지만 1492년 나스르 왕조의 마지막 왕이었던 보압딜이 가톨릭 왕조의 왕 페르난도 2세와 이사벨 여왕에게 항복을 한 굴욕의 역사가 있는 곳이기도 하다. 아라야네스 정원과 이어진 곳에는 라이온 궁과 사자의 정원(Patio de Los Leones)이 위치하고 있다. 사자의 정원 중앙에는 12개의 사자가 떠받치고 있는 분수가 있으며 142개의 대리석 기둥이 있는 회랑이 분수를 둘러싸고 있다. 총 4개의 방이 사자의 정원을 둘러싸고 있는데, 서쪽에 모사라베스 방(Sala de los Mocárabes), 남쪽에 아벤세라헤스 방(Sala de Abencerrajes), 동쪽에 왕의 방(Sala de los Reyes), 그리고 북쪽에 두 자매의 방(Sala de las Dos Hermanas)이 있다. 아벤세라헤스 방은 8각별 모양의 화려한 천장이 인상적이지만, 아벤세라헤스 일족 30명이 처형을 당한 무서운 역사를 가지고 있는 곳이다. 북쪽에 자리한 두 자매의 방 역시 섬세한 종유석 천장 장식이 이슬람 장식의 극치를 보여 줄 만큼 아름답다. 나스르 궁전에서 나오면 아담한 연못과 야자수가 진짜 오아시스처럼 보이는 파르탈 정원(Jardines de Partal)이 있는데, 연못 위로 아름답게 비치는 건물은 '귀부인의 탑'이라는 별명을 가졌다.

아벤세라헤스 방의 천장

파르탈 정원

Tip 그라나다와 레콩키스타

레콩키스타는 711년 이슬람의 우마이야 왕조가 이베리아 반도에 침입한 뒤 약 7세기 반 동안 기독교 세력이 이베리아 반도에서 이슬람 왕조를 축출하기 위해 벌였던 일련의 과정을 의미한다. 레콩키스타는 스페인어로 '재정복'이라는 뜻이며, '국토 회복 운동'이라고 번역하기도 한다. 722년 코바동가 전투를 기점으로 레콩키스타가 시작되었는데, 이후 700년이 넘는 시간 동안 가톨릭 왕국과 이슬람 왕조는 지속적으로 전투를 벌였다.

1232년 그라나다를 수도로 나스르 왕조가 성립된 후 높은 수준의 문화와 풍부한 물자를 바탕으로 크게 번성하였다.그러나 1469년 가톨릭 왕국이었던 아라곤과 카스티야 왕국이 합병한 스페인 왕국이 나스르 왕조를 압박하면서 급격히 세력이 쇠퇴하게 되었다. 나스르 왕조의 멸망과 함께 스페인 왕국의 손에 넘어간 그라나다는 스페인 북부에 위치한 다른 도시들처럼 이슬람 문화가 파괴될 위기에 처하게 된다. 아름다움을 자랑하는 알암브라 성도 신성 로마 제국 황제 카를로스 5세에 의해 일부가 훼손되었으나 높은 수준의 이슬람 문화에 감명을 받은 카를로스 5세가 이슬람 문화재 보호 칙령을 내리면서 스페인 전역에서 이슬람 문화재에 대한 파괴 행위가 중단되었고, 그라나다의 이슬람 문화재도 그 모습을 보존할 수 있게 되었다. 레콩키스타를 통해 이슬람이 지배했던 영토를 회복한 스페인 왕국은 앞선 이슬람의 문화를 받아들여 당시 세계 최강의 국가로 군림할 수 있었으며, 가톨릭을 전 세계에 널리 전파하고 아메리카 대륙에 거대한 식민지를 만드는 등 세계 역사에 한 획을 긋는 위치를 차지하게 되었다.

MAPECODE 27254

알바이신 Albaicín

오래된 성채 도시의 흔적

알바이신 지역은 알함브라 성과 인접한 언덕에 자리 잡고 있으며 그라나다에서 이슬람 왕조가 축출된 후 이슬람교도들의 거주지가 되었다. 안달루시아 지방의 전통 건축물과 무어인 특유의 건축물이 잘 섞여 있어서 이국적인 분위기를 느낄 수 있으며, 흰 벽의 집들과 조밀한 골목이 미로처럼 얽혀 있다. 고지대인 산 니콜라스 전망대에서 알함브라 성의 모습을 볼 수도 있다.

누에바 광장에서 C1번 버스 탑승

MAPECODE 27255

그라나다 대성당 Cathedral

기묘한 형태를 자랑하는 대성당

이슬람 왕조가 번영을 누릴 당시에는 모스크가 있었던 자리에 1518년부터 지어지기 시작해 1704년에야 완성된 대성당이다. 초기에는 톨레도 대성당의 고딕 양식을 본떠 건축을 시작했으나 200년 가까운 시간이 흘러 공사가 끝날 무렵에는 이탈리아 르네상스, 고딕 양식, 무데하르 양식까지 혼재된 기묘한 형태가 되어 버렸다. 화려한 장식을 자랑하는 황금 제단이 있는 중앙 예배당과 성모 마리아가 그려진 스테인드글라스를 볼 수 있다.

Calle Gran Vía de Colón, 5, 18001 Granada 위도 37.1766456 (37° 10′ 35.92″ N), 경도 -3.5981771 (3° 35′ 53.44″ W) ☎ 0958 22 29 59 월~토 10:00~18:30, 일 · 공휴일 15:00~18:00 (일요일 무료 입장) 성인 €5 / 12세 이하 어린이 무료 입장 왕실 예배당에서 도보 1분 / 이사벨 라 카톨리카 광장에서 도보 3분 www.catedraldegranada.com

왕실 예배당 Capilla Real

이사벨 여왕이 잠들어 있는 곳

스페인의 황금 시대를 이루었던 이사벨 여왕은 그라나다에 묻힐 것을 원해 1504년부터 예배당을 짓기 시작했으나 완공을 보지 못하고 1516년 사망했으며, 1521년 예배당이 완공된 뒤 남편인 페르난도 2세와 함께 안치되었다. 내부의 제단 오른쪽에는 이사벨 1세와 페르난도 2세가 안치되어 있으며, 왼쪽에는 그들의 차녀 후아나와 남편 펠리페가 안치되어 있다. 내부에서는 사진 촬영이 금지되어 있다.

Calle Oficios, S/N, 18001 Granada 위도 37.1766456 (37° 10′ 35.92″ N), 경도 -3.5981771 (3° 35′ 53.44″ W) ☎ 0958 22 78 48 월~토 10:15~18:30, 일 · 공휴일 11:00~18:00 성인 €5/ 매주 수 14:30~18:30 무료 입장 대성당에서 도보 1분 / 이사벨 라 카톨리카 광장에서 도보 2분 www.capillarealgranada.com

알카이세리아 Alcaiceria

다양한 기념품을 구입할 수 있는 거리

대성당 옆에 자리한 알카이세리아는 '카이사르의 집'이라는 뜻으로, 예전에는 200개가 넘는 비단 상점이 있던 큰 시장이었으나 지금은 다양한 기념품과 도기를 판매하는 상점들이 있다. 1843년 성냥 상점에서 발생한 화재로 알카이세리아가 전소되었으나 다시 재건되었다. 아랍의 전통적인 쪽매 붙임 세공인 타라세아(Taracea)를 비롯하여 다양한 기념품을 구입하기에 좋은 장소이다.

위도 37.1755536 (37° 10′ 31.99″ N), 경도 -3.5989281 (3° 35′ 56.14″ W) 대성당에서 도보 1분

칼데레리아 누에바 거리 Calle de la Caldereria Nueva

알바이신 지역의 컬러풀한 이색 거리

한때 아랍인들의 거주지였던 알바이신 지역에 자리한 칼데레리아 누에바 거리는 풍부한 컬러로 시선을 사로잡는다. 색감이 강렬한 아랍 거리를 천천히 거닐면서, 쇼핑도 즐기고 아랍 스타일의 찻집(테테리아, Teteria)에서 차도 한잔 마셔 보도록 하자.

위도 37.1778745 (37° 10′ 40.35″ N), 경도 -3.5968601 (3° 35′ 48.70″ W) 대성당에서 도보 5분

사크로몬테 Sacromonte

동굴을 파서 만든 집시들의 거주지

사크로몬테는 집시들의 거주지로, 그들은 언덕에 구멍을 파서 '쿠에바'라 불리는 동굴집을 만들고 생활을 했다. 지금도 사크로몬테 해설 센터에서 기독교, 이슬람이 아닌 또 다른 이방인의 문화를 엿볼 수 있는데, 그라나다만의 복잡한 문화를 잘 보여 주는 곳이라고 할 수 있다. 인근의 발파라이소 산 위에는 대수도원이 위치하고 있으며, 이곳에서 알암브라 성, 알바이신 등의 아름다운 모습을 감상할 수 있다.

사크로몬테 해설 센터

Barranco de los Negros, Sacromonte 위도 37.1820100 (37° 10′ 55.24″ N), 경도 -3.5840140 (3° 35′ 2.45″ W) ☎ 0958 215 120 10월 15일~3월 14일 10:00~18:00 / 3월 15일~10월 14일 10:00~20:00 €5 누에바 광장에서 C2번 버스 탑승 후 사크로몬테(Sacromonte)에서 하차 www.sacromontegranada.com

동굴 속 집시들의 춤과 노래

그라나다 플라멩코

이곳 저곳을 떠돌아다니며 방랑 생활을 하던 집시들은 15세기 그라나다 사크로몬테 언덕에 동굴집(쿠에바)을 만들어 정착 생활을 시작했다고 한다. 고된 방랑 생활을 해야 하는 그들의 인생을 노래와 춤으로 표현해 내면서 안달루시아의 음악이 더해졌고, 그렇게 한이 섞인 노래와 춤과 음악에서 플라멩코라는 스페인의 전통 춤이 탄생하게 되었다. 지금도 알바이신과 사크로몬테 언덕이 이어지는 곳에는 동굴집에서 플라멩코를 공연하는 타블라오(플라멩코 공연장)가 많다. 이곳의 플라멩코는 다른 도시보다 화려하지는 않지만, 플라멩코가 탄생한 그라나다에서, 그것도 처음 집시들이 정착했던 동굴집에서 감상한다는 점이 남다르며, 댄서들의 땀방울까지 보일 정도로 가까운 곳에서 즐길 수 있다. 호텔이나 숙소에서 미리 예약해 두면 시간에 맞춰 픽업을 나오며, 공연 시작 전 알바이신 지역을 짧게 돌아보는 워킹 투어를 진행하는 타블라오도 늘어나고 있다.

Los Tarantos

그라나다에서 가장 유명한 쿠에바 플라멩코 타블라오이다.

Camino del Sacromonte, 18010 Granada ☎ 0958 22 25 플라멩코 쇼(쇼 + 음료 1잔 + 량 픽업 + 알바이신 워킹 투어) € / 플라멩코 디너쇼(쇼 + 디너 + 픽업 + 알바이신 워킹 투어) €60 공연 시간 일 밤 1차 21:00, 22:30 (약 1시간 분 소요) 예약 cuevaslostarar com

알 푸하라 지역

카필레이라 Capileira, **부비온** Bubión, **팜파레이라** Pampaneira

알프스 산맥 다음으로 유럽에서 두 번째로 높은 그라나다 남쪽 시에라 네바다 산맥의 산속 마을은 그라나다 국토 회복 운동에 패한 무어인들이 그라나다에서 쫓겨나 산속 깊은 곳으로 들어가 자리를 잡은 마을들로 무어인들의 마지막 흔적이 남아 있는 곳이다. 그중에서도 카필레이라, 부비온, 팜파레이라는 가볍게 트레킹이 가능할 정도로 나란히 붙어 있어 세 마을 중 가장 높은 곳에 자리하고 있는 카필레이라부터 부비온, 팜파레이라를 따라 내려오면 그라나다에서 당일 여행이 가능한 곳들이다.

아주 작은 마을들이기 때문에 특별한 관광지는 따로 없지만 버섯 모양의 독특한 모습을 하고 있는 굴뚝과 아프리카 이외 지역에서는 쉽게 볼 수 없는 무어인들 특유의 박스형 건축 양식을 볼 수 있다. 그라나다에서 버스를 타고 카필레이라까지 가는 길은 산맥 협곡을 따라 이어지는 길이라서 굽이굽이 거칠고 아슬아슬하다. 고소공포증이 있다면 버스 오른편 좌석은 피하는 것이 좋고, 멀미를 한다면 미리 멀미약을 먹는 것이 좋다. 카필레이라 버스 정류장에는 6월 말부터 10월까지만 문을 여는 관광 안내소가 있으니, 알 푸하라 지역 지도를 챙겨 두면 버스를 타고 지나치는 마을들을 확인할 수 있다. 버스는 카필레이라에서 내려 그라나다로 돌아갈 때는 부비온이나 팜파레이라 어느 마을에서 타도 상관없으니 버스 시간만 잘 맞춘다면 알찬 여행이 될 것이다.

카필레이라 위도 36.9604396 (36° 57′ 37.58″ N), 경도 -3.3584847 (3° 21′ 30.54″ W) 그라나다 버스 터미널에서 카필레이라까지 알사(Alsa) 버스에서 하루에 3편 운행, 이동 시간은 약 2시간 10분

카르멜라 Carmela

MAPECODE 27260

이사벨 라 카톨리카 광장에 인접해 있는 현대적인 분위기의 레스토랑이다. 타파스, 파에야를 비롯한 대부분의 메뉴가 다 맛이 좋아 그라나다에서 인기 있는 맛집 중 한 곳이다. 특히 돼지고기 구이와 으깬 감자가 함께 나오는 매운 소스 요리(Iberian pork with "mojo" hot sauce)와 다양한 종류의 고로케(크로게타)는 우리 입맛에도 아주 잘 맞는다. 주 메뉴 외에도 초콜릿 디저트도 맛있기로 유명하다.

Calle Colcha, 13, 18009 Granada ☎ 0958 22 57 94 08:30~24:30 돼지고기 핫 소스 €17.60~, 고로케(크로게타) 개당 €2.10 이사벨 라 카톨리카 광장에서 도보 2분 www.restaurantecarmela.com

바르 미노타우로 타파스 Bar Minotauro Tapas

MAPECODE 27261

누에바 광장과 칼데레리아 누에바 거리 중간쯤 위치해 있다. 벽에 붙인 메모들이 인상적인 타파스 집으로 맥주 등 음료를 주문하면 타파스를 무료로 제공한다. 그라나다 전통 타파스를 저렴한 가격에 맛볼 수 있기 때문에 현지 학생들에게 인기 많은 곳이기도 하다. 특히 부드러운 빵 속에 햄과 치즈가 들어간 보카디요가 맛있다.

Calle Imprenta, 6, 18010 Granada ☎ 0958 22 13 99 09:00~16:00, 19:30~24:00 타파스 €3~ 누에바 광장에서 도보 2분

바르 로스 디아만테 Bar Los Diamante

MAPECODE 27262

그라나다에만 4개의 지점이 있을 정도로 인기 있는 타파스집이다. 음료를 주문하면 타파스가 나오는데, 다른 집과 다르게 이곳은 손님이 타파스를 선택하지 않고 랜덤으로 나오는 형식이다. 라시온(racion, 접시) 요리도 종류별로 다 맛있는데, 라시온과 메디아 라시온(media racion, 1/2 접시)으로 양을 선택할 수 있기 때문에 다양한 메뉴를 조금씩 맛볼 수 있다. 특히 이 집에서 가장 인기 있는 메뉴는 돼지고기 막창 요리(Mollojas)와 모듬 해산물 튀김(Fritura) 등 안달루시아 지방의 다양한 해산물 튀김이다. 4개의 지점 중에서 현지인들이 가장 많이 찾는 곳은, 역시 시청사 뒤편에 자리한 본점이다.

월~금 12:00~18:00, 20:00~02:00 / 토 · 일 · 공휴일 11:00~01:00 라시온(접시) €14~, 메디아 라시온(1/2 접시) €10~ www.barlosdiamantes.com

본점 Calle Navas, 28, 18009 Granada ☎ 0958 22 70 70 시청사에서 도보 1분

분점 Calle Rosario, 12, 18009 Granada ☎ 0958 57 52 04 본점에서 도보 4분

누에바 광장점 Plaza Nueva, 13, 18009 Granada ☎ 0958 07 53 13 누에바 광장 맞은편

타파스 Tapas

음료를 주문하면 타파스가 무료

그라나다에서 대부분의 타파스집들은 음료를 주문하면 타파스를 무료로 준다. 만약 타파스의 양이 부족하다면 타파스는 추가로 주문할 수도 있다. 가볍게 맥주 한잔 마실 때 안주가 공짜인 그라나다에서 마음껏 타파스를 즐겨 보자!

엘 그라나도 El Granado

MAPECODE 27263

친절한 직원들과 매우 깨끗한 환경, 좋은 위치 조건 때문에 그라나다에서 가장 인기 있는 호스텔 중 한 곳이다. 호스텔과 아파트먼트를 함께 운영하고 있기 때문에 혼자 하는 여행, 가족 여행, 커플 여행 등 모든 케이스를 만족시키니, 저렴한 숙소를 찾는다면 서둘러 예약하는 것이 좋다. 특이하게 도미토리 6인실과 3인실은 요즘 보기 드문 3층 침대를 사용해야 한다. 옥상 야외 테라스에서 그라나다 전경을 볼 수 있고, 전 객실에 무료 와이파이가 제공된다.

Calle del Conde de Tendillas, 7, 18002 Granada ☎ 0958 96 02 59 € 도미토리 6인실 €14~, 도미토리 4인실(여성 전용) €18~, 도미토리 3인실 €20~, 더블룸(공용 욕실) €44~, 더블룸 €50~, 스튜디오(2인) €62~, 1베드룸 아파트먼트(3인) €90~, 1베드룸 아파트먼트(4인) €100~ / 조식 €3 대성당에서 도보 5분 elgranado.com

그라나다 인 백패커스 Granada Inn Backpackers

MAPECODE 27264

친절한 스텝들 때문에 급부상하고 있는 숙소 중 하나이다. 건물 중앙에 뚫려 있는 야외 테라스는 천장이 열렸다 닫혔다 하는 구조로 되어 있다. 오픈한 지 얼마 되지 않았기 때문에 침대, 시트, 화장실, 주방 등이 매우 깨끗하고, 여러 명이 함께 사용하는 도미토리도 답답하지 않고 여유가 있으며, 전 객실에서 무료로 와이파이를 사용할 수 있다.

Calle Padre Alcover, 10, 18005 Granada ☎ 0958 26 62 14 €도미토리 10인실 €15~, 도미토리 8인실 €17~, 디럭스 도미토리 8인실 €20~, 디럭스 도미토리 6인실(여성 전용) €21.20~, 디럭스 더블룸 €60~

/ 조식 포함 시청사에서 도보 4분 / 대성당에서 도보 10분 granadabackpackers.es

오아시스 백패커스 호스텔 그라나다 Oasis Backpackers Hostel Granada

MAPECODE 27265

오아시스 백패커스 호스텔은 그라나다를 포함해서 스페인 안달루시아 지역과 포르투갈에 여러 지점으로 운영하고 있는 체인 호스텔이다. 알바이신 지역 초입에 자리하고 있어서 관광지로 이동하기 좋은 위치를 자랑한다. 전 객실에서 무료 와이파이를 사용할 수 있다.

Placeta del Correo Viejo, 3, 18010 Granada ☎ 0958 21 58 48 €도미토리 10인실 €18~, 도미토리 8인실 €20~, 도미토리 6인실 €21.60~, 2베드룸 아파트먼트(4인) €120~, 더블룸 €56~ / 조식 €3 칼데레리아 누에바 거리에서 도보 1분 / 누에바 광장에서 도보 4분 www.oasisgranada.com/granada-hostel

스위테스 그란 비아 44 Suites Gran Vía 44

MAPECODE 27266

모든 룸이 스위트룸으로 이루어져 있는 호텔이다. 이사벨 라 카톨리카 장 앞으로 길게 뻗어 있는 그란 비아 데 콜론(Gran Vía de Colón) 거리에 자리하고 있으며, 밝고 독특한 디자인의 룸이 인상적이다. 호텔 전 구역에서 무료 와이파이를 사용할 수 있다.

Calle Gran Vía de Colón, 44, 18010 Granada ☎ 0958 20 11 11 스위트룸(2인실) €130~, 스위트룸(3인실) €160~, 스위트룸(4인실) €220~, 슈피리어 스위트룸(2인+어린이 1인) €150~, 슈피리어 스위트룸(2인+어린이 2인) €170~, 2베드룸 스위트(4인) €240~, 2베드룸 스위트(6인) €282~ / 조식 €13.20~ 대성당에서 도보 10분 www.suitesgranviagranada.com

호텔 파라가 시에테 Hotel Párraga Siete

MAPECODE 27267

가격 대비 시설이 좋은 호텔로, 신혼 부부에게도 문제 없을 정도로 깔끔하고 세련된 인테리어를 자랑한다. 주변에는 백화점, 우체국 등이 있고, 관광지 역시 도보로 이동 가능하다. 전 객실에서 무료 와이파이를 사용할 수 있다.

C/Párraga nº 7, 18002 Granada ☎ 0958 26 42 27 더블룸 €70~, 디럭스 더블룸 €75~, 이그제큐티브 더블 룸 €100~, 트리플룸 €130~, 싱글룸 €55~, 디럭스 싱글룸 €60~ 시청사에서 도보 5분 / 대성당에서 도보 7분 www.hotelparragasiete.com

파라도르 데 그라나다 Parador de Granada

MAPECODE 27268

스페인 국영 호텔인 파라도르로, 알암브라 성 내에 위치한 15세기 수도원 건물을 개조해서 운영하고 있다. 석조 아치길, 기둥이 세워진 천장 등 옛 수도원의 모습과 현대적인 미가 더해졌고, 앤틱 가구들이 고급스러운 분위기와 절묘한 조화를 이루고 있다. 파라도르 내의 레스토랑은 그라나다에서도 손꼽히는 고급 레스토랑으로, 안달루시아 지방 특선 요리를 맛볼 수 있다. 이곳에서 알암브라의 정원을 조망할 수 있어, 톨레도 파라도르와 함께 스페인에서 가장 인기 있는 파라도르로 손꼽히는 곳이다.

Calle Real de la Alhambra, s/n, 18009 Granada ☎ 0958 22 14 40 더블룸 €350~ 카를로스 5세 궁전에서 도보 5분 / 알암브라 성 매표소에서 도보 8분 www.parador.es/es/paradores/parador-de-granada

발렌시아

발렌시아 지방

◆ 발렌시아 P.198

발렌시아
Valencia

발렌시아는 마드리드, 바르셀로나에 이어 스페인에서 세 번째로 큰 도시로 발렌시아주의 주도이다. 유럽에서도 고딕 양식의 건물들이 가장 잘 보존되어 있는 도시이지만 늘 마드리드와 바르셀로나의 그늘에 가려져 있다가 발렌시아 출신의 건축가 산티아노 칼라트라바(Santiago Calatrava)가 설계한 대규모의 미래형 예술 과학 단지가 들어서면서 과거, 현재, 미래를 복합적으로 만날 수 있는 관광 산업 도시로 성장했다. 또한 광활한 농경지에서 지중해의 바람을 맞으며 재배된 오렌지와 올리브가 유명하여 세계로 수출되고 자연스럽게 무역 도시로 성장할 수 있는 기회를 제공해 주었다. 뿐만 아니라 스페인을 대표하는 음식인 파에야가 처음 만들어진 도시로, 원조 파에야의 맛을 보기 위해 이곳을 찾는 관광객이 점점 늘어나고 있다. 매년 3월에 열리는 스페인의 3대 축제 중 하나인 불 축제, '라스 파야스(Las Fallas)'도 발렌시아를 대표하는 대규모 행사이다.

저가 항공

유럽의 다른 나라 또는 스페인의 다른 도시에서 이동할 때 가장 편리하게 이동할 수 있는 방법이 저가 항공이다. 이베리아에어와 부엘링, 이지젯 등의 저가 항공을 통해 발렌시아로 갈 수 있다. 유럽 저가 항공 검색 사이트인 스카이 스캐너나 위치 버짓을 통해 항공 스케줄을 확인하고 이용하자.

이베리아에어 www.iberia.com
부엘링 www.vueling.com
이지젯 www.easyjet.com
스카이 스캐너 www.skyscanner.co.kr

나라 / 도시	소요 시간
스페인 세비야	1시간 5분~
스페인 마드리드	1시간 10분~
영국 런던	2시간 15분~

공항에서 시내 가기

발렌시아 공항에서 메트로 3호선 또는 5호선을 타고 사티바(Xàtiva) 역에서 하차하면 발렌시아 북역이다. 발렌시아 구시가에서 가장 가까운 메트로 역이 사티바 역이다.

기차

발렌시아를 오가는 대부분의 기차는 발렌시아 북역(Valencia Estació del Nord)을 이용하는 만큼 발렌시아의 중앙역으로 보면 된다. 바르셀로나는 직행 노선이 하루에 10회 이상 있으며, 마드리드에서는 차마르틴 역에서 출발하는 직행 노선이 1회 있고, 아토차 역에서 발렌시아 호아킨 소로야 역(Joaquin Sorolla)까지 직행하는 노선이 몇 차례 더 있다. 그라나다에서 출발하는 열차는 야간열차로 종착역은 바르셀로나 산츠 역이다. 그라나다에서 야간열차를 이용한다면 도착 시간을 미리 확인하여 알람을 맞춰 두는 것이 좋다.

나라 / 도시	소요 시간
마드리드	2~6시간 (기차 종류와 경유 시간에 따라 큰 차이가 있음)
바르셀로나	3시간 30분~
그라나다(야간열차 - 호텔 트레인)	6시간 40분~

Tip 레일 패스를 사용하여 그라나다 - 발렌시아 구간을 야간열차로 이동한다면 발렌시아에 새벽 4시쯤 도착이라 위험할 수도 있고, 역에서 움직이는 것도 쉽지 않으니 그라나다에서 바르셀로나까지 이동한 후 발렌시아로 되돌아오는 일정을 고려해 보는 것도 나쁘지 않다.

버스

발렌시아 장거리 버스 터미널은 투리아 강을 사이에 두고 식물원(Jardí Botànic)과 마주하는 곳에 위치해 있다. 마드리드, 바르셀로나행 버스도 이곳에서 출발·도착한다.

위치 메트로 1호선 투리아(Túria) 역에서 하차

발렌시아 – 마드리드

아반사(Avanzs) 버스 회사의 버스가 발렌시아 – 마드리드 구간을 하루에 10편 정도 운행, 이동 시간은 약 4시간 15분

아반사 버스 www.avanzabus.com

발렌시아 – 바르셀로나

알사(Alsa) 버스 회사의 버스가 발렌시아 – 바르셀로나(공항, 북역, 산츠 역) 구간을 모두 포함해 하루 12편 정도 운행, 이동 시간은 4시간 이상

알사 버스 www.alsa.es

대중교통

메트로와 버스, 트램을 이용할 수 있다. 공항에서 시내로 갈 때는 메트로를 이용하는 것이 가장 편리하고, 시내에서의 이동은 버스를 이용하는 것이 좋다. 버스 이용 전에 발렌시아 교통국 홈페이지에서 버스 노선도를 확인하는 것도 좋은 방법이다. 대중교통 티켓은 1회권, 10회 공용권으로 사용되고, 발렌시아 카드가 있다면 무료 탑승이 가능하다. EMT 홈페이지로 들어가면 자세한 버스 노선도를 확인할 수 있다.

요금 1회권 €1.50, 10회권 €8 (1시간 내 자유롭게 환승 가능)
발렌시아 교통국(EMT) www.emtvalencia.es

발렌시아 투어리스트 카드 Valencia Tourist Card

박물관, 관광지, 상점과 레스토랑 등의 할인 혜택과 대중교통을 무료로 이용할 수 있는 카드로 24시간, 48시간, 72시간 중 원하는 시간을 선택할 수 있다. 공항이나 시내에 있는 관광 안내소에서 구입 가능하다. 사용한 카드를 반납하면 €0.50를 돌려준다.

요금 24시간 €15, 48시간 €20, 72시간 €25 (홈페이지에서 미리 예약 후 구매하면 10% 할인)
홈페이지 shop.turisvalencia.es

관광 안내소

★ 구시가

GPS 좌표 위도 39.4747770 (39° 28′ 29.20″ N), 경도 −0.3749770 (0° 22′ 29.92″ W) **주소** Plaza de la Reina, 19 , 46002 Valencia **전화** 0963 15 39 31 **위치** 대성당에서 도보 1분 **홈페이지** www.visitvalencia.com

★ 시청 앞

GPS 좌표 위도 39.4694560 (39° 28′ 10.04″ N), 경도 −0.3759674 (0° 22′ 33.48″ W) **주소** Plaza del Ayuntamiento, s/n , 46002 Valencia **전화** 0963 524 908 **위치** 시청 앞 광장, 북역에서 도보 4분 **홈페이지** www.visitvalencia.com

Best Tour 발렌시아 추천 코스
중앙 시장
도보 1분
라 롱하
도보 5분
대성당
도보 7분
국립 도자기 박물관
버스 15분
예술과 과학 단지
* 중앙 시장은 새벽부터 낮 시간까지만 오픈하므로 서둘러 둘러보는 것이 좋다.

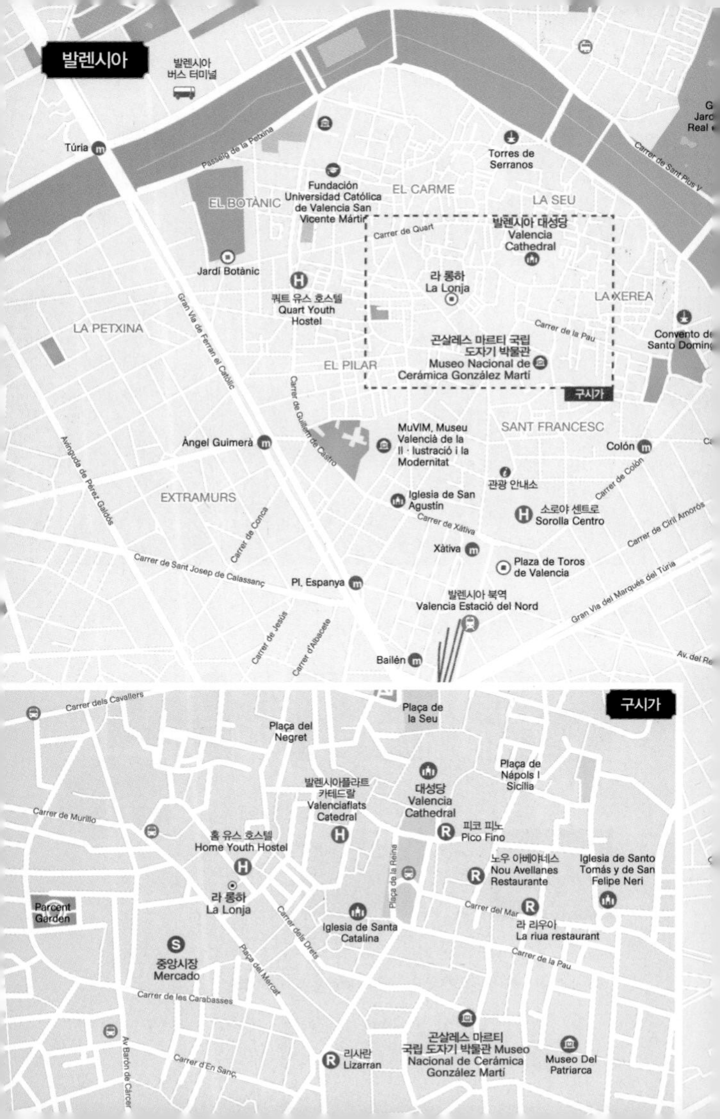
발렌시아
발렌시아 버스 터미널
Túria
Passeig de la Petxina
Fundación Universidad Católica de Valencia San Vicente Mártir
EL CARME
Torres de Serranos
LA SEU
Carrer de Sant Pius V
EL BOTÀNIC
Carrer de Quart
발렌시아 대성당 Valencia Cathedral
Jardí Botànic
라 롱하 La Lonja
쿼트 유스 호스텔 Quart Youth Hostel
LA XEREA
LA PETXINA
Carrer de la Pau
Convento de Santo Doming
곤살레스 마르티 국립 도자기 박물관 Museo Nacional de Cerámica González Martí
EL PILAR
Gran Via de Ferran el Catòlic
구시가
Carrer de Guillem de Castro
SANT FRANCESC
MuVIM, Museu Valencià de la Il · lustració i la Modernitat
Àngel Guimerà
Colón
Avinguda de Pérez Galdós
관광 안내소
Carrer de Colón
EXTRAMURS
Iglesia de San Agustín
소로야 센트로 Sorolla Centro
Carrer de Conca
Carrer de Xàtiva
Carrer de Ciril Amorós
Xàtiva
Carrer de Sant Josep de Calassanç
Plaza de Toros de Valencia
Pl. Espanya
Gran Via del Marquès del Túria
발렌시아 북역 Valencia Estació del Nord
Carrer de Jesús
Carrer d'Albacete
Bailén
Av. del Re
구시가
Carrer dels Cavallers
Plaça de la Seu
Plaça del Negret
Plaça de Nápols I Sicília
발렌시아플라트 카테드랄 Valenciaflats Catedral
대성당 Valencia Cathedral
Carrer de Murillo
피코 피노 Pico Fino
홈 유스 호스텔 Home Youth Hostel
노우 아베야네스 Nou Avellanes Restaurante
Iglesia de Santo Tomás y de San Felipe Neri
Plaça de la Reina
라 롱하 La Lonja
Parcent Garden
Carrer del Mar
라 리우아 La riua restaurant
Carrer dels Drets
Iglesia de Santa Catalina
Carrer de la Pau
Plaça del Mercat
중앙시장 Mercado
Carrer de les Carabasses
곤살레스 마르티 국립 도자기 박물관 Museo Nacional de Cerámica González Martí
Museo Del Patriarca
리사란 Lizarran
Carrer d'En Sanç
Av Barón de Cárcer

JAUME ROIG
Universidad de Valencia
CIUTAT UNIVERSITÀRIA
Facultats
Universidad Politécnica de Valencia
Carrer del Clariano
Carrer de Ramon Llull
EXPOSICIÓ
Av. de Blasco Ibanez
Passeig de l'Albereda
Avinguda d'Aragó
Carrer de Bélgica
Carrer de Polo y Peyrolón
Aragón
MESTALLA
del Túria
Avinguda del Cardenal Benlloch
Carrer de Yecla
Amistat
CIUTAT JARDI
ALBORS
ALGIRÓS
Paseo de la Alameda
Carrer dels Lleons
Carrer de Peris Brell
Ayora
Carrer de les Illes Canàries
CAMÍ FONDO
Av. del Port
Av. de les Balears
UN RIU DE XIQUETS
LA CREU DEL GRAU
Av. de les Balears
Carrer de Menorca
Paseo de la Alameda
PENYA-ROJA
Pont de Monteolivet
레이나 소피아 예술 궁전
Palau de les Arts Reina Sofía
헤미스페리크
Hemisfèric
프린시페 펠리페 과학 박물관
Museo de las Ciencias Principe Felipe
Aqua
Ciudad de las Artes y las Ciencias
Av. Alcalde Gisbert Rico
Av. del Professor Lopez Pinero
Centro Comercial El Saler
Agora
해양관
L 'Oceanogràfic
예술과 과학 단지

발렌시아 대성당 Cathedral

최후의 만찬 때 사용했던 예수님의 성배가 모셔진 곳

이슬람 사원이 있던 자리에 13세기 중반 새롭게 건축을 시작해 시간을 거듭해 증개축되면서 한 성당에 다양한 양식이 복합적으로 섞여 있는 독특한 건축 양식을 엿볼 수 있다. 가장 오래된 곳은 로마네스크 양식으로 지어진 팔라우 문(Puerta del Palau)이며 북쪽의 아포스토레스 문(Puerta del Apóstoles)은 고딕 양식을 하고 있다. 18세기에 만든 주 출입구는 바로크 양식으로 건축되었다.

발렌시아 대성당은 세계 역사 유적으로도 중요한 장소인데, 바티칸에서도 인정한 예수님이 최후의 만찬 때 사용했다는 성배를 보관하고 있기 때문이다. 성배는 성당 안 칼리스 예배당(Capilla del Cáliz) 제단 뒤 화려한 장식의 중앙 유리 보호막 안에 보관되어 있는데, 주황색의 돌잔이 예수님이 최후의 만찬 때 사용했던 성배 부분이고, 나머지 장식은 만들어진 것이라고 전해진다.

Plaça de l'Almoina, s/n, 46003 València 위도 39.4759438 (39° 28′ 33.40″ N), 경도 -0.3752549 (0° 22′ 30.92″ W) 0963 91 81 27 3월20일~10월 월~토 10:00~18:30, 일 · 공휴일 14:00~18:30 / 11월~3월 19일 월~토 10:00~17:30, 일 · 공휴일 14:00~17:30 일반 €7, 학생 €4 / 12세 이하 어린이 무료 입장 북역에서 도보 20분 / 중앙 시장에서 도보 5분 www.catedraldevalencia.es

중앙 시장 Mercado

유럽에서 가장 큰 시장

아르누보 양식의 아름다운 외관을 하고 있는 발렌시아 중앙 시장은 1928년 오픈한 유럽에서도 가장 오래되고 큰 시장이지만 깔끔해 보이는 내부는 100년 가까이 되었다고 믿어지지 않을 정도로 현대적인 느낌이다. 이곳은 지역 특산물 위주로 판매를 하고 있으며, 좋은 품질의 상품들만 취급하기로 유명한 시장이기도 하다. 발렌시가가 오렌지의 유명한 도시인 만큼 발렌시아 오렌지로 바로 짜내는 오렌지 주스는 꼭 맛보길 추천한다.

PLAZA CIUDAD DE BRUJAS, S/N, 46001 VALENCIA 위도 39.4737243 (39° 28′ 25.41″ N), 경도 -0.3782912 (0° 22′ 41.85″ W) 0963 82 91 00 월~토 07:00~15:00 라 롱하 맞은편 / 대성당에서 도보 5분 www.mercadocentralvalencia.es

라 롱하 La Lonja

유네스코 세계 문화유산에 등록된 실크 거래소

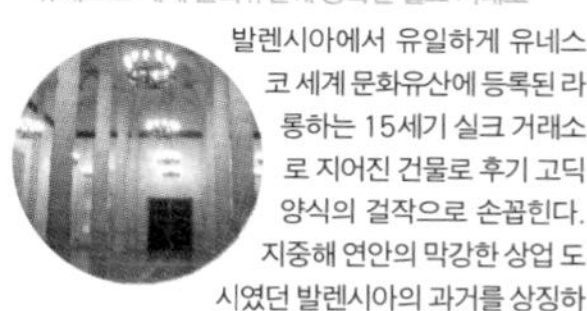

발렌시아에서 유일하게 유네스코 세계 문화유산에 등록된 라 롱하는 15세기 실크 거래소로 지어진 건물로 후기 고딕 양식의 걸작으로 손꼽힌다. 지중해 연안의 막강한 상업 도시였던 발렌시아의 과거를 상징하는 건물이라 할 수 있다. 내부는 홀과 법정, 안뜰의 세 부분으로 나뉘어 있으며, 현재는 콘서트나 전시회 같은 문화 행사가 열리는 장소로 사용되고 있다.

Plaza del Mercado, Valencia 46001 위도 39.4742544 (39° 28′ 27.32″ N), 경도 -0.3785728 (0° 22′ 42.86″ W) ☎ 0962 08 41 53 월~토 10:00~19:00, 일 · 공휴일 10:00~14:00 일반 €2, 학생 · 어린이 €1 / 일 · 공휴일은 무료 입장 중앙 시장 맞은편 / 대성당에서 도보 5분

국립 도자기 박물관 Museo Nacional de Cerámica González Martí

화려한 외관을 자랑하는 도자기 박물관

화려한 외관이 시선을 끄는 이곳은 도스 아구아스(Dos Aguas) 백작의 저택을 복원한 건축물로 국립 도자기 박물관으로 이용되고 있다. 바로크 말기 추리게라 양식으로 만들어졌던 정문 파사드는 19세기에 들어서 로코코 양식으로 복원되어 지금의 화려한 모습을 하게 됐다. 박물관에는 총 5,000점이 넘는 도자기 작품들이 전시되어 있으며, 선사 시대부터 19세기까지의 세계 곳곳의 도자기를 만나 볼 수 있다.

Poeta Querol, 2, 46002 Valencia 위도 39.4727091 (39° 28′ 21.75″ N), 경도 -0.3745564 (0° 22′ 28.40″ W) ☎ 0963 51 63 92 화~토 10:00~14:00, 16:00~20:00 일 10:00~14:00 / 휴무 매주 월요일, 1월 1일, 5월 1일, 12월 24일, 12월 25일, 12월 31일, 발렌시아 지역 공휴일 일반 €3, 학생 €1.50 / 토요일 오후, 국제 박물관의 날, 세계 문화유산의 날, 10월 12일(스페인 국경일), 스페인 헌법의 날 무료 입장 대성당에서 도보 7분 mnceramica.mcu.es

예술과 과학 단지 야경

해양관

레이나 소피아 예술 궁전

MAPECODE 27305

예술과 과학 단지 Ciudad de las Artes y las Ciencias

스페인 최대의 미래형 단지

비가 잘 내리지 않는 발렌시아에 1957년 도시의 대부분이 침수되는 대홍수가 나면서 투리아강의 물줄기를 외부로 빼내기 시작했다. 이후 강바닥이 드러날 정도로 물줄기가 약해졌고, 1991년부터 이곳을 열린 문화 공간으로 만드는 도시 조성 사업을 시작했다. 트루아강 위로 잔디가 깔리고, 시민들이 즐길 수 있는 문화 공간으로 재탄생되었고 강 끝에 스페인이 자랑하는 현대 건축가 중 한 명인 발렌시아 출신의 건축가 산티아고 칼라트라바(Santiago Calatrava)가 설계한 예술과 과학 단지가 건축되었다. 길이 2km, 총 35만m2 규모에 4,400개의 좌석을 보유한 클래식 공연장 '레이나 소피아 예술 궁전(Palau de les Arts Reina Sofía)', IMAX 영화관, 천문관, 레이저쇼를 볼 수 있는 헤미스페리크(Hemisfèric), 과학 박물관인 프린시페 펠리페(Museo de las Ciencias Príncipe Felipe), 해양관(L 'Oceanogràfic) 등이 조성되어 있다. 각각의 건축물이 독특한 아름다움이 있고, 특히 야경이 아름답기로 유명하다. 발렌시아의 대규모 사업으로 진행되었던 미래형 단지인 이곳은 발렌시아를 뛰어넘어 스페인을 대표하는 랜드마크로 부상하고 있다.

Av del Profesor López Piñero, 7, 46013 Valencia 위도 39.4565742 (39° 27′ 23.67″ N), 경도 -0.3553733 (0° 21′ 19.34″ W) ☎ 0902 10 00 31 과학 박물관 일반 €8, 학생 €6.20 해양관 일반 €29.70, 학생 €22.30 북역과 시청사 대로 버스 정류장(시청사 방향)에서 13번이나 35번 버스를 타고 약 25분 후 Institut Obrer de Valencia(par) - Autopista Saler에서 하차 www.cac.es

과학 박물관 Museo de las Ciencias Príncipe Felipe

(1월 8일~3월 28일, 10월 15일~12월 5일, 12월 10~23일) 월~목 10:00~18:00, 금~일 10:00~19:00 / (1월 2~7일, 3월 29일~6월 29일, 9월 10일~10월 14일, 12월 6~9일, 12월 26~30일) 월~일 10:00~19:00 / (6월 30일~9월 9일) 월~일 10:00~21:00

해양관 L 'Oceanogràfic

(1월 2일~3월 23일, 4월 3~7일, 4월 9~27일, 5월 2일~6월 15일, 9월 17일~10월 11일, 10월 14~31일, 11월 4일~12월 5일, 12월 9~23일, 12월 26~30일) 일~금 10:00~18:00, 토 10:00~20:00 / (3월 24~29일, 4월 1~2일, 4월 8일, 4월 28일~5월 1일, 6월 16일~7월 12일, 9월 2~16일, 10월 12~13일, 11월 1~3일, 12월 6~8일) 10:00~20:00 / (7월 13일~9월 1일) 10:00~24:00 / 더 자세한 스케줄은 홈페이지에서 확인

Eating

라 리우아 La riua restaurantz

MAPECODE 27306

현지인들이 즐겨 찾는 파에야 전문 레스토랑으로 약 20가지 종류의 파에야를 선보인다. 도자기가 유명한 발렌시아답게 아기자기한 도자기 접시로 장식한 인테리어가 인상적인 곳이다.

Calle del Mar, 27, 46003 Valencia ☎ 0963 91 45 71 월~토 14:00~16:15, 21:00~23:00 / 휴무 매주 일요일, 월요일 저녁 타임 파에야 발렌시아 €12~ 대성당에서 도보 4분 www.lariua.com

피코 피노 Pico Fino

MAPECODE 27307

스페인 음식과 타파스를 맛볼 수 있는 레스토랑으로 레이나 광장과 대성당 사이에 자리하고 있다. 맛과 서비스 모두 좋아서 젊은이들에게 사랑 받는 핫한 곳이다.

Plaza de la Reina 18, 46003 Valencia ☎ 0963 15 50 20 10:00~24:00 대성당 도보 1분 www.restaurantepicofino.com

노우 아베야네스 Nou Avellanes Restaurante

MAPECODE 27308

모던하고 세련된 분위기의 현대적인 레스토랑으로 다양한 지중해 요리와 새로운 메뉴들을 제공하고 있다. 스테이크와 대구 요리가 유명하며, 주 메뉴는 매일 달라진다.

Calle de Avellanas, 9, 46003 València ☎ 0963 92 51 66 월~토 14:00~15:30, 21:00~23:00 / 휴무 매주 일요일, 월요일 저녁 타임 스테이크 €23~ 대성당에서 도보 3분 nouavellanes.es

리사란 Lizarran

MAPECODE 27309

핀초스(Pinchos) 전문 레스토랑으로 스페인 전역에서 쉽게 만날 수 있는 체인점이다. 핀초스는 타파스의 일종으로 조그만 빵 위에 한 가지 또는 여러 재료를 올린 뒤 이쑤시개로 고정한 작은 먹거리이다. 부담 없이 다양한 핀초스를 즐길 수 있다.

Plaza Del Ayuntamiento, 8, 46002 Valencia ☎ 0960 01 14 12 월~토 09:30~01:00, 일 10:30~21:00 짧은 이쑤시개 €1.50, 긴 이쑤시개 €1.90 북역과 대성당 중간으로 북역과 대성당에서 도보 7분 www.lizarran.es

쿼트 유스 호스텔 Quart Youth Hostel

MAPECODE 27310

청결하고 현대적인 인테리어와 친절한 서비스로 발렌시아에서 가장 인기 있는 호스텔 중 한 곳이다. 주방이 넓어 편하게 사용할 수 있는 장점이 있고, 호스텔 전역에서 무료 와이파이를 사용할 수 있다. 단, 축제 기간에는 4~5박 이상만 예약할 수 있다.

Calle Guillem de Castro, 64, 46001 València ☎ 0963 27 01 01 € 도미토리 6인실 €12~, 도미토리 8인실 · 10인실 €10~, 더블룸(공용 욕실) €40~, 트리플룸(공용 욕실) €45~, 쿼드러플룸(공용 욕실) €60~ / 조식 포함 중앙 시장에서 도보 10분 en.quarthostel.com

홈 유스 호스텔 Home Youth Hostel

MAPECODE 27311

라 롱하와 중앙 시장에 인접해 있는 홈 유스 호스텔은 각 객실마다 개성 있는 아르데코가 인상적이다. 호스텔 전역에서 무료 와이파이를 사용할 수 있으며, 객실의 모든 침대는 1층 침대이다.

Carrer de la Llotja, 4, 46001 València ☎ 0963 91 62 29 € 도미토리 4인실 €14.90~, 도미토리 4인실(여성 전용) €13.90~, 도미토리 3인실 €15.90~, 도미토리 3인실(여성 전용) €13.90~, 트윈룸 €41~ 라 롱하 뒷블록에 위치, 도보 1분 www.homehostelsvalencia.com

발렌시아 플라트 카테드랄 Valenciaflats Catedral

MAPECODE 27312

대성당에서 불과 50m 떨어진 곳에 위치해 있는 현대적인 아파트먼트로 크림색과 그레이색의 컬러 조화로 세련된 분위기를 연출하고 있다.

Tapinería, 15-17, Ciutat Vella, 46001 València ☎ 0961 93 06 72 스튜디오(2인) €105~, 1베드룸(성인 2+어린이 1) €110~, 1베드룸(성인 3) €125~, 2베드룸(4인) €150~, 2베드룸(6인) €160~ 대성당에서 도보 2분 www.valenciaflats.com

소로야 센트로 Sorolla Centro

MAPECODE 27313

발렌시아 중앙 기차역인 북역의 맞은편에 자리하고 있는 호텔로 현대적인 인테리어와 다른 비즈니스 호텔보다 넓은 객실을 보유하고 있다. 호텔에서 자전거 대여가 가능하며, 호텔 전 객실에서 무료 와이파이를 사용할 수 있다.

Convento Santa Clara, 5, 46002 Valencia ☎ 0963 52 33 92 싱글룸 €88~, 더블룸 €99~, 트리플룸 €132~ / 조식 1박당 €9.90 북역에서 도보 3분 www.hotelsorolla.com

피게레스
히로나
몬세라트
바르셀로나

카탈루냐 지방

바르셀로나
Barcelona

바르셀로나는 이베리아 반도의 북동쪽에 위치한 카탈루냐 지방의 중심 도시로서, 스페인 제2의 도시인 동시에 최대의 산업 도시이다. 지중해 연안에 위치한 항구 도시로 여름에는 덥고 건조하며 겨울에는 따뜻한 전형적인 지중해성 기후를 나타낸다. 기원전 3세기에 바르셀로나를 지배한 카르타고는 이 지역을 '바르카 가문의 거리'라는

뜻의 '바르시노'라고 명명했는데, 이것이 바르셀로나라는 이름의 기원이다. 바르셀로나 시내 곳곳에 남아 있는 천재 건축가 가우디의 작품은 바르셀로나가 자랑하는 문화유산이자 중요한 관광 자원이며, 세계 최고의 축구 클럽인 FC 바르셀로나 또한 바르셀로나의 자부심이다. 바르셀로나는 1992년 제25회 하계 올림픽을 개최했으며, 황영조 선수가 마라톤에서 금메달을 딴 인연이 있다.

인천 공항에서 바르셀로나 엘 프라트 공항까지 직항편이 운항되며, 런던, 파리나 로마 등 유럽 주요 도시를 경유하여 바르셀로나로 가는 항공편도 있다. 경유지와 경유 횟수, 경유지 대기 시간 등을 잘 고려하여 체력적으로 무리가 되지 않도록 선택한다.

항공

우리나라에서 바르셀로나 엘 프라트 공항(Barcelona El Prat Airport)까지 대한 항공은 매주 월요일, 수요일, 금요일, 토요일 주 4회 운항하며, 아시아나 항공은 화요일, 목요일, 토요일, 일요일로 주 4회 운항한다. 또한 유럽 도시들로 경유하는 유럽 국가들의 자국 항공들을 통해 바르셀로나에 들어올 수 있다. 바르셀로나 공항은 바르셀로나 시내에서 약 10km 떨어진 곳에 위치해 있으며, 제1 터미널과 제2 터미널로 나뉘어 있는데 각 항공사별로 이용하는 터미널이 다르므로 항공권 예매 시 어느 터미널을 이용하는지 미리 알고 있어야 한다.

바르셀로나 엘 프라트 공항 www.barcelona-airport.com

공항에서 시내 가기

공항버스 Aerobus

시내까지 이동하는 방법 중 가장 편한 방법은 아에로부스라 불리는 공항버스를 이용하는 것인데, 아에로부스는 제1터미널에서 시내로 연결되는 A1 버스와 제2터미널에서 시내로 연결되는 A2 버스가 있으므로 해당하는 터미널이 어디인지 미리 확인해 두어야 한다. 제1터미널과 제2터미널 사이에 무료 셔틀버스가 운행 중이기 때문에 버스를 잘못 탔더라도 걱정할 필요는 없다. 두 버스 모두 터미널만 다를 뿐 시내로 들어오는 코스는 같으며, 스페인 광장을 지나 종점인 카탈루냐 광장 엘 코르테 잉글레스 백화점(El Corte Ingles) 앞까지 약 35분 정도 소요된다. (배차 간격 약 5~20분)

요금 아에로부스 공항에서 시내까지 편도 €5.90~ / 왕복 €10.20~ (구입한 날부터 9일까지 사용 가능함)

렌페 Renfe

바르셀로나 공항에서 스페인 국철 렌페를 타고 바르셀로나 시내로 들어가는 방법은 제2터미널에 있는 공항역(Aeroport)에서 렌페(R2)를 타고 산츠 역(Sants Estació)까지 이동한 다음, 시내 교통으로 목적지까지 이동하면 된다.

요금 공항에서 산츠 역까지 편도 €4.10 / T-10 사용 가능

지하철

2016년 2월 새롭게 개통된 9호선(South-L9S)이 연결되면서 시내로 들어오는 방법이 다양해졌다. 다만, 지하철이지만 10회권(T-10)은 사용할 수 없기 때문에 티켓을 따로 구입해야 한다. 지하철로 환승은 가능하나 버스로 환승은 불가능하다.

요금 편도 €4.60

저가 항공

주요 도시들에서 바르셀로나로 들어오는 저가 항공사는 이베리아에어와 부엘링 등이 있으며 저가 항공 스케줄은 유럽 저가 항공 검색 사이트인 '스카이스캐너', '위치버짓'에서 검색해 보자.

이베리아에어 www.iberia.com 부엘링 www.vueling.com 스카이스캐너 www.skyscanner.co.kr 위치버짓 www.whichbudget.com

나라 / 도시	소요 시간
스페인 마드리드	1시간 15분 ~
스페인 그라나다	1시간 25분 ~
스페인 세비야	1시간 35분 ~
이탈리아 로마	1시간 40분 ~
프랑스 파리	1시간 50분 ~
영국 런던	2시간 10분 ~
체코 프라하	2시간 20분 ~

기차

바르셀로나에서는 철도나 버스보다 저가 항공을 많이 이용하게 되지만 기차를 타고 이동한다면 대부분 산츠 역을 이용한다. 스페인 남부와 다른 유럽 도시에서 바르셀로나로 들어오는 기차는 대부분 야간열차로, 국제선은 직행편도 많지 않다. 2013년 12월부터 프랑스 파리 리옹 역에서 바르셀로나 산츠 역까지 TGV가 개통되어 바르셀로나로 들어가는 길이 조금은 편리해졌다. 기차 종류는 초고속 열차인 아베(AVE), 고속 열차 탈고(Talgo), 스페인 국철 렌페(Renfe), 민간 철도 페베(Feve) 등으로 나뉜다. 초고속 열차인 아베의 경우에는 반드시 미리 좌석 예약을 해야 하며, 유레일 패스를 소지하였더라도 추가 비용을 부담해야 한다.

렌페(기차 예약) www.renfe.com

나라 / 도시	소요 시간	기차 종류
스페인 마드리드 (아토차 역)	2시간 30분~	AVE
스페인 발렌시아	3시간 15분~	Talgo
스페인 그라나다	11시간 10분~ (야간열차)	Hotel Train (HOT)
프랑스 파리	6시간 20분~	TGV

버스

스페인 여행에서 기차보다 많이 이용하게 되는 것이 바로 장거리 버스이다. 산이 많은 스페인의 특성상 기차가 갈 수 없는 지역까지 버스는 다양한 노선을 확보하고 있다. 특히 각 지방에서 도시에서 도시로 이동할 때는 기차보다 버스가 이동 시간도 짧고 가격도 저렴하기 때문에, 스페인에서 여행을 할 때는 기차보다 버스로 이동하는 경우가 많을 수밖에 없다. 바르셀로나로 오는 버스는 대부분 북부 터미널(Estació del Nord)로 들어온다. 버스 회사별로 티켓 창구가 다르니, 버스 티켓을 구입할 때는 티켓 창구에 목적지 이름이 있는지 미리 확인하고 줄을 서자. 티켓은 자동 발매기에서도 구입할 수 있다.

알사(ALSA) 버스 예약 사이트 www.alsa.es

바르셀로나 북부 터미널

위치 메트로 1호선 Arc de Triomf 역에서 하차, 도보 3분 / 버스 54번 Estació del Nord에서 하차, 도보 2분 / 버스 40, 42, 141번 Almogàvers-Marina에서 하차, 도보 3분

바르셀로나 대중교통으로는 메트로(Metro)와 버스(Autobús), 트램(TRAM), 푸니쿨라(Funicular)가 있으며, 1회권, 10회권, 1일권 등 다양한 종류의 티켓이 있다. 1회권은 교통수단마다 티켓 종류가 다르지만 가격은 같다.

지하철

메트로는 여행자들에게 가장 편리한 교통수단으로, 우리나라의 지하철과 비슷한 시스템으로 운영되어 큰 어려움 없이 이용할 수 있다. 티켓 중 10회권은 인원 수에 상관 없이 한 장으로 10회 이용이 가능한 티켓으로, 일정이 짧고 일행이 있는 여행객에게 매우 유용하다. 티켓은 반드시 펀칭기에 펀칭을 해야 하며, 펀칭한 시간부터 75분 동안 환승이 가능하다. 티켓은 메트로 역내 창구 또는 자동 발매기나 관광 안내소 등에서 구입할 수 있다.

요금(메트로, 버스, 트램 통합 티켓) 1회권(Single Ticket) €2.20 / 10회권(T-10) €10.20 / 1일권(T-Dia) €8.60 (이상 A존 기준)
바르셀로나 교통국 www.tmb.cat

바르셀로나 카드

바르셀로나 카드는 바르셀로나에 있는 미술관, 박물관, 아쿠아리움, 레스토랑, 카지노, 테마파크 등에서 무료 입장 또는 할인 혜택을 받을 수 있고, 대중교통을 무제한으로 이용할 수 있는 카드이다. 시티 투어 버스와 통합된 카드도 있으니 자신에게 맞는 카드를 선택하면 된다. 바르셀로나 카드와 바르셀로나 트래블 카드는 서로 다른 종류의 카드인데, 바르셀로나 트래블 카드는 해당하는 날만큼 교통권으로만 사용할 수 있는 카드이다. 바르셀로나 카드는 3일, 4일, 5일권으로 판매되고 있으며, 관광 안내소에서 구입할 수 있고, 온라인으로 구입할 경우 10% 할인 받을 수 있다.

요금 3일권 €45, 4일권 €55, 5일권 €60
바르셀로나 카드 온라인 구입 사이트 bcnshop.barcelonaturisme.com

아르티켓 Articket

바르셀로나에 있는 6개의 박물관 통합 티켓으로 현대 문화 센터(CCCB), 현대 미술관(MACBA), 안토니 타피에스 미술관(Fundació Antoni Tàpies), 호안 미로 미술관(Fundació Joan Miró), 카탈루냐 미술관(MNAC), 피카소 미술관(Museu Picasso) 등을 3개월 동안 1회씩 사용할 수 있다. 2013년부터 카사밀라는 아르티켓 입장에서 제외됐다. 아르티켓은 해당 미술관에서 구입할 수 있으며, 온라인으로 구입하면 5% 할인 받을 수 있다.

요금 €30
아르티켓 온라인 구입 사이트 bcnshop.barcelonaturisme.com

바르셀로나 투어 버스

바르셀로나의 일정이 길지 않거나 대중교통을 타는 번거로움이 싫다면 2층 버스인 바르셀로나 투어 버스를 이용하는 것도 좋은 방법이 될 수 있다. 시내 주요 관광지 26군데(겨울철엔 줄어듬)를 순환하는 버스로 티켓은 1일권과 2일권으로 판매하고 있다. 빨간 버스인 바르셀로나 시티 투어(Barcelona City Tour)와 눈 이미지가 그려진 바르셀로나 버스 투리스틱(Barcelona Bus Turístic) 두 개의 시티 버스 회사가 있으니 코스를 비교해 보고 자신에게 맞는 버스 회사를 선택한다. 티켓은 랜드마크 곳곳에서 판매하고 있으며, 메인 티켓 판매소와 메인 버스 탑승 정류장은 두 회사 모두 카탈루냐 광장에 위치해 있다. 투어 버스를 이용하면 입장료 할인을 받을 수 있는 할인북을 제공한다.

요금 1일권 €30, 2일권 €40 (온라인 구매 시 10% 할인)
홈페이지 www.barcelonacitytour.com
www.barcelonabusturistic.cat

관광 안내소

★카탈루냐 광장

주소 Plaça de Catalunya, 16, 08002 Barcelona
전화 0932 85 38 34
오픈 09:30~21:30 / 12월 26일, 1월 6일 09:00~15:00
휴무 1월 1일, 12월 25일
위치 카탈루냐 광장(Plaça de Catalunya)
홈페이지 www.barcelonaturisme.com

★산 하우메 광장

주소 Carrer de la Ciutat, 2, 08002 Barcelona
오픈 월~금 08:30~2:00, 토 09:00~19:00, 일 · 공휴일 09:00~14:00 / 12월 26일, 1월 6일 09:00~14:00
휴무 1월 1일, 12월 25일
위치 산 하우메 광장(Plaça Sant Jaume) 시청사 1층
홈페이지 www.barcelonaturisme.com

바르셀로나 지하철 노선도

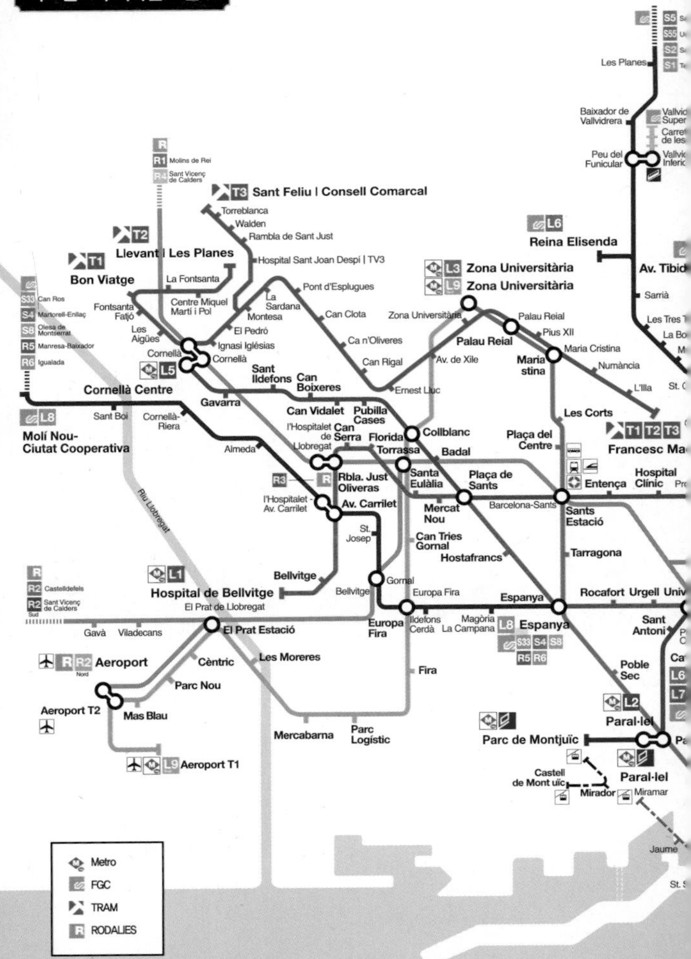

R4 Manresa
R7 Cerdanyola Universitat
L11
Can Cuiàs
R3 Vic
Ciutat Meridiana
L5
d'Hebron
Val
Montbau
Mundet
Valldaura
Canyelles
Roquetes
Torre Baró Vallbona
Torre Baró
Casa de l'Aigua
R2 Granollers Centre
R2 Sant Celoni
R2 Nord Maçanet Massanes
El Coll La Teixonera
Penitents
Horta
L3 Trinitat Nova
L4 Trinitat Nova
Trinitat Nova
L11
L9 Can Zam
Via Júlia
El Carmel
Vilapicina
Vallcarca
Llucmajor
Trinitat Vella
Torras i Bages
Baró de Viver
Lesseps
Sant Andreu
Singuerlín
Virrei Amat
Sant Andreu Arenal
Sant Andreu Comtal
Santa Coloma
Alfons X
R7
Maragall
Fabra i Puig
Santa Rosa
Església Major
Guinardó Hospital de Sant Pau
Riu Besòs
Fondo
L1 Fondo
Congrés
Joanic
L9
Sant Pau Dos de Maig
La Sagrera Meridiana
La Sagrera
Bon Pastor
Can Peixauet
Camp de l'Arpa
La Sagrera
L10 La Sagrera
Onze de Setembre
Llefià
Verdaguer
Sagrada Família
Navas
Artigues Sant Adrià
La Salut
Encants
Clot
La Pau
Verneda
El Clot-Aragó
Bac de Roda
St. Martí
L4 La Pau
L2
L10
Monumental
Tetuan
La Farinera
Can Jaumandreu
St. Martí de Provençals
Sant Roc
Gorg
Gorg
Badalona Pompeu Fabra
Passeig de Gràcia
Glòries
Besòs
Ca l'Aranyó
Espronceda
Besòs
Encants de Sant Adrià
Sant Roc
Pep Ventura
T5 T6 Glòries
Alfons
Parc del Besòs
T5 Gorg
Arc de Triomf
Pere IV
El Magnànim
Sant Joan Baptista
Besòs Mar
La Catalana
Auditori Teatre Nacional
Urquinaona
Fluvià
Selva de Mar
La Mina
Arc de Triomf
Marina
Marina
Selva de Mar
El Maresme
T4 T6
Estació de Sant Adrià
Wellington
Poblenou
El Maresme Fòrum
Can Llima
Jaume I
Fòrum
Sant Adrià de Besòs
Bogatell
Llacuna
Central Tèrmica del Besòs
Montgat Nord
R1 Maçanet Massanes
Ciutadella Vila Olímpica
T4 Ciutadella | Vila Olímpica
Badalona
Montgat
R2 Estació de França

tmb : www.tmb.cat

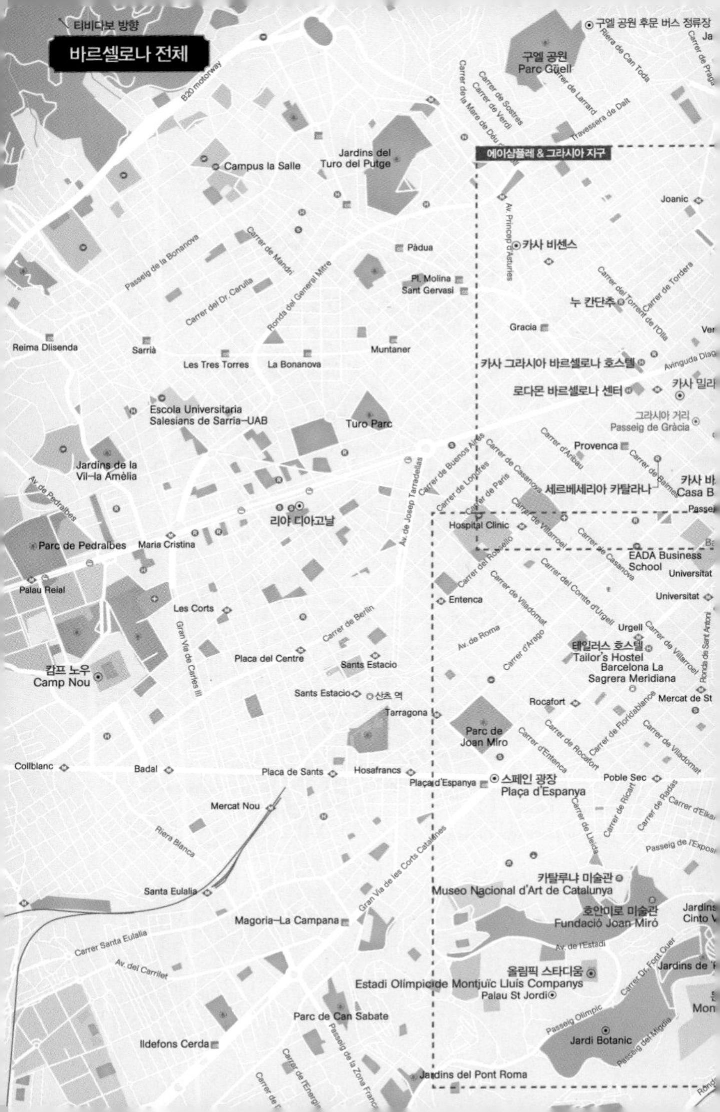

티비다보 방향
바르셀로나 전체
B20 motorway
구엘 공원 후문 버스 정류장
구엘 공원
Parc Güell
Riera de Can Toda
Carrer de Larrard
Travessera de Dalt
Carrer de Sostres
Carrer de Verdi
Carrer de la Mare de Déu
에이샴플레 & 그라시아 지구
Campus la Salle
Jardins del
Turo del Putge
Joanic
Av. Princep d'Asturies
카사 비센스
Pàdua
Passeig de la Bonanova
Carrer de Mandri
Ronda del General Mitre
Carrer del Dr. Carulla
Pl. Molina
Sant Gervasi
누 칸단추
Carrer del Torrent de l'Olla
Carrer de Tordera
Gracia
Reima Dlisenda
Sarrià
Les Tres Torres
La Bonanova
Muntaner
카사 그라시아 바르셀로나 호스텔
Avinguda Diag
로다몬 바르셀로나 센터
카사 밀라
그라시아 거리
Passeig de Gràcia
Escola Universitaria
Salesians de Sarria–UAB
Turo Parc
Provenca
Carrer d'Aribau
Carrer de Balmes
Jardins de la
Vil–la Amèlia
Av. de Pedralbes
Carrer de Buenos Aires
Carrer de Londres
Carrer de Paris
Carrer de Casanova
세르베세리아 카탈라나
카사 바
Casa B
Av. de Josep Tarradellas
리아 디아고날
Hospital Clinic
Carrer de Villarroel
Parc de Pedralbes
Maria Cristina
Carrer del Rossello
Carrer de Casanova
EADA Business
School
Universitat
Palau Reial
Les Corts
Entenca
Carrer de Viladomat
Carrer del Comte d'Urgell
Universitat
Gran Via de Carles III
Carrer de Berlin
Av. de Roma
Urgell
Carrer de Villarroel
캄프 노우
Camp Nou
Placa del Centre
Sants Estacio
Carrer d'Arago
테일러스 호스텔
Tailor's Hostel
Barcelona La
Sagrera Meridiana
Ronda de Sant Antoni
Sants Estacio
산츠 역
Rocafort
Mercat de St
Tarragona
Carrer de Floridablanca
Parc de
Joan Miro
Carrer de Rocafort
Carrer d'Entenca
Carrer de Viladomat
Collblanc
Badal
Placa de Sants
Hosafrancs
Plaça d'Espanya
스페인 광장
Plaça d'Espanya
Poble Sec
Carrer de Ricart
Carrer de Radas
Carrer d'Elkan
Mercat Nou
Carrer de Lleida
Riera Blanca
Gran Via de les Corts Catalanes
Passeig de l'Exposi
카탈루냐 미술관
Museo Nacional d'Art de Catalunya
Santa Eulalia
호안미로 미술관
Fundació Joan Miró
Jardins
Cinto V
Magoria–La Campana
Av. de l'Estadi
Carrer Santa Eulalia
Av. del Carrilet
Jardins de
Carrer Dr. Font Quer
올림픽 스타디움
Estadi Olímpic de Montjuïc Lluís Companys
Palau St Jordi
Mon
Passeig Olímpic
Parc de Can Sabate
Passeig de la Zona Franca
Jardi Botanic
Passeig del Migdia
Ildefons Cerda
Carrer de l'Energia
Jardins del Pont Roma

Camp de l'Arpa
산트 파우 병원
Hospital de St Pau
구엘 공원행
버스 정류장(92번)
Sant Pau/Dos de Maig
Bac de Roda
Besos Mar
El Maresme I Forum
Jardins del Clot de la Mel
Clot
Clot
Barcelona-Clot-Arago
Parc del Centre
del Poblenou
Selva de Mar
Carrer de Padilla
Carrer de Lepant
Carrer de la Marina
Carrer de Mallorca
Carrer de Valencia
Carrer d'Arago
Avinguda Diagonal
UPF-Communication
Campus-Poblenou
Poblenou
Jardins de Josep Trueta
토레 아그바르
Glories
엔칸츠 시장
Llacuna
Passeig de Calvell
Cementiri de l'Est
Ronda Litoral
Girona
Tetuan
Marina
Bogatell
Carrer de Casp
북부 버스 터미널
Arc de Triomf
Barcelona-
Arc de Triomf
개선문
카사 칼베트
Passeig de Pujades
Barcelona Graduate
School of Economics
Ronda Litoral
카탈라냐 음악당
동물학 박물관
시우타데야 공원
문디알 바르
바르셀로나 대성당
피카소 미술관
왕의 광장
Barcelona-Estacio
de Franca
람블라스 거리
플라트하 카 라 누리
산 하우메 광장
바르셀로네타
BARCELONETA
Carrer d'Avinyo
Carrer Ample
Carrer de Sevilla
Carrer del Mar
구엘 저택
Museu de
Cera
Passeig de Colom
포트 벨
Drassanes
바르셀로나
수족관
Marina Port Vell
Jardins de les
Tres Xemeneies
Torre St. Sebastia
Cable Cars
고딕 & 보른 지구
del Mirador
Poble Sec
Moll de Sant Bertran
del Mirador
Moll de Ponent
Moll de la Costa
del Contradic

에이샴플레 & 그라시아 지구

Placa de la Torre
Carrer de Betlem
Carrer del Torrent de l'Olla
Kibuka
Carrer de l'Or
Carrer del Torrent d'En Vidalet
Gran De Gracia
Cercle Catolic de Gracis
카사 비센스
Casa Vicens
Av. Princep d'Asturies
Carrer de la Perla
Teatreneu
Carrer de Guillem Tell
Fontana
Carrer Gran de Gràcia
Carrer de Sant Joaquim
Carrer de Pere Serafi
Travessera de Gràcia
Carrer de Puigmarti
Carrer de Siracusa
Bosque Multicines
누 칸단추
Nou Candanchu
Via Augusta
시계탑 광장
Carrer de Torrent de l'Olla
Carrer de Martinez de la Rosa
Carrer de Mozart
La Pubilla
Carrer d'Alfons XII
Gracia
Carrer de Regás
Carrer de Balmes
Placeta de Sant Miquel
Casa Fuster
Llibreria
촌타두로
Chontaduro
카사 그라시아 바르셀로나 호스텔
Casa Gracia Barcelona Hostel
Regina Young Theater
Via Augusta
Travessera de Gràcia
Cambra Oficial de Comerç
Diagonal
Acinguda Diagonal
Carrer de Moia
로다몬 바르셀로나 센터
Rodamon Barcelona Centre
Diagonal
Cash Converters S.L.
Carrer de Muntaner
The Mirror Barcelcna
Carrer de Casanova
Carrer d'Aribau
Provença
세르베세리아 카탈라나
Cerveceria Catalana
Balthazar
Carrer d'Enric Granados
Carrer de Paris
Hostalet Barcelona SCP
Hostal Lleida
Carrer de Balmes
세인트 조르디 호스텔 락 팔라스
Sant Jordi Hostel Rock Palace

Claror Sardenya
(CEM Claror)
라 파라데타
La Paradeta
Plaça de Gaudi
Sagrada Familia
사그라다 파밀리아 성당
Temple Expiatori de
la Sagrada Família
La Cupula
Carrer de Sant Antoni Maria Claret
Carrer de la Indústria
Carrer de Nàpols
Carrer de Còrsega
Passatge d'Alió
Eric V 호텔
Eric Vokel BCN Suties
Plaça de la
Sagrada Familia
Carrer de Mallorca
Carrer de Sardenya
Verdi
Passeig de St Joan
Carrer de Nàpols
Carrer de Roger de Flor
Hostal Hostemplo
Carrer de Còrsega
Carrer del Rosselló
Verdaguer
Potala Restaurant
Verdaguer
Acinguda Diagonal
Carrer de València
Carrer d'Aragó
a Córcega Hotel
ante Córcega
사 데 레스 푼세스
Skating
Passeig de St Joan
Carrer d'Aragó
Restaurante
parrilla Alfonsina
Fundacio Jaume Bofill
Carrer de Girona
era
Carrer de Roger de Llúria
Carrer del Bruc
Carrer de la Diputació
Rodizio Gril
Pua Claris
Plaça de Tetuan
Carrer de València
Carrer d'Aragó
Girona
Tetuan
The Praktik
Jardines Jaume Perich
Carrer d'Aragó
Carrer del Consell de Cent
아파트먼츠 식스티포
Apartment Sixtyfour
Passeig
e Gracia
카사 바트요
Casa Batllo
술관
Mandarin Oriental,
Barcelona
Carrer de Roger de Llúria
Carrer de Girona
카사 아마트예르
카사 예오모레라
그라시아 거리
Passeig de Gracia
Carrer de Pau Claris
Carrer del Bruc
Intermón
카사 칼베트
Casa Calvet
그란비아 호텔
Granvia
엘 코르테 잉글레스 백화점
El Corte Ingles
애플 매장
Catalunya
카탈라냐 음악당

라발 몬주익 지구
Turó parc
Casa Milà
Diagonal
Passeig de Gràcia
Museu Egipci de Barcelona
Girona
Tetuan
Carrer de Còrsega
Carrer de Londres
Avinguda de Josep Tarradellas
Carrer de París
Hospital Clínic
Carrer de Villarroel
Carrer del Rosselló
Carrer de Provença
Carrer de Mallorca
Carrer de València
Carrer de Pau Claris
Calle Roger de Llúria
Passeig de Gràcia
Teatro Tívoli
Urquinaona
Coliseum
Plaça de Catalunya
Universitat
Cathedral of Barcelona
Entença
Ronda de Sant Antoni
Goya
호텔 카사 캄페르
까르푸
현대미술관 MACBA
그란하 에메. 비아데르
라 치나타
보케리아 시장
Liceu
Sants Estació
Urgell
Undefined
Carrer de Viladomat
Carrer de Calàbria
Sant Antoni
호텔 바르셀로 라발 360° 테라스
호텔 에스파냐
Parc de Joan Miró
Rocafort
Carrer del Comte Borrell
Ronda de Sant Pau
Carrer de les Carretes
Carrer de la Reina Amàlia
람블라 데 라발 Rambla de Raval
구엘 저택 Güell Palace
Museo de Cera
Tarragona
라스 아레나스
Carrer d'Entença
Carrer de Rocafort
Maritime Museum
Hostafrancs
N-340
스페인 광장
Av. del Para lel
Poble Sec
퀴멧&퀴멧
Fira de Barcelona
Carrer de Lleida
Carrer de Radas
Carrer de Margarit
Carrer de Salvà
Maritime Museum
Av. de Rius i Taulet
Carrer de la França Xica
Mirador del Poble Sec
CaixaForum
분수쇼
미라 마르 전망대
바르셀로네타 케이블카 타는 곳
El Pabellón de Barcelona
호안미로 미술관 Joan Miró Foundation
Av. de Francesc Ferrer i Guàrdia
Av. Miramar
스페인 마을 Poble Espanyol
카탈루냐 미술관
Jardins de Laribal
푸니쿨라&케이블카 타는 곳
Carrer dels Tarongers
Jardins de Joan Brossa
Jardins Mossèn Costa i Llobera
황영조 기념비
Jardins de Mossèn Cinto Verdaguer
올림픽 스타디움
Piscines Bernat Picornell
Estadi Olímpic Lluís Companys
Carrer de Can Valero
몬주익성 Montjuïc Castle
Palau Sant Jordi
Passeig Olímpic
Jardí Botànic de Barcelona
Passeig del Migdia
Ronda Litoral
Cementerio de Montjuïc
Carrer de l'Oest
Carrer de la Mare de Déu de Po
13
14
13
13

고딕 & 보른 지구
Hotel Denit Barcelona
공항버스승차장
카탈루냐 광장
관광 안내소
부티크 호텔 H10 카탈루냐 플라자
Boutique Hotel H10 Catalunya Plaza
Cataluna 호텔
Hotel CATALUNYA
Club Capitol
Carrer Comtal
엉헬 거리
Portal de l'Àngel
L'Ateneu Barcelonès
카사 캄페르
CASA CAMPER
람블라스 거리
La Rambla
Palau Moja
Carrer del Pintor Fortuny
Carrer del Carme
보케리아 시장
La Boqueria
Liceu
Teatre Romea
Carrer de l'Hospital
호텔 에스파냐
Rambla del Raval
Carrer de Sant Pau
Be Mar Hostel
Jardins de Sant Pau del Camp
Paral-lel
Musica Catalana
L'Antic Teatre
산타 카테리나 시장
Mercat de Santa Caterina
Placa del Vuit de Març
Carrer del Duc
Museu Frederic Marès
바르셀로나 대성당
Cathedral
Placa de Garriga i Bachs
Carrer del Pi
츄레리아
Apartamentos Ciutat Vella
Carrer de la Boqueria
La Rambla
레이알 광장
Placa Reial
구엘 저택
Guell Palace
Pension Picasso
Placeta d'Anna Muria
Arts Santa Monica
Placa de Pere Coromines
Av. de les Drassanes
Drassanes
Carrer de l'Om
해양 박물관
Maritime Museum
Jardins de les Tres Xemeneies
Jardins del Baluard
Placa de les Drassanes
문디알 바르
Mundial Bar
Placa de Joan Capri
Via Laietana
피카소 미술관
Picasso Museum
왕의 광장
Placa del Rei
Jaume I
Equity Point Gothic
Carrer de l'Argenteria
관광 안내소
산 하우메 광장
Plaça de Sant Jaume
암미라티
Ammirati
Carrer d'Avinyó
Carrer dels Escudellers
콜럼버스의 탑
Museu de Cera
Ronda Litoral
Castell dels Tres Dragons
Carrer del Comerç
Carrer del Rec
라 세카 카페
호프만 빵집
Hofmann Pastisseria
보른 시장
라 파라데타
La Paradeta
Passeig de Picasso
칼 펩
Cal PEP
산타마리아 델 마르 성당
Plaça de Victor Balaguer
리시토라토리 나티
중앙우체국
보 데 비
Bò de B
Carrer d'Ataulf
Carrer d'En Gignàs
Carrer Ample
Carrer de la Mercè
La Gamba de Mariscal
Passeig de Colom
Moll de Bosch i Alsina
Darsena Nacional
7 Portes
Barceloneta
Palau de Mar
세르베세리아 엘 바소 데 오로
Cerveceria el Vaso de oro
Placa Pau Vila
Museu D'Historia De Catalunya
Carrer de l'Ictíneo
Moll d'Espanya
바르셀로나 수족관
l'Aquarium de Barcelona
Royal Barcelona Maritime Club
Placa de l'Odissea
바다의 람블라
Rambla del Mar
포트 벨
Port Vell
마레마그넘
Maremagnum
Moll de Balears
Prac de Citadella
동물원
Barcelona Zoo
Barcelona-Estacio de Franca
Passeig de Circumballació
Ronda Litoral
Parc de les Cascades
빌라올림피카
PRBB Parc de Recerca Biomedica de Barcelona
Placa de Charles Darwin
Residencia Campus Del Mar
Carrer del Gas
Parc de la Barceloneta
플라트하 카 라 누리
PLATJA Ca La Nuri
Passeig Maritim Barceloneta
Passeig de Salvat Papasseit
Carrer de Balboa
Carrer de Ginebra
Carrer de la Maquinista
바르셀로네타
BARCELONETA
Espigo del Gas
Parish of Sant Miquel del Port
Moll de la Barceloneta
Somorrostro
Carrer de l'Almirall Cervera
엘 레이 데 라 감바
El Rey de la Gamba
Carrer l'Almirall Aixada
Pla de Miquel Tarradell
Placa del Mar

바르셀로나 추천 코스

몬주익 지구를 제외한 나머지 지구는 대부분 도보로 이동이 가능한 구역이다. 단, 바르셀로나는 랜드마크가 워낙 많기 때문에 적절히 버스와 지하철로 이동하는 것도 현명한 방법일 수 있다. 대중교통으로 이동 시 잠시 쉴 수 있는 시간이 허락되기 때문에 너무 걷기만 하는 것도 좋은 방법이 아닐 수 있다.

1일

카사 밀라 → 도보 3분 → 카사 바트요 → 도보 10분 → 카탈루냐 광장 → 도보 1분 → 람블라스 거리 (보케리아 시장, 미로 광장, 레이알 광장, 구엘 저택) → 도보 4분 → 라발 지구 (람블라 데 라발, 현대 미술관)

2일

산 하우메 광장 → 도보 4분 → 왕의 광장 → 도보 2분 → 대성당 → 도보 10분 → 보른 지구 (피카소 미술관, 산타 마리아 성당) → 도보 5분 → 바르셀로네타·빌라 올림피카 → 도보 5분 → 시우타데야 공원·개선문

3일

사그라다 파밀리아 성당

도보 15분

산트 파우 병원

버스 92번, 20분

구엘 공원

버스 24번, 40분

카탈라냐 음악당

카탈루냐 광장에서 셔틀버스(30분) 또는 FGC L7(50분)

티비다보 야경

4일

콜로니아 구엘 성당

FGC S4, S8, S33 에스파냐 역 25분

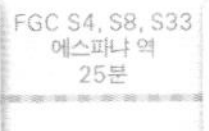

스페인 광장 몬주익 언덕

메트로 L3, 10분

캄프 노우

람블라스 거리

카탈루냐 광장과 람블라스 거리 주변

Plaça de Catalunya & La Rambla

◆ 바르셀로나 여행에서 가장 처음 만나게 되는 곳이 바로 카탈루냐 광장이다. 이곳은 에이샴플라 지구, 고딕 지구, 라발 지구 등 어디든 연결되기 때문에 여행의 시작이 되는 곳이다. 바르셀로나에서 가장 활기가 넘치는 람블라스 거리를 따라 내려가다 보면 바르셀로나의 항구 포트 벨과 만나게 된다.

MAPECODE 27401

카탈루냐 광장 Plaça de Catalunya

바르셀로나 관광지의 중심

바르셀로나 관광지 중심에 자리하고 있는 광장으로, 이 광장을 중심으로 그라시아 거리, 람블라스 거리가 이어지고 있으며, 백화점, 은행, 공항버스 정류장, 경찰서, 카탈루냐 역이 모여 있다. 카탈루냐 광장은 바르셀로나 시티 투어 버스의 출발지이자 도착지이며, 각종 행사와 축제가 열리는 장소이기도 하다. 겨울철에는 광장 내에 스케이트장이 설치되기도 한다.

위도 41.3870120 (41° 23′ 13.24″ N), 경도 2.1700140 (2° 10′ 12.05″ E) 메트로 1, 3호선 Catalunya 역에서 하차, 도보 1분

Tip 바르셀로나에서 소매치기를 당했다면?

바르셀로나는 소매치기가 많기로 유명한 도시 중 하나이다. 혹시라도 소매치기를 만나 여권이나 카메라 등 귀중품을 도난당했다면 겁먹지 말고 경찰서를 찾아가 도난 신고서(Police Report)를 작성해야 한다. 바르셀로나에서 도난 신고서를 발급받을 수 있는 경찰서가 바로 카탈루냐 광장의 카탈루냐 역 내에 자리하고 있다. 이곳에는 관광객과 경찰관의 의사소통을 돕기 위해 영어가 가능한 통역관이 상주하고 있기 때문에, 스페인어를 전혀 모르더라도 영어만 조금 할 줄 알면 도난 신고서를 작성할 수 있다.

경찰서

람블라스 거리 La Ramblas

예술가들을 만날 수 있는 활기 넘치는 거리

카탈루냐 광장에서 바르셀로나 해안가 방향으로 콜럼버스의 탑까지 이어지는 거리로, 바르셀로나에서 놓칠 수 없는 곳이자 가장 많은 관광객들이 모여드는 곳이다. 기념품과 꽃을 파는 곳을 지나면 스페인에서 가장 많은 관광객들이 찾고 있는 산 호셉 시장(보케리아 시장)이 나오는데, 이곳에 들러 생과일주스 한 잔을 마시는 것도 좋다. 유럽에서도 최고의 퀄리티를 보여 주는 거리의 예술가들도 람블라스 거리의 관광 포인트이다. 람블라스 거리 중간쯤에는 호안 미로가 디자인한 모자이크 타일이 깔려 있다. 근처에는 용과 우산 모양의 조형물로 장식된 건물이 있는데, 이 건물은 예전에 우산 가게였다고 하며, 용 조각은 호안 미로의 작품이다. 조금만 더 내려오면 왼편에 야자수가 가득한 레이알 광장이 나오는데 이곳에서는 가우디가 학생 때 디자인한 가로등을 볼 수 있고, 오른편에는 가우디의 작품인 구엘 저택이 나온다. 마지막으로 해안가에 가까워질수록 다양한 종류의 초상화를 그려 주는 거리의 화가들이 많이 눈에 띈다. 람블라스 거리에서는 거리 자체를 즐기며 여유롭게 산책하는 것을 추천한다.

위도 41.3816387 (41° 22′ 53.90″ N), 경도 2.1728414 (2° 10′ 22.23″ E) 카탈루냐 광장에서 도보 1분 메트로 3호선 Catalunya 역, Liceu 역, Drassanes 역과 바로 이어짐 버스 14, 59, 91번 La Rambla에 속한 정류장에서 하차

Tip 산 호셉 시장 Mercat de Sant Josep

보케리아 시장(La Boqueria)이라고도 불리는 산 호셉 시장은 바르셀로나에서 가장 큰 시장으로, 관광객들뿐만 아니라 현지인들에게도 가장 사랑받고 있는 식료품 및 농수산물 시장이다. 시장 입구로 들어서면 컬러풀한 과일들과 오색찬란한 생과일 주스가 눈에 들어오고 한쪽엔 간단하게 식사하기 좋은 바르들이 자리하고 있다. 입구 쪽에는 관광객들이 넘쳐나고 현지인들보다 관광객 위주의 시장으로 바뀌어 가는 듯도 하지만 아직까지는 바르셀로나의 시장들 중에 산호셉 시장이 저렴하고, 싱싱한 편이어서 현지인들도 많이 찾는 시장이다. 입구로 들어가 왼편 끝 안쪽으로 들어가 내려가면 '마싯따'라는 이름의 한국 식품점이 있는데 여기서 간단한 한국 음식과 라면도 살 수 있다. 산 호셉 시장 뒤편으로는 바르셀로나 대학과 현대 미술관이 자리하고 있다. 항상 인파가 붐비는 장소이기 때문에 소매치기를 주의해야 한다.

Rambla, 91, 08002 Barcelona 위도 41.3819969 (41° 22′ 55.19″ N), 경도 2.1722084 (2° 10′ 19.95″ E) ☎ 0933 18 25 84 월~토 08:00~20:30 / 휴무 매주 일요일 람블라스 거리 내 www.boqueria.info

카탈라냐 음악당 Palau de la Musica Catalana

스테인드글라스의 화려한 음악당

가우디와 함께 카탈루냐 모더니즘 건축을 이끈 건축가 몬타네르가 설계한 건축물로, 외부도 화려하지만 모자이크 타일과 스테인드글라스로 장식된 내부도 그에 못지 않게 화려하다. 내부 관람은 가이드 투어로만 이루어지며, 저녁에는 연주회 또는 공연이 열린다. 가이드 투어는 카탈란어, 스페인어, 프랑스어, 영어, 러시아어로 진행되고 있다. 유네스코 세계 문화유산에 등재된 곳이기도 하다.

C/ Palau de la Música, 4-6, 08003 Barcelona 위도 41.3874345 (41° 23′ 14.76″ N), 경도 2.1751159 (2° 10′ 30.42″ E) 0932 95 72 00 투어 10:00~15:50, 30분 간격 (부활절, 7월 10:00~18:00) 투어 성인 €20, 학생 €11 카탈루냐 광장에서 도보 5분 / 메트로 4호선 Urquinaona 역에서 하차, 도보 3분 www.palaumusica.cat

레이알 광장 Plaça Reial

가우디가 디자인한 가로등이 있는 광장

람블라스 거리와 만나는 유명한 광장인 레이알 광장은 젊은이들로 항상 붐빈다. 광장 중앙에는 분수대가 있고 분수대를 마주보고 있는 투구 모양의 가로등은 가우디가 1879년 디자인한 것이다. 광장 한쪽에는 플라멩코 공연장과 바르셀로나에서 가장 인기 있는 호스텔 중 한 곳인 카불 호스텔이 자리하고 있고, 광장 주변으로는 노천 레스토랑과 카페, 클럽 등이 있다. 낮보다 밤이 되면 더 활기찬 장소이기는 하지만 밤에는 혼자보다는 여러 명이 함께 방문하는 것이 좋다.

위도 41.3797135 (41° 22′ 46.97″ N), 경도 2.1747898 (2° 10′ 29.24″ E) 람블라스 거리 내 / 구엘 저택에서 도보 3분, 산 하우메 광장에서 도보 5분

구엘 저택 Palau Güell

가우디의 첫 번째 대작

가우디의 인생에서 빼놓을 수 없는 후원자였던 구엘의 저택으로, 구엘 가문이 대대로 살았던 자리에 지어진 가우디의 첫 번째 대작이다. 외관은 가우디가 잘 다뤘던 철로 만든 출입구가 인상적인데, 이곳에서부터 시작된 가우디 건축의 특징은 마지막 작품인 사그라다 파밀리아 성당까지 이어지게 된다. 나란히 있는 두 개의 입구 중에서 하나는 지하 마구간으로 이어지는 입구이고, 다른 하나는 사람이 들어가는 현관이다. 1층(우리나라 2층)부터 천장까지 뚫려 있는 홀의 위쪽은 환기구와 채광창으로 이루어져 있는데 빛이 들어올 때면 별빛이 쏟아져 내리는 듯한 환상에 빠져들게 된다.

C/ Nou de la Rambla, 3-5, 08001 Barcelona 위도 41.3790250 (41° 22′ 44.49″ N), 경도 2.1741600 (2° 10′ 26.98″ E) ☎ 0934 72 57 75 11~3월 10:00~17:30, 4~10월 10:00~20:00 / 휴무 매주 월요일, 12월 25일 성인 €12, 학생 €9, 청소년(10~17세 이하) €5 레이알 광장에서 도보 2분 메트로 3호선 Liceu 역에서 하차, 도보 4분 버스 14, 59, 91번 Gran Teatre del Liceu에서 하차, 도보 3분 palauguell.cat

포트 벨 Port Vell

콜럼버스가 신대륙을 발견한 뒤 돌아온 항구

람블라스 거리 끝자락에 위치한 항구이다. 이곳은 콜럼버스가 아메리카 대륙을 발견한 뒤 돌아온 항구로, 당시 이사벨 여왕이 콜럼버스를 마중나왔던 장소에 콜럼버스 탑이 세워져 있는데 이곳은 파우 광장이다. 파도가 치는 모양을 형상화한 갑판 다리는 '바다의 람블라(Rambla de Mar)'라 불리는데, 이 다리가 람블라스 거리의 연장선이라는 뜻을 담고 있다. 다리가 끝나는 곳에 위치한 마레 마그넘은 바르셀로나에서 유일하게 일요일에도 오픈하는 쇼핑센터로, 외벽이 거울로 되어 있어서 이곳에서 사진을 찍으면 색다른 추억이 된다. 포트 벨 한쪽에는 부유층의 요트들이 정박해 있으며, 유난히 눈에 들어오는 거대한 배는 콜럼버스가 첫 항해 때 탔던 '산타 마리아호'를 복원한 것이다.

위도 41.3758212 (41° 22′ 32.96″ N), 경도 2.1792701 (2° 10′ 45.37″ E) 람블라스 거리에서 도보 3분 메트로 3호선 Drassanes 역에서 하차, 도보 4분 버스 14, 59, 64, 120, D20, H16번 Portal de la Pau에서 하차, 도보 1분

고딕 & 보른 지구
Gothic & Born

◆ 고즈넉한 중세 시대로 빠져드는 구시가지 고딕 지구와 피카소의 어린 시절을 만날 수 있는 보른 지구는 대성당을 중심으로 미로처럼 얽혀 있다. 몇 년 전까지만 하더라도 보른 지구는 안전상 위험한 곳이기도 했지만 지금은 젊은 예술가들이 모여들면서 우리나라의 홍대 앞처럼 젊은이들이 즐겨 찾는 곳이 되었다.

MAPECODE 27407

산 하우메 광장 Plaça de Sant Jaume

고딕 지구의 중심

산 하우메 광장은 바르셀로나 구시가지인 고딕 지구의 중심에 위치하고 있으며, 카탈루냐 자치 정부 청사와 바로셀로나 시청사가 마주하고 있는 광장이다. 바르셀로나에서 열리는 축제나 행사가 시작되고 끝을 맺는 장소이기도 하다. 시청사를 마주하고 좌측에 관광 안내소가 자리하고 있다.

위도 41.3826248 (41° 22′ 57.51″ N), 경도 2.1769452 (2° 10′ 37.09″ E) 대성당에서 도보 4분, 왕의 광장에서 도보 3분, 람블라스 거리(레이알 광장)에서 도보 5분 메트로 4호선 Jaume I 역에서 하차, 도보 3분 버스 17, 45, V17번 Via Laietana - Pl. Ramon Berenguer 또는 Via Laietana-Argenteria에서 하차, 도보 5분

바르셀로나 대성당 Cathedral

카탈루냐 고딕 양식의 성당

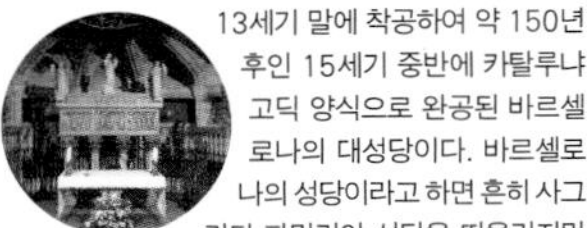

13세기 말에 착공하여 약 150년 후인 15세기 중반에 카탈루냐 고딕 양식으로 완공된 바르셀로나의 대성당이다. 바르셀로나의 성당이라고 하면 흔히 사그라다 파밀리아 성당을 떠올리지만 진짜 바르셀로나 대성당은 고딕 지구의 세우 광장에 자리하고 있다.

이곳에서 놓치지 말아야 할 것은 바로 바르셀로나의 수호 성녀인 산타 에우랄리아의 순교 장면이 묘사된 조각이다. 성당의 중앙 제단과 성가대석 아래쪽 대리석에 있으며 스페인 르네상스 시대의 거장인 바르톨로메 오르도녜스가 남긴 걸작이다. 성당 지하에는 산타 에우랄리아의 관이 안치되어 있다. 성당 안뜰에는 13마리의 거위가 자유롭게 노닐고 있는데, 순교한 산타 에우랄리아의 나이가 13살이었기 때문이라고 한다.

성당 앞 노바 광장에서는 매주 목요일 오전 9시부터 골동품 벼룩시장이 열린다. 세우 광장에서는 주말이면 카탈루냐 전통춤인 사르다나를 추는 사람들과 골동품을 파는 벼룩시장이 열린다.

Pla de la Seu, 08002 Barcelona 위도 41.3844018 (41° 23′ 3.85″ N), 경도 2.1759558 (2° 10′ 33.44″ E) ☎ 0933 15 15 54 월~토 08:00~12:45, 13:00~19:30 / 일 · 공휴일 08:00~13:45, 14:00~17:00 오전, 오후 성당 입장 무료 (탑 €3) / 월~토 13:00~17:00, 일 14:00~17:00 €7 카탈루냐 광장에서 도보 10분, 람블라스 거리에서 도보 5분 메트로 4호선 Jaume I 역에서 하차, 도보 4분 버스 17, 45, V17번 Via Laietana - Pl. Ramon Berenguer 또는 Via Laietana-Argenteria에서 하차, 도보 3분 www.catedralbcn.org

카탈루냐 전통 춤
사르다나 Sardana

흔히 우리가 알고 있는 '플라멩코'가 스페인 남부 안달루시아 지방의 전통 춤이라면, '사르다나'는 카탈루냐 지방을 대표하는 전통 춤이다. 스페인 전 지역을 통틀어 문화적 지방색이 가장 뚜렷한 카탈루냐 지방은 프랑코 총통의 독재 속에서도 유일하게 카탈루냐 민족으로서의 자존심을 지켜냈는데, 이 춤이 그들을 똘똘 뭉치게 하기도 했다. 서로 손을 잡고 팔을 들어 원을 만들어 가면서 발은 가볍게 사뿐사뿐 뛰는 춤이다. 매주 주말 오후에 대성당 앞 광장에서 '사르다나'를 추는 카탈루냐 사람들을 만나 볼 수 있다. 대부분 연세 있으신 할머니, 할아버지들이 즐겨 추시지만 라이브 음악에 맞추어 남녀노소 누구나 참여할 수 있으며, 간혹 젊은 사람들도 사르다나 춤에 동참한다. 사르다나 춤을 출 때 알파르가타(Alpargata)라는 신발을 신는데, 스페인 전통 신발로, 스페인이 남미를 지배할 당시 남미로 넘어가 지금은 남미 신발로 알려져 있기도 하다. 짚을 엮어서 바닥을 만들고 그 위에 천을 댄 신발로 착용감이 편하고 가벼우며 통기성까지 갖추었기 때문에 오히려 오늘날에 와서 더 많은 사랑을 얻고 있는 신발이다. 우리가 알고 있는 신발 TOMS의 원조이기도 하다.

피카소의 사르다나 벽화

MAPECODE 27409

왕의 광장 Plaça del Rei

콜럼버스가 이사벨 여왕을 알현했던 장소

여왕 알현 장소

고딕 지구의 심장과 같은 곳으로, 콜럼버스가 첫 항해를 마치고 돌아와 이곳에 있는 14개의 계단에서 이사벨 여왕을 알현한 것으로 유명하다. 중세 때 모습 그대로 보존되어 있으며, 3면이 건물로 에워싸인 광장이라서 음악의 울림이 좋아 거리의 악사들을 쉽게 만날 수 있는 곳이다. 정면에 있는 건물이 아라곤 왕의 왕궁이다.

대성당에서 도보 2분 / 산 하우메 광장에서 도보 4분

MAPECODE 27410

피카소 미술관 Museu Picasso

세계 최초의 피카소 미술관

말라가에서 태어난 피카소는 14세 되던 해에 바르셀로나로 이사를 와서 청소년기를 보냈지만, 그림 공부를 위해 마드리드, 파리 등으로 돌아다녔기 때문에 이곳에 머문 시간은 많지 않았다. 1963년 개관한 바르셀로나의 피카소 미술관은 현재 전세계에 있는 피카소 미술관 중에서 가장 처음으로 개관한 곳으로, 중세 시대의 모습이 고스란히 남아 있는 보른 지구의 한 골목 안에 자리하고 있다. 이곳에는 피카소가 유년 시절부터 그렸던 낙서부터 스케치와 밑그림을 포함한 회화, 판화, 드로잉이 약 3,000여 점이 소장되어 있으며, 조각 작품과 도자기 등 다양한 예술 작품들이 함께 전시되어 있다.

Carrer Montcada, 15-23, 08003 Barcelona 위도 41.3851917 (41° 23′ 6.69″ N), 경도 2.1808151 (2° 10′ 50.93″ E) ☎ 0932 56 30 00 화~일 09:00~19:00 (목요일은 ~21:30) / 12월 24일, 31일 09:00~14:00 / 휴무 매주 월, 1월 1일, 5월 1일, 6월 24일, 12월 25~26일 성인 €12, 18~25세 이하 €7 / 목 18:00~21:30, 일 15:00 이후, 매월 첫 번째 일요일 무료 입장 메트로 4호선 Jaume I 역에서 하차, 도보 5분 버스 120번 Princesa-Montcada에서 하차, 도보 2분 www.museupicasso.bcn.cat

MAPECODE 27411

산타 마리아 델 마르 성당 Basílica de Santa Maria del Mar

서민들의 모금 운동으로 지어진 성당

'바다의 성모마리아'라는 뜻을 지닌 '산타 마리아 델 마르 성당'은 14세기 어부들에 의해서 해안가에 지어진 성당으로 가진 것이 별로 없는 그들만의 성당을 짓고자 했던 서민들의 모금으로 지어진 성당이다. 카탈루냐 고딕 양식의 대표로 손꼽히고 있으며, 수호 성인인 산타 마리아가 모셔져 있다. 이 지역이 지중해 무역으로 번성했던 만큼 무역을 떠나는 상인들과 선원들은 항해 전 기도를 올렸고, 남은 가족들은 그들이 무사히 돌아올 수 있도록 기도 드렸던 곳이다. 그래서 성당의 의자를 보면 배를 모는 키 모양이 조각되어 있다. 그 어느 성당보다 간절함이 가득한 곳이었기에 지금까지도 바르셀로나 사람들이 가장 사랑하는 장소이다.

Plaça de Santa Maria, 1, 08003 Barcelona 위도 41.3834970 (41° 23′ 0.59″ N), 경도 2.1817850 (2° 10′ 54.43″ E) ☎ 0933 10 23 90 월~토 09:00~13:30, 16:30~20:00 / 일 · 공휴일 10:30~13:30, 16:30~20:00 피카소 미술관에서 도보 4분 / 메트로 L4 Jaume I역에서 하차, 도보4분. www.santamariadelmarbarcelona.org

MAPECODE 27412

시우타데야 공원 Parc de la Ciutadella

바르셀로나 시민들의 휴식처

보른 지구에서 길만 건너면 1888년 만국 박람회장으로 사용하기 위해 조성된 시우타데야 공원이 있다. 시우타데야 공원 정문 앞으로는 바르셀로나의 개선문이 자리하고 있고, 공원 안에는 가우디가 공동 작업으로 참여한 분수와 가로등을 볼 수 있다. 평일 오후와 주말이 되면 바르셀로나 시민들이 나와서 즐기는 휴식처가 되는 곳이다. 바르셀로나 동물원도 시우타데야 공원에 인접해 있다.

위도 41.3885650 (41° 23′ 18.83″ N), 경도 2.1868520 (2° 11′ 12.67″ E) 프란카 기차역에서 도보 2분, 보른 시장에서 도보 2분 / 메트로 L4 Barceloneta 역에서 도보 5분

MAPECODE 27413

바르셀로네타 Barceloneta

해산물 레스토랑이 즐비한 바닷가

바르셀로나의 동쪽 해안을 따라 이어지는 바닷가로, 여름철이면 선탠과 해수욕을 즐기려는 사람들로 넘치는 곳이다. 해변을 따라 카페와 레스토랑, 산책로가 자리하고 있다. 바르셀로나에서 해산물 요리를 즐기고 싶다면 다양한 해산물을 맛볼 수 있는 바르셀로네타를 찾으면 된다. 럭셔리한 분위기를 즐기고 싶다면 해안 끝에 자리한 W 호텔에서 커피를 마시는 것도 특별한 경험이 될 것이다.

위도 41.3774314 (41° 22′ 38.75″ N), 경도 2.1918443 (2° 11′ 30.64″ E) 메트로 4호선 Barceloneta 역에서 도보 10분 버스 17, 39, 45, 59, 64번을 타고 해변이 보이는 곳 중 원하는 정류장에서 하차

MAPECODE 27414

빌라 올림피카 (올림픽 선수촌) Vila Olímpica

현대적인 건물로 손꼽히는 곳

1992년 바르셀로나 올림픽 기간에 선수들이 숙소로 사용할 선수촌으로 건설된 것이다. 바르셀로네타에 자리하고 있으며 바르셀로나에서도 가장 현대적인 곳으로 손꼽히는 장소이다. 레스토랑과 카지노, 조각 공원, 휴양 시설 등이 있으며, 153m 높이의 호텔 아르트스(Hotel Arts)와 토레 마프레(Torre Mapfre)가 서로 다른 모습을 하고 있지만 마치 쌍둥이 빌딩처럼 두 동이 우뚝 솟아 있다. 그 앞에는 마치 하늘을 날 것만 같은 거대한 물고기 조형물이 서 있는데 이것을 디자인한 프랭크 게리(Frank Gehry)는 빌바오의 구겐하임 미술관과 프라하의 댄싱하우스도 디자인한 유명 건축가이다. 해안가에는 오전에는 카페, 저녁에는 레스토랑, 밤이 되면 클럽으로 바뀌는 바르셀로나에서 가장 핫한 분위기 좋은 클럽들이 모여 있으며, 선착장 주변에는 해산물 레스토랑과 물담배를 필 수 있는 저렴한 클럽들이 즐비해 있다.

위도 41.3863627 (41° 23′ 10.91″ N), 경도 2.1978997 (2° 11′ 52.44″ E) 메트로 L4 Ciutadella · Vila Olímpica 역에서 도보 5분 버스 45, 59, D20번 Hospital del Mar에서 하차, 도보 4분.

라발 지구
Raval

◆ '버려진 땅'이라는 뜻을 가지고 있는 라발은 예전 성벽을 두고 성벽 안은 고딕 지구, 성벽 밖은 라발 지구로 구분된다. 성 안으로 들어올 수 없는 가난한 자들과 잘못을 저지른 자들이 모여 살던 곳이었기 때문에 그때의 분위기가 지금도 남아 있다. 도시 계획이 있기 전까지는 범죄가 자주 일어나는 우범 지대로, 관광객들의 발길이 전혀 없던 곳이지만 이곳에 현대 미술관인 '막바(MACBA)'와 호텔들이 들어서면서 오묘한 분위기를 느낄 수 있는 장소로 탈바꿈해 가고 있다. 현재는 대학가이기도 하고, 골목골목 아기자기한 숍들이 들어서면서 조금씩 변화가 생기고 있다. 다만, 해가 지면 분위기는 급변하기 때문에 되도록이면 해가 지기 전에 관광을 마치도록 하자.

MAPECODE 27415

람블라 데 라발 Rambla de Raval

이민자들이 모여 살고 있는 이국적인 광장

야자수가 시원하게 늘어서 있고 길을 따라 수많은 노천카페와 레스토랑이 줄지어 있는 광장이 나오는데 이곳이 람블라 데 라발이다. 이민자들이 모여 사는 곳인 라발 지역에서 아랍인들이 밀집해 있는 곳으로, 이국적인 풍경이 인상적이다. 광장 한쪽에는 콜롬비아 출신의 유명 작가 페르난다 보테로의 거대한 고양이상이 서 있고, 조금은 생뚱맞은 현대식 호텔인 바르셀로 라발이 자리하고 있다.

위도 41.3780878 (41° 22′ 41.12″ N), 경도 2.1701143 (2° 10′ 12.41″ E) 메트로 3호선 Liceu 역에서 도보 8~10분

호텔 바르셀로 라발 360도 테라스 Barceló Raval 360º Terrace

바르셀로나 시내 한복판을 내려다볼 수 있는 전망대

람블라 데 라발에 가면 유난히 눈에 띄는 현대식 건물이 우뚝 솟아 있는데 이곳이 전세계 체인 호텔 바르셀로 라발이다. 어두운 라발 지구를 바꿔 보려고 만든 호텔로, 객실 및 호텔 디자인이 심플하면서 밝은 분위기를 연출하고 있다. 이 호텔 옥상에 바르셀로나를 360도로 바라볼 수 있는 파노라마 옥상 전망대가 자리하고 있는데, 아직 알려지지 않은 숨은 명소이며 입장은 무료이다. 전망대 위에는 간단히 차나 음료를 즐길 수 있는 바도 자리하고 있으니, 잠시 여유를 갖고 싶은 분들에게 추천한다. 단, 해가 지면 호텔 주변은 치안이 좋지 않기 때문에 되도록이면 석양까지 보고 내려오는 것이 좋다.

Rambla del Raval, 17-21, 08001 Barcelona 위도 41.3789975 (41° 22′ 44.39″ N), 경도 2.1695349 (2° 10′ 10.33″ E) ☎ 0933 20 14 90 메트로 3호선 Liceu 역에서 도보 8~10분 / 람블라 데 라발에 위치 www.barcelo.com

현대 미술관 MACBA

백색의 건축가 리차드 마이어의 작품

Museu d'Art Contemporani de Barcelona를 줄여서 '막바(MACBA)'라 불리는 바르셀로나 현대미술관은 라발 지구의 도시 계획으로 카탈루냐 문화재단과 바르셀로나 시에서 공동으로 설립했다. 미술관이 설립된다고 했을 때 바르셀로나 시민들은 부랑자들이 밀집된 라발 지구에 생기는 것에 대해 엄청난 반대를 했지만 막상 현대 미술관이 들어오고 나서는 라발 지구에서 가장 핫한 장소로 자리잡게 됐다. 새하얀 외관으로 시선을 사로잡는 미술관은 미국의 3세대 건축가를 대표하고 있는 '백색의 건축가' 리차드 마이어(Richard Meier)가 자신의 스타일대로 백색 건축으로 디자인한 작품이다. 미술관 내부는 유리벽으로 자연 채광이 많이 유입되어 자연광의 흐름에 초점을 맞춰 설계되어 있다. 1층은 편하게 휴식을 취할 수 있는 공간으로 특별 전시장이 들어서 있고, 2층은 소장품 전시, 3층은 특별 전시장으로 특별 전시는 3~4개월마다 바뀌고, 소장품 전시는 연간 기획으로 1년에 한 번씩 바뀐다. 미술관 앞 광장은 '천사의 광장'으로, 스케이트 보드를 타는 젊은이들이 항상 모여들고 있으며, 이들 중에는 세계에서 상당한 실력을 인정받은 프로 선수들도 즐겨 찾는 장소라고 한다.

Plaça dels Àngels, 1, 08001 Barcelona 위도 41.3828370 (41° 22′ 58.21″ N), 경도 2.1671400 (2° 10′ 1.70″ E) ☎ 0934 12 08 10 월, 수~금 11:00~19:30 / 토 10:00~20:00 / 일 · 공휴일 10:00~15:00 / 휴무 매주 화요일 €10 메트로 2호선 Universitat 역에서 도보 5분 / 카탈루냐 광장에서 도보 8분 www.macba.cat

에이샴플레 & 그라시아 지구
Eixample & Gràcia

◆ 가우디 박물관이라고 해도 될 만큼 가우디의 건축물이 모여 있는 에이샴플레 지구와 그라시아 지구에서 가우디의 발자취를 느껴 보자. 가우디와 함께 바르셀로나의 모더니즘 양식을 선보였던 작가들의 건축물들도 함께 볼 수 있다. 명품 숍은 물론, 현지인들이 즐겨 찾는 로컬 레스토랑과 카페 등이 즐비하다.

MAPECODE 27418

그라시아 거리 Passeig de Gràcia

바르셀로나의 명품 쇼핑 거리

루이비통, 샤넬, 구찌, 아르마니, 버버리 등의 명품 브랜드 숍이 자리한 카탈루냐 광장에서 디아고날 거리까지 이어지는 명품 거리이자 카탈루냐 모더니즘 건축물들이 모여 있는 거리로 '모데르니스메(모더니즘) 길'이라고 불린다. 모데르니스메를 상징하는 마크가 디자인된 보도블록과 가우디가 디자인한 보도블록이 깔려 있다. 유네스코 세계 문화유산에 등재된 가우디의 작품인 카사 밀라, 카사 바트요도 그라시아 거리에 자리하고 있으며, 도메네크 이 몬타네르의 초기작으로 1층에 로에베가 입점되어 있는 카사 예오 모레라(Casa Lleó Morera)와 카사 바트요 옆에 자리하고 있는 카사 아마트 예르(Casa Amatller)도 모데르니스메 길의 대표적인 건축물이다.

위도 41.3919098 (41° 23′ 30.88″ N), 경도 2.1652669 (2° 9′ 54.96″ E) 카탈루냐 광장에서 도보 1분 / 메트로 3호선 Catalunya 역, 3, 4호선 Passeig de Gràcia 역, 3호선 Diagonal 역과 바로 이어진다. 버스 7, 16, 17, 22번 Passeig de Gràcia가 속하는 정류장에서 하차

가우디 투어

스페인 건축계의 거장 가우디의 건축물을 따라 바르셀로나를 둘러보자. 바르셀로나에는 대규모의 건축물들뿐만 아니라 사소한 것 하나하나에도 가우디의 디자인이 살아 숨쉬고 있다. 누구나 밟고 다녔을 보도블록, 그라시아 거리의 가로등 벤치, 그리고 가우디가 대학 시절 디자인한 레이알 광장의 가로등, 신앙심이 깊었던 그가 건축물에 공통적으로 남긴 십자가까지 바르셀로나에는 가우디의 흔적이 가득하다. 지금도 많은 사람들이 그의 건축물에 담긴 천재성을 직접 확인하기 위해 바르셀로나로 모여들고 있다.

레이알 광장의 가로등과 보도블록

그라시아 거리의 가로등

구엘 공원의 십자가

카사 바트요

도보 3분

카사 밀라

22번 버스 5분

카사 비센스

24번 버스 25분, 구엘 공원 후문 하차

구엘 공원

구엘 공원 후문에서 92번 버스 25분, 에비뉴 가우디(Av. Gaudi) 하차 후 도보 10분 또는 19번 버스 환승

사그라다 파밀리아 성당

메트로 2호선 15분, Sagrada Familia 역에서 메트로 3호선으로 환승, Liceu 역 하차

구엘 저택

도보 2분

레이알 광장

도보 25분

시우타데야 공원

카사 비센스 Casa Vicens

가우디 건축물의 처녀작

1883년부터 약 4년 동안 지어진 건축물로 가우디의 처녀작이다. 돈 마누엘 비센스라는 타일 공장 사장의 의뢰로 지어진 개인 저택으로, 처음 의뢰를 받고 찾아간 집터에 거대한 종려나무가 서 있고 노란 금잔화가 활짝 피어 있는 것을 보고 영감을 받았다. 철 세공업자였던 아버지 덕분에 철을 잘 다뤘던 가우디는 철로 종려나무 잎을 만들었고, 집주인이 타일 공장 사장이라서 타일을 마음껏 사용할 수 있었던 덕분에 금잔화가 그려진 타일로 화사하게 장식했다. 집을 짓기 이전의 분위기를 그대로 집으로 옮겨 놓으려는 가우디의 마음이 느껴지는 작품이다. 타일로 마감되어 있어서 햇살을 받으면 빛이 나는 만큼, 날씨 좋은 날에 방문하면 특별함이 더할 것이다. 다만 개인 소유의 저택이라 내부 방문은 할 수 없다. 2005년 유네스코 세계 문화유산에 등재되었다.

Carrer de les Carolines, 24, 08012 Barcelona 위도 41.4034060 (41° 24′ 12.26″ N), 경도 2.1507110 (2° 9′ 2.56″ E) 메트로 3호선 Fontana 역에서 하차, 도보 4분 버스 22, 24, 27, 28, 31, 32, 87, 92번 Fontana 역에서 하차, 도보 3분

MAPECODE 27420

카사 밀라 (라 페드레라) Casa Milà (La Pedrera)

공동 주택 계획으로 디자인한 건축물

천재 건축가 가우디의 팬이었던 페드로 밀라 이캄프스가 카사 바트요를 보고 의뢰한 연립 주택으로, '카사 밀라(밀라의 집)'라는 이름보다 '라 페드 레라(채석장)'라는 별칭으로 더 잘 알려져 있다. 거대한 돌덩이처럼 생긴 건물의 외관에서 가우디가 추구하는 곡선과 자연에 가까운 디자인이 한눈에 느껴진다. 바다의 물결을 연상하게 하는 곡선의 외관과 미역 줄기를 닮은 철제 발코니는 주변 건축물과 어울리지 않는다는 이유로 바르셀로나 시민들로부터 웃음거리가 되기도 했지만, 현재는 바르셀로나를 대표하는 랜드마크 중 하나가 되었다. 옥상은 투구를 쓰고 있는 로마 병사와 타일로 만든 십자가 등 독특한 디자인의 굴뚝이 인상적이며, 이곳에서 내려다보는 바르셀로나의 풍경도 특별함이 느껴진다. 아래층에는 가우디의 작품들과 가우디에 관한 영상들을 관람할 수 있는 전시관이 있으며, 그 아래층에는 당시 생활 모습을 그대로 볼 수 있는 전시관이 있어 매우 흥미롭다. 1984년 유네스코 세계 문화유산에도 등재된 건축물이다.

Provença, 261-265, 08008 Barcelona 위도 41.3951139 (41° 23′ 42.41″ N), 경도 2.1617616 (2° 9′ 42.34″ E) 0902 20 21 38 09:00~20:30, 야간 개장 21:00~23:00 성인 €25, 학생 €19.50, 어린이(6~12세) €14, 6세 미만 무료 / 온라인 예매 시 €3 할인. 티켓은 주간 입장과 프리미엄 입장, 야간 입장, 주간+야간 입장 등 다양하다. 카사 바트요에서 도보 5분 / 메트로 3, 5호선 Diagonal 역에서 하차, 도보 2분 버스 7, 16, 17, 22, 24, V17번 Passeig de Gràcia-Rosselló에서 하차, 도보 1분 www.lapedrera.com

MAPECODE 27421

카사 바트요 Casa Batlló

형형색색의 화려한 색상이 인상적인 건축물

그라시아 거리에서 가장 눈에 들어오는 건축물로, 바다를 연상시키는 형형색색의 화려한 외관은 단연 시선을 사로잡기에 충분하다. 카사 바트요는 바르셀로나의 사업가였던 바트요가 의뢰해 설계한 것으로 1905년부터 약 3년간 지어졌다. 카사 바트요의 외관에서 가장 인상적인 것은 해골 모양의 테라스와 뼈를 형상화한 기둥이다. 그래서 '인체의 집'이라는 의미로 카사 델스 오소스(Casa dels ossos)라고도 한다. 가우디의 특징인 곡선 구조는 실내에서도 확실히 드러나며, 반투명한 유리를 통해서 푸른빛이 비쳐 마치 물속처럼 보이는 효과를 표현한 엘리베이터도 카사 바트요에서 놓치지 말아야 할 것 중 하나이다. 현재는 글로벌 캔디 브랜드 추파춥스 회사의 소유이며, 가우디 탄생 150년 기념으로 2002년부터 바르셀로나 시와 함께 일반인에게 오픈하기 시작했다. 2005년 유네스코 세계 문화유산에 등재되었다. 온라인에서 사전 예약 시 약 15% 정도 할인된 가격으로 티켓 구입이 가능하며, 현장에서 티켓 구매를 위해 줄을 서지 않아도 된다.

🏠 Passeig de Gràcia, 43, 08007 Barcelona 📍 위도 41.3919760 (41° 23′ 31.11″ N), 경도 2.1651250 (2° 9′ 54.45″ E) ☎ 0932 16 03 06 🕘 09:00~21:00 € 성인 €28.50, 학생 €24.50, 어린이(7세 미만) 무료입장 🚌 카사 밀라에서 도보 5분 / 메트로 3호선 Passeig de Gràcia 역에서 하차, 도보 1분 버스 7, 16, 17, 22번 Passeig de Gràcia-Aragó에서 하차, 도보 2분 / 22, 24번 Passeig de Gràcia-Consell de Cent에서 하차, 도보 1분 ℹ www.casabatllo.es

MAPECODE 27422

카사 칼베트 Casa Calvet

가우디의 첫 건축상 수상 건물

1898년부터 약 3년에 걸쳐 카탈루냐 광장 근처에 지어진 건물로, 가우디가 설계한 다른 건축물에 비해 상당히 단순해 보이는 것이 오히려 더 특징적인 건물이다. 섬유업을 했던 가우디의 친구 칼베트가 의뢰한 개인 저택으로 1900년 제1회 바르셀로나 최우수 건축상을 수상한 이력이 있는데, 이 상은 가우디가 처음으로 받은 상이었다. 1층(우리나라 2층) 테라스의 조각은 버섯을 좋아했던 칼베트의 취향을 적극 반영했고, 윗부분의 흉상 2개는 칼베트의 수호 성인 성 베드로와 성 히네스를 조각한 것이다. 현재는 '카사 칼베트(Casa Calvet)'라는 레스토랑이 자리해 있어 음식을 먹으러 오는 손님들만 들어갈 수 있으며, 나머지 층은 개인 소유의 저택이라 내부를 방문할 수 없다.

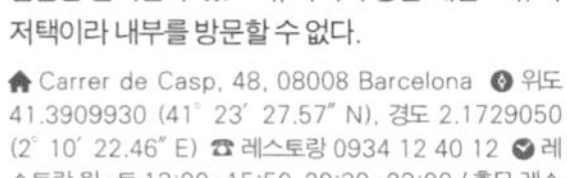

🏠 Carrer de Casp, 48, 08008 Barcelona 📍 위도 41.3909930 (41° 23′ 27.57″ N), 경도 2.1729050 (2° 10′ 22.46″ E) ☎ 레스토랑 0934 12 40 12 🕘 레스토랑 월~토 13:00~15:50, 20:30~23:00 / 휴무 레스토랑 매주 일요일 🚌 메트로 1, 4호선 Urquinaona 역에서 하차, 도보 3분 버스 7, 50, 54, 62, H12번 Gran Via-Llúria에서 하차, 도보 3분 ℹ www.casacalvet.es

성당 종탑에서 내려다보는 전망

MAPECODE 27423

사그라다 파밀리아 성당(성가족 성당) Temple Expiatori de la Sagrada Família

가우디 생전 마지막 작품

바티칸의 산 피에트로 대성당에 큰 감명을 받고 돌아온 바르셀로나의 한 출판업자가 바르셀로나만의 대성당을 짓자는 운동을 벌여 시민 모금이 시작되었다. 1882년 가우디의 스승이었던 비야르(F. de P. Villar)가 좋은 뜻에 동참하여 무보수로 성당 건설을 시작했지만 무조건 싸게 지으려고만 하는 교구에 질려 1년 만에 포기하고 자신의 제자였던 가우디를 후임자로 추천하였다. 젊은 건축가에게 맡기면 공사비를 아낄 수 있을 것이라는 교구의 기대는 완전히 빗나갔다. 가우디가 공사를 맡았을 때 그의 나이는 31세였는데, 그는 비야르가 설계한 초기의 디자인을 폐기하고 처음부터 다시 설계하면서 그때부터 죽는 날까지 43년간 이 공사에 남은 인생을 모두 바쳤다. 그는 공사 현장에서 직접 인부들과 함께 작업하면서 설계도를 그려 나갔고, 마지막 10년 동안은 아예 작업실을 현장으로 옮겨 인부들과 함께 숙식하면서까지 성당 건축에 몰입했다. 그러나 1926년 불의의 사고로 그는 결국 성당의 완공을 보지 못하고 세상을 떠났고, 그의 유해는 자신이 지은 이 성당의 지하 납골묘에 안장되었다. 원래 이 납골묘에는 성인이나 왕족의 유해만 안치될 수 있는데, 로마 교황청에서 그의 신앙심과 업적을 높이 사서 허가해 준 것이다.

그의 사후, 스페인 내전 과정에서 설계 도면이 불에 타 사라져 공사에 차질이 생기기도 했지만, 그의 정신을 계승한 후배 건축가들의 기술적 연구를 바탕으로 성당의 건축은 계속되었다. 오로지 기부금과 입장료 수입만으로 공사 비용을 충당하고 있어 착공된 지 130년이 넘은 현재도 진행 중이며 언제 완공될지는 아무도 알 수 없다. 사그라다 파밀리아 성당에는 총 3개의 파사드(건축물의 주된 출입구가 있는 정면부)가 있는데, 각각 '예수 탄생', '예수 수난', '예수 영광'을 주제로 설계되었고, 이 중 '예수 탄생'의 파사드는 가우디가 생전에 직접 완성시킨 것이다. '예수 수난' 파사드는 1976년에 완공되었고, 마지막 남은 '예수 영광' 파사드는 아직 착공도 하지 않은 상태이다. 3개의 파사드 위에는 열두 제자를 상징하는 12개의 종탑이 세워지고, 중앙에는 예수를 상징하는 거대한 탑이 세워질 계획인데, 현재까지는 8개의 종탑만 완공되었다. 내부는 마치 숲 속에 와 있는 것처럼 나무와 꽃들을 형상화한 디자인으로 기존의 성당이나 교회에서는 볼 수 없는 모습을 하고 있고, 스테인드글라스를 통해 들어오는 햇살이 아름답게 빛난다. 내부가 다 완성되지는 않았지만 미사를 여는 데는 지장이 없는 수준이 되어 가고 있다. 종탑은 걸어서 오르거나 유료 엘리베이터를 타고 오를 수 있는데, 이곳에서 내려다보는 바르셀로나 풍경도 인상적이다. 날이 좋으면 먼바다까지 한눈에 들어온다. '예수 수난' 파사드 화장실 방향에는 사그라다 파밀리아 성당의 건축 과정을 전시하고 있는 박물관이 있으니 시간 여유가 있다면 놓치지 말자. 주말이나 성수기에는 하루 종일 줄이 줄지 않을 만큼 많은 관광객들이 찾기 때문에 가능하면 오전에 방문하는 것을 추천한다.

Carrer de Mallorca, 401, 08013 Barcelona 위도 41.4038996 (41° 24′ 14.04″ N), 경도 2.1748516 (2° 10′ 29.47″ E) ☎ 0935 13 20 60 성당 10월~3월 09:00~18:00, 4월~9월 09:00~20:00, 12월 25~26일 09:00~14:00 탑 예수 탄생 파사드 탑 09:00~성당 문 닫기 15분 전까지 / 예수 수난 파사드 탑 09:00~성당 문 닫기 30분 전까지 성당 성인 €18, 학생 €16 탑 2016년 1월부터 탑 입장은 오디오가이드가 필수로 포함 성당+탑+오디오가이드 €29, 성당 입장 티켓 온라인 구매 시 €3 할인 메트로 2, 5호선 Sagrada Familia 역에서 하차, 도보 1분 버스 19, 33, 34, 50, 51, B24, H10번 Sagrada Familia에서 하차, 도보 2분 www.sagradafamilia.org

MAPECODE 27424

산트 파우 병원 Hospital de Sant Pau

세상에서 가장 아름다운 병원

카탈루냐 모더니즘 양식의 걸작으로 손꼽히는 건축물로 15세기 산타 크레우(Santa Creu) 병원이 있던 자리에 환자들의 증가로 새롭게 부지를 확장해서 1898년 도메네크 이 몬타네르가 마지막으로 설계한 카탈루냐 최초의 현대식 병원이다. 총 48개 동으로 이루어진 '세상에서 가장 아름다운 병원'이라 불리는 대규모 병원으로, 병원이 완공되기 전 몬타네르는 세상을 떠났고, 그의 아들이 끝까지 도맡아 완공시켰다. 가우디와 동시대의 라이벌이자 동료였던 몬타네르는 가우디의 조언대로 환자들이 병동에서 창 밖을 통해 사그라다 파밀리아 성당을 바라볼 수 있도록 병원의 방향을 사그라다 파밀리아 성당이 보이도록 설계하였다. 내부는 도저히 병원이라는 것이 믿기지 않을 정도로 화려하고 밝으며, 환자들의 편의를 위해 층마다 휴식을 취할 수 있는 공간을 디자인했다. 그의 또 다른 걸작인 카탈라냐 음악당과 함께 1997년 유네스코 세계 문화유산에 등재되었다. 2009년부터 보수 작업이 들어가 2014년 2월 재오픈되었다. 현재 환자들과 병원 시설은 산트 파우 뒤편에 새롭게 지어진 현대식 병원으로 옮겨졌으며, 산트 파우는 관광객들의 입장과 연구실로만 사용되고 있다.

Carrer Sant Antoni Maria Claret, 167, 08025 Barcelona 위도 41.4114723 (41° 24′ 41.30″ N), 경도 2.1744250 (2° 10′ 27.93″ E) ☎ 0933 17 76 52 자유 입장(SELF-GUIDED VISIT) 11~3월 월~토 10:00~16:30, 일 · 공휴일 10:00~14:30 / 4~10월 월~토 10:00~18:30, 일 · 공휴일 10:00~14:30 영어 가이드 투어 11~3월 매일 12:00, 13:00 / 4월~10월 월~토 12:00, 13:00, 16:00 일 · 공휴일 12:00, 13:00 / 휴무 1월 1일, 1월 6일, 12월 25~26일 자유 입장 일반 €14, 학생 €9.80 / 16세 미만 무료 입장 영어 가이드 투어 일반 €16, 학생 €11.20, 16세 미만 무료 입장 / 무료 입장 - 매월 첫 번째 일요일 (자유 입장에 한해서) 메트로 5호선 Sant Pau · Dos de Maig 역에서 하차, 도보 3분 버스 H8, 19, 20, 45, 47, 92, 192번 Avinguda de Gaudí에서 하차, 도보 1분 버스 51, 117번 Dos de Maig-St Antoni M Claret에서 하차, 도보 4분 / 사그라다 파밀리아 성당에서 도보 15분 www.santpaubarcelona.org

MAPECODE 27425

구엘 공원 Parc Güell

동화 속 과자의 집이 연상되는 미완성 전원 단지

사그라다 파밀리아 성당과 함께 가우디의 최대 걸작으로 손꼽히는 구엘 공원은, 가우디의 후원자였던 구엘 백작이 평소 동경하던 영국의 전원 도시를 모델로 하여 바르셀로나의 부유층을 위한 전원 주택 단지를 만들고자 계획했던 곳이다. 1900년부터 약 14년에 걸쳐 공사가 진행되었는데, 원래 계획대로라면 60채 이상 분양되어야 했지만 공사가 진행되던 중 구엘이 사망하면서, 3채만 분양되고 미완성 단지로 남게 되었다. 공원 입구에는 관리실과 경비들의 숙소로 사용될 예정이었던 2채의 집이 있는데 마치 동화 속에나 나올 법한 모습

이다. 그 앞으로는 알록달록한 타일 조각으로 옷을 입은 도마뱀 분수와 그리스 신전을 모티브로 삼은 시장이 있다. 시장의 지붕 위에는 구엘 공원의 꽃이라 불리는 타일 벤치가 있는데, 마치 누워 있는 용이

나 바다의 파도처럼 구불구불한 모습으로 관광객들을 동화 속으로 초대하고 있다. 이곳에서 내려다보는 지중해의 모습은 해 질 녘에 더 빛을 발한다.
직선이 아닌 곡선의 미를 추구하는 가우디의 철학은 이 공원에도 적용되었으며, 이러한 특징은 길에서도 확실히 드러난다. 자연 그대로를 설계에 담기 위해 울퉁불퉁한 땅을 고르지 않고 구불구불하게 길을 만들었으며, 마차가 다니는 길과 사람이 다니는 길이 신기하게 이어져 있다. 구엘 공원 안에는 가우디가 아버지와 함께 20년간 살았던 집이 있는데, 현재 이곳은 가우디 박물관이 되어 가우디가 생전 사용했던 유품들과 직접 디자인한 독특한 가구들을 전시하고 있다. 구엘 공원은 원래 무료 입장이었으나 2013년부터 유료 입장으로 바뀌었다.

Carrer d'Olot, 5, 08024 Barcelona 위도 41.4145450 (41° 24′ 52.36″ N), 경도 2.1526090 (2° 9′ 9.39″ E) ☎ 0902 20 03 02 10~3월 10:00~18:00, 4~9월 10:00~20:00 성인 · 학생 €8.50 (온라인 예매 €7.50), 어린이(7~12세) €6 (온라인 예매 €5.25) 메트로 3호선 Vallcarca 역에서 하차, 도보 15분 버스 카탈루냐 광장 백화점 앞에서 24번 버스 탑승하여 30분 후 Parc Güell에서 하차, 도보 1분 (대중교통을 이용할 경우, 정문보다 후문으로 들어가는 편이 입구를 찾기 쉬움) www.parkguell.cat

MAPECODE 27426

토레 아그바르 Torre Agbar

야경이 아름다운 건물

빛의 거장으로 알려진 프랑스 건축가인 장 누벨(Jean Nouvel)이 몬세라트의 바위산과 간헐천을 모티브로 디자인한 바르셀로나 수자원 공사의 건물이다. 4500개의 LED 유리창과 철근 콘크리트로 만들어진 타워는 낮에는 자연광에 반사되어 빛이 나고, 해가 지면 LED 창에 조명이 들어오면서 화려하게 빛을 내고 있다. 온도에 따라 창의 색이 달라지고, 자동으로 창문이 열리고 닫히는 최첨단 기술이 내장되어 있는 건물이기도 하다. 바르셀로나에서 3번째로 높은 건물이며, 2008년 프리츠커 상을 수상하기도 했다.

Avinguda Diagonal, 211, 08018 Barcelona 위도 41.4034576 (41° 24′ 12.45″ N), 경도 2.1895741 (2° 11′ 22.47″ E) ☎ 0933 42 20 00 1층 전시장 월~금 08:00~20:00, 토 · 일 · 공휴일 09:30~15:00 메트로 L1 Glòries 역에서 하차, 도보 3분 트램 T4, T5, T6 Glòries 정류장에서 하차, 도보 7분 www.torreagbar.com

MAPECODE 27427

엔칸츠 시장 Mercat dels Encants

전문적인 트렌드 시장으로 탈바꿈하다

토레 아그바르 인근에 자리하고 있는 엔칸츠 시장은 원래 유럽에서 가장 오래된 벼룩시장이었지만 전문적인 트렌드 시장으로 탈바꿈하기 위해 2013년 6월 새 건축물로 이전하면서 바르셀로나 사람들은 그 명목이 사라졌다며 아쉬워하고 있다. 새롭게 이전한 엔칸츠 시장은 1층은 예전 시장처럼 바닥에 물건을 늘어놓고 판매를 하고 있고, 2층은 제대로 된 상점들이 들어서 있다. 토레 아그바르와 더불어 야경이 예쁜 곳으로 뜨고 있다.

Calle Castillejos, 158, 08013 Barcelona 위도 41.4014135 (41° 24′ 5.09″ N), 경도 2.1860765 (2° 11′ 9.88″ E) ☎ 0932 46 30 30 매주 월 · 수 · 금 · 토 09:00~20:00() 메트로 1호선 Glòries 역에서 하차, 도보 5분 트램 T4, T5, T6 Glòries 정류장에서 하차, 도보 2분 www.encants.cat

몬주익&캄프 노우
Montjuïc& Camp Nou

◆ 몬주익은 바르셀로나 남쪽 바닷가에 위치한 해발 213m의 야트막한 언덕으로, 바르셀로나와 지중해의 전망을 한눈에 내려다볼 수 있다. '유대인의 산'을 의미하는 이름처럼, 이곳은 14세기 말 스페인 전역에서 쫓겨난 유대인들이 모여 살던 곳이었다. 1992년 바르셀로나 올림픽 메인 스타디움이 들어서면서 예술과 스포츠가 함께 어우러진 복합 공원으로서 관광객들에게 사랑받게 되었다. 스페인의 축구에서 빼놓을 수 없는 FC 바르셀로나의 홈구장인 캄프 노우도 바르셀로나에 왔다면 꼭 들러야 할 관광 코스다.

MAPECODE 27428

스페인 광장 Plaça d'Espanya

환상적인 분수 쇼가 펼쳐지는 광장

몬주익 지구의 입구 같은 장소로 이곳에서 올려다보는 카탈루냐 미술관은 마치 거대한 성과 같은 모습이다. 스페인 광장의 꽃이라고 할 수 있는 거대한 분수는 여름 밤이 되면 수많은 관광객을 이곳으로 불러들인다. '마법의 분수'라 불리는 음악 분수 쇼는 음악에 맞춰 조명과 어우러져 다양한 모습을 연출하며 그야말로 환상에 젖어들게 한다. 단, 공연 시작 직전에는 좋은 자리에 앉기 어려우니 좋은 자리에서 편하게 쇼를 보려면 일찍 가야 한다. 또한 많은 사람들이 모이는 장소이고 어둡기 때문에 소매치기를 주의해야 한다.

위도 41.3716669 (41° 22′ 18.00″ N), 경도 2.1514181 (2° 9′ 5.11″ E) 분수쇼 (3월 · 11월~1월 6일) 목~토 20:00~21:00 / (4 · 5 · 10월) 목~토 21:00~22:00 / (6~9월) 수~일 21:30~22:30 / 겨울 시즌 중 1달 반 동안은 정기 점검 메트로 1, 3, 8호선 Pl. Espanya 역에서 하차, 도보 1분 버스 13, 23, 150번 Pl Espanya-Av Reina Maria Cristina에서 하차

MAPECODE 27429

올림픽 스타디움 Estadi Olímpic de Montjuïc Lluís Companys

바르셀로나 올림픽 주경기장

1992년 바르셀로나 올림픽 마라톤 경기에서 우리나라 황영조 선수가 금메달을 목에 건 곳이 바로 이곳 몬주익에 자리한 바르셀로나 올림픽 주경기장이다. 주경기장 앞에는 2001년 바르셀로나 시와 경기도가 공동으로 세운 황영조 선수 기념비가 있다. 화려하지는 않지만 이곳에서 대한민국의 흔적을 찾아볼 수 있어서 특별함이 더해지는 곳이다.

Pg Olímpic, 17-19, 08038 Barcelona 위도 41.3661625 (41° 21′ 58.19″ N), 경도 2.1557629 (2° 9′ 20.75″ E) ☎ 0934 26 20 89 10~4월 10:00~18:00, 5~9월 10:00~20:00 / 휴무 행사가 있을 때 카탈루냐 미술관에서 뒤편 공원을 가로질러 도보 5분, 호안 미로 미술관에서 도보 7분 / 메트로 + 버스 메트로 1, 3, 8호선 Pl. Espanya 역에서 하차, 버스 150번으로 환승해서 Estadi Olimpic에서 하차, 도보 1분

카탈루냐 미술관 Museo Nacional d'Art de Catalunya

세계 제일의 종교화와 벽화 전시로 알려진 곳

몬주익 초입에 마치 거대한 성처럼 보이는 건물이 바로 카탈루냐 미술관이다. 고풍스러워 보이는 외관과는 달리, 만국 박람회 때 사용된 건물을 개조하여 1934년에 개관한 미술관으로, 역사는 그리 길지 않다. 이 미술관은 카탈루냐 지역의 다양한 작품들을 전시하고 있는데, 그중에서도 중세 시대의 종교화와 벽화 등은 세계 최고 수준을 자랑한다. 특히 피레네 산맥과 카탈루냐 지방의 작은 성당에서 수집해서 재현해 놓은 벽화들은 카탈루냐 미술관에서 절대 놓치지 말아야 할 작품이다. 스페인과 프랑스 국경에 자리한 보이 계곡의 산 클레멘테 성당의 12세기 벽화인 〈전능하신 그리스도〉라는 프레스코화는 12세기에 그려졌다고 믿기 힘들 만큼 개성적으로 표현되어 있다. 카탈루냐 미술관은 워낙 넓기 때문에 동선을 먼저 파악한 후 둘러보는 것이 좋다. 미술관 내부에는 레스토랑이 자리하고 있는데 이곳에서 내려다보이는 바르셀로나의 풍경도 예술이다.

Palau Nacional, Parc de Montjuïc, s/n, 08038 Barcelona 위도 41.3688426 (41° 22′ 7.83″ N), 경도 2.1532750 (2° 9′ 11.79″ E) ☎ 0936 22 03 60 10~4월 화~토 10:00~18:00, 일 · 공휴일 10:00~15:00 / 5~9월 화~토 10:00~20:00, 일 · 공휴일 10:00~15:00 / 휴무 매주 월요일, 1월 1일, 5월 1일, 12월 25일 성인 €12, 학생 30% DC / 아티켓 사용 가능 / 매월 첫 번째 일요일, 국제 박물관의 날, 5월 18일 무료 입장 메트로 1, 3, 8호선 Pl. Espanya 역에서 하차, 도보 1분 버스 13, 23, 150번 Pl Espanya-Av Reina Maria Cristina에서 하차, 도보 5분 (계단 또는 에스컬레이터 이용) www.mnac.cat

호안 미로 미술관 Fundació Joan Miró

카탈루냐를 대표하는 초현실주의 화가

몬주익 언덕 중간쯤에 위치해 있는 화이트 톤의 귀여운 건물이 바로 바르셀로나를 대표하는 화가 호안 미로의 작품이 전시되어 있는 호안 미로 미술관이다. 1975년 호안 미로의 친구였던 건축가 호세 루이스 셀트의 설계로 지어졌으며, 0층(우리나라 1층)에는 회화 약 300여 점과 거대한 태피스트리가 전시되어 있고, 1층(우리나라 2층)으로 올라가면 옥상으로 나갈 수 있는데 이곳에는 미로의 오브제 등이 곳곳에 전시되어 있다. 이곳에서 바라보는 바르셀로나의 전망은 보너스.

Parc de Montjuïc, s/n, 08038 Barcelona 위도 41.3684339 (41° 22′ 7.07″ N), 경도 2.1599876 (2° 9′ 35.46″ E) 0934 43 94 70 화, 수, 금 11월~3월 10:00~18:00, 4월~10월 10:00~20:00 / 목 10:00~21:00 / 토 10:00~20:00 / 일요일&공휴일 10:00~15:00 / 휴무 매주 월요일 성인 €12, 학생 €7 / 아티켓 사용 가능 카탈루냐 미술관 앞에서 좌측의 호안 미로 미술관 이정표 따라 오르막길로 도보 10분 메트로 + 푸니쿨라 메트로 2, 3호선 Paral · lel 역에서 몬주익 방향 푸니쿨라로 환승, Funicular de Montjuïc에서 하차, 도보 3분 메트로 + 버스 메트로 1, 3, 8호선 Pl.Espanya 역에서 버스 150번으로 환승, Av Miramar-Fundació Joan Miró에서 하차, 도보 1분 www.fundaciomiro-bcn.org

미라 마르 전망대 Miramar

항구가 내려다보이는 최고의 전망대

바르셀로나 항구와 구시가를 내려다볼 수 있는 최고의 전망대로, 바르셀로네타에서 타고 올라오는 케이블카가 도착하는 곳에 위치해 있다. 카페테리아도 있으니 차 한잔 마시며 잠시 여유를 가져보는 것도 좋다.

호안 미로 미술관에서 도보 5분

Tip 호안 미로 Joan Miró (1893~1983)

1893년 4월 20일 스페인 바르셀로나에서 태어난 미로는 미술과 함께 경영을 공부하면서 예술가보다는 사업가로 성공을 하고 싶었지만, 심각한 신경쇠약으로 미술을 다시 시작했다. 미로는 회화뿐만 아니라 판화, 조각, 캘리그래피 등 다양한 분야에서 다양한 작품 활동을 선보이면서 원색의 강한 컬러를 주로 사용해 왔다. 1920년 미로는 프랑스 파리로 거처를 옮기면서 피카소와 친분을 쌓았고, 다시 고향인 바르셀로나로 돌아왔지만 스페인 내전을 겪으면서 다시 파리로 돌아왔다. 1937년 피카소와 함께 파리 만국 박람회에 참여하면서 유명세를 타게 되었고 파리가 나치에 의해 점령되자 미로는 또 다시 바르셀로나로 돌아온다. 1941년 미국 뉴욕 현대 미술관에서 개인전이 열리면서 가난한 예술가에서 벗어나 스페인 마요르카 섬에 집을 갖는 게 소원이었던 그의 꿈을 이루게 된다. 1983년 12월 25일, 미로의 나이 90세로 마요르카 섬에 있는 그의 집에서 세상을 떠나게 된다.

MAPECODE 27433

몬주익 성 (군사 박물관) Montjuïc Castle

시내와 지중해를 내려다볼 수 있는 뷰 포인트

몬주익 언덕 정상에는 17세기에 건립된 몬주익 성이 자리하고 있는데, 예전에는 감옥과 무기 창고 등으로 사용되었으나 현재는 군사 박물관으로 사용 중이다. 특히 이곳은 바르셀로나 시와 지중해를 한눈에 내려다볼 수 있는 최고의 전망을 갖춘 뷰 포인트이다.

Carretera de Montjuïc, 66, 08038 Barcelona 위도 41.3638933 (41° 21′ 50.02″ N), 경도 2.1655269 (2° 9′ 55.90″ E) 0932 56 44 45 10~3월 10:00~18:00, 4~9월 10:00~20:00 일반 €5, 학생 €3 호안 미로 미술관에서 성 방향으로 오르막길 도보 15분 / 바르셀로네타 또는 포트 벨에서 케이블카를 타고 이동 가능 메트로+버스 메트로 1, 3, 8호선 Pl. Espanya 역에서 버스 150번으로 환승해서 Castle에서 하차 메트로+푸니쿨라+버스 메트로 2, 3호선 Paral · lel 역에서 몬주익 방향 푸니쿨라로 환승하여 Funicular de Montjuïc에서 하차, 성 방향으로 150번 버스로 환승하여 Castle에서 하차 메트로+푸니쿨라+케이블카 메트로 3호선 Poble Sec 역에서 몬주익 방향 푸니쿨라로 환승하여 Funicular de Montjuïc에서 하차, 성으로 향하는 케이블카를 타고 몬주익 성에서 가까운 두 번째 정류장에서 하차 www.bcn.cat/castelldemontjuic

Tip 몬주익으로 가는 교통수단

150번 버스

스페인 광장에서부터 몬주익 성까지 왕복으로 오르내리는 가장 편리한 교통수단이다.

푸니쿨라 Funicular

메트로 2, 3호선 Paral·lel 역에서 호안 미로 미술관이 자리하고 있는 몬주익 언덕 중간까지 오르내리는 등산 열차 (대중교통 티켓으로 환승 가능)

케이블카 Telefèric

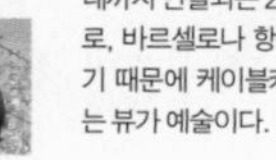

텔레페릭 데 몬주익(Telefèric de Montjuïc)에서 카스텔 데 몬주익(Castell de Montjuïc)까지 왕복으로 운행되는 케이블카. 편안하게 바르셀로나 시내를 내려다보기에 좋다. (편도 €8.40, 왕복 €12.70)

바르셀로나 시티 투어 버스 Barcelona City Tour Bus

바르셀로나 카탈루냐 광장에서 출발하는 바르셀로나 시티 투어 버스는 몬주익의 모든 랜드마크마다 승하차할 수 있다는 최고의 장점이 있다.

바르셀로네타 케이블카 Barceloneta Telefèric

바르셀로네타에서 미라 마르 전망대까지 연결되는 20인용 케이블카로, 바르셀로나 항구 위를 지나 오기 때문에 케이블카에서 내려다보는 뷰가 예술이다.

스페인 마을 Pobel Espanyol

스페인 유명 건축물을 소개하는 테마파크

1929년 국제 박람회 때 스페인 전역의 유명한 광장이나 건축물들을 소개하기 위해 만들어 놓은 테마파크로, 원래는 박람회 기간에만 오픈하려다 너무 많은 인기를 끌자 1980년대 한 번의 보수 공사 때만 제외하고 지금까지 운영되고 있다. 스페인 지역의 특색을 잘 살려 튀지 않으면서도 서로 어우러지게 만들어져 있어, 짧은 시간 동안 스페인 여행을 하고 싶다면 이곳을 찾아가 보자. 각 지방의 특산품, 공예품을 파는 상점부터 레스토랑, 카페, 어린이 전용 극장이 들어서 있다.

Av Francesc Ferrer i Guardia, 13, 08038 Barcelona 위도 41.3680119 (41° 22′ 4.84″ N), 경도 2.1466208 (2° 8′ 47.83″ E) 0935 08 63 00 월 09:00~20:00, 화~목 · 일 09:00~24:00, 금 09:00~03:00, 토 09:00~04:00, 12월 25일 09:00~14:00, 1월 1일 09:00~13:00 / 박물관 10:00~19:00 일반 €14, 학생 €10.50, 나이트 €7, 카탈루냐 미술관 콤비 티켓 €20 카탈루냐 미술관에서 도보 10분 / 메트로 1, 3, 8호선 Pl. Espanya 역에서 하차, 도보 10분 버스 13번, 23번, 150번 Poble Espanyol에서 하차, 도보 1분 www.poble-espanyol.com

캄프 노우 Camp Nou

FC 바르셀로나의 홈구장

스페인 바르셀로나에 위치한 축구 경기장이다. 엄청난 수용 인원을 자랑하는 세계 최고의 축구 전용 경기장으로 FC 바르셀로나의 홈구장으로도 잘 알려져 있다. 카탈루냐어로는 '캄 노우'라 발음한다. 캄프 노우의 투어가 바르셀로나 관광의 유명 코스 중 하나일 정도로 세계적인 명소인데, 축구 박물관이나 트로피 룸뿐만 아니라 인터뷰 룸, 라커 룸 등도 둘러볼 수 있다. 축구에 관심이 많은 사람에게는 필수 코스라고 할 수 있다.

Carrer d'Aristides Maillol, 12, 08028 Barcelona 위도 41.3806850 (41° 22′ 50.47″ N), 경도 2.1220660 (2° 7′ 19.44″ E) 0902 18 99 00 투어 (12월 17일~10월 14일) 09:30~19:30, (10월 15일~12월 16일) 월~토 10:00~18:30, 일 10:00~14:30 (오픈 시간은 해마다 조금씩 달라지니 홈페이지 참고) / 휴무 경기가 있는 날 성인 €27.50, 학생 €22.50, 5세 이하 무료 입장 메트로 5호선 Collblanc 역에서 하차, 도보 8분 / 3호선 Palau Reial 역에서 하차, 도보 10분 트램 1, 2, 3번 Palau Reial에서 하차, 도보 10분 버스 54번 Av Doctor Marañón에서 하차, 도보 3분 www.fcbarcelona.com

Tip

FC 바르셀로나

스페인 프리메라 리가(Primera Liga)에 속해 있는 축구 클럽으로, 현역 최고의 선수인 리오넬 메시가 활약하고 있다. 프리메라 리가는 24회, UEFA 챔피언스 리그는 5회를 제패했고 스페인 국왕컵도 28회나 차지한 명실상부한 세계 최고의 축구 클럽이다. 스페인에 뿌리 깊게 자리 잡은 지역 감정과 맞물려 마드리드를 연고로 하는 레알 마드리드와는 숙명의 라이벌 관계를 형성하고 있으며, FC 바르셀로나와 레알 마드리드가 맞붙는 축구 경기는 전 세계에서 가장 유명한 라이벌 매치로서 '엘 클라시코'라 불리고 있다.

FC 바르셀로나 축구 경기 관람하기

가장 편리한 방법은 FC 바르셀로나 홈페이지(www.fcbarcelona.com)에서 티켓을 예매하는 것이다. 레알 마드리드와의 엘 클라시코나 챔피언스 리그 경기는 티켓을 구하기가 상당히 어렵기 때문에 예매를 미리 하는 것이 좋다. 인터넷으로 예매를 한 후 여권을 지참하고 지정된 장소에서 티켓을 수령하면 된다. 또한 바르셀로나 관광지 곳곳에도 티켓을 판매하는 곳이 있다.

바르셀로나는 독립을 원한다

스페인과 카탈루냐

본래 스페인은 카스티야 왕국(마드리드와 라만차), 아라곤 왕국(카탈루냐), 레온 왕국(마드리드 북서부), 나바라 왕국(빌바오 지방), 포르투갈 왕국(포르투갈) 5개의 왕국으로 나눠져 있던 이베리아 반도였다. 카스티야 왕국과 레온 왕국이 통합하면서 이베리아 반도에서 가장 큰 힘을 가진 왕국이 되었고 언어도 카스티야어를 사용했다.
1937년 스페인 내전에서 극우파였던 프랑코 총통이 승리를 하고 37년간의 독재가 시작되면서, 정치와 행정에 있어 막강한 힘을 가졌던 카스티야와 지중해 무역을 통해 상업적으로 번성했던 카탈루냐가 결정적으로 등을 돌리는 계기가 되었다. 프랑코 총통이 카스티야에 정착하면서 카스티야어를 제외한 모든 언어의 사용을 금지시켰고, 자치국 깃발도 사용하지 못하게 했다. 자치권이 프랑코 총통에게 넘어가면서 카탈루냐의 세금까지 고스란히 카스티야로 넘어가고 카탈루냐 지방은 지독한 탄압과 불평등을 겪게 됐다. 바르셀로나의 자존심이었던 축구팀 'FC 바르셀로나(Futbol Club de Barcelona)'는 카스티야어 표기법으로 'CF 바르셀로나(Club de Futbol Barcelona)'로 바꾸어야 했고, 로고에 있던 카탈루냐 지역 모양도 삭제해야 했다. 축구장 안에서만큼은 카탈루냐어가 허용되어 카탈루냐 사람들의 유일한 울분과 서러움을 표출할 수 있었다. 프랑코 총통이 죽자 카탈루냐는 다시 자치권을 되찾았고, 그들만의 언어인 '카탈란'과 자치국 깃발을 다시 사용할 수 있게 되었다. 그래서 카탈루냐 사람들은 스페인 사람이기를 거부하고 독립을 원하고 있다. 카탈루냐에 가면 스페인 국기를 쉽게 찾아볼 수 없고, 펄럭이는 카탈루냐 깃발을 볼 수 있다.

카탈루냐 자치구 깃발

노랑색 바탕에 4개의 붉은색 줄이 그어져 있는 카탈루냐의 깃발은 아라곤 왕궁의 문장으로, 공식적으로 사용된 시기는 1932년부터이다. 카탈루냐의 마지막 왕이 프랑스 연합군에 의해 죽임을 당할 때 입었던 옷이 노란색이었고, 피가 묻은 손가락으로 옷에 줄을 그었던 것을 상징하기 위해 만들어진 것이다. 이 깃발에 별이 그려져 있는 것은 카탈루냐의 독립을 바라는 카탈루냐 사람들의 간절한 마음을 별로 표현한 것이다.

엘 클레시코

엘 클레시코는 우리나라의 한일전과 같은 FC 바르셀로나 VS 레알 마드리드의 경기로, 전 세계 축구 더비 게임 중 가장 높은 시청률을 보여 주는 라이벌 전이다. 실제로 FC 바르셀로나의 영웅이었던 포르투갈 출신의 루이스 피구가 레알 마드리드로 이적한 뒤, FC 바르셀로나 홈구장이었던 캄프 누로 경기를 치르러 왔을 때 경기 중에 그를 향해 온갖 물건들을 던져서 경기가 15분 동안 중단되었던 사건도 있었다. 월드컵 경기에서도 스페인이 나오면 카탈루냐 사람들은 상대팀을 응원할 정도이다. 지금도 바르셀로나 홈구장에 가서 스페인 국기를 흔드는 건 한일전 때 우리나라 응원 팀에서 홀로 일본 국기를 흔들고 있는 것과 다름 없으니 주의하도록 하자.

그 밖의 지역

◆ 바르셀로나 주요 관광지에서 조금 벗어난 곳에 위치해 있는 장소들이다. 시간적 여유가 된다면 바르셀로나의 외곽 지역도 돌아보자.

MAPECODE 27436

티비다보 Tibidabo

가장 멋진 야경을 볼 수 있는 곳

몬주익 언덕에서 바라보면 맞은편에 보이는 언덕이 바로 티비다보 언덕이다. 티비다보 언덕에는 스페인에서 가장 오래된 놀이공원이 자리하고 있는데, 이 놀이공원은 1901년 10월 29일 오픈하여 지금까지 운영하고 있는, 유럽에서도 두 번째로 오래된 놀이공원이다. 티비다보 언덕은 놀이공원뿐만 아니라 파리의 몽마르트 언덕에 자리한 사크레쾨르 성당을 모티브로 만든 사그라트 코르 성당이 자리하고 있는데 성당 앞에서 바라보는 바르셀로나 풍경이 장관을 이루기 때문에 바르셀로나에서 야경을 바라보기에 가장 아름다운 장소로 손꼽히고 있다. 또한 티비다보 역에서 푸니쿨라 역까지 운행하고 있는 파란색 트램은 100년이 넘은 클래식 트램으로, 비주얼만으로도 꼭 한번 타보고 싶은 마음이 들게 한다.

위도 41.4216955 (41° 25′ 18.10″ N), 경도 2.1186754 (2° 7′ 7.23″ E) 트램 운행 9월 초~6월 말까지는 주말, 공휴일만 운행, 6월 말~9월 초까지 매일 운행 카탈루냐 광장에서 FGC L7을 타고 Av. Tibidabo에서 하차 / 196번 버스, 트램 + 푸니쿨라, 트램 + 도보 30분 등의 방법 중 선택 / 놀이공원 오픈 시 카탈루냐 광장 애플 매장 인근에 있는 Caja Madrid 은행 앞에서 셔틀버스 승차 (놀이공원 개장 확인은 홈페이지에서 확인 www.tibidabo.cat)

콜로니아 구엘 성당 Colónia Güell

미완성으로 남은 가우디 최대 걸작품

1898년 서민들을 위한 성당을 짓고 싶었던 가우디는 후원자였던 구엘의 의뢰로 바르셀로나 근교 산타 콜로마 데 세레베요(Santa Clolma de Cervelló)에 성당을 짓기 시작했다. 하지만 사그라다 파밀리아 성당에 집중하느라 콜로니아 구엘 성당은 지하 예배당만 끝낸 채 미완성으로 남은 작품이다. 완성된 지하 예배당은 원래는 구엘 가의 납골묘로 사용할 예정이었지만, 성당이 미완성으로 남은 탓에 지하 납골묘 자리가 예배당으로 만들어졌다. 그러나 4개의 현무암 기둥과 야자수 나무처럼 기울어진 모자이크 기둥, 지하 예배실 안에 화려한 빛이 쏟아져 내리는 스테인드글라스, 가우디 특유의 디자인으로 만들어진 의자들은 그야말로 가우디 최고의 걸작품으로 손꼽히고 있다. 2004년 유네스코 세계 문화유산에 등재되었다.

🏠 c/ Claudi Güell, s/n, 08690 Santa Coloma de Cervelló ◉ 위도 41.3623960 (41° 21′ 44.63″ N), 경도 2.0284990 (2° 1′ 42.60″ E) ☎ 0936 30 58 07 ◉ 11~4월 월~금 10:00~17:00, 토 · 일 · 공휴일 10:00~15:00 5~10월 월~금 10:00~19:00, 토 · 일 · 공휴일 10:00~15:00 / 휴무 1월 1일, 1월 6일, 성금요일, 12월 25~26일 ◉ 일반 €9, 학생 €7.50 🚌 에스파냐(Espanya) 역에서 FGC S4, S8, S33번 중 하나를 타고 콜로니아 구엘(Estación Colonia Güell) 역에서 하차, 파란 발자국 모양을 따라 도보 15분 ℹ www.gaudicoloniaguell.org

라 로카 빌리지 아웃렛 La Roca Village Outlet

바르셀로나 최고의 아웃렛 쇼핑 단지

바르셀로나 근교에 위치해 있는 라 로카 빌리지 아웃렛은 프랑스, 이탈리아의 유명 아웃렛 단지보다는 작은 편이지만 130여 개의 매장이 입주해 있는 쇼핑 단지이다. 스페인 여행의 쇼핑리스트 1순위를 차지하고 있는 캠퍼(CAMPER), 스페인 브랜드 빔바 & 롤라(bimba & lola) 등을 포함해 의류, 잡화, 화장품, 주방용품 등을 할인된 가격에 구매할 수 있는 바르셀로나 최고의 아웃렛 단지이다. 가기 전 아웃렛 홈페이지에 가입한 뒤, 아웃렛 인포메이션에서 아이디를 알려주면 VIP 할인 쿠폰북을 받을 수 있다. 한 매장에서 €91 이상 구매 시 택스 리펀드를 받을 수 있다.

🏠 La Roca Village, s/n, 08430 La Roca del Vallès Barcelona ◉ 위도 41.6124753 (41° 36′ 44.91″ N), 경도 2.3452839 (2° 20′ 43.02″ E) ☎ 0938 42 39 39 ◉ 9월 중순~5월 10:00~21:00 / 6월~9월 중순 10:00~22:00 / 12월 24일, 31일 10:00~19:00 🚌 바르셀로나 그라시아 거리 6(Passeig de Gracia, 6)의 카탈루냐 광장 엘 코르테 잉글레스 백화점에서 카사 밀라 방향으로 130m 직진, 버스정류장에서 셔틀버스 타고 약 50분 (아웃렛 홈페이지에서 셔틀버스를 미리 예약한 뒤 바우처를 꼭 프린트해 간다. 왕복 티켓이기 때문에 바르셀로나로 돌아올 때까지 영수증을 꼭 보관해야 한다.) 셔틀버스 요금 왕복 티켓(홈페이지) €20 셔틀버스 시간 그라시아 거리 → 라 로카 빌리지 09:00, 10:00, 11:00, 12:00, 13:00, 15:10, 16:00, 17:00, 18:00, 19:10 / 라 로카 빌리지 → 시내 10:10, 11:00, 12:00, 14:00, 15:00, 16:00, 17:00, 18:00, 19:00, 21:00 ℹ www.larocavillage.com

Eating

고딕 & 보른 지구

호프만 빵집 Hofmann Pastisseria

MAPECODE 27439

스페인에서 가장 맛있는 크루아상을 만드는 빵집으로 선정됐을 만큼 유명한 빵집으로 호프만 요리학교에서 운영하고 있다. 가장 인기 많은 건 역시나 크루아상인데 크루와상의 종류도 다양한 편이다. 일반적인 크루아상뿐만 아니라 라즈베리가 들어간 크루아상, 마스카포네 치즈가 들어간 크루아상, 초콜릿이 들어 있는 크루아상 등 입맛에 맞게 다양하게 즐겨 보자. 단, 워낙 유명하기 때문에 크루아상의 경우는 빨리 매진되는 경우가 있는데, 이때는 호프만 빵집 바로 근처에 자리한 라 세카(La SECA) 극장 1층 카페로 가 보자. 호프만 빵집에서 운영하는 카페로 이곳에는 빵이 남아 있을 수 있다.

Carrer dels Flassaders, 44, 08003 Barcelona ☎ 0932 68 82 21 월~수 09:00~14:00, 15:30~20:00 / 목~토 09:00~14:00, 15:30~20:30 / 일 09:00~14:30 크루아상 €2.50~ 산타 델 마르 성당에서 도보 2분 / 피카소 미술관에서 도보 4분 www.hofmann-bcn.com

츄레리아 Xurreria

MAPECODE 27440

바르셀로나에서 가장 인기 있는 곳으로 츄러스 전문점으로, 일대의 레스토랑에 납품도 하고 있다. 맛은 호불호가 갈리기는 하지만 식감이 촉촉하고 간편하게 간식으로 먹기 좋으며, 설탕이 뿌려져 있는 기본 츄러스와 초콜릿 츄러스가 가장 인기 있다. 바르셀로나에 한국 여행객들이 몰리는 곳이 몇 군데 있는데 츄레리아도 주인 할아버지께서 짧은 한국어를 하실 정도로 한국 여행자들이 많이 찾는 곳이다.

Carrer dels Banys Nous, 8, 08002 Barcelona ☎ 0933 18 76 91 10:00~13:30, 17:00~20:30 100g €1.20 산 하우메 광장에서 도보 3분 / 람블라스 거리에서 도보 7분

보 데 비 Bò de B

MAPECODE 27441

고딕 지구와 보른 지구 중심에 자리하고 있는 보 데 비는 항상 줄을 서야 맛볼 수 있는 스페인식 샌드위치 보카디요 전문점이다. 테이크아웃 줄과 가게 안에서 먹고 가는 줄이 다르니 줄을 잘 서야 한다. 메인 메뉴만 주문한 뒤 신선한 야채와 다양한 종류의 재료를 원하는 대로 선택할 수 있다. 오믈렛 위드 치즈 또는 치킨, 소고기 등 주문과 동시에 재료를 구워 주기 때문에 정성스러운 보카디요를 맛볼 수 있다.

🏠 Carrer de la Mercè, 35, 08002 Barcelona ☎ 0932 95 43 13 ⏲ 10:00~01:00 € 오믈렛위드치즈 €4.50, 치킨 €4~, 연어 €4, 소고기 €4 🚌 중앙우체국 바로 옆 / 메트로 L4 Jaume I 역에서 하차, 도보 5분

칼 펩 Cal PEP

MAPECODE 27442

재료의 싱싱함과 오너셰프를 필두로 조리사들의 내공이 그대로 살아 있는 타파스 레스토랑으로, 레스토랑을 평가하는미슐랭가이드를 포함한 3대 평가 기간에서 모두 세계 레스토랑 50위 안에 선정된 기록을 가지고 있다. 메뉴판이 따로 없으며, 그날 그날 추천 메뉴로 음식을 맛볼 수 있는데 대부분 해산물 타파스가 주 메뉴이다. 레스토랑의 규모가 크지 않게 때문에 대부분 예약 손님(4인 이상 예약 가능)들로, 그냥 찾아가면 기다리는 시간은 감수해야 한다. 오픈 전에도 미리 줄 서 있는 사람들이 많기 때문에 칼 펩에서 꼭 음식을 먹어 보고 싶다면 오픈 전에 일찍 가서 기다리는 것이 좋다.

🏠 Plaça de les Olles, 8, 08003 Barcelona ☎ 0933 10 79 61 ⏲ 월 19:30~23:30, 화~토 13:30~15:45, 19:30~23:30 / 휴무 월요일 낮, 매주 일요일, 축제 당일, 8월의 마지막 3주간 🚌 산타 델 마르 성당에서 도보 3분 € 1인 €45~ ℹ calpep.com

문디알 바르 Mundial Bar

MAPECODE 27443

보른 지구에 자리하고 있는 100년 이상 된 타파스 전문점으로, 인테리어는 조금 허름하지만 싱싱한 재료로 만든 해산물 타파스로 현지인들에게 사랑받는 로컬 레스토랑 겸 바이다. 평일보다 주말 저녁에 메뉴가 더 많아지기 때문에 다양한 맛을 즐기고 싶다면 주말 저녁에 찾아가 보자. 단, 주말은 항상 손님이 많기 때문에 기다리는 것을 감수해야 한다.

🏠 Plaza Sant Agusti Vell, 1, 08003 Barcelona ☎ 0933 19 90 56 ⏲ 13:00~16:00, 20:00~24:00 € 타파스 평균 €10~ 🚌 피카소 미술관에서 도보 10분

리스토라토리 나티 Ristoratori Nati (Sports Bar Italian Food)

MAPECODE 27444

피자가 맛있기로 소문난 오픈한 지 얼마 되지 않은 스포츠 바로, 축구공 모양의 화덕이 인상적인 곳이다. 이탈리아 나폴리의 맛을 그대로 담은 피자들은 이탈리아 사람들도 다시 찾을 만큼 맛을 제대로 살려 내고 있으며, 스포츠 바답게 유명 경기가 있는 날은 경기를 보며 맥주를 마시는 손님들로 가득하다.

Calle Ample, 51, 08002 Barcelona ☎ 0933 10 69 58 피자 €7~€12, 파스타 €7~€12 중앙우체국에서 도보 2분 / 메트로 L4 Jaume I 역에서 하차, 도보 6분 www.sportsbaritalianfood.com

라 파라데타 La Paradeta

MAPECODE 27445 27446

바르셀로나에 7개의 체인이 있는 해산물 전문점으로, 입구에 들어서면 싱싱한 해산물들이 세팅되어 있다. 원하는 해산물을 골라서 원하는 조리법(그릴 또는 프라이)을 알려 준다. 계산할 때 음료를 같이 주문하고 자리에 앉으면 번호를 불러 주는데 해당 번호가 되면 음식 찾는 곳에서 가지고 오면 된다. 바르셀로나 현지인들도 즐겨 찾는 곳으로, 오픈 전 미리 대기하며 기다릴 정도로 인기가 많은 곳이다.

보른점

Carrer Comercial, 7, 08009 Barcelona ☎ 0932 68 19 39 화~토 13:00~16:00, 20:00~24:00 / 일 13:00~16:00, 20:00~23:30 / 휴무 매주 월요일 산타 멜 마르 성당에서 도보 5분 www.laparadeta.com

사그라다 파밀리아점

Passatge Simó, 18, 08013 Barcelona ☎ 0934 50 01 91 화~목 13:00~16:00, 20:00~23:30 / 금~토 13:00~16:00, 20:00~24:00 / 일 13:00~16:00 / 휴무 매주 월요일 사그라다 파밀리아 성당에서 도보 2분

세르베세리아 엘 바소 데 오로 Cerveceria el Vaso de Oro

MAPECODE 27447

바르셀로나 현지인이 최고로 인정하는 바르(바)로 선정될 만큼 현지인이 사랑하는 로컬 바르로 바르셀로네타로 진입하는 곳에 위치해 있다. 투박하게 썰어져 나오는 소고기 스테이크와 푸아그라 스테이크 요리는 엘 바소 데 오로에서 가장 인기 있는 메뉴이다. 특히 맥주 맛이 일품이기로 소문난 독일, 체코, 일본 맥주보다 더 품격 있는 맥주를 맛볼 수 있는 곳으로 손꼽히는 만큼 맥주 애호가라면 꼭 한번 들러 볼 만하다.

Calle de Balboa, 6, 08003 Barcelona ☎ 0933 19 30 98 09:00~24:00 푸아그라(Foie) 스테이크 €22~, 소고기 스테이크 €13~(+고추 튀김 €4) 중앙우체국에서 도보 5분 / 메트로 L4 Barceloneta역에서 도보 3분

플라트하 카 라 누리 PLATJA Ca La Nuri

MAPECODE 27448

현대적인 인테리어가 고급스러워 보이는 파에야 전문 레스토랑으로, 바르셀로네타에 자리하고 있다. 지중해 바다를 바라볼 수 있는 테라스가 인상적인 곳이다. 모든 종류의 파에야가 다 인기 있을 정도로 맛있고, 사이드 메뉴로는 고르케(크로게타) 또는 오징어 튀김을 추천한다.

Passeig Marítim de la Barceloneta, 55, 08005 Barcelona ☎0932 21 37 75 월~금 13:00~16:00, 20:00~22:30 / 토 13:00~16:30, 20:00~22:30 / 일·공휴일 13:00~16:30 카 라 누리 파에야 €18.90~, 소고기 고로케 €5.70~, 오징어 튀김 €8.90~ 메트로 4호선 Ciutadella · Vila Olímpica 역에서 하차, 도보 10분 버스 45, 59, D20 Hospital del Mar에서 하차, 도보 1분 www.calanuri.com

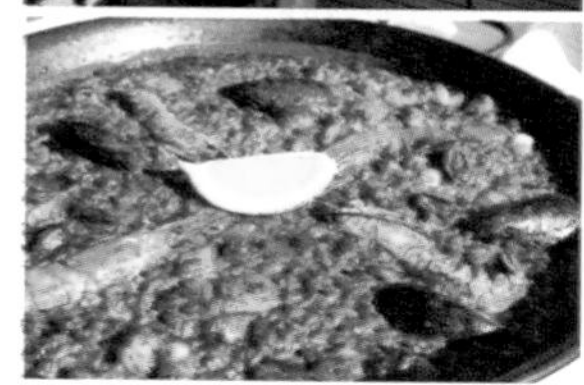

엘 레이 데 라 감바 El Rey de la Gamba

MAPECODE 27449

'새우의 왕'이라는 뜻으로 중앙우체국에서 바르셀로네타 해변으로 가는 길에 위치해 있다. 이미 한국인 관광객들 사이에서는 꽤나 유명하기 때문에 한국어로 된 메뉴판도 있다. 이름답게 새우는 물론이고 해산물을 전문으로 하는 레스토랑으로 1호점을 시작으로 옆으로 2호점, 3호점까지 큰 규모를 자랑하고 있다. 해산물은 물론 파에야나 세트 메뉴 등 다양한 메뉴가 있으며 양 또한 푸짐하고 맛있기로 소문난 곳이다.

Passeig Joan Borbó Comte Barceló, 53, 08003 Barcelona ☎0932 25 64 01 12:00~01:00 오징어 튀김 타파스 €6, 접시(라시온) €10.95~ / 새우구이 타파스 €8~, 접시 €21.43~ / 왕새우구이 타파스 €10.15~, 접시 €22.98~ / 파스타 €9~ / 파에야 €13~ 메트로 L4 Barceloneta 역에서 도보 10분 www.reydelagamba.com

그랑하 에메 비아데르 Granja M Viader

MAPECODE 27450

스페인 어느 지역에서 어떤 마트를 가던지 쉽게 볼 수 있는 카카올라트는 우유와 카카오 가루를 섞어 만든 음료로, 카카올라트를 마트에서도 맛볼 수 있도록 용기에 넣어 판매를 시작한 최초의 카페가 바로 그란하 에메 비아데르다.

1870년 오픈해서 145년이 넘도록 바로 짠 우유와 치즈 등 최고의 유제품만을 고집하고 있으며, 이 집의 최고 인기 음료인 카카올라트는 1913년에 개발되었다. 차갑게, 미지근하게, 따뜻하게 3가지 온도로 주문 가능하다.

🏠 Carrer Xuclà, 4-6, 08001 Barcelona ☎ 0933 18 34 86 ✔ 월~토 09:00~13:15, 17:00~21:15 / 휴무 일 · 공휴일 € 카카올라트 €2 🚌 람블라스 거리 스타벅스 옆 성당에서 도보 1분 / 현대 미술관에서 도보 5분 ℹ www.granjaviader.cat

퀴멧 & 퀴멧 Quimet & Quimet

MAPECODE 27451

라발에서 몬주익 방향으로 조금 벗어난 곳에 위치해 있는 타파스 전문점으로 영국 잡지에 소개된 후 한국 여행자들 사이에서도 입소문이 나기 시작해 바르셀로나에서 한국 여행자들을 가장 많이 만날 수 있는 곳 중 단연 1순위라고 해도 과언이 아니다. 가게 안을 꽉 채우고 있는 와인 병들이 별다른 인테리어를 하지 않아도 퀴멧 & 퀴멧만의 특별한 분위기를 연출하고 있다. 마련되어 있는 테이블 좌석은 없고, 서서 맛볼 수 있는 테이블은 몇 개 준비되어 있지만, 이마저도 차지하기 쉽지 않은 곳이다. 주문하면 바로 만들어주는 타파스 중 홍합과 캐비어가 들어간 몬타디토(미니 샌드위치)와 요거트, 연어, 꿀이 올려진 몬타디토, 작은 오징어와 양파가 올려진 몬타디토, 이 집만의 특별한 맥주인 하우스 흑맥주가 가장 인기가 많다.

🏠 Carrer del Poeta Cabanyes, 25, 08004 Barcelona ☎ 0934 42 31 42 ✔ 월~금요일 12:00~16:00, 19:00~22:30 / 토요일 12:00~16:00 / 휴무 일 · 공휴일 € 몬타디토 €2.50~€3.50, 퀴멧퀴멧 맥주 €2.70 🚌 메트로 L3 Paral · lel 역에서 도보 4분

촌타두로 Chontaduro

MAPECODE 27452

남미와 카리브 연안에서 맛볼 수 있는 음식과 스페인 음식이 어우러진 퓨전 메뉴를 판매하는 레스토랑이다. 모던하고 캐주얼한 분위기와 솜씨 좋은 음식에 현지인들은 물론 관광객들에게까지 입소문이 나면서 바르셀로나에서 핫하게 떠오르고 있다. 트립어드바이저에서 미리 예약하면 식사에 한해 30% 할인을 받을 수 있다. 메인 메뉴 외에 디저트 메뉴도 인기가 많다.

Carrer d'Aribau, 254, 08006 Barcelona ☎ 0934 63 57 12 일~수 13:00~16:00, 20:00~24:00 / 목~토 13:00~16:00, 20:00~02:00 닭고기&돼지고기 혼합 2인분 €30, 아보카도 참치 €16 메트로 L3, L5 Diagonal 역에서 도보 13분 / 메트로 L6, L7 Gràcia 역에서 도보 7분 www.chontadurobcn.com

카탈라나 세르베세리아 CATALANA CERVECERIA

MAPECODE 27453

그라시아 거리에 인접해 있는 바르 겸 레스토랑으로, 현지인과 관광객 모두에게 인기가 있어 식사 시간이 아닐 때에도 항상 붐비는 곳이다. 이 집은 타파스의 맛이 예술이며, 특히 이쑤시개에 꽂혀 있는 핀초스 중에서 바게트 빵 위에 소고기 안심구이가 올려진 몬타디토 솔로미오(Montadito Solomillo)는 크기도 작지 않아 마치 작은 스테이크를 먹는 느낌을 준다. 바르에 보이는 타파스와 핀초스 외에 메뉴판에 더 많은 메뉴가 있다.

Carrer de Mallorca, 236, 08008 Barcelona ☎ 0932 16 03 68 08:00~01:30 몬타디토 솔로미오 €4.75~ 그라시아 거리에서 도보 2분 / 카사 밀라에서 도보 5분 / 카사 바트요에서 도보 5분

누 칸단추 Nou Candanchú

MAPECODE 27454

현지인들이 즐겨 찾는 바르 겸 레스토랑으로, 그라시아 지역에 위치해 있다. 낮에 노천 테이블에서 시계탑 광장을 바라보며 여유를 부리기에 좋은 타파스 전문점이다. 해산물 요리와 샌드위치(보카디요)가 주 메뉴이며 문어, 홍합, 꼴뚜기 등 다양하게 즐길 수 있다.

Plaza De la Vila de Gracia, 9, 08012 Barcelona ☎ 0932 37 73 62 월 09:00~24:00, 수~일 09:00~01:00 / 휴무 매주 화요일 타파스 €3~, 문어요리 €7.50~ 메트로 3호선 Fontana 역에서 도보 7분

Sleeping

암미라티 Ammirati

MAPECODE 27455

한인 민박과 이탈리안 B&B를 함께 운영하고 있는 암미라티는 한국인과 이탈리아인 부부가 운영하고 있다. 2014년 바르셀로나 고딕 지구에 새롭게 자리잡은 곳으로, 레이알 광장 근처에 위치해 있기 때문에 람블라스 거리, 고딕 지구, 라발 지구, 보른 지구 등 바르셀로나의 대표적인 관광지를 도보로 이동할 수 있다. 조식은 한국식, 이탈리아식으로 번갈아 가며 나오며 무엇보다 주인 부부가 발품 팔며 직접 인테리어한 숙소는 내 집 같은 편안한 분위기를 연출한다.

Caller auric, 17, 08002 Barcelona ☎ 카카오톡 아이디 ammirati 남성 전용 도미토리 6인실 €30, 여성 전용 도미토리 2인실 €40, 트윈룸 €80, 더블룸 €90 / 1박 시 €5 추가 레이알 광장에서 도보 3분 / 카탈루냐 광장에서 도보 12분 / 메트로 3호선 Liceu 역에서 도보 5분 블로그sonocoreana.blog.me, 카페 cafe.naver.com/ammirati

카사 그라시아 바르셀로나 호스텔 Casa Gracia Barcelona Hostel

MAPECODE 27456

바르셀로나에서도 명품 거리인 그라시아 거리 코너에 자리하고 있는 카사 그라시아 바르셀로나 호스텔은 위치 조건뿐만 아니라 고급스러운 인테리어까지 충족시키는 부티크 호스텔이다. 앤티크한 인테리어와 창으로 들어오는 햇살이 한껏 어우러져 호스텔 자체가 여행지인 듯 착각하게 만드는 곳이다. 좋은 분위기의 숙소를 원한다면 서둘러 예약하도록 하자. 전 객실 무료 와이파이가 제공된다.

Passeig de Gràcia, 116, 08008 Barcelona ☎ 0931 87 44 97 도미토리 6인실(남녀 공용) €13~, 도미토리 6인실 €18~, 도미토리 5인실 €19.80~, 도미토리 4인실 €21.50~, 도미토리 3인실 €24~, 더블룸 €60~ / 조식 포함 카사 밀라에서 도보 4분 메트로 3호선 Diagonal 역에서 하차, 도보 3분 버스 22, V17번 Gran de Gràcia-Jesús에서 하차, 도보 2분 / 6, 7, 16, 17, 33, 34, H8번 Jardinets de Gràcia에서 하차, 도보 3분 www.casagraciabcn.com

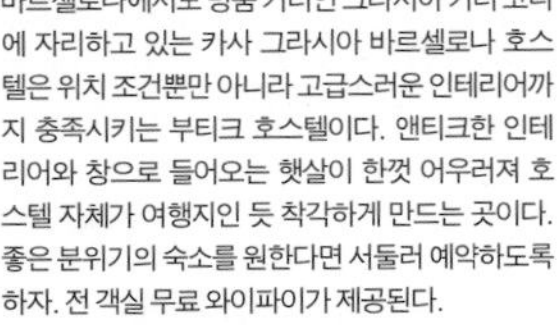

세인트 조르디 호스텔 락 팔라스 Sant Jordi Hostel Rock Palace

MAPECODE 27457

2016년 호스텔 월드 전 세계 대형 호스텔 부문에서 4위를 차지할 만큼 위치, 시설, 서비스, 청결도에서 모두 높은 점수를 받은 곳이다. 예술과 음악을 좋아하는 여행자들에게는 최상의 숙소로, 호스텔 내에 바와 클럽 분위기가 물씬 나는 특별한 인테리어와 분위기 때문에 항상 인기 많은 호스텔로 손꼽히는 곳이다.

Carrer Balmes 75, 08007 Barcelona ☎ 0934 52 32 81 도미토리 14인실 €17.90~, 도미토리 12인실 & 10인실 €18.90~, 도미토리 8인실 €20.90~, 도미토리 4인실 €25.90~, 도미토리 4인실(화장실 포함) €26.90~ / 조식 불포함 카사 바트요에서 도보 5분 메트로 렌페 Passeig de Gràcia 역에서 하차, 도보 5분 / 메트로 2호선, 3호선, 4호선 Passeig de Gràcia 역에서 하차, 도보 8분 버스 7, 16, 17, 22번 Passeig de Gràcia-Aragó에서 하차, 도보 6분 / 22, 24번 Passeig de Gràcia-Consell de Cent에서 하차, 도보 5분 www.santjordihostels.com/sant-jordi-hostel-rock-palace

로다몬 바르셀로나 센트레 Rodamon Barcelona Centre

MAPECODE 27458

그라시아 거리와 디아고날 거리가 만나는 곳에 위치한 호스텔로 침대마다 개별 커튼이 달려 있어 프라이버시를 지킬 수 있다. 침대가 편하기로 소문나 있기 때문에 잠자리를 신경 쓰는 분들에게 추천할 만한 호스텔이다. 위치 조건과 깔끔한 시설 덕분에 인기가 많은 호스텔 중 하나인 만큼 성수기 예약은 서둘러야 한다. 객실마다 무료 와이파이가 제공된다.

Carrer de Còrsega, 302, 08008 Barcelona ☎ 0932 17 19 44 도미토리 10인실 €19~, 도미토리 6인실 €25~ / 조식 포함 카사 밀라에서 도보 4분 메트로 3호선 Diagonal 역에서 하차, 도보 3분 버스 6, 7, 16, 17, 22, 24, 33, 34, H8번 Jardinets de Gràcia에서 하차, 도보 3분 www.rodamonhostels.com

타일로스 호스텔 Tailor's Hostel

MAPECODE 27459

스페인 광장과 카탈루냐 광장 사이에 자리하고 있는 호스텔로, 1930년대 방직 공장이었던 곳에 호스텔을 만들었다. 양복점 콘셉트의 인테리어가 눈길을 끄는데, 재봉틀 테이블, 다리미판 테이블 등을 하나하나 둘러보는 재미가 넘치는 곳으로 이색적인 호스텔을 원한다면 이곳을 추천한다. 전 객실에 와이파이가 무료로 제공된다.

🏠 Carrer Sepúlveda, 146, 08011 Barcelona ☎ 0932 50 56 84 ⓔ 도미토리 12인실(남녀 공용) €10~, 도미토리 12인실(여성 전용) €12~, 6인실(남녀 공용-화장실 딸린 방) €14~, 도미토리 6인실(남녀 공용) €12~, 6인실 €60~, 4인실 €60~ / 조식 불포함 🚌 카탈루냐 광장에서 도보 15분 메트로 1호선 Urgell 역에서 하차, 도보 3분 버스 9, 50, H12번 Gran Via-Urgell에서 하차, 도보 3분 ⓘ www.tailorshostel.com

아파트먼츠 식스티포 Apartments Sixtyfour

MAPECODE 27460

명품 거리인 그라시아 거리에 자리하고 있는 아파트먼트로, 현대적인 인테리어가 우아함을 더해 주고 있다. 유네스코 세계 문화유산에 등재된 가우디의 건축물인 카사 밀라와 카사 바트요가 근처에 인접해 있기 때문에 위치 조건이 매우 좋다. 와이파이는 24시간 동안 8유로로 제공하고 있고, 3박 이상일 때만 예약 가능하다. 바르셀로나의 아파트먼트는 시설은 좋은 대신 예약 보증금이 워낙 비싸고, 환불이 빠르지 않다는 단점도 있다.

🏠 Passeig de Gràcia, 64, 08007 Barcelona ☎ 0648 18 25 97 ⓔ 1베드룸 아파트(2인) €532~, 2베드룸 아파트(3~4인) €597~, 2베드룸 아파트(5~6인) €687~, 3베드룸 아파트(7~8인) €900 / 3박 기준) 🚌 카사 바트요에서 도보 3분 / 카사 밀라에서 도보 5분 / 카탈루냐 광장에서 도보 10분 메트로 3호선 Passeig de Gràcia 역에서 하차, 도보 3분 버스 7, 16, 17, 22 Pg de Gràcia-Aragó에서 하차, 도보 3분 ⓘ www.sixtyfourapartments.com

그란비아 호텔 Granvia

MAPECODE 27461

그라시아 거리에 인접해 있는 호텔로, 카탈루냐 광장, 카사 바트요, 람블라스 거리 등 관광지와 인접해 있어서 위치 조건이 좋다. 호텔 뒤편에는 테라스 정원이 있어서 잠시 휴식을 취하며 차 한 잔 하기에 좋으며, 전 객실에서 와이파이를 무료로 사용할 수 있다.

Gran Via de les Corts Catalanes, 642, 08007 Barcelona ☎ 0933 18 19 00 더블룸 €170~, 슈피리어 더블룸 €200~, 패밀리룸(4인) €250~ 메트로 2, 4호선 Passeig de Gràcia 역에서 하차, 도보 2분 버스 7, 50, 54, 62, H12번 Gran Via-Pau Claris에서 하차, 도보 1분 / 버스 16, 17, 22번 Pg de Gràcia-Casp에서 하차, 도보 4분 www.hotelgranvia.com

부티크 호텔 H10 카탈루냐 플라자

Boutique Hotel H10 Catalunya Plaza MAPECODE 27462

바르셀로나 교통의 중심인 카탈루냐 광장에 자리 잡고 있는 부티크 호텔로 여행하기에 최고의 위치를 자랑한다. 현대적인 인테리어로 모든 객실에는 네스프레소 커피 머신과 캡슐이 구비되어 있고, 투숙객당 1병씩 무료 생수도 구비되어 있다. 전 객실 무료 와이파이가 제공된다.

Plaça Catalunya 7, 08002 Barcelona ☎ 0933 17 71 71 더블룸 €200~, 더블룸(카탈루냐 광장 조망 가능) €256~ / 조식 포함 메트로 1, 3호선 Catalunya 역에서 하차, 도보 1분 버스 24, 41, 42, 55, 66, 67, 68번 Plaça Catalunya에서 하차, 도보 1분 www.h10hotels.com/en/barcelona-hotels/h10-catalunya-plaza

카사 캄페르(캠퍼) CASA CAMPER

MAPECODE 27463

치안 상태가 점점 안 좋아지던 라발 지구를 살리기 위해 현대적인 호텔들과 미술관들이 들어서면서 함께 지어진 부티크 호텔이다. 지금은 관광객들이 한 번쯤 머물러 보고 싶어 하는 호텔로, 우리가 잘 아는 신발 업체 캠퍼(Camper)에서 운영하고 있다. 람블라스 거리에서 현대미술관으로 이어지는 골목에 자리하고 있기 때문에 이곳을 지나가는 사람이라면 한 번은 지나가던 발길을 멈춰 세우게 되는 곳이다. 방마다 구조와 디자인이 다르며, 해먹이 걸려 있는 것도 독특하다. 24시간 오픈되어 있는 스낵 바를 무료로 이용할 수 있다는 것도 장점이며 현재는 라발 지구를 밝은 분위기로 변화시키는 1등 공신 중 한 곳이다.

Elisabets, 11, Ciutat Vella, 08001 Barcelona 위도 41.3832770 (41° 22′ 59.80″ N), 경도 2.1684600 (2° 10′ 6.46″ E) ☎ 0933 42 62 80 현대 미술관에서 도보 2분 / 람블라스 거리에서 도보 3분 www.casacamper.com

몬세라트
Montserrat

'톱니 모양의 산'을 뜻하는 '몬세라트'는 바르셀로나에서 북서쪽으로 약 50km 정도 떨어진 곳에 위치해 있는 해발 1,236m의 높이를 자랑하는 바위산이다. 카탈루냐의 수호 성인인 '검은 마리아상'을 보관하고 있는 베네딕토 수도회의 수도원은 725m 위치에 자리하고 있다. 스페인 카톨릭의 최고의 성지인만큼 전세계에서 몰려드는 신도들의 발길이 끊이지 않고 있으며, 천재 건축가 가우디가 가장 많은 영감을 얻은 장소답게 트래킹을 하기 위해 이곳을 찾는 여행객들도 늘어나고 있다. 몬세라트를 방문한다면 수도원뿐만 아니라 산 호안 전망대와 산타 코바 전망대도 여유를 가지고 둘러보도록 하자. 몬세라트에서 식사를 할 수 있는 곳이 여유롭지 않기 때문에 샌드위치나 도시락을 준비해 가는 것도 좋다.

대중교통

바르셀로나 메트로 1·3·8호선 에스파냐(Espaya) 역에서 만레사(Manresa)행 사설 기차인 FGC R5 노선을 타고 몬세라트 수도원과 연결되는 케이블카 또는 산악열차(Cremallera)로 갈아탄다. 이때, 교통 통합권인 1일권을 이용한다면 무조건 타고 올라갔던 케이블카 또는 산악기차로 내려와야 한다. 대부분 바르셀로나로 돌아갈 때 좀 더 편하게 앉아 가기 위해 산악기차를 많이 선호하는 편이다.

에스파냐(Espaya) 역 → (FGC R5) 50~55분 → 몬세라트 아에리(Monserrat Aeri, 케이블카 환승 수도원까지 10분) → 도보 6분 → 모니스트롤 드 몬세라트(Monistrol de Monserrat, 산악 기차 환승 수도원까지 20분)

FGC R5

산악열차

티켓 종류

통합권 1(€35.30)

FGC + 메트로 5회 + 케이블카 또는 산악기차 + 푸니쿨라(Sant Joan, Santa Cova) + Audiovisaual show

통합권 2(€53.85)

FGC + 메트로 5회 + 케이블카 또는 산악기차 + 푸니쿨라(Sant Joan, Santa Cova) + 박물관 + 점심 + Audiovisaual show

티켓 구입 FGC 기차역 티켓 오피스나 자동 발매기
FGC 홈페이지 www.fgc.cat

관광 안내소

주소 Plaza de la Creu s/n
전화 0938 77 77 01
오픈 10~5월 월~토 09:00~18:00 / 6~9월 월~토 09:00~19:30
휴무 매주 일요일
위치 산악기차역 맞은편
홈페이지 www.montserratvisita.com

몬세라트 추천 코스

몬세라트는 거대한 바위산으로 흔히 몬세라트 수도원을 의미한다. 수도원에 도착하면 검은 성모상을 보기 위해 관광객들이 몰리기 때문에 먼저 산타 코바나 산 호안을 다녀오는 것도 괜찮다. 단, 에스콜라니아 소년 합창단의 성가 시간에 맞춰 수도원으로 돌아오는 것도 잊지 말 것.

* 소년 성가대 에스콜라니아(Escloania) 시간에 맞춰 이동 루트를 정하도록 하자.
* 대부분의 관광객들이 오전 시간에 방문하기 때문에 검은 성모상을 만지려면 긴 줄을 서야 한다. 하지만 점심 시간이 지나면 줄이 한결 짧아지기 때문에 줄이 길다면 다른 곳부터 다녀온 후 방문하는 것이 좋다.

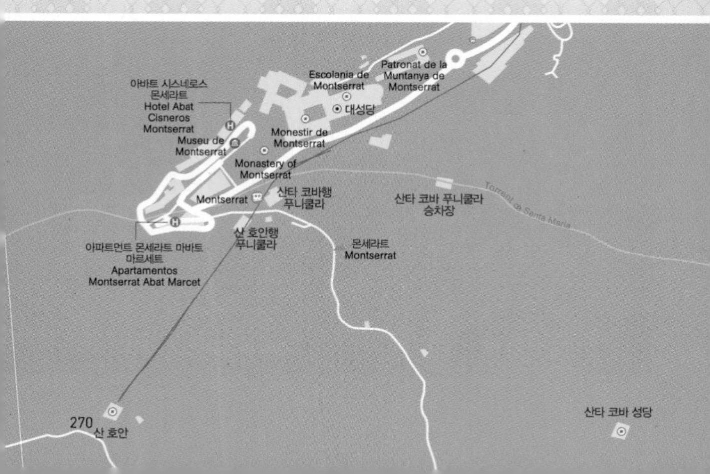

MAPECODE 27464

몬세라트 수도원 Monestir de Montserrat

에스콜라니아 성가대와 검은 성모상이 있는 수도원

9세기에 처음 알려진 수도원은 이후 증개축되었지만 1811년 프랑스 나폴레옹의 군대에 의해 상당한 부분이 파손되었고 수도사들도 처참한 죽음을 맞이했다. 그후 19세기 중반에 들어와서야 다시 재건에 들어가고 수도사들이 모여들기 시작했다. 20세기 초에 들어와 현재의 모습으로 복원되었고, 지금은 베네딕토 수도회의 수도원으로 약 80여 명의 수도사들이 거주하고 있다. 이곳 수도원에서 가장 중요한 바실리카 대성당에서는 13세기 세계 최초로 만들어진 소년 성가대이자 세계 3대 소년 합창단으로 손꼽히는 '에스콜라니아'와 카탈루냐의 성인인 '검은 성모상'을 만날 수 있다. 대성당 정면의 파사드는 네오-르네상스 양식으로 예수님과 12제자를 조각해 놓았는데 원래는 은으로 세공된 파사드였지만 1900년 지금의 모습으로 다시 재건되었다. 성당 내부는 카탈루냐 화가들이 그린 그림들로 화려하게 장식되어 있으며, 에스콜라니아의 공연이 없는 토요일에는 결혼식을 올리는 신랑 신부의 모습을 자주 볼 수 있다.

Santa Maria of Montserrat Abbey, 08199 Montserrat 위도 41.5931180 (41° 35′ 35.22″ N), 경도 1.8380620 (1° 50′ 17.02″ E) ☎ 0938 77 77 77 11~3월 07:30~17:30, 4~10월 07:30~20:00 / 성가대 공연 평일 13:00, 18:45 / 일요일 11:00, 18:45 / 토요일 공연 없음 / 홈페이지(www.escloania.cat)에서 공연 일정 미리 확인할 것 www.montserratvisita.com

검은 성모상

나무로 만들어진 작은 성모상은 특이하게도 검은 피부를 가지고 있으며, 치유의 능력이 있다고 전해지는 카탈루냐의 수호성인이다. 성 루카에 의해 만들어지고 50년 성 베드로에 의해 몬세라트로 옮겨져 왔다고 한다. 아랍인들에게 강탈당하거나 파괴될 것을 우려해 동굴 안에 숨겨 두었는데, 880년 목동들에게 밝은 빛과 함께 천상의 음악이 들려 빛이 있는 쪽을 따라가니 동굴 안에 이 검은 성모상이 발견됐다. 목동들은 너무 놀라 이 사실을 가까운 곳에 거주하던 만레사 주교에게 알렸고 주교가 검은 성모상을 옮기려 하자 꼼짝도 하지 않자, 성모상이 있어야 할 곳은 이 자리인 것 같다며, 이곳에 작은 성당을 세웠다고 전해지고 있다. 하지만 고고학자들이 조사한 방사성 탄소 연대 측정법에 따르면 12세기에 만들어진 조각상으로 추측된다고 한다. 몬세라트 수도원 바실리카 대성당 제단 뒤편 2층에 자리하고 있는 검은 성모상은 유리로 보호되고 있지만 오른손에 들고 있는 공은 오픈되어 있어 이곳을 만지고 기도하거나 소원을 비는 관광객들로 긴 줄이 늘어서 있다.

소년의 조각상

검은 성모상에 이르기 전 한 소년의 조각상이 있는데, 이 조각상에 얽힌 사연이 있다. 한 소년이 큰 병을 앓고 있었는데, 소원이 에스콜라니아 성가대에 들어가는 것이었다고 한다. 소년의 사연을 알게 된 수도원에서는 단 하루지만 에스콜라니아 성가대원이 될 수 있도록 허락해 주었고 소년은 그토록 원하던 성가대복을 입을 수 있었다. 하지만 소년은 안타깝게도 얼마 뒤 세상을 떠나게 되었고, 소년의 부모는 아들의 소원이 영원히 이루어지기 원하는 마음에 에스콜라니아 성가복을 입은 아들의 조각상을 만들어 수도원에 기증했다고 한다.

산타 조지 조각상

산타마리아 광장 한쪽 벽면에 위치한 미술관 옆에 성 가족 성당 서쪽 파사드인 '예술의 수난'을 설계한 수비락스에 의해 조각된 '산타 조지'의 조각상이 있다. 얼굴의 음각을 조각해 어느 방향에서 보던 눈동자와 마주치게 된다.

산 호안 Sant Joan

자연의 위대함이 느껴지는 곳

수도원에서 약 250m 위에 자리하고 있는 산 호안 역은 푸니쿨라를 타고 쉽게 오를 수도 있고 등산로를 따라 약 3km 정도 걸어 올라갈 수도 있다. 산 호안 역에서 산 호안 성당(Sant Joan Chapel)의 이정표를 보고 걷다 보면 높은 산중턱에 아주 작은 성당이 나타나는데 엄청난 보물이 숨겨져 있다는 소문 때문에 많은 이들로부터 약탈을 당하기도 했다. 산 호안에서 내려다보이는 풍경은 그야말로 장관을 이루어 자연의 위대함을 느끼게 해 주며, 날씨가 좋은 날에는 지중해와 프랑스와 경계하고 있는 피레네 산맥도 볼 수 있다.

ⓔ 편도 €8.45, 왕복 €13 / 산 호안 + 산타 코바 콤비 왕복 €16.50 🚍 수도원에서 Funicular de Sant Joan 이정표를 따라 가면 푸니쿨라 역이 나온다.

산타 코바 Santa Cova

검은 성모상이 발견된 곳에 세워진 작은 수도원

카탈루냐의 수호성인인 '검은 성모상'이 발견된 동굴로, '성스러운 동굴'을 의미하는 산타 코바는 수도원에서 산타 코바행 푸니쿨라를 타고 내려간 후 이어지는 길을 따라 20분 정도 걸어가면 나오는 아주 작은 성당이다. 바로 이곳이 '검은 성모상'이 발견됐던 장소이다. 지금 이곳에 놓여 있는 '작은 성모상'은 복제품이고, 이곳을 찾은 사람들이 봉헌하며 기도 드리고 간 소중한 물건들이 이색적이다. 산타 코바까지 가는 길에는 15개의 성서 이야기를 담은 조각상들을 만나게 되는데, 예수의 탄생 · 고난 · 부활을 의미하는 작품들로 스페인을 대표하는 작가들이 만들어 놓았다고 한다. 그중에서 부활을 상징하는 작품은 몬세라트를 너무 사랑했던 천재 건축가 가우디의 작품이다.

ⓔ 편도 €3.40, 왕복 €5.20, 산 호안 + 산타 코바 콤비 왕복 €16.50 🚍 수도원에서 Santa Cova 이정표를 따라 내려가다 보면 푸니쿨라역이 나온다. 워낙 짧은 구간이기 때문에 통합권을 끊지 않았다면 천천히 걸어 내려갔다가 올라오는 길에만 푸니쿨라를 타고 이동하는 것도 좋다.

아바트 시스네로스 몬세라트 Hotel Abat Cisneros Montserrat

MAPECODE 27467

몬세라트에 유일한 호텔로 산과 계곡의 아름다운 전망을 감상할 수 있기 때문에 몬세라트에서 하룻밤 머무는 사람들에게 인기가 많다. 호텔 공용 구간에서 무료 와이파이를 사용할 수 있다.

🏠 Monasterio de Montserrat, s/n, 08199 Montserrat ☎ 0938 77 77 01 € 싱글룸 €60~ / 더블룸 €100~ / 조식 포함 🚌 수도원 옆

아파트먼트 몬세라트 아바트 마르세트

MAPECODE 27468

Apartamentos Montserrat Abat Marcet

몬세라트에 하나뿐인 아파트먼트로 호텔 아바트 시스네로스에서 함께 관리하고 있다. 체크인은 호텔 아바트 시스네로스에서 하고 키를 받으면 되는데, 미리 예약 시 2박 이상 예약을 해야 한다. 몬세라트 내에 있는 마트에서 식재료를 팔기 때문에 음식 재료를 미리 구입하지 못했을 경우 마트에서 구입하면 된다.

🏠 Plaça de L'abat Oliba, s/n, 08199 Montserrat ☎ 0938 77 77 01 € 스튜디오(2인) 2박 €90~ / 1베드룸(2인) 2박 €80~ / 2베드룸(4인) 2박 €17~ 🚌 수도원 옆

히로나

Girona

바르셀로나에서 북쪽 방향으로 약 80km정도 떨어진 곳에 위치해 있는 히로나는 카탈루냐 히로나 주의 주도이다. 원래 스페인어로는 '히로나'라고 하지만 카탈루타어인 '지로나'라는 이름이 현지에서는 더 많이 사용된다. 오냐르강을 사이에 두고 동쪽으로는 구시가와 서쪽으로는 신시가로 구분하고 있으며, 오냐르강을 따라 컬러풀하게 늘어서 있는 건물들은 특별하게 유명한 랜드마크가 없는 히로나를 방문하게 되는 이유 중 하나이다. 히로나 기차역에서 내려 오냐르강을 건너면 레스토랑, 카페, 기념품 가게로 활기가 넘치는 람브라 데 라 리베르타트(Rambla de la Lebertat)가 나오며 이 거리를 걷다 보면 골목골목 미로 같은 유대인 거주지가 나타난다. 대성당, 아랍식 목욕탕, 성벽을 따라 산책할 수 있는 산책로 등 히로나의 관광지는 대부분 이곳에 몰려 있다. 히로나 공항은 바르셀로나 근교 공항으로, 이용하는 관광객들이 많아 바르셀로나 북부터미널과 연결되는 버스도 많은 편이다.

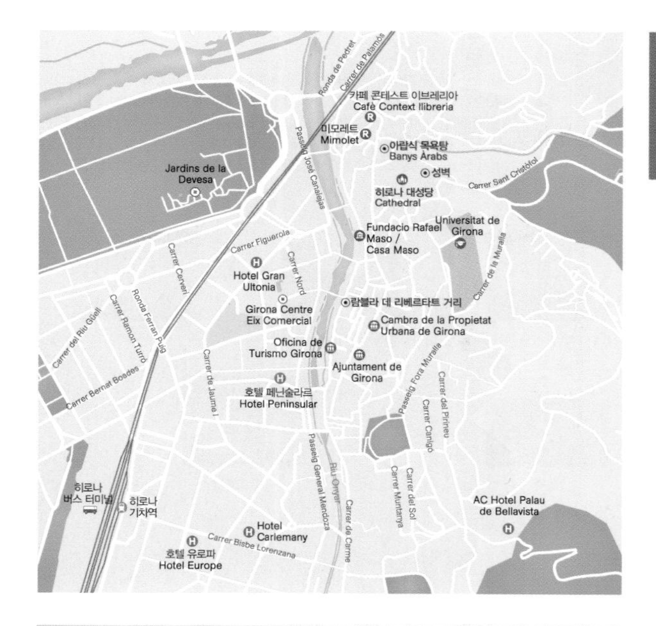

기차

바르셀로나 산츠(Sants) 역 또는 파세이그 데 그라시아(Passeig de Gràcia) 역에서 기차를 타면 1시간~1시간 30분 정도 걸린다.

버스

바르셀로나 북부 버스 터미널에서 사가레스(Sagalés)의 히로나행 버스를 타면 히로나까지 약 1시간 20분이 걸린다.

관광 안내소

주소 Rambla de la Llibertat, 1, 17004 GIRONA **GPS 좌표** 위도 41.9830230 (41° 58′ 58.88″ N), 경도 2.8238110 (2° 49′ 25.72″ E) **전화** 0972 226 575 **오픈** 월~토 09:00~20:00, 일 · 공휴일 09:00~14:00 **휴무** 12월 25일~26일, 1월 1일, 1월 6일 **위치** 람블라 데 리베르타트 거리 초입 **홈페이지** www.girona.cat

Best Tour

히로나 추천 코스

히로나는 구시가 자체가 워낙 작기 때문에 충분히 도보로 이동할 수 있는 도시이다. 레스토랑과 카페가 즐비한 람블라 데 리베르타트 거리를 지나면 유대인 지구가 나오고 언덕 위에는 히로나 어디에서든 눈에 들어오는 대성당이 나타난다. 대성당 옆에는 아랍식 목욕탕이 자리하고 있으며, 목욕탕 근처로 히로나 맛집이 몰려 있다. 단, 전 세계에서 손꼽히는 레스토랑인 '엘 세예르 데 칸 로카'를 찾아간다면 택시를 타고 이동하는 걸 추천한다.

히로나역 / 버스 터미널 → 람블라 데 리베르타트 거리 → 대성당 → 아랍식 목욕탕터 → 성벽

MAPECODE 27469

히로나 대성당 Cathedral

'천지창조' 대형 태피스트리가 있는 성당

컬러풀한 건물들 사이에 우뚝 솟아 있는 히로나 대성당은 14세기에 건축하기 시작해 약 300년이라는 시간 동안 증축 및 재건되면서 지금의 모습으로 완성되었다. 서쪽 파사드인 성당 정면은 카탈루냐 바로크 양식으로 지어졌으며, 그 외의 다른 곳들은 모두 고딕 양식으로 되어 있다. 대성당에서 놓치지 말아야 것은 '천지창조'를 그려 넣은 대형 태피스트리로 11~12세기에 만들어졌다고 한다. 가운데에는 그리스도가 그려져 있고 중심에 또 다시 원을 그리며 아담, 이브, 하늘, 빛, 어둠을 표현하고 있다.

Plaça de la Catedral, s/n, 17004 Girona 위도 41.9872220 (41° 59′ 14.00″ N), 경도 2.8256000 (2° 49′ 32.16″ E) ☎ 0972 21 58 14 4~10월 10:00~19:30, 11~3월 10:00~18:30 히로나 역에서 도보 20분 www.catedraldegirona.org

MAPECODE 27470

아랍식 목욕탕 Banys Àrabs

원형 그대로의 터키식 목욕탕

12세기 후반 로마네스크 양식으로 지어진 공중 목욕탕으로, 8개의 기둥이 세워져 있는 팔각형 욕조는 당시의 모습 그대로 보존되어 있다. 5개의 방으로 이루어져 있는데 탈의실, 냉탕, 온탕, 열탕, 사우나실 등 스페인에 남아 있는 터키식 목욕탕 중 가장 원형 그대로 남아 있는 유적지이다.

Carrer Ferran el Catòlic, s/n, 17004, Girona 위도 41.9877980 (41° 59′ 16.07″ N), 경도 2.8255440 (2° 49′ 31.96″ E) ☎ 0972 19 07 97 4~9월 월~토 10:00~19:00, 일 · 공휴일 10:00~14:00 10~3월 월~일요일 10:00~14:00 / 휴무 12월 25일~26일, 1월 1일, 1월 6일 일반 €2, 학생 €1 www.banysarabs.org

Eating

미모레트 Mimolet

MAPECODE 27471

미슐랭에도 소개될 만큼 맛과 서비스, 그리고 가격에서도 모두 만족할 만한 레스토랑으로, 매일 바뀌는 메뉴 델 디아가 가장 많은 사랑을 받고 있다.

Carrer del Pou Rodó, 12, 17004 Girona ☎0972 20 21 24 코스 요리 €35~ 대성당, 아랍식 목욕탕에서 도보 2분 www.mimolet.cat

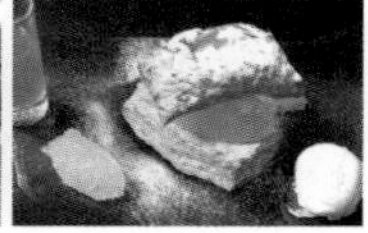

엘 세예르 데 칸 로카 El Celler de Can Roca

MAPECODE 27472

오랜 시간 미슐랭 2스타에 머물고 있다가 2010년부터 3스타로 올라선 레스토랑으로, 헤드셰프인 첫째, 소믈리에 둘째, 디저트를 담당하고 있는 셋째 이렇게 삼형제가 운영하는 곳이다. 2013년 세계 순위 1위까지 올라섰던 레스토랑으로, 스페인을 넘어서 유럽에서도 핫하게 뜨고 있는 레스토랑이다. 홈페이지에서 예약할 수 있으며, 방문하기 전 어느 정도 홈페이지를 통해 학습하고 가는 것이 레스토랑을 즐길 수 있는 팁이다. 레스토랑 위치는 관광지와는 다소 떨어져 있다.

Calle Can Sunyer, 48, 17007 Girona ☎0972 22 21 57 화~토 13:00~15:00, 21:00~22:30 코스 요리 €115~ 히로나 기차역에서 도보 30분 (택시 이동 추천) cellercanroca.com

카페 콘테스트 이브레리아 Cafè Context llibreria

MAPECODE 27473

대성당 근처에 위치해 있는 바르 겸 카페이다. 저렴한 가격, 다양한 종류의 타파스를 맛볼 수 있으며, 커피와 맥주 등 잠깐 쉬어가기에도 편안한 곳이다.

Pl. Pou Rodo 21, 17004 Girona ☎0972 48 63 90 월~금(수요일 낮 휴무) 12:00~16:00, 18:00~01:30 / 토 · 일 10:00~16:00, 18:00~02:30 대성당, 아랍식 목욕탕에서 도보 4분

호텔 유로파 Hotel Europe

MAPECODE 27474

히로나 기차역과 버스 터미널에서 불과 40m 정도 떨어져 있는 작고 아늑한 호텔이다. 대학 도시답게 호텔 내에는 도서관도 마련되어 있으며, 전 객실에서 무료 와이파이 사용이 가능하다.

Juli Garreta, 23, 17002 Girona ☎ 0972 20 27 50 싱글룸 €45~, 더블룸 €60~, 트리플룸 €75~, 쿼드러플룸 €85~ / 조식 1박당 €7 기차역, 버스 터미널에서 도보 3분 www.hoteleuropagirona.com

호텔 페닌술라르 Hotel Peninsular

MAPECODE 27475

유럽 체인 호텔 NH 호텔 계열로 히로나 쇼핑가에 자리한 심플한 객실을 갖추고 있는 호텔이다. 호텔 옆 오냐르강을 건너면 바로 구시가의 시작인 만큼 관광하기에는 최적의 위치에 자리하고 있다. 와이파이는 호텔 전역에서 무료로 사용할 수 있다.

Avinguda de Sant Francesc, 6, 17001 Girona ☎ 0972 20 38 00 싱글룸 €52~, 더블룸 €74~, 트리플룸 €90~, 쿼드러플룸 €101~ / 조식 1박당 €8 기차역, 버스 터미널에서 도보 15분 www.novarahotels.com/es/hotel-peninsular

피게레스

Figueres

히로나에서 북동쪽으로 33km 떨어진 곳에 위치해 있는 피게레스는 스페인을 대표하는 예술가인 살바도르 달리(Salvador Dalí)의 고향이다. 조금은 평범한 마을에 달리와 그의 아내이자 뮤즈인 갈라가 만든 달리 미술관이 세워지면서 피게레스는 오로지 달리 미술관 하나를 보기 위해 수많은 관광객들과 달리의 팬들이 찾는 관광지가 되었다. 그리고 유럽의 다른 곳에 비해서 크지 않지만 스페인 유일의 장난감 박물관도 피게레스에 있으며 거리 곳곳에 장난감으로 된 조형물이 설치되어 있어 아이들에게 즐거움을 안겨 준다.

기차

바르셀로나 산츠(Barcelona Sants) 역에서 히로나를 지나 피게레스까지는 연결되는 기차 노선이 자주 있는 만큼 기차를 이용하는 것이 편하다. 기차 종류에 따라 1시간 50분 ~ 2시간 10분 정도 걸린다.

버스

바르셀로나 북역(Estació del Nord)에서 사가레스(Sagalés) 버스 회사 피게레스행을 타면 히로나 또는 히로나 공항을 경유한 후, 피게레스 버스 터미널에 도착한다. 이동 시간은 2시간 30분이다. 바르셀로나에서 출발하는 버스는 계절에 따라 차이가 있지만 2~4대 정도로, 편수가 많지 않기 때문에 사가레스 버스 회사나 바르셀로나 북역 홈페이지에서 차 시간을 미리 체크하는 것이 좋다.

사가레스 홈페이지 www.sagales.com

관광 안내소

주소 Plaça del Sol, 17600 Figueres **전화** 0972 50 31 55 **오픈** 11~4월 월~금 08:00~15:00 5~6월, 10월 월~금 08:00~15:00, 16:30~20:00 / 토 09:00~13:30, 15:30~18:30 7~9월 월~토 09:00~20:00, 일 10:00~14:00 **휴무** 10~6월 매주 일요일 **위치** 라 람블라 거리(La Rambla)에서 도보 2분 **홈페이지** es.visitfigueres.cat

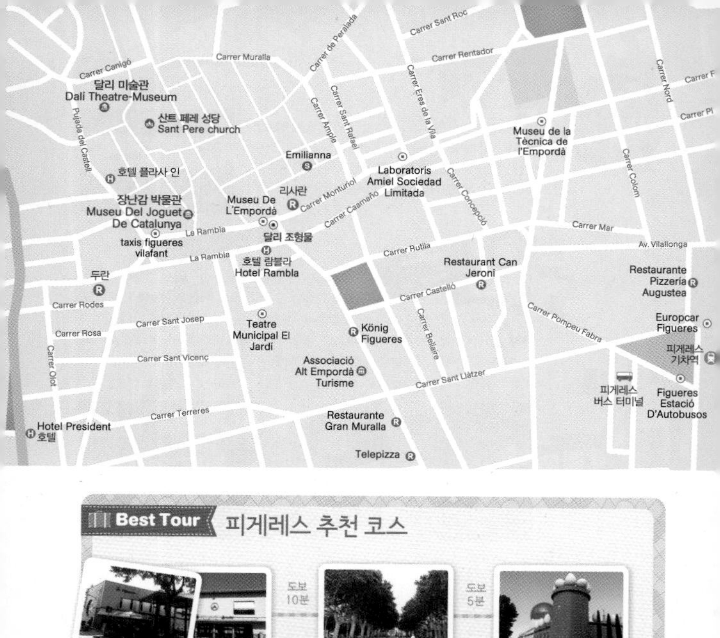

Carrer Sant Roc
Carrer Muralla
Carrer de Peralada
Carrer Rentador
Carrer Canigó
달리 미술관
Dalí Theatre-Museum
Carrer Nord
Carrer F
Carrer Pi
Carrer Ample
Carrer Sant Rafael
Carrer Eres de la Vila
Pujada del Castell
산트 페레 성당
Sant Pere church
Museu de la
Tècnica de
l'Empordà
Emilianna
Carrer Colom
호텔 플라사 인
Laboratoris
Amiel Sociedad
Limitada
Carrer Concepció
리사란
Carrer Monturiol
장난감 박물관
Museu Del Joguet
De Catalunya
Museu De
L'Empordà
Carrer Caamaño
La Rambla
달리 조형물
Carrer Mar
taxis figueres
vilafant
Av. Vilallonga
La Rambla
호텔 람블라
Hotel Rambla
Carrer Rutlla
Restaurant Can
Jeroni
두란
Restaurante
Pizzeria
Augustea
Carrer Castelló
Carrer Rodes
Carrer Pompeu Fabra
Carrer Sant Josep
Teatre
Municipal El
Jardí
Europcar
Figueres
Carrer Rosa
König
Figueres
Carrer Beliaire
피게레스
기차역
Carrer Olot
Carrer Sant Vicenç
Associació
Alt Empordà
Turisme
Carrer Sant Llàtzer
피게레스
버스 터미널
Figueres
Estació
D'Autobusos
Carrer Terreres
Restaurante
Gran Muralla
Hotel President
호텔
Telepizza

Best Tour 피게레스 추천 코스

기차역 / 버스 터미널 → 도보 10분 → 라람블라거리 → 도보 5분 → 달리 미술관

달리 미술관 외관

달리 미술관 (달리 극장) Dalí Theatre and Museum

달리의 수많은 작품을 만날 수 있는 미술관

1974년 달리의 나이 70세가 되던 해에 스페인 내전으로 폐허가 된 시립 극장을 달리와 그의 아내이자 뮤즈였던 갈라가 직접 보수하며 개축한 미술관이다. 건물 외관부터 장밋빛 컬러에 마치 성 같은 모습을 하고 있고, 달리 하면 빼놓을 수 없는 달걀 모양의 조형물이 건물 위에 장식되어 있다. 미술관 정문 앞 광장에서부터 달리의 초현실적 조각상들이 시선을 사로잡으며, 무엇보다 달걀 얼굴을 하고 있는 광장의 메인 조각상은 카탈루냐 철학자였던 푸욜에게 헌정하는 작품이라고 한다.

미술관에서 가장 처음 만나게 되는 시민 회관 무대와 관객석 자리는 원래 원형이었지만 지금은 반원씩 나눠 다른 공간으로 사용된다. 관객석 자리에 설치된 캐딜락 택시와 거대한 나체 여인, 그 뒤로 타이어를 쌓아 올려 낚시 배를 걸쳐 둔 모습은 어느 것 하나 조연이 아닌 주연 같은 모습을 하고 있다. 무대 쪽으로 올라서면 건물 밖에서 보이던 유리 돔이 천창으로 되어 있어 빛이 들어오면 마치 무대 조명이 켜진 듯하고, 그냥 지나치기 쉬운 무대 중앙 바닥에는 조금은 초라해 보이는 살바도르 달리의 무덤이 있다. 무대 정면으로는 〈죽음의 새〉를 주제로 한 거대한 그림이 자리하고 있고, 무대 좌측 2층 테라스 안쪽에는 18m 거리에서 보면 링컨의 얼굴이 나타나고 가까이서 보면 해변을 바라보는 갈라의 누드가 보이는 그림이 있는데, 달리의 작품 중에서도 가장 인기 있는 작품 중 하나이다. 달리는 그의 아내인 갈라를 모델로 그린 그림들이 많은데 갈라의 초상화 〈갈라리나〉도 이곳 전시관에서 찾아볼 수 있다. 줄을 서야 볼 수 있을 만큼 최고로 인기 있는 방인 〈메이 웨스트의 아파트먼트〉도 있다. 이 방은 앞에서 보면 그냥 아파트먼트지만 그 앞에 세워져 있는 계단을 따라 올라가면 돋보기로 보이는 이 방의 모습은 1920~30년대 할리우드의 섹스 심벌이었던 유명 여배우 메이 웨스트(Mae West)의 얼굴을 형상화하고 있다. 달리의 엉뚱한 상상이 그대로 작품으로 드러난 달리의 수많은 작품들을 보고 나면 왜 이렇게 많은 사람들이 이곳을 보기 위해 피게레스를 찾는지 알 수 있을 것이다.

Pujada del Castell, 28,17600 Figueres 위도 42.2679960 (42° 16′ 4.79″ N), 경도 2.9595870 (2° 57′ 34.51″ E) 0972 67 75 05 3~6월, 10월 09:30~18:00 / 7~9월 09:00~20:00 / 11~2월 10:30~18:00 / 8월 야간 오픈 22:00~01:00 / 휴무 10~5월 매주 월요일 (공휴일 제외), 1월 1일, 12월 25일 일반 €14, 학생 €10 역이나 터미널에서 도보 15분 www.salvador-dali.org

Queen Esther / Car Naval / Rainy taxi

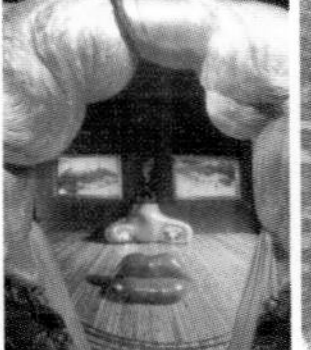
Face of Mae West Which Can Be Used as an Apartment

Gala Nude Looking at the Sea Which at 18 Metres Appears the President Lincoln

스페인을 대표하는 초현실주의 화가

살바도르 달리

Salvador Dalí (1904-1989)

스페인의 초현실주의 화가이자 영화 제작자인 달리는 카탈루냐 피게레스에서 태어났으며, 17세가 되던 해 마드리드의 왕립 미술 학교에 입학해 본격적인 미술 수업을 받았다. 20대에 프랑스 파리로 유학을 떠나 파블로 피카소, 코코 샤넬, 막스 에른스트 등 초현실주의자들과 활발하게 교류하며 초현실주의의 중심에 자리 잡았고, 영화를 제작하거나 가극, 발레의 의상을 디자인하는 등 다양한 분야에 관심을 보였다. 달리는 태어날 때부터 자신이 천재임을 인식하고, 그 천재성을 작품에 아낌없이 투자했다. 그의 천재성을 극명하게 드러낸 작품 〈기억의 지속〉은 1931년 완성되었으며, 달리가 추구했던 '사실적 환상주의'가 가장 잘 표현되어 있는 작품으로 대중들에게 가장 널리 알려져 있다. 현재 스페인의 피게레스에는 달리의 다양한 작품을 감상할 수 있는 달리 미술관이 운영되고 있으며, 달리는 1989년 사망한 후 이 미술관에 안치되었다.

달리 작품 속의 달걀 모양

달리의 작품을 보면 유독 달걀 모양을 많이 사용했다는 걸 느낄 수 있다. 그래서 달걀은 달리의 트레이드 마크라 불린다. 달리는 엄마의 뱃속을 늘 그리워했다고 한다. 엄마의 뱃속은 삶의 시작인 만큼 그 안에서 영원한 삶을 살고 싶어 했던 달리. 그래서 달리는 여자의 자궁과 비슷하게 생긴 달걀을 사용하여 그리움을 표현했다고 한다.

추파춥스의 로고

아이들이 사탕을 먹을 때 손이 끈적이고 더러워지는 걸 방지하기 위해 사탕에 막대를 끼워 만든 막대 사탕의 원조가 스페인에서 시작되었다. 막대 사탕의 대명사, '추파춥스'도 스페인 브랜드다. 우리가 알고 있는 그 '추파춥스의 로고'를 달리가 그렸다는 사실!

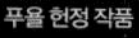

푸욜 헌정 작품

베살루
Besalú

베살루 Besalú

히로나에서 북쪽으로 약 30km 떨어진 곳에 위치해 있는 베살루는 고즈넉한 중세 마을이다. 플루비아(El Fluvià) 강을 지나는 다리는 12세기 로마네스크 양식으로 지어졌는데 이 다리 위로 세워진 2개의 이중문을 지나야 마을로 들어갈 수 있었다. 마을 전체가 중세의 모습을 간직하고 있으며, 베살루가 특별한 이유는 유대인이 목욕 의식을 행하던 '미크바'가 보존되어 있기 때문이다. 1264년에 만들어진 미크바가 1964년에 우연히 발견되면서 유럽에서 발견된 3개의 미크바 중 하나에 속하고, 스페인에서는 처음이자 마지막으로 발견된 것이다.

위도 42.1985931 (42° 11′ 54.94″ N), 경도 2.7029028 (2° 42′ 10.45″ E) 바르셀로나에서 출발 테이사(TEISA) 버스 회사에서 하루에 4편 이상 운행(계절에 따라 변동)하는 올로트(Olot)행 버스는 바르셀로나 북역(Estació del Nord)에서 출발하여 1시간 40분 정도 가다가 베살루에서 정차 (최종 종착지가 아니기 때문에 기사님에게 베살루에 도착하면 알려 달라고 부탁하는 것이 좋다.) 피게레스에서 출발 테이사(TEISA) 버스 회사에서 하루에 3편 이상 운행하는 올로트(Olot)행 버스는 피게레스 버스 터미널을 출발하여 30분 정도 가다가 베살루에 정차 www.besalu.cat

미크바 Miqva

미크바는 유대교의 정결 의식인, 전신을 물에 담그는 의식을 치를 때 사용된 도구다. 구약서에는 '물을 받다'라는 뜻으로 표현하고 있다. 신체가 오염이 되거나 어떤 그릇된 행동을 했을 때나 유대교로 개종을 했을 때, 남자는 매주 금요일과 주요 절기를 앞두고 정결 의식을 치른 후, 성전에 들어갈 수 있다. 여자는 생리가 끝난 후, 출산 후, 결혼식 전 의식을 행한다. 이 의식이 기독교로 넘어오면서 세례로 발전된 것이다. 그만큼 미크바는 유대인들에게는 성스러운 의식을 치르는 데 없어서는 안 될 필수적인 도구였다.

블루 파라다이스

코스타 브라바 해안

Costa Brava

바르셀로나 북동쪽 블라네스(Blanes) 해안에서부터 프랑스 국경인 포르트보(Portbou)까지 총 120km 길이의 코스타 브라바(Costa Brava)는 스페인 남동쪽 코스타 블랑카(Costa Blanca) 해안과 안달루시아 남쪽 해안 코스타 델 솔(Casta del Sol)과 함께 3대 해안 지대이다. 지중해성 기후를 띠며 피레네 산맥과 인접해 있어 예전엔 작은 어촌이었던 마을들이 지금은 스페인 최대 휴양지가 되어 스페인 사람들뿐만 아니라 인근 프랑스 사람들의 휴가지로도 사랑받고 있다. 대부분의 마을들은 바르셀로나에서 당일치기 여행으로 가능하기 때문에 바르셀로나 일정에 여유가 된다면 한적한 코스타 브라바 해안 마을을 방문해 보는 것을 추천한다. 코스타 브라바로 운행하고 있는 버스 회사는 대부분 사르파(Sarfa) 회사에서 운행하고 있다.

사르파(Sarfa) 버스 회사 홈페이지 www.sarfa.com

토사 데 마르 Tossa de Mar

바르셀로나에서 북동쪽으로 100km 정도 떨어진 곳에 위치한 토사 데 마르는 기원전 1세기부터 로마인들이 거주했던 해안 마을로, 코스타 브라바 해안에서도 자연 경관이 아름다워 남프랑스에서 활동했던 화가 샤갈이 자주 머물렀다고 한다. 실제로 샤갈은 토사 데 마르를 배경으로 그린 작품에 '블루 파라다이스(Blue Paradise)'라고 제목을 넣을 만큼 그에게 토사 데 마르가 얼마나 각별한 곳인지 잘 알 수 있다. 휴양하기 좋은 작은 마을이지만 언덕 위에 지어진 토사 데 마르 성에서 바라보는 뷰는 샤갈이 느꼈던 그대로 파라다이스를 연상케 한다.

위도 41.7224990 (41° 43′ 21.00″ N), 경도 2.9303670 (2° 55′ 49.32″ E) 사르파(Sarfa) 버스 회사에서 하루에 10편 이상 운행(계절에 따라 변동)하는 토사 데 마르행 버스는 바르셀로나 북역(Estació del Nord)에서 출발하여 1시간 20분 걸린다. www.infotossa.com

칼레아 데 팔라프루헬 Calella de Palafrugell

칼레아 데 팔라프루헬은 '칼레아'라고 불리는 코스타 브라바 해안의 숨겨진 보석 같은 마을이다. 코스타 브라바 최대의 여름 축제가 열리는 곳으로 유명하지만 여름철만 지나면 조용한 어촌 마을로 돌아온다. 칼레아에서 약 2km 떨어진 야프랑크(Llafranc)까지 해안을 따라 조성된 산책로는 칼레아를 찾는 또 하나의 매력 요소이다. 푸른 바다 위에 펼쳐진 화이트와 파스텔 톤의 앙증맞은 건물들은 칼레아의 특징이기도 하다. 바르셀로나에서 당일치기가 가능하지만 복잡한 도시 여행을 피해 한적하게 여유를 즐기고 싶다면 이곳에서 아낌없이 1박을 투자해도 좋을 것이다.

위도 41.8878181 (41° 53′ 16.15″ N), 경도 3.1812200 (3° 10′ 52.39″ E) 사르파(Sarfa) 버스 회사에서 하루에 7편 이상 운행(계절에 따라 변동)하는 팔라프루헬(Palafrugell)행 버스는 바르셀로나 북역(Estació del Nord)에서 출발하여 2시간 15분 걸린다. 팔라프루헬 버스 터미널에서 칼레아행 버스로 경유해서 15분 후 하차. (하루 3편, 7~8월은 30분 간격으로 운행) *팔라프루헬에서 출발하는 버스는 칼레아를 지나 야프랑크에서 다시 칼레아를 지나 팔라프루헬로 돌아온다. visitpalafrugell.cat

Tip 칼레아 데 팔라프루헬에서 1박을 원한다면 호텔 메디테르라니(Hotel Mediterrani)를 추천한다. 호텔 로비에서 창으로 보이는 푸른 바다는 마치 커다란 액자 속의 그림 같은 착각을 일으킬 정도로 아름다운 뷰를 선사해 준다. 호텔 바로 앞에 해수욕장도 있고, 뒤편으로 칼레아에서 가장 큰 마트도 있기 때문에 위치도 굉장히 좋다. 단, 겨울철에는 영업을 하지 않을 수도 있다.

Francesc Estrabau, 40, 17210 Calella de Palafrugell 위도 41.8875345 (41° 53′ 15.12″ N), 경도 3.1820300 (3° 10′ 55.31″ E) 0972 61 45 00 팔라프루헬에서 칼레아행 버스를 타고 포르트 펠레그리(Port Pelegrí)에서 하차. 내리막길로 이어지는 해안 길을 따라 내려오면 우측에 대형 마트인 스파르(SPAR)가 있고 계속해서 내려오면 포르트 펠레그리 길 끝에 좌측으로 호텔이 보인다.

베구르 Begur

해발 213m 언덕 위에 자리하고 있는 베구르는 10세기 지어진 성터가 하늘을 찌르듯 높이 치솟아 있으면서도 2km만 벗어나면 지중해 바다와 마주할 수 있는 지형적 특성으로 휴가철만 되면 엄청난 관광객들이 몰리는 코스타 브라바의 인기 휴양지이다. 또한 스페인의 '슬로 시티'라는 슬로건으로 차별성을 내걸며 관광 도시로 성공을 거둔 베구르는 오르막과 내리막이 반복되면서 어느 순간 느림이 아닌 여유를 자연스럽게 찾게 되는 도시이다. 어떠한 목적 없이 골목길을 따라 거니는 즐거움이 있으며 아기자기한 소품들을 쇼핑하기에도 좋은 곳이다. 6월부터 9월 중순까지는 해안가를 왕복하는 해안 버스가 베구르 버스 정류장 앞 플라카 데 포르가스(Plaça de Forgas) 앞에서 출발한다. 정확한 버스 시간대는 현지 사정에 의해 달라질 수 있으니 관광 안내소에서 체크하는 것이 좋다.

위도 41.9536627 (41° 57′ 13.19″ N), 경도 3.2074319 (3° 12′ 26.75″ E) 사르파(Sarfa) 버스 회사에서 하루에 3편 이상 운행(계절에 따라 변동)하는 베구르행 버스는 바르셀로나 북역(Estació del Nord)에서 출발하여 2시간 25분 걸린다. 터미널이 아닌 버스 정류장 플라카 데 포르가스 앞(Plaça de Forgas)에서 하차해야 하기 때문에 벨을 누르지 않으면 그냥 지나칠 수 있으므로 출발 전 기사에게 베구르에 도착하면 알려 달라고 하는 게 좋다. / 팔라프루헬 버스 터미널에서 베구르까지는 10편이상 운행하는데 최종 종착지가 다르기 때문에 버스 승차장을 잘 확인하고 타도록 하자. 팔라프루헬에서 베구르까지는 15분 정도 걸린다. www.begur.cat

카다케스 Cadaqués

피게레스에서 동쪽 해안으로 버스로 1시간 거리에 있는 카다케스는 스페인의 가장 동쪽 끝이자 프랑스 국경과 인접해 있는 작은 어촌 마을이다. 달리와 갈라가 함께 살았던 생가가 카다케스 해변에 자리하고 있고, 달리를 따르던 젊은 화가들이 찾아오면서 이곳은 프랑스 남부 화가들이 사랑했던 생트로페라고 불리기도 했다. 스페인이기도 하고 카탈루냐 지방에 속해 있지만 프랑스어가 더 흔하게 사용될 만큼 프랑스 사람들이 사랑하는 휴양지이기도 하다. 카다케스의 달리 생가는 하루 제한 인원이 정해져 있기 때문에 사전에 인터넷 예약을 해야 입장할 수 있다.

위도 42.2887570 (42° 17′ 19.53″ N), 경도 3.2779720 (3° 16′ 40.70″ E) 사르파(Sarfa) 버스 회사에서 하루에 2편 운행하는 카다케스행 버스는 바르셀로나 북역(Estació del Nord)에서 출발하여 2시간 30분 걸린다. / 피게레스에서는 하루에 4편 운행 www.visitcadaques.org

산티아고로 향하는 길,
산티아고 순례길

산티아고 순례길은19세기에 예수의 열두 제자 중 한 명인 야고보의 무덤이 발견된 이후 야고보의 무덤으로 향하는 순례자들의 발길이 이어지면서 만들어진 길이다. 12세기에 야고보의 무덤을 위해 산티아고 데 콤포스텔라 대성당이 세워진 후에 많은 순례자들이 이곳을 찾아 걸어왔고, 1987년과 이듬해에 파울로 코엘료의 소설 〈순례자〉와 〈연금술사〉가 차례로 출간된 뒤, 더욱 많은 사람들이 이 길을 찾고 있다. 1993년에는 프랑스와 스페인 국경에 위치한 생장(St. Jean Pied de Port)에서 출발해서 산티아고 데 콤포스텔라(Santiago De Compostela)까지 향하는 770km의 프랑스 길(Camino Frances)이 세계 문화유산으로 지정되면서 유럽의 대표적인 트레킹 코스로도 인기를 끌고 있다. 가장 최초로 만들어진 프리미티보 길(Camino Primitivo)과 프랑스 길을 비롯하여 포르투갈에서 출발하는 포르투갈 길(Camino Portugues), 마드리드에서 출발하는 마드리드 길(Camino de Madrid), 세비야에서 출발하는 은의 길(Via da la Plata), 북부 해안도로를 따라 이어지는 북부 길(Camino del North) 등 다양한 길이 있다. 최근에는 북부 길과 프리미티보 길이 세계 문화유산으로 추가 등재되었다.

홈페이지 vivecamino.com/ko

어떤 길을 어떻게 걷는 것이 좋을까?

한국인들이 가장 많이 걷는 길이 770km의 프랑스 길이다. 프랑스 길을 걷는 대부분의 사람들은 35~40일 정도의 일정을 잡고 걷는다. 하루에 20~22km 정도 걷는 것이 몸에 큰 무리 없이 풍경을 즐기면서 걷기에 좋다. 길 전체가 세계 문화유산으로 등재된 만큼 아름답기 때문에 얼마나 빨리 도착하느냐보다 얼마나 재미있게 걸었느냐에 초점을 맞추는 것이 더 좋다. 만약 일정의 여유가 없다면, 출발 지점을 생장이 아닌 브루고스, 레온, 아스토르가, 사리아 등 중간 지점으로 잡아 그곳부터 여유롭게 걸어보는 것도 좋다.

순례길을 걷는 방법

어느 길로 향하든 노란색 화살표와 가리비 모양의 표지판 등을 따라 걷다 보면 크고 작은 도시들과 많은 유적들을 지나간다. 마을의 작은 성당들부터 사연이 있는 크고 작은 성당들 그리고 오래된 문화들을 내 발로 걸으며 만날 수 있다는 것은 사람들의 발길을 이끌기에 충분하다. 더불어 길을 걷다 만나는 멋진 풍경들은 지친 몸을 위로해 주기도 한다.

꼭 챙겨야 하는 순례자 여권

순례자 여권(Credencial, 크레덴시알)은 순례자의 통행을 허가하는 허가증이자 산티아고 순례길을 순례했다는 증명서이다. 순례자 여권은 처음 출발하는 도시의 인포메이션 혹은 숙소, 성당 등에서 약 2유로에 구매할 수 있고,

길에서 만나는 성당이나 인포메이션 혹은 시청, 숙소, 카페, 레스토랑 등에서 스탬프(Sello, 세요)를 찍을 수 있다. 순례를 마치고 나서 완주증을 받기 위해서는 순례자 사무소에서 여권 속의 스탬프를 확인 받아야 한다. 다른 구간은 크게 상관없지만, 마지막 100km 구간인 사리아를 지나면서는 하루에 최소 2개 이상의 스탬프를 찍어야 한다. 산티아고 순례길의 최종 목적지인 산티아고 데 콤포스텔라에 도착하면 여정이 마무리된다. 성당 부근에는 순례자 사무소가 있는데, 자신의 순례자 여권을 가지고 가면 완주증과 마지막 성당의 스탬프를 받을 수 있다. 3유로를 더 내면 시작한 도시와 걸은 거리까지 적힌 완주증을 발급해 주기도 한다.

순례자 사무실

Rúa Carretas, 33 - CP 15705. Santiago de Compostela
peregrinossantiago.es/eng

Tip

순례자를 위한 숙소

산티아고 순례자를 위한 숙소인 '알베르게'는 사용하지 않는 성당이나 학교 등을 개조해서 만든 곳이 많다. 그래서 특별한 장소에서의 숙박을 경험해 볼 수도 있고, 그곳에서 만나는 현지인들과 봉사자 그리고 순례자 등 같은 길을 걷는 많은 친구들도 만날 수 있게 된다. 알베르게의 1일 숙박 비용은 대체적으로 무료부터 약 10유로 정도까지 저렴한 편이지만, 도미토리 형식에 침대 시트가 없어 개인 침낭을 사용해야 하고, 체크아웃 시간도 대부분 8시 이전으로 빠른 편이다. 순례길을 걷는 대부분의 순례자들은 이러한 환경까지 모두 순례길의 일부라 생각하며 즐기는 편이다.

순례자를 위한 레스토랑

순례길을 걸으며 지나가는 마을에서는 순례자를 위한 음식을 판매하는 레스토랑이 많다. 'Menu del Dia'라고 불리는 순례자 메뉴는 전식, 본식, 후식과 물 또는 와인이 포함되어 있는데, 보통 10유로 정도다. 걷느라 지친 순례자들에게는 이보다 좋은 영양 보충은 없다.

산티아고 순례길의 목적지

산티아고 데 콤포스텔라 대성당

그리스도교 3대 성지 중 한 곳인 산티아고 데 콤포스텔라 대성당은 야고보의 유해를 모시고 있는 곳이다. 로마네스크 양식과 바로크 양식으로 지어진 이 성당은 1075년에 건축을 시작해 1211년에 완공되었는데, 긴 시간에 걸쳐 지어진 만큼 다양한 건축 양식이 섞인 것이 특징이다. 이 성당이 특히 유명한 것은 향로 미사 때문이다. 특별한 날에만 향로 미사를 하는 다른 대성당들과 달리 이곳은 매일 2차례 향로 미사가 집전된다. 그 덕분에 향로 미사에 참석하고 싶은 사람들의 발길도 이어지고 있다. 향로 미사가 매일 집전되는 유래에 대해서는 여러 가지 설이 있지만, 가장 유력한 것은, 산티아고 순례길을 걸어온 순례자들의 몸에서 냄새가 많이 나고 더럽기 때문에 그 더러움과 냄새를 없애기 위함이었다는 것이다.

Praza do Obradoiro, s/n, 15704 Santiago de Compostela
성당 7시~20시 30분 / 뮤지엄 4~10월 9시~20시, 11월~3월 10시~20시 / 미사 순례자들을 위한 미사 매일 12시, 19시 30분

놓칠 수 없는 스페인 땅끝 마을

피니스테라

순례길을 마무리한 순례자들이 버스를 타고서라도 꼭 들르는 곳이 바로 피니스테라다. 피니스테라는 산티아고 데 콤포스텔라에서 약 100km 정도 떨어진 곳에 있는 땅끝 마을인데, 순례자들 중에는 100km를 더 걸어 이곳까지 오는 사람들도 꽤 있다. 그 이유는 이곳이 원래는 산티아고 순례길의 종착지이며 0km 비석을 볼 수 있는 곳이기 때문이다. '땅의 끝까지 걸어라'라고 했던 예수의 말씀을 실천하기 위해 야고보 성인이 이곳을 향해 걸었을 길이기에 순례자들은 땅끝을 향해 걸어온다. 그리고 마지막으로 이곳에서 순례길을 걸으며 사용했던 물건들을 태우며 혹은 버리며(지금은 태우는 것이 불법이다.) 자신의 순례길을 마무리한다.

산티아고 데 콤포스텔라 대성당에서 약 2km 정도 떨어진 곳에 있는 버스터미널에서 버스를 타고(하루 4~5회 운행) 피니스테라 마을까지 간 후, 해안길을 따라 약 2.2km 더 걸으면 땅의 끝에 다다른다. 또는 산티아고 데 콤포스텔라에서 출발하는 투어 버스가 있다.

포르투갈

포르투갈은 유럽 서남부에 위치한 나라로, 정식 명칭은 '포르투갈 공화국'이며 수도는 리스본이다. 국토 면적은 92,212km²로 세계 111번째의 면적을 가지고 있다. 스페인과 같이 이베리아 반도에 위치하고 있어 여름에는 덥고 건조하며, 겨울에는 비교적 온난하고 눈이나 비가 자주 내리는 지중해성 기후를 보인다. 수도인 리스본은 1월 평균 기온이 11.6도, 8월의 평균 기온이 23.6도로 편차가 크지 않아 매우 온화하다. 남부 내륙 지역에서는 여름에 40도 이상의 폭염이 기승을 부리기도 한다.

포르투갈의 1인당 GDP는 한국보다 낮지만 선진국 중에서도 삶의 질이 높은 나라 중 하나로 분류된다. 유럽 연합 및 유로존, 북대서양 조약 기구 등에 적극적으로 참여하고 있는 국가이기도 하며, 아름다운 자연 경관과 유서 깊은 역사를 바탕으로 관광 산업도 발전되어 있다.

Portugal

INFORMATION

국가명	포르투갈(Portugal)
수도	리스본(Lisbon)
통화	유로 €, €1≒1,300원 (2018년 10월 기준)
전압	220V, 50Hz 우리나라 제품을 그대로 사용할 수 있다.
언어	포르투갈어
국가번호	00351(+351)
시차	우리나라보다 9시간 느리다. 서머타임 기간에는 8시간 느리다.

역사

로마 제국은 이베리아 반도를 점령하여 지금의 포르투갈 지역을 '루시타니아'라고 불렀다. 중세에는 '포르투스 칼레(Portus Cale)'라 불렀으며 포르투갈이라는 이름은 여기에서 비롯된 것이다. 국토 회복 운동 당시 포르투갈레 백작령이 이 지역에 세워졌으며 1139년 포르투갈 왕국이 설립되고 1249년 국경이 확립되면서 유럽에서 가장 오래된 민족 국가로 거듭나게 되었다. 15세기부터 17세기의 일명 '대항해 시대'는 포르투갈 역사에서 가장 화려했던 전성기였다. 강대국에 둘러싸여 있어 세력을 확장하기 힘들었던 포르투갈은 일찌감치 바다에 눈독을 들이고 유럽이 전 세계에 식민지를 건설하는데 결정적인 역할을 했던 탐험을 주도하게 된다. 남아프리카의 희망봉을 발견했던 바르톨로뮤 디아스나 아프리카를 넘어 인도까지 항해한 바스코 다 가마, 세계 일주를 완성한 마젤란 모두 포르투갈 출신이다. 브라질부터 마카오까지 세계 전역에 걸쳐 식민지를 건설했던 대항해 시대는 포르투갈 역사 최고의 황금기였지만, 포르투갈의 국력이 전 세계에 걸친 넓은 식민지를 경영할 수 있을 정도로 탄탄하지 않았기 때문에 영국이나 스페인 등에 밀려 주도권을 빼앗기게 된다. 16세기에는 왕위의 혈통이 끊기면서 스페인의 펠리페 2세가 포르투갈을 병합해 왕으로 즉위하는 수모를 당하기도 했고, 왕정복고 전쟁을 통해 주권을 되찾지만 이전의 세력을 회복하지 못하고 유럽의 변방으로 밀려나게 된다. 1755년 11월 1일에는 대지진과 쓰나미가 발생해 큰 피해를 입게 되고, 포르투갈의 젖줄과 같았던 브라질이 독립하면서 포르투갈은 몰락의 길을 걷게 된다. 제1차 세계대전 직전인 1910년 혁명이 일어나면서 왕정이 폐지되고 공화국이 설립되었다. 그러나 경제적인 불안정과 함께 혼란이 계속되면서 1926년 군사 쿠데타가 일어나고 군사정권이 수립되었다. 군사정

권의 재무장관이었던 안토니우 드 올리베이라 살라자르는 포르투갈의 경제를 재건하면서 전 국민적인 지지를 얻었으며, 1932년부터 1968년까지 독재 정권 수립을 통해 오랫동안 총리를 역임했다. 당시 포르투갈은 매년 흑자를 기록하면서 탄탄한 경제 성장을 이루었으나 오랫동안 지속된 독재와 식민지의 독립 요구 등으로 인해 정권에 대한 반발이 고조되었으며, 1974년 좌파 청년 장교들에 의한 카네이션 혁명으로 정권이 붕괴되었다. 이후 대부분의 해외 식민지를 포기하고 독립을 인정했으며, 가장 오랫동안 포르투갈의 식민지로 남아 있던 마카오도 1999년 중국에 반환되었다.

기후

포르투갈은 지중해에 면해 있지 않지만 국토 전체가 대부분 지중해성 기후와 유사한 형태를 띠고 있다. 수도 리스본이나 제2의 도시 포르투처럼 해안에 접해 있는 도시들은 연평균 기온의 편차가 적고 온화한 편이나 남부 지역은 여름에 40도가 넘는 매우 높은 기온을 보여 주기도 하며, 내륙의 산간 지역에서는 겨울에 영하로 기온이 떨어지기도 한다. 연평균 강수량은 북부 산악 지방의 경우 3,000mm를 넘는 곳도 있지만 남부 지역은 600mm에도 못 미치는 등 편차가 상당히 심하다. 리스본이나 포르투와 같은 곳에서는 겨울에 대부분의 강수량이 집중되어 있으며 비가 많이 내리는 편이다.
한국의 겨울보다는 덜 추운 편이지만 점퍼와 같은 방한복이 필요하며, 북부의 산악 지역을 여행하는 경우에는 간혹 영하 10도 이하로 기온이 떨어지는 경우도 있으므로 두터운 겉옷을 준비해야 한다.

공휴일(2019년 기준)

1월 1일 신년
4월 19일 부활절 전 금요일
4월 21일 부활절
4월 25일 혁명 기념일
5월 1일 노동절
5월 31일 성체축일
6월 10일 포르투갈의 날 (민족시인 까몽이스가 타계한 날)
6월 13일 성 안토니오 기념일(리스본만)
8월 15일 성모 승천일
10월 5일 공화국 수립일
11월 1일 만성절
12월 1일 독립 기념일
12월 8일 성모마리아 축일
12월 25일 크리스마스

세금 환급 Tax Refund / Tax Free

한 매장에서 €59.36 이상 물건을 구입한 뒤, 3개월 내 출국하는 공항에서 세금을 환급받을 수 있다. 세금 환급 서류를 작성할 때에는 여권이 필히 있어야 한다. 환급이 되는 매장들은 입구에 'TAX FREE' 스티커나 안내표가 붙어 있다. 서류 작성 후 출국할 때 공항에서 수속을 밟고 환급받으면 된다.

주 포르투갈 한국 대사관

주소 Av. Miguel Bombarda 36-7, 1051-802 Lisboa
이메일 embpt@mofa.go.kr
전화 +351 21 793 7200
팩스 +351 21 797 7176
위치 메트로 Saldanha 역에서 도보 5분

리스본

Lisbon

포르투갈 최대의 항구 도시이자 수도인 리스본은 포르투갈어로 '리스보아'라고 불린다. 3세기 로마, 8세기 이슬람의 지배를 받다 12세기 알폰소 1세에 의해 해방되었으며, 코임브라에 있던 수도를 이곳으로 옮겨 왔다. 지중해와 북해를 연결하는 최고의 위치 조건으로 15세기에 들어 활발한 무역이 이루어지면서 최고의 전성기를 누리던 대항

해 시대를 맞이한다. 그러나 1755년 지진과 그로 인한 화재, 쓰나미로 인해서 도시 2/3가 파괴되면서 리스본의 전성기는 끝이 나고 만다. 폼발 후작의 도시 재건 계획으로 파리를 모티브로 삼아 바둑판 모양으로 디자인했으며, 이를 '폼발 양식'으로 부르게 되었다. 폼발 후작의 재건 계획을 시작으로 리스본은 또 다시 포르투갈을 대표하는 현대 도시로 변화를 시작했으며, 크고 작은 7개의 언덕으로 이루어져 있는 구시가지는 리스본의 상징인 노란 트램 덕분에 어렵지 않게 오르내릴 수 있다. 각 지구마다 서로 다른 분위기를 만날 수 있는 것이 바로 리스본의 매력이기도 하다.

현재까지 우리나라에서 리스본까지 직항으로 가는 항공은 없기 때문에 경유 항공편을 이용해야 한다. 여러 유럽 항공사에서 자국을 경유해서 리스본으로 들어오는 노선들을 운항하고 있다. 스페인에서 갈 경우에는 철도나 버스를 이용하는 것이 편리하다.

항공

우리나라에서 경유 항공편을 이용해 리스본으로 이동할 때 KLM은 암스테르담, 에어프랑스는 파리, 영국 항공은 런던, 루프트한자는 프랑크푸르트, 터키 항공은 이스탄불, 러시아 항공은 모스크바를 경유한다. 리스본 공항은 시내에서 약 7km에 떨어진 곳에 위치하며, 정식 명칭은 '포르텔라 드 사카벵(Portela de Sacavém)'이다.

리스보아 포르텔라 드 사카벵 국제공항 www.ana.pt
항공권 검색 www.skyscanner.co.kr

공항에서 시내 가기

리스본 포르텔라 드 사카벵 국제공항에서 시내로 이동하려면 공항버스, 시내버스, 메트로, 택시 등 다양한 대중교통을 이용해서 이동 가능하다. 공항버스, 시내버스는 공항 정문 앞 버스 정류장에서 탑승할 수 있으며, 메트로는 공항 지하와 연결되어 있다.

공항버스 Aerobus

공항버스는 Line1, Line2, Line3으로 구분되어 있으며 각각 방향이 다르기 때문에 원하는 목적지에 맞는 공항버스를 이용해야 한다.

운행 시간 07:00~23:00 (배차 간격 20~30분)
요금 1회권 €4 / 왕복 €6

*공항버스 티켓으로 리스본 시내 트램과 버스를 24시간 동안 사용할 수 있으니, 공항버스를 이용하고 나서도 버리지 말고 잘 활용하도록 하자. 단, 메트로, 엘리베이터, 푸니쿨라는 사용할 수 없다.

시내버스

버스 노선은 다양한 편이며 주로 이용하는 노선은 공항에서 폼발 광장까지 매일 운행하는 22번 버스와 44번 버스이다. 44번 버스는 주중에는 카이스 두 소드르 역까지 운행된다.

운행 시간 05:00~24:00
요금 1회권 €1.85

야간버스

오리엔트역→공항→카이스 두 소드르 역까지 이어지는 야간버스는 00:00~05:00 동안 운행한다.

요금 €1.85

메트로

리스본 메트로가 2012년 7월부터 공항까지 개통되면서 시내까지 이동할 수 있는 방법이 조금 더 다양해졌다. 시내버스보다 운행시간이 길고 가격도 저렴해서 많이 이용하는 대중교통으로 자리잡았다.

운행 시간 06:00~01:00
요금 1회권 €1.45 + 보증금 €0.50 / 비바 비아젬(Viva Viagem) 24시간 티켓 €6.15 + 보증금 €0.50

▶ 택시

짐이 있는 경우 추가 요금 €1.50가 붙는다. 보통 공항에서 시내까지 €15~20 정도 나오는데 관광객들 상대로 바가지 요금을 붙이는 경우가 많기 때문에 미터 확인을 잘 해야 한다.

저가 항공

유럽 주요 도시에서 리스본으로 들어오기 위한 방법 중 가장 쉽게 이동할 수 있는 교통수단이 바로 저가 항공이다. 유럽 최서단에 자리하고 있는 포르투갈의 위치 특성상 스페인을 통과하지 않으면 들어올 수 있는 방법이 쉽지 않기 때문에 넓고 넓은 스페인을 통과해서 들어오는 길은 항공으로 들어오는 것이 가장 빠른 선택이다.

라이언에어 www.ryanair.com
이베리아에어 www.iberia.com
이지젯 www.easyjet.com
부엘링 www.vueling.com
스카이스캐너 www.skyscanner.co.kr

나라 / 도시	소요 시간	항공사
스페인 마드리드	1시간 15분~ 1시간 20분~	이지젯 이베리아에어
스페인 바르셀로나	1시간 55분~	부엘링 이베리아에어
프랑스 파리	2시간 30분~ 2시간 35분~	부엘링 라이언에어
영국 런던	2시간 40분~ 2시간 45분~	이지젯 라이언에어
이탈리아 밀라노	2시간 45분~	라이언에어
이탈리아 로마	2시간 55분~	라이언에어
독일 프랑크푸르트	3시간~	라이언에어

철도

리스본 철도는 대부분 포르투갈 지방과 연결되는 노선이 많으며, 국제선은 대부분 스페인에서 들어오는 열차이다. 중앙역인 산타 아폴로니아 역과 호시우 역, 엔트레 캄포스 역 등이 관광객들이 가장 많이 이용하는 기차역이다. 이밖에 카스카이스행 기차가 발착하는 카이스 두 소드르 역과 남부행 열차가 발착하는 오리엔트 역이 있다. 오리엔트 역은 산타 아폴로니아 역으로 가는 열차가 지나가는 중간 기착지이기도 하다.

포르투갈 기차 홈페이지 www.cp.pt

출발 역	도시 / 발착 역	소요 시간
Santa Apolónia 역	코임브라 / B 역	1시간 43분~
Santa Apolónia 역	포르투 / Campanha 역	2시간 44분~
Santa Apolónia 역	스페인 마드리드 / Chamartón 역	9시간 16분~

▶ 산타 아폴로니아 역 Estação de Santa Apolónia

알파마 지구 동쪽 끝에 자리하고 있는 산타 아폴로니아 역은 국제선과 다른 지방으로 연결되는 노선이 가장 많은 리스본의 중앙역이라 할 수 있다.

위치 메트로 블루(Azul)선 Santa Apolónia 역에서 하차

▶ 호시우 역 Estação do Rossio

리스본 메인 인포메이션에 인접해 있는 역으로, 신트라행 열차가 이곳에서 발착하는 만큼 엄청난 관광객들이 몰리는 역이다.

위치 메트로 블루(Azul)선 Restauradores 역과 그린(Verde)선 Rossio 역에서 하차

버스

포르투갈은 스페인과 마찬가지로 기차로 여행하는 것보다 버스로 여행할 수 있는 곳이 더 많기 때문에 리스본 근교 여행과 지방 이동 시 버스를 이용하는 사람들이 많다. 스페인 세비야와 리스본으로 연결되는 야간 버스도 인기 있는 구간이다. 리스본에는 세트 히우스 버스 터미널과 오리엔트 버스 터미널이 있는데, 시내에서 이동하기 쉬운 세트 히우스 버스 터미널이 메인 버스 터미널에 가깝다. 리스본에서 오비두스로 가는 버스는 터미널이 아닌 캄포데 그란데 역 근처 버스 정류장에서 출발한다. 포르투갈 지방 대부분을 연결하는 가장 큰 버스 회사인 Rede Expressos(RE)에서 나자레, 코임브라, 포르투 등을 운행하고 있다.

세트 히우스 버스 터미널 Terminal Rodoviário de Sete Rios

위치 메트로 블루선 Jardim Zoológico 역에서 도보 3분

도시	소요 시간	버스 회사
오비두스	1시간~	Tajo - www.rodotejo.pt
나자레	1시간 50분~	RE - www.rede-expressos.pt
코임브라	2시간 20분~	RE - www.rede-expressos.pt
포르투	3시간 30분~	RE - www.rede-expressos.pt
스페인 세비야	7시간 30분~	ALSA - www.alsa.es

리스본의 대중교통으로는 버스(Autocarro), 언덕 위를 달리는 노란 트램(Eléctrico), 지하로 연결되는 메트로(Metro)와 라브라, 비카, 글로리아 3개 노선의 전차형 엘리베이터(푸니쿨라, Funicular), 산타 주스타 엘리베이터(Elevador de Santa Justa) 등이 있다.

티켓 구입

구역마다 거리가 조금씩 떨어져 있고 언덕으로 이루어져 있어 대중교통 이용이 생각보다 많을 수 있기 때문에 24시간 무제한 교통권인 비바 비아젬(Viva Viagem)이나 리스보아 카드, 기간에 상관없이 사용할 수 있는 충전식 교통카드인 비바 비아젬 잽핑(Viva Viagem Zapping)을 사용하는 게 효율적이다. 티켓은 카리스(Carris) 마크가 표시된 매표소나 운전 기사에게 직접 구입 가능하며, 비바 비아젬이나 메트로 티켓은 메트로 역 자동 발매기에서 구입 가능하다.

카리스 홈페이지 www.carris.pt
메트로 홈페이지 www.metrolisboa.pt

대중교통 요금

버스, 트램, 푸니쿨라, 엘리베이터는 모두 카리스(Carris)라는 회사에서 운영한다. 모두 개별 티켓을 가지고 있으며 비바 비아젬, 비바 비아젬 잽핑과 리스보아 카드 이외는 공용으로 사용할 수 없기 때문에, 24시간 내에 얼마나 대중교통을 이용하는지 비교해 본 뒤 자신의 일정에 맞는 티켓을 구입하는 것이 좋다.

버스 1회권 €1.85
메트로 1회권 €1.45
트램 1회권 €2.90
라브라 · 비카 · 글로리아 푸니쿨라 2회권 €3.70
산타 주스타 엘리베이터 2회권 €5.15
비바 비아젬(Viva Viagem) 24시간권 €6.15 + 보증금 €0.50
비바 비아젬 잽핑(Viva Viagem Zapping, 충전식 교통카드) €2~€15까지 원하는 가격만큼 충전해서 사용하는 교통카드. (신트라 · 카스카이스 기차까지 사용 가능) + 보증금 €0.50
교통국 홈페이지 carris.transporteslisboa.pt

리스보아 카드 Lisboa Card

리스본의 모든 교통수단과 신트라와 카스카이스행 국철과 리스본의 주요 관광지 입장료까지 포함된 카드이다. 카드를 구입하면 별도의 할인 책을 받게 되는데 음식점, 공연 등 다양한 곳에서 할인을 받을 수 있다. 카드는 리스본 관광 안내소 어느 곳에서든 구입할 수 있으며, 24시간, 48시간, 72시간권이 있다.

요금 24시간 €19, 48시간 €32, 72시간 €40
홈페이지 www.askmelisboa.com

관광 안내소

리스본 교통과 입장을 한번에 할 수 있는 리스보아 카드 구입은 물론 무료로 제공하는 교통 맵을 받을 수 있다. 공항 및 주요 역 내에도 관광 안내소가 자리하고 있다.

리스본 관광 안내소 www.visitlisboa.com

★포스궁전 Palácio Foz

주소 Praça dos Restauradores, 1250-187 Lisboa **GPS 좌표** 위도 38.7158064 (38° 42′ 56.90″ N), 경도 -9.1422284 (9° 8′ 32.02″ W) **전화** 21 322 1201 **오픈** 09:00~20:00 **위치** 호시우역(철도)에서 도보 2분 / 푸니쿨라 글로리아선 바로 옆

★코메르시우 광장 웰컴 센터 Lisboa Welcome

주소 Rua do Arsenal 23, 1100-038 Lisboa **GPS 좌표** 위도 38.7076523 (38° 42′ 27.55″ N), 경도 -9.1376097 (9° 8′ 15.39″ W) **전화** 21 031 2700 **오픈** 09:00~20:00 **위치** 코메르시우 광장 한 쪽에 위치

카보 다 로카

리스본 센터
Coliseu dos Recreios
상 페드루 드 알칸타라 전망대
Miradouro de São Pedro de Alcântara
푸니쿨라 글로리아선 (하)
본 자르딤 Bonjardim
Rua Dom Pedro V
굿모닝 호스텔 Goodmorning Hostel
관광 안내소
인제펜젠치 호스텔&스위트
The Independente Hostel & Suites
Teatro Nacional D. Maria II
진자냐 Ginjinha
세르베자리아 피노키오 Cervejaria Pinóquio
Apordoc - Associação pelo Documentário
호시우 역
호시우 광장 Praça Rossio
피게이라 광장 Praça Figueira
푸니쿨라 글로리아선 (상)
Church of Sao Roque
Pombaline Lower Town
카르무 호텔 Carmo Hotel
산타 주스타 엘리베이터 Santa Justa Elevador
Escola Básica e Secundária Passos Manuel
Calçada do Combro
리스본 포엣 호스텔 Lisbon Poets Hostel
카바사스 Cabaças
카페 브라질레이라 A Brasileira
푸니쿨라 비카선 (상)
카사 다 인디아 Casa Da India
마이 스토리 호텔 오루 My Story Hotel Ouro
아우구스타 거리 Rua Augusta
National Theatre of São Carlos
Rua da Conceição
Rua de São Julião
푸니쿨라 비카선 (하)
Arco da Rua Augusta
Rua de São Paulo
Chiado Museum
Rua do Arsenal
관광 안내소 (웰컴 센터)
Rua Remolares
N6
Avenida Ribeira das Naus
Armazem F
카시오 두 소드레 기차역
벨렘 지구
파스테이스 데 벨렘 Pastéis de Belém
Museu de Marinha
제로니무스 수도원 Mosteiro dos Jerónimos
국립 마차 박물관 Museu Nacional dos Coches
Rosa Filmes-grupo De Produção Audiovisual Lda
Av. Torre de Belém
R. Dom Lourenço de Almeida
R. Bartolomeu Dias
Fundacao centro cultural de belem
Jardim da Torre de Belém
발견의 탑 Padrão dos Descobrimentos
벨렘탑 Torre de Belém

Tv. Pereira
Rua dos Lagares
Rua da Verónica
Convento da Graça
여자 도둑 시장
Escola Básica e Secundária Gil Vicente
Feria da Ladra
Campo Santa Clara
R. Mirante
Castelo
산타 엥그라시아 성당
Igreja de Santa Engrácia
산타 아폴로니아 역
Lux
Bica do Sapato
Rua São Tomé
R. de Regueira
R. dos Remédios
R. Jardim do Tabaco
Fundação Ricardo do Espírito Santo Silva
파두 박물관
São Mamede
메무 알파마 호텔
Memmo Alfama - Design Hotel
대성당
Sé
Museu do Teatro Romano
da Alfândega
리스본 전체
HF 페니스 가든
HF Fénix Garden
HF 페니스 리스보아
HF Fénix Lisboa
국립 아줄레주 미술관
Museu Nacional do Azulejo
리스본 센터
벨렝 지구
4월 25일 다리
Ponte 25 de Abril
크리스투 헤이
Cristo Rei

리스본 추천 코스

첫째 날은 관광의 중심인 바이후 알투, 시아두, 바이샤 지구에서 보낸다. 리스본의 특별한 이동 수단인 푸니쿨라 글로리아선과 산타 주스타 엘리베이터를 타고 리스본 시가지를 내려다보고, 아줄레주의 모든 것을 볼 수 있는 아줄레주 미술관에 들러 포르투갈의 아줄레주의 매력에 빠져 보자. 둘째 날은 벨렝 지구에서 에그타르트를 맛보고 페리를 타고 리스본의 풍경을 감상한다.

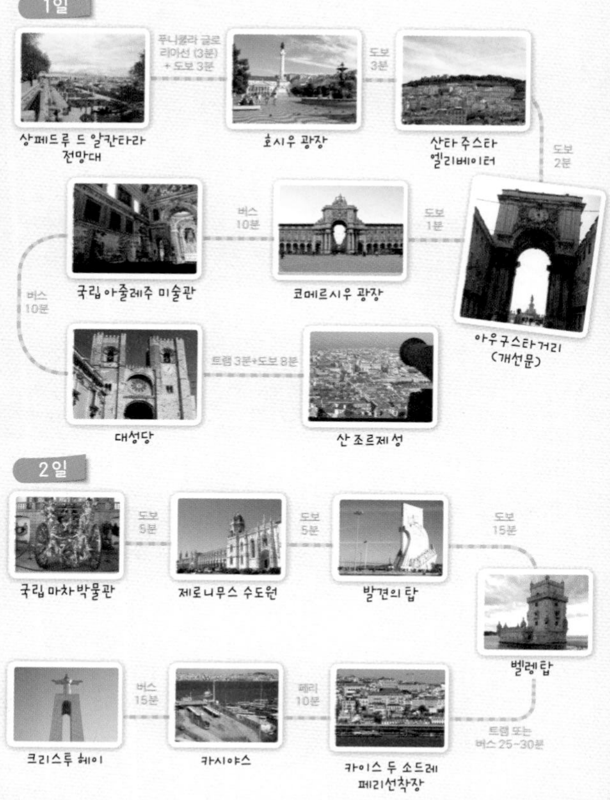

바이샤 지구
Baixa

◆ 1755년 리스본 대지진 때 가장 많은 피해를 입은 바이샤 지구는 대부분 폐허가 되었고, 폼발 후작의 도시 재건 정책에 의해 지금처럼 바둑판 모양으로 디자인되었다. 7개의 언덕에서 유일하게 평지에 속하는 바이샤 지구는 리스본에서 가장 번화한 장소로, 교통과 쇼핑의 중심이다.

MAPECODE **27501**

호시우&피게이라 광장 Praça Rossio & Praça Figueira

리스본 교통 중심지이자 대표적인 광장

'동 페드루 4세 광장'이라는 이름보다 '호시우 광장'이라는 이름으로 더 많이 알려진 이곳은 종교 재판이 열렸던 자리에 신고전주의 양식의 국립 극장이 자리하고 있다. 바로 인근에는 신트라행 국철이 출발하는 호시우 역이 있는데 말 편자 모양을 한 신 마누엘 양식의 출입문이 유명하다. 버스와 메트로, 트램 등 다양한 노선들이 환승되는 광장이기 때문에 항상 관광객과 현지인들로 북적인다. 호시우 광장 바로 옆에 자리하고 있는 또 다른 광장인 피게리아 광장은 폼발 후작 시대의 주택들이 세련된 분위기를 선보이며 광장을 에워싸고 있으며, 노천 카페와 레스토랑들이 들어서 있다.

위도 38.7132531 (38° 42′ 47.71″ N), 경도 -9.1390044 (9° 8′ 20.42″ W) 메트로 그린(Verde)선 Rossio 역에서 하차

MAPECODE **27502**

아우구스타 거리 Rua Augusta

리스본의 최대 쇼핑 거리

호시우 광장과 피게이라 광장 사이에 있는 아우구스타 거리는 코메르시우 광장까지 직선으로 이어지는 바이샤 지구의 보행자 전용 도로로, 리스본 최대의 쇼핑 거리이다. 유명 브랜드부터 수많은 기념품 가게들이 끝없이 관광객들의 발길을 사로잡으며, 거리 곳곳에서는 거리 공연이 열리고 있다. 아우구스타 거리와 코메르시우 광장이 만나는 거리 끝에는 웅장한 아르코 다 루아 아우구스타(Arco da Rua Augusta) 개선문이 서 있는데 포르투갈 대항해 시대에 수많은 탐험가들과 개척자들이 드나들었던 통로지만 지금은 수많은 관광객들이 이곳을 드나들고 있으며, 개선문 주변으로 주말에는 노천 시장도 열린다.

위도 38.7130606 (38° 42′ 47.02″ N), 경도 -9.1385860 (9° 8′ 18.91″ W) / 개선문 - 위도 38.7083472 (38° 42′ 30.05″ N), 경도 -9.1367835 (9° 8′ 12.42″ W) 호시우 광장과 피게이라 광장 사이 코메르시우 광장 방향 / 코메르시우 광장에서 도보 1분 / 산타 주스타 엘리베이터에서 도보 2분

MAPECODE 27503

산타 주스타 엘리베이터 Santa Justa Elevador

리스본 시내를 전망할 수 있는 장소

촘촘하게 건물들이 들어선 바이샤 지구에 어쩌면 조금 생뚱맞게 자리하고 있는 산타 주스타 엘리베이터는 리스본 시내를 가장 편하게 감상할 수 있는 장소이기도 하다. 비바 비아젬 티켓이나 리스보아 카드를 소지했다면 아침 시간과 해가 지는 시간에 올라가 보는 것도 좋다. 같은 장소이지만 새로운 분위기의 리스본을 만날 수 있다.

Rua do Ouro, 1150-060 Lisboa 위도 38.7121732 (38° 42′ 43.82″ N), 경도 -9.1392163 (9° 8′ 21.18″ W) ☎ 21 413 8679 엘리베이터 10~5월 07:00~21:45, 6~9월 07:00~22:45 전망대 08:30~20:30 엘리베이트 왕복(전망대 포함) €5.15, 전망대 €1.50 / 비바 비아젬 티켓이나 리스보아 카드 소지자 탑승 가능. 단, 전망대는 추가 비용 지불 호시우 광장에서 도보 2분 / 메트로 그린선 Baixa, 블루선 Chiado 역에서 도보 3분 www.carris.pt/pt/ascensores-e-elevador

MAPECODE 27504

코메르시우 광장 Praça do Comércio

리스본에서 가장 큰 광장

아우구스타 거리 남쪽 끝에 자리한 개선문을 통과하면 테주(Tejo)강을 배경으로 시원하게 펼쳐진 드넓은 광장이 나오는데 이곳이 바로 리스본에서 가장 큰 광장인 코메르시우 광장이다. 원래 포르투갈의 마누엘 1세의 '리베리아 궁전'이 있던 자리인데 1755년 일어났던 대지진과 화재, 쓰나미로 인해서 궁전은 파괴되었고, 그로 인해 동 조세(Don Jose) 1세는 지진에 대한 공포로 인해 더 이상 이곳에 궁전을 건설하지 않기로 하면서, 광장으로만 남게 되었다. 그래서 코메르시우 광장은 궁전이 있던 자리에 만들어졌다고 해서 '궁전 광장(Terreiro do Paco)'이라고 불리기도 한다. 코메르시우 광장은 유럽에서도 아름답기로 소문난 광장 중 하나이다. 광장 중앙에는 테주강을 바라보고 있는 '동 조세 1세' 동상이 서 있고, 한쪽으로는 리스본 웰컴 센터인 중앙 관광 안내소가 자리하고 있다.

위도 38.7081463 (38° 42′ 29.33″ N), 경도 -9.1367084 (9° 8′ 12.15″ W) 아우구스타 거리에서 도보 1분 / 대성당에서 도보 10분

바이후 알투 & 시아두 지구

Bairro Alto & Chiado

◆ 리스본 7개의 언덕 중 하나인 바이후 알투 지역은 '높은 동네'라는 뜻을 가지고 있다. 2개의 푸니쿨라선인 글로리아선과 비카선 덕분에 높은 동네인 바이후 알투를 쉽게 오르내릴 수 있다. 골목마다 리스본 사람들의 평범한 일상의 흔적들이 고스란히 남아 있다. 알파마 지구와 함께 파두 공연의 핵심이 되는 곳이기도 하다. 시아두 지구는 고급 부티크와 스파 브랜드들이 자리하고 있고 포르투갈에서 가장 오래된 카페와 서점이 있어 리스본 현지 사람들이 많이 찾는 쇼핑가이다.

MAPECODE 27505

상 페드루 드 알칸타라 전망대 Miradouro de São Pedro de Alcântara

바이후 알투의 대표적인 뷰 포인트

글로리아 푸니쿨라 역 바로 옆에 자리하고 있는 언덕 위 전망대로, 맞은편 언덕에 자리한 상 조르즈 성과 리스본 시내가 한눈에 내려다보인다. 파두 공연장이 밀집된 지역이기 때문에 공연을 보기 전 낭만적인 리스본의 석양을 감상하기 위해 이곳을 찾는 관광객들이 많다.

◉ 위도 38.7147014 (38° 42′ 52.93″ N), 경도 -9.1442615 (9° 8′ 39.34″ W) 🚇 글로리아 푸니쿨라 역 (상) 옆에 위치

 푸니쿨라

글로리아선 Ascensor da Glória

신트라행 국철을 타는 호시우 역에서 관광 안내소를 지나면 바로 보이는 것이 상 페드루 드 알칸타라 전망대까지 운행하고 있는 푸니쿨라 글로리아선이다. 리스본 3개의 푸니쿨라 중 관광지와 인접해 있기 때문에 가장 인기 있는 푸니쿨라이기도 하다.

◉ 월~목 07:00~23:55, 금 07:00~00:25, 토 08:30~00:20, 일 · 공휴일 09:00~23:55 € 라브라, 비카, 글로리아 푸니쿨라 2회권 €3.70 / 비바 비아젬 티켓이나 리스보아 카드 소지자 탑승 가능 🚇 메트로 블루선 Restauradores 역에서 도보 3분 (하)

비카선 Ascensor da Bica

3개의 푸니쿨라 중 가장 가파른 언덕을 오르내리는 비카선은 바다가 내려다보이는 뷰와 영화에서나 나올 법한 낭만스러운 비카선의 모습 때문에 가장 사랑을 받고 있는 푸니쿨라이다. 메트로 그린선 Baixa-Chiado 역 Chiado 방향으로 나와서 Rua Garrett 거리를 지나 계속 직진하다 보면 푸니쿨라 비카선 역이 나온다.

◉ 월~토 07:00~21:00, 일 · 공휴일 09:00~21:00 € 라브라 · 비카 · 글로리아 푸니쿨라 2회권 €3.70 / 비바 비아젬 티켓이나 리스보아 카드 소지자 탑승 가능 🚇 메트로 블루선 · 그린선 Baixa · Chiado 역에서 하차, 시아두 방향으로 나와 도보 10분 트램 28E번 Calhariz - Bica에서 하차

알파마 지구
Alfama

◆ 리스본에서 가장 오래된 지역으로, 테주강과 산 조르제 성 사이의 언덕에 집을 지으면서 사람들이 살기 시작했다. 노란 트램이 그림처럼 언덕을 오르내리고, 골목골목 특별한 목적지 없이 거닐어도 좋을 만큼 매력이 가득한 곳이다. 파두의 본고장답게 파두 공연장이 밀집되어 있다.

MAPECODE 27506

대성당 Sé

리스본에서 가장 대표적인 포토라인

1147년 이슬람교도로부터 리스본을 되찾은 아폰수 왕이 로마네스크 양식으로 처음 세웠으며, 1755년 리스본 대지진때에도 파괴되지 않고 그대로 남았다. 두 개의 종탑과 장미의 창은 로마네스크 양식의 전형적인 건축을 보여 주고 시간이 흐르면서 고딕 양식과 바로크 양식이 혼합되었다. 이곳을 찾는 많은 여행객들이 28번 트램과 대성당을 한 프레임에 담는 리스본의 대표적인 포토라인이기도 하다.

🏠 Largo da Sé, 1100-585 Lisboa ⊙ 위도 38.7097475 (38° 42′ 35.09″ N), 경도 -9.1333825 (9° 8′ 0.18″ W) ☎ 21 886 6752 ⊘ 화~토 09:00~19:00, 월 · 일 09:00~09:00~17:00 € 성당 무료 회랑 일반 €2.50, 학생 €1.25 보물관 일반 €2.50, 학생 €1.25 🚌 코메르시우 광장에서 도보 10분 / 트램 28번, 12E번 Sé 하차 ⓘ www.patriarcado-lisboa.pt

MAPECODE 27507

상 조르제 성 Castelo de São Jorge

리스본에서 가장 오래된 성

알파마 지구의 가장 높은 언덕에 자리하고 있는 상 조르제 성은 고대 로마인들이 터전을 마련했던 장소로, 리스본에서 가장 오래된 성이다. 과거에는 군사 요새로도 중요한 역할을 하다가 잠시 감옥으로도 사용되었지만 현재는 공원으로 꾸며져 있다. 일출과 일몰을 보기 위해 새벽부터 늦은 오후까지 관광객들의 발길이 끊이지 않고 있다.

🏠 Rua de Santa Cruz do Castelo, 1100-129 Lisboa ⊙ 위도 38.7133230 (38° 42′ 47.96″ N), 경도 -9.1333580 (9° 8′ 0.09″ W) ☎ 21 880 0620 ⊘ 11~2월 09:00~18:00, 3~10월 09:00~21:00 € 일반 €8.50, 학생 €5 🚌 버스 737번을 타고 Costa do Castelo에서 하차, 도보 3분 트램 12E번, 28E번을 타고 Largo das Portas do Sol에서 하차, 도보 8분 ⓘ castelodesaojorge.pt

산타 엥그라시아 성당 Igreja de Santa Engrácia (Panteão Nacional)

포르투갈의 역사적인 인물을 기리기 위한 국립 판테온

1682년 건축을 시작하여 완공되기까지 무려 284년이란 시간이 걸린 성당으로, 우뚝 솟아 있는 바로크 양식의 거대한 돔이 인상적이다. 성당이 완공되기까지 너무도 긴 시간이 걸렸기 때문에 리스본에서는 '도무지 끝이 보이지 않는'이라는 말을 '산타 엥그라시아 같은'으로 대신하기도 한다. 생긴 모습도 돔 때문에 로마의 판테온 같다고도 하지만 1916년 정식으로 '포르투갈의 국립 판테온'으로 지정되었다. 내부에는 포르투갈 역사상 빼놓을 수 없는 인물인 항해의 왕자 엔리케 왕자와 인도항을 개척한 바스코 다 가마를 비롯해 유명한 정치인들과 군인들을 모시고 있으며 포르투갈에서 가장 유명한 파두 가수였던 아말리아 호드리게스도 지하에 모셔져 있다. 전망대로 올라가면 탁 트인 테주강과 리스본 시내가 한눈에 펼쳐지는 풍경을 담을 수 있다.

🏠 Campo de Santa Clara, 1100-471 Lisboa ⓘ 위도 38.7148122(38° 42′ 53.32″ N), 경도 -9.1246061 (9° 7′ 28.58″ W) ☎ 21 885 4820 ✓ 10~3월 10:00~17:00, 4~9월 10:00~18:00 / 휴무 매주 일요일, 1월 1일, 부활절, 5월 1일, 6월 13일, 12월 24~25일 € €4 🚇 메트로 블루선 Santa Apolónia 역에서 하차, 도보 5분 버스 712번, 734번 Rua do Paraíso에서 하차, 도보 2분 트램 28E번 Cç. de S. Vicente에서 하차, 도보 5분 ⓘ www.patrimoniocultural.pt

여자 도둑 시장 Feria da Ladra

리스본에서 가장 유명한 벼룩시장

산타 엥그라시아 성당 근처 산타 클라라 광장에서 매주 화요일과 토요일 오전 9시부터 오후 6시까지 열리는 벼룩시장으로, 포르투갈어인 'Ladra'는 '여성 도둑'을 뜻하는데, 원래는 벌레 종류인 'Ladro'에서 유래된 것이라 한다. 시장을 여는 날과 일정이 맞다면 산타 엥그라시아 성당과 함께 들러 봐도 재미있을 것이다.

🏠 Campo de Santa Clara, 1100-472 Lisboa ⓘ 위도 38.7154903 (38° 42′ 55.77″ N), 경도 -9.1254751 (9° 7′ 31.71″ W) ☎ 21 817 0800 ✓ 화 · 토 09:00~18:00 🚇 산타 엥그라시아 성당에서 도보 3분 / 버스 734번 Mercado de Santa Clara에서 하차

벨렝 지구

Belém

◆ 대항해 시대가 시작된 장소로 항해 왕자 엔리케 왕자의 위업과 인도항을 개척한 바스코 다 가마는 벨렝 지구에서 빼놓을 수 없는 인물들이다. 유네스코 세계 문화유산에 등재된 제로니무스 수도원과 세계 유일의 마차 박물관이 자리하고, 포르투갈을 대표하는 음식인 에그타르트가 탄생한 지역이다. 발견의 탑, 벨렝 탑 등 리스본 대표 랜드마크들이 몰려 있는 지역이기도 하다.

MAPECODE 27510

제로니무스 수도원 Mosteiro dos Jerónimos

유네스코 세계 문화유산에 등재된 수도원

1498년 바스코 다 가마(Vasco da Gama)가 인도항을 개척함으로써 비단과 향신료가 포르투갈에 들어오게 되자 마누엘 1세가 그의 부를 상징하기 위해 짓기 시작한 수도원이다. 1502년 착공하여 1672년에 완공되었으며 대지진 속에서도 피해를 입지 않았기 때문에 예전 모습 그대로 남아 있다. 특히 야자수처럼 생긴 기둥과 천장은 마누엘 양식의 걸작으로 손꼽히고 있다. 수도원 안 성당에는 인도를 개척했던 포르투갈의 항해자 바스코 다 가마의 석묘와 시인 루이스 바스 데 카몽스의 석묘가 자리하고 있다. 바스코 다 가마의 석묘에 밧줄을 쥔 손을 조각해 놓은 기둥이 있는데 이것을 만지면 항해를 무사히 마칠 수 있다는 믿음 때문에 조각은 사람들의 손길로 빛이 나고 있다. 수도원 내 회랑 역시 마누엘 양식의 절정을 보여 주고 있는데, 조각 하나하나의 디테일이 놀라울 정도로 예술적이며, 사각형 회랑 내에 자리하고 있는 안뜰은 잠시 쉬어 가기에도 좋은 장소이다. 1983년 유네스코 세계 문화유산에 등재되었다.

🏠 Praça do Império 1400-206 Lisboa ⓘ 위도 38.6973886 (38° 41′ 50.60″ N), 경도 -9.2060174 (9° 12′ 21.66″ W) ☎ 21 362 0034 ⓞ 10~5월 10:00~17:30, 5~9월 10:00~18:30 / 휴무 매주 월요일, 1월 1일, 부활절, 5월 1일, 6월 13일, 12월 25일 Ⓔ 일반 €10, 학생 €5 / 제로니무스 수도원 + 벨렝 탑 일반 €12, 학생 €6 제로니무스 수도원 + 벨렝 탑 + 국립 아줄레주 미술관 일반 €16, 학생 €8 🚌 트램 15E번 Mosteiro Jerónimos에서 하차 버스 714번, 727번, 729번, 751번을 타고 Mosteiro Jerónimos에서 하차 ⓘ www.mosteirojeronimos.pt

벨렝 탑 Torre de Belém

선원들이 왕을 알현했던 장소

마누엘 1세에 의해 1515년 테주강 위에 세워진 탑으로, 지금은 강물의 흐름 때문에 탑이 강물 위로 노출되어 있다. 원래는 외국 선박의 출입을 감시하며 통관 절차를 밟던 장소이며, 대항해 시대 때에는 왕이 이곳에서 선원들을 알현했던 곳이기도 하다. 스페인 지배 당시에는 정치범과 독립 운동가들을 지하에 가두던 물 감옥으로 사용되었다. 현재는 내부 관람이 가능하며 박물관으로 사용하고 있다.

Avenida Brasília, 1400-038 Lisboa 위도 38.6917782(38° 41′ 30.40″ N), 경도 -9.2159737 (9° 12′ 57.51″ W) 21 362 0034 10~5월 10:00~17:30, 6~9월 10:00~18:30 / 휴무 매주 월요일, 1월 1일, 부활절, 5월 1일, 6월 13일, 12월 25일 일반 €6, 학생 €3 제로니무스 수도원+벨렝 탑 일반 €12, 학생 €6 제로니무스 수도원+벨렝 탑+국립 아줄레주 미술관 일반 €16, 학생 €8 트램 15E번 Pedrouços에서 하차, 도보 5분 버스 729번을 타고 Pedrouços에서 하차, 도보 5분 www.torrebelem.pt

세계에서 가장 맛있는 에그타르트 전문점

파스테이스 데 벨렝 Pastéis de Belém

'파스텔 데 나타(Pastel de Nata)'라고 불리는 우리가 흔히 알고 있는 '에그타르트' 전문점이다. 보통 '에그타르트' 하면 마카오가 생각나겠지만 '에그타르트'의 원조는 바로 포르투갈이다. 그중에서도 1837년에 오픈한 벨렝 지구에 있는 '파스테이스 데 벨렝'은 전 세계에서 에그타르트가 가장 맛있기로 소문난 곳이다. 제로니무스 수도원에서 내려오는 레시피 그대로 만들고 있는데, 그 비법은 주인 할아버지를 포함해 딱 3명만 알고 있다고 한다. 가게 앞엔 항상 길게 줄을 서서 기다리고 있지만 밖의 줄은 테이크아웃을 하는 줄이고 안으로 들어가면 들어갈수록 엄청난 홀이 자리하고 있기 때문에 먹고 가려면 일단 안으로 들어가서 빈 자리를 찾도록 하자. 테이블 위에 놓여 있는 설탕가루나 계피가루를 뿌려 먹으면 더 맛있는 에그타르트를 즐길 수 있다.

Rua Belém 84-92, 1300-085 Lisboa 위도 38.6974315 (38° 41′ 50.75″ N), 경도 -9.2032726 (9° 12′ 11.78″ W) 21 363 7423 08:00~24:00 에그타르트 1개 €1.10~ 제로니무스 수도원에서 도보 2분 / 국립 마차 박물관에서 도보 4분 www.pasteisdebelem.pt

발견의 탑 Padrão dos Descobrimentos

엔리케 왕자 사후 500년 기념을 위해 세운 기념비

범선을 본따 만든 약 52m의 기념비로, 항해 왕자였던 엔리케 왕자가 세상을 떠난 지 500년이 되던 1960년에 이를 기념하고자 세운 기념비이다. 뱃머리 가장 앞에서 범선을 들고 있는 사람이 바로 엔리케 왕자이고 그의 뒤를 따라 인도 항로를 개척한 바스코 다 가마, 지구를 처음으로 한 바퀴 도는 데 성공했던 마잘렌, 대항해 시대의 통치자였던 마누엘 1세 등 항해에 있어서 큰 역할을 했던 인물들과, 천문학자, 지리학자 등 총 30명의 인물들이 묘사되어 있다. 기념비 전망대는 계단으로 걸어 올라가거나 유료 엘리베이터를 타고 올라갈 수도 있다.

Avenida Brasília, 1400-038 Lisboa 위도 38.6934865 (38° 41′ 36.55″ N), 경도 -9.2056526 (9° 12′ 20.35″ W) ☎ 21 303 1950 3~9월 10:00~19:00, 10~2월 10:00~18:00 / 휴무 매주 월요일, 1월 1일, 5월 1일, 12월 25일 일반 €5 트램 15E번 Mosteiro Jerónimos에서 하차, 도보 5분 버스 714번, 727번, 729번, 751번을 타고 Mosteiro Jerónimos에서 하차, 도보 5분 www.padraodosdescobrimentos.pt

국립 마차 박물관 Museu Nacional dos Coches

세계적으로 역사적 가치가 있는 마차들을 전시

2015년 기존의 박물관 인근에 현대적인 건물로 새롭게 오픈하면서 구 마차 박물관과 신 마차 박물관으로 나누어 전시되고 있다. 대부분의 마차들은 신 마차 박물관으로 옮겨졌다. 11~19세기 유럽 왕실과 귀족들이 사용했던 마차들이 전시되어 있고, 시대별 마차의 특징과 타는 목적에 따른 여러 마차를 직접 확인할 수 있어 리스본에서 관광객들에게 인기가 높은 박물관 중 하나이다.

(신) Avenida da Índia nº 136 (구) Praça Afonso de Albuquerque, 1300-004 Lisboa 위도 38.6971455 (38° 41′ 49.72″ N), 경도 -9.1991590 (9° 11′ 56.97″ W) ☎ 21 361 0850 화~일 10:00~18:00 / 휴무 매주 월요일, 1월 1일, 5월 1일, 부활절, 12월 24~25일 (신) 일반 €8, 학생 €4 (구) 일반 €4, 학생 €2 (신구 마차 박물관 통합권) 일반 €10, 학생 €6 / 매월 첫째 주 일요일 무료 입장 버스 28번, 714번, 727번, 729번, 743번, 749번, 751번을 타고 Belém에서 하차 트램 15E번 Belém에서 하차 museudoscoches.pt

그 밖의 지역

◆ 리스본 시내 중심에서 약간만 벗어나면 조금 더 특별한 리스본을 만날 수 있다. 포르투갈 하면 빼놓을 수 없는 아줄레주의 역사가 가득한 아줄레주 미술관과 미국의 금문교를 닮은 4월 25일 다리도 있다. 리스본 어느 지역에서든 테주강 건너로 보이는 거대한 그리스도 상과 4월 25일 다리를 가까이서 보기 위해서는 강 위를 건너는 유람선을 탑승하는 방법이 있다.

MAPECODE 27514

국립 아줄레주 미술관 Museu Nacional do Azulejo

아줄레주의 역사를 감상할 수 있는 곳

1509년에 세워진 수녀원을 재단장한 박물관으로, 포르투갈의 독특한 타일 장식인 아줄레주의 역사를 감상할 수 있다. 대지진 이후 불에 강한 건축 재료인 세라믹을 사용하면서 포르투갈은 아줄레주의 천국이 되었다. 마누엘 1세가 알암브라 성에 다녀온 후 이슬람 타일에 반해 리스본 왕궁에 처음 타일 장식을 시작했으며, 지금은 포르투갈 전체에서 아줄레주 장식을 찾아보는 건 어렵지 않은 일이다.

🏠 Rua Madre Deus 4, 1900-312 Lisboa ⊙ 위도 38.7243164 (38° 43′ 27.54″ N), 경도 -9.1139639 (9° 6′ 50.27″ W) ☎ 21 810 0340 ✔ 화~일 10:00~18:00 / 휴무 매주 월요일, 공휴일 € 일반 €5, 학생 €2.50 🚌 버스 718번, 742번, 794번 Igreja Madre Deus에서 하차, 도보 1분 ℹ www.museudoazulejo.pt

MAPECODE 27515

4월 25일 다리 Ponte 25 de Abril

무혈 혁명을 기념하기 위해 이름을 붙인 곳

1966년에 완공된 다리로, 독재자였던 살라자르의 이름을 딴 '살라자르 다리'라고 불리다가 1974년 4월 25일 독재자를 몰아냈던 무혈 혁명을 기념하기 위해 '4월 25일 다리'로 이름이 바뀌었다. 생김새는 미국의 금문교와 닮았는데 이 다리의 설계를 맡았던 팀이 미국의 샌프란시스코와 오클랜드를 연결하는 '베이 브리지'의 시공사였기 때문에 미국의 현수교들과 상당히 비슷한 모습을 하고 있다. 4월 25일 다리는 벨렝 지구에서 바라보는 모습이 가장 아름답다.

⊙ 위도 38.6956174 (38° 41′ 44.22″ N), 경도 -9.1783798 (9° 10′ 42.17″ W)

MAPECODE 27516

크리스투 헤이 Cristo Rei

시민들이 자발적으로 만든 거대 예수 석상

크리스투 헤이는 4월 25일 다리 초입에 있는 언덕 위에 두 팔을 벌려 테주강을 바라보고 있는 거대한 그리스도 상으로, 브라질의 수도 리우데 자네이루에 있는 거대한 그리스도 상을 모티브로 1959년에 만들었다. 리스본 시민들의 후원금으로 만들어졌으며, 전망대까지의 높이는 110m, 예수상 높이는 82m, 총 192m의 높이로, 예수상의 발 밑인 전망대까지는 엘리베이터를 타고 올라갈 수 있다. 전망대에서 바라보는 테주강과 리스본 시내의 파노라마는 리스본에서 가장 아름답다.

Rua Madre Deus 4, 1900-312 Lisboa 위도 38.6777208 (38° 40′ 39.79″ N), 경도 -9.1711057 (9° 10′ 15.98″ W) ☎ 21 275 1000 09:30~18:00 전망대 엘리베이터 €5 카이스 두 소드레 역 페리 선착장에서 카실랴스(Cacilhas)행 페리를 타고 테주강을 건너서 하차, 버스 101번으로 갈아타고 종점에서 하차 www.cristorei.pt

MAPECODE 27517

프리포트 아웃렛 Freeport Outlet

유럽에서 가장 큰 아웃렛 단지

유럽에서 가장 큰 아웃렛 단지로, 2004년에 오픈했다. 버버리부터 캐주얼 브랜드까지 리스본 시내보다 저렴한 가격으로 구입할 수 있고, 리스본 시내에서 하루에 2번 왕복하는 셔틀버스가 운행하고 있다. 셔틀버스가 아니더라도 대중교통을 이용할 수 있다.

Avenida Euro 2004, Freeport Outlet Alcochete, 2890-154 Alcochete 위도 38.7506190, 경도 -8.9391378 ☎ 21 234 3500 일~목 10:00~22:00 / 금~토, 공휴일 전날 10:00~23:00 폼발 광장에서 셔틀버스 왕복 €10 / 오리엔트 역에서 버스 431번, 432번, 437번 버스를 타고 두 번째 정거장인 Freeport에서 하차 www.freeport.pt

Eating

레스토랑 아 프리마베라 두 제로니무 Restaurante A Primavera Do Jerónimo MAPECODE 27518

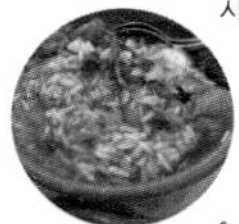

시아두 지구에 자리한 레스토랑으로 포르투갈의 전통 음식인 문어 국밥 요리가 맛있는 레스토랑이다. 문어 국밥 외에도 기본적으로 모든 음식이 인기가 많다.

Travessa da Espera 34, 1200-175 Lisboa ☎ 21 342 0477 월~토 19:30~24:00 / 휴무 매주 일요일 문어 국밥 €10~ 바이샤 · 시아두 역에서 시아두 방향으로 도보 7분

카바사스 Cabaças MAPECODE 27519

뜨거운 개인 돌판 위에 고기를 구워 먹는 돌판 스테이크(Picanha Na Pedra)가 유명한 곳으로, 언제나 긴 줄은 기본인 리스본에서도 엄청난 인기를 누리는 레스토랑 중 한 곳이다. 특이한 것은 레스토랑 앞에서는 간판을 찾을 수 없기 때문에 오로지 주소에만 의지해 찾아가야 한다. 돌판 스테이크와 문어 국밥(Arroz de Polvo) 두 가지 요리가 가장 인기 많다.

Rua das Gáveas 8, 1200-208 Lisboa ☎ 21 346 3443 월~금 12:00~15:00, 19:00~24:00 / 토~일 19:00~24:00 돌판 스테이크 €9.50~, 문어 국밥 €9~ 바이샤 · 시아두 역에서 시아두 방향으로 도보 6분

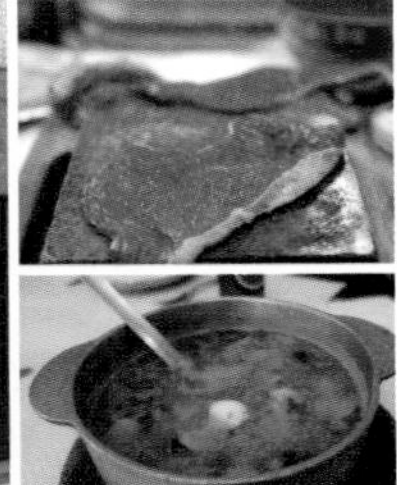

카사 다 인디아 Casa Da Índia

MAPECODE 27520

포르투갈 전통 음식점으로 그릴 음식을 전문으로 하고 있다. 해산물, 생선, 육류 등 먹고 싶은 음식을 주문하면 식당 앞 대형 그릴에서 구워 나온다. 그 중에서도 새우구이(Gambas á Guilho)와 치킨구이가 가장 인기 있는 메뉴이다. 그리고 또 하나의 포르투갈 음식인 바칼라우도 이곳에서 가장 잘 나가는 메뉴 중 하나이다.

Rua do Loreto, 1200-241 Lisboa ☎ 21 342 3661 월~토 12:00~02:00 / 휴무 매주 일요일 소금구이 €10~ 트램 28E번, 버스 202번, 758번 Pç. Luis Camões에서 하차, 도보 2분

카페 브라질레이라 A Brasileira

MAPECODE 27521

시아두 지구 시아두 광장에 있는 카페 브라질레이라는 1905년에 오픈하여 100년이 훨씬 넘은, 리스본에서 가장 오래된 카페이다. 1층은 카페이고 지하는 레스토랑으로 예술가들과 지식인들이 자주 찾는 장소다. 카페 앞에는 포르투갈의 시인인 페르난두 페소아의 청동상이 자리하고 있는데, 기념 촬영을 하기 위해 항상 사람들로 붐빈다. 자리에 따라 가격이 다른데 야외 테라스, 실내 테이블, 바 순으로 저렴해진다. 브라질이 포르투갈의 식민지였기 때문에 포르투갈에서는 항상 브라질의 질 좋은 커피를 싼 가격에 마실 수 있었다고 하는데 지금도 포르투갈의 커피는 유럽에서도 가장 저렴하고 질이 좋다. 카페 브라질레이라에서는 '비카(Bica)'라는 커피가 유명한데 우리가 알고 있는 에스프레소보다 조금 더 진한 맛을 느낄 수 있고, 파스테이스 데 벨렝에서 파는 나타(에그타르트)보다는 조금 덜 바삭하지만 크림이 더 쫀득한 나타가 '비카'와 함께 환상의 궁합을 자랑한다.

Rua Garrett 120, 1200 Lisboa 위도 38.7106097 (38° 42′ 38.19″ N), 경도 -9.1421048 (9° 8′ 31.58″ W) ☎ 21 346 9541 08:00~02:00 메트로 블루선 · 그린선 Baixa - Chiado 역에서 하차, 시아두 방향으로 나와 도보 5분 트램 28E번, 버스 202번, 758번 Pç. Luis Camões에서 하차, 도보 2분

레스토랑 세르베자리아 피노키오 Restaurante Cervejaria Pinóquio

MAPECODE 27522

레스토랑 겸 맥주홀인 피노키오는 우리나라에서는 〈꽃보다 할배〉 덕분에 더 유명해진 곳이다. 다른 레스토랑보다 가격이 조금 비싼 편이지만 종업원들의 서비스 정신이 투철하다. 포르투갈답게 해물 국밥 'Arroz de Marisco' 요리가 인기가 많은데 독특한 향이 나는 고수가 들어가기 때문에 고수의 향을 싫어한다면 주문할 때 꼭 고수를 빼 달라고 해야 한다. 해물 국밥 외에 새우와 게 요리도 인기가 많다.

🏠 Praça dos Restauradores 79, 1250-188 Lisboa ☎ 21 346 5106 ⏲ 12:00~24:00 € 해물 국밥 €21.50~ 🚌 메트로 블루선 Restauradores 역에서 하차, 도보 1분 / 호시우 광장에서 도보 3분 ℹ restaurantepinoquio.pt

본자르딤 레스토랑 Bonjardim Restaurant

MAPECODE 27523

포르투갈의 유명한 치킨 요리 피리피리 치킨을 맛 볼 수 있는 레스토랑으로, 리스본 관광청에서도 추천하는 곳이다. 다양한 메뉴 중에서 치킨 요리가 가장 인기 있다. 피리피리 소스에 찍어 먹기 때문에 피리피리 치킨이라는 이름이 붙여졌다고 한다. 포르투갈의 치킨 요리는 우리나라 전기식 통구이 치킨 요리와 굽는 방법도 비슷하고 맛도 비슷하다.

🏠 Travessa de Santo Antão 11, 1150-312 Lisboa ☎ 21 342 4389 ⏲ 12:00~23:30 € 치킨구이 €13.50 (2인) 🚌 메트로 블루선 Restauradores 역에서 하차, 도보 3분 / 호시우 광장에서 도보 5분

진지냐 A Ginjinha A

MAPECODE 27524

호시우 광장에 인접해 있는 버찌(체리)로 만든 포르투갈의 과실주인 진지냐를 판매하는 작은 바로 테이블 없이 작은 잔(소주잔만한), 큰 잔(종이컵만한)으로 테이크아웃만 가능한 곳이다. 진지냐의 맛은 독하면서도 달콤해 별칭이 '작업용 술'이라고도 불린다고 한다. 진지냐의 도시인 오비두스에서는 초콜릿으로 잔을 만들어 달콤한 술을 더 달콤하게 마시고 있다.

🏠 Largo São Domingos 8, 1150 Lisboa ⏲ 09:00~22:00 € 작은 잔 €1, 큰 잔 €1.50 🚌 호시우 광장 국립 극장 바로 옆

인제펜젠치 호스텔 & 스위트 The Independente Hostel & Suites

MAPECODE 27525

상 페드루 드 알칸타라 전망대에 위치해 있는 호스텔로 아르데코 스타일의 실내 디자인이 인상적이며, 호스텔 객실은 모두 현대식으로 디자인되어 있다. 도미토리룸과 함께 작은 스위트룸도 운영하고 있다. 모든 객실에서 와이파이는 무료로 사용할 수 있다.

Rua De São Pedro De Alcântara 81, 1250-238 Lisboa ☎ 21 346 1381 스위트룸(2인) €80~, 스위트룸(2인, 바다 전망) €110~ / 도미토리 12인실 €17.99~, 도미토리 9인실 €18.99~, 도미토리 6인실 €19.99~, 도미토리 여성 전용 €20.99~ / 조식 포함 푸니쿨라 글로리아선(상)에서 도보 1분 www.theindependente.pt

굿모닝 호스텔 Goodmorning Hostel

MAPECODE 27526

대형 창이 있어 밝고, 호스텔 바닥은 원목으로 되어 있어 따뜻한 분위기를 연출해 준다. 무엇보다 직원들이 친절하여 다시 찾고 싶은 호스텔로 리스본에서도 핫하게 떠오르고 있기 때문에 성수기 예약은 서둘러 하는 것이 좋다. 와이파이는 모든 객실에서 무료로 사용 가능하다.

Calçada Boa Hora 188, Lisboa ☎ 21 342 1128 더블룸(공용 욕실) €55~, 더블룸 €60~ / 도미토리 10인실 €14~, 도미토리 8인실 €16~, 여성 전용 도미토리 6인실 €18~, 도미토리 4인실 €18~ / 조식 포함 레스타우라도레스 광장 내에 위치 / 호시우 광장에서 도보 2분 www.goodmorninghostel.com

리스본 포엣 호스텔 Lisbon Poets Hostel

MAPECODE 27527

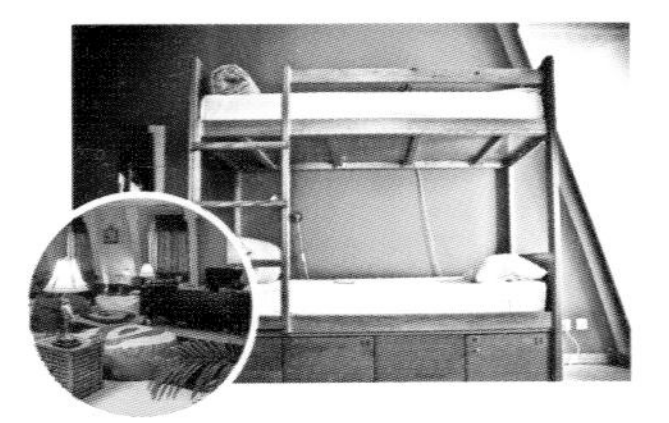

시아두 지구 카페 브라질레이라 인근에 자리하고 있는 호스텔로, 원색 컬러의 화려한 인테리어가 특징이다. 호스텔 주변으로는 리스본 맛집이 밀집해 있으며, 푸니쿨라 비카선도 가까운 곳에 있다. 와이파이는 전 객실에서 무료로 사용할 수 있다.

Rua Nova da Trindade 2, 1200-302 Lisboa ☎ 21 346 1241 도미토리 6인실 €14~, 도미토리 8인실 16~ / 조식 포함 메트로 블루선 · 그린선 Baixa - Chiado 역에서 하차, 시아두 방향으로 나와 도보 5분 트램 28E번, 버스 202번, 758번 Pç. Luis Camões에서 하차, 도보 2분

마이 스토리 호텔 오루 My Story Hotel Ouro

MAPECODE 27528

리스본 관광의 중심인 바이샤 지구에 자리한 호텔로, 18세기 건물에 아줄레주로 장식된 실내와 화이트 & 골드의 객실은 깔끔함과 고급스러운 분위기를 연출해 준다. 호시우 광장과 코메르시우 광장 사이에 자리해 있기 때문에 관광하기에 아주 좋은 위치에 있다. 호텔 전 구역에서 무료 와이파이를 사용할 수 있다.

Rua Aurea 100, 1100-063 Lisbon ☎ 21 240 0240 싱글룸 €102~, 더블룸 · 트윈룸 €125~ / 조식 포함 호시우 광장에서 도보 5분, 코메르시우 광장에

서 도보 3분 / 메트로 블루선 · 그린선 Baixa - Chiado 역에서 하차, 바이샤 방향으로 도보 2분 www.mystoryhotels.com

메무 알파마 Memmo Alfama

MAPECODE 27529

리모델링한 지 얼마 되지 않은 디자인 호텔로, 리스본 대성당 근처에 위치해 있다. 객실에는 iPod 도킹 스테이션을 갖추고 있으며, 침대에는 1인 3개의 베개가 배치되어 있다. 최신식 시설과 깔끔한 실내 장식, 탁 트인 전망까지 누구나 머물고 싶게 만드는 호텔이다. 호텔 주변엔 파두 공연을 하는 공연장들이 많다. 호텔 전 객실에는 무료 와이파이가 제공된다.

Travessa Merceeiras 27, 1100-348 Lisboa ☎ 21 049 5660 슈피리어 더블룸, 트윈룸 €190~ / 더블룸, 트윈룸(테라스) €166.50~ / 더블룸, 트윈룸(도시, 강 전망) €157.50~ / 더블룸(다락방) €150~ / 더블룸(파티오 전망) €144~ / 조식 포함 대성당에서 도보 5분 / 트램 12E번, 28E번, 버스 737번 Limoeiro에서 하차, 도보 2분 www.memmoalfama.com

리스보아 카르무 호텔 Lisboa Carmo Hotel

MAPECODE 27530

고전적이면서 현대적인 분위기의 세련된 객실 때문에 리스본에서도 인기 높은 호텔 중 한 곳이다. 호텔의 높은 층에서는 리스본의 구시가와 테주강의 전망을 감상할 수 있으며 핵심 관광지에 자리하고 있어 대부분의 관광지는 도보로 이동할 수 있다. 와이파이는 호텔 전 구역에서 무료로 사용할 수 있다.

Rua da Oliveira ao Carmo 1, 1200-307 Lisboa ☎ 21 326 4710 € 더블룸 €180~, 슈피리어 더블룸 €270~ / 조식 포함 메트로 블루선 · 그린선 Baixa - Chiado 역에서 하차. 시아두 방향으로 나와 도보 3분 버스 202번, 758번 Largo Trindade Coelho에서 하차. 도보 3분 www.lisboacarmohotel.com

HF 페닉스 가든

MAPECODE 27531

HF Fénix Garden

폼발 광장에 위치해 있는 밝은 분위기의 호텔로, 지하철역과 가깝고 호텔 주변엔 에두아르두 7세 공원이 있다. 호텔 카페에는 언제든 즐길 수 있는 간식과 음료가 준비되어 있으며 커피는 네스프레소를 제공한다. 호텔 전 구역에서 무료 와이파이를 사용할 수 있다.

Rua Joaquim António de Aguiar 3, 1050-010 Lisboa ☎ 21 384 5650 € 스탠다드 더블룸 €82~, 더블룸(테라스) €87~, 슈피리어 트윈룸 €90~ / 조식 포함 메트로 옐로우선 · 블루선 Marquês de Pomba 역에서 도보 1분 www.hfhotels.com/hf-fenix-garden

HF 페닉스 리스보아

MAPECODE 27532

HF Fénix Lisboa

폼발 광장에 위치해 있는 체인 호텔로 HF Fénix Garden 호텔과 나란히 자리하고 있다. 주변엔 에두아르두 7세 공원과 폼발 광장이 위치해 있기 때문에 호텔 객실 안에서 내려다보이는 폼발 광장의 야경이 볼 만하다. 호텔 전 구역에서 무료 와이파이를 사용할 수 있다.

Praça Marquês de Pombal 8, 1269-133 Lisboa ☎ 21 371 6677 € 스탠다드 싱글룸 €88~, 스탠다드 트윈룸 €92~, 스탠다드 더블룸 €96~, 슈피리어 트윈룸 €100~, 스위트룸 €117~ / 조식 포함 메트로 옐로우선 · 블루선 Marquês de Pomba 역 앞 www.hfhotels.com/hffenixlisboa

개선문 주변으로 열리는 주말 노천 시장

리스본 근교 세 도시 하루 여행

리스본 근교에는 유네스코 세계 문화유산 · 자연유산에 등재된 매력적인 도시들이 많은데 그중에서도 신트라, 카보 다 로카, 카스카이스 3개의 도시를 세트로 다녀올 수 있는 리스본 하루 여행은 절대 놓칠 수 없는 하이라이트이다. 단, 3개의 도시를 모두 돌아보려면 아침 일찍 서두르는 것이 좋다. 신트라 역 내 관광 안내소에서 434번, 403번 버스 시간표를 미리 얻은 후 여행을 시작하자.

신트라 홈페이지 www.parquesdesintra.pt

신트라 역

BEST COURSE

리스본

국철 40분

신트라

버스 403번 30분

카보 다 로카

버스 403번 30분

국철 35분

'에덴의 동산'이라 표현되는 동화 속 마을
신트라 Sintra

리스본에서 서쪽으로 28km 떨어진 산속에 위치한 도시로, 영국 시인인 바이런이 '에덴의 동산'이라고 표현했을 정도로 동화 속 세상처럼 아름다운 도시이다. 역대 왕가의 여름 궁전이 자리하고, 귀족들의 피서지로도 사랑받았던 만큼 현재도 이곳엔 호화로운 저택과 호텔, 레스토랑이 자리하고 있다.

리스본 호시우 역에서 신트라 역까지 국철로 40분

최서단 도착 증명서

유럽 대륙의 가장 최서단
카보 다 로카 Cabo da Roca

유럽 대륙의 가장 서쪽이면서 포르투갈에서도 가장 최서단에 위치한 카보 다 로카, 즉 로카 곶이다. 140m의 절벽 위로 등대가 서 있고, '이곳에서 땅이 끝나고 바다가 시작된다'라는 문구가 새겨져 있는 십자가 탑이 거센 바람에도 굳게 서 있다. 우리나라 어느 광고의 배경이 되었던 장소이기도 하다. 들판에 서서 양팔을 활짝 펴고 바람을 맞으며 잠시 모든 걸 잊고 자유를 누려 보는 것도 좋다. 카보 다 로카 주변에는 드넓은 녹지대와 관광 안내소, 등대만 있기 때문에 리스본이나 신트라, 카스카이스에서 당일치기로 다녀와야 한다. 관광 안내소에서는 이곳에 왔다 갔다는 증명을 해 주는 '최서단 도착 증명서'를 유료로 발급해 준다.

신트라 역에서 403번을 타고 30분 / 카스카이스에서 403번을 타고 30분

고급 휴양 리조트 지역
카스카이스 Cascais

19세기 후반 왕실 휴양지로 자리잡기 시작하면서 현재는 고급 리조트 지역으로 발전했다. 귀족들이 사용했던 저택들은 호텔, 레스토랑, 도서관 등으로 사용하고 있으며, 해변을 따라 산책하며 여유를 즐길 수 있다. 하지만 여행객들이 카스카이스를 많이 찾는 이유는 카보 다 로카에서 리스본으로 돌아가기 위해 기차를 이용하려고 방문하는 경우가 대부분이다.

리스본 카이스 두 소드르 역에서 국철로 35분 소요 / 카보 다 로카에서 버스 403번을 타고 30분

신트라
Sintra

리스본에서 서쪽으로 28km 떨어진 산속에 위치한 도시로, 영국 시인인 바이런이 '에덴의 동산'이라고 표현했을 정도로 동화 속 세상 같은 아름다운 도시이다. 역대 왕가의 여름 궁전이 자리하고, 귀족들의 피서지로도 사랑받았던 곳인 만큼 지금도 호화로운 저택과 호텔, 레스토랑이 이곳을 찾는 여행자들을 마치 귀족이 된 것 같은 기분을 느끼게 해 준다. 특히 유네스코에서 지정한 세계 문화유산과 자연유산 두 군데 모두 등재되어 있을 정도로 유명한 도시인 만큼 관광객들의 발길이 항상 끊이지 않는다. 동화책에서 튀어나올 법한 페나 성은 신트라에서 절대 놓치지 말아야 할 랜드마크이다. 신트라 시내는 아주 작지만 골목골목 아기자기한 기념품 가게와 레스토랑이 자리잡고 있으니 여유를 가지고 산책하듯 돌아보는 것만으로도 즐거운 시간이 될 것이다.

신트라 역

교통

리스본 호시우 역(국철역)에서 신트라 역까지 국철로 40분. 신트라 역에서 신트라 왕궁이 있는 구시가와 페나 성까지는 434번 이용

신트라행 근교선

신트라 역 관광 안내소

유용한 교통 패스

▶ Bilhete de 1Dia (원데이 패스-기차 + 버스) : €15.50(보증금 €0.50 포함)

리스본에서 신트라, 카스카이스에서 리스본까지 왕복하는 국철, 신트라 434번 시내버스, 신트라에서 카보 다 로카, 카보 다 로카에서 카스카이스까지 이동하는 403번 버스를 통합으로 하루 동안 무제한으로 이용할 수 있는 교통 패스로, 가장 편리해서 대부분의 여행객들이 선호한다.

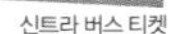

신트라 버스 티켓

▶ Bilhete Turístico diário (버스) : €15

신트라 434번 시내버스, 신트라에서 카보 다 로카, 카보 다 로카에서 카스카이스까지 이동하는 403번 버스를 통합으로 하루 동안 무제한으로 이용할 수 있는 교통 패스

* 리스본에서 신트라, 카스카이스에서 리스본으로 왕복하는 국철은 리스보아 카드, Viva Viagem Zapping(충전식 교통카드)로 탑승 가능하니, 두 개 중 하나라도 소지했다면 신트라 역 내 Scott 버스 회사 창구에서 Bilhete Turístico diário 버스 티켓만 구입하자.

MAPECODE 27533

신트라 왕궁 Palácio Nacional de Sintra

호화로운 여름 별장

신트라 시내 중심에 있는 하얀색 왕궁으로 2개의 원추형 굴뚝이 인상적이다. 원래는 무어인이 사용했던 요새였는데 14세기 엔리케 왕자의 아버지였던 주앙 1세가 이 자리에 왕궁의 여름 별장을 짓기 시작했다. 그 후에도 왕이 바뀔 때마다 증개축이 이루어지면서 무하데르, 고딕, 르네상스, 마누엘 양식 등 다양한 양식이 혼합되어 색다른 분위기를 느낄 수 있으며, 포르투갈 왕의 호화롭던 영화가 어떤 것인지 제대로 보여 주는 궁전이기도 하다.

Largo Rainha Dona Amélia, 2710-616 Sintra 위도 38.7976128 (38° 47′ 51.41″ N), 경도 -9.3905477 (9° 23′ 25.97″ W) ☎ 21 910 6840 09:30~18:00 / 휴무 12월 25일, 1월 1일 일반 €10, 청소년 (6~17세) €8.50 신트라 역에서 434번 타고 첫 번째 정류장 하차

MAPECODE 27534

무어인의 성터 Castelo dos Mouros

신트라 시내를 조망하는 전망대

7~8세기 무어인에 의해서 해발 450m 산 위에 지어진 성벽으로, 1147년에 성을 공략당한 뒤 현재는 성벽만 남아 있고 신트라 시내를 내려다보는 전망대 개념으로 많이 찾고 있다.

10:00~18:00 / 휴무 12월 25일, 1월 1일 일반 €8, 청소년 (6~17세) €6.50 신트라 역에서 434번을 타고 두 번째 정류장 하차

페나 성 Palácio Nacional da Pena

동화 속에나 나올 법한 궁전

무어인의 성터에서 80m정도 더 높은 곳인 신트라 산 정상에 위치해 있는 페나 성은 해발 529m에 자리하고 있다. 16세기 제로니무스파의 수도원이 있던 자리였지만 수도원은 폐허로 남게 되었다. 독일 퓌센 노이슈반슈타인을 만든 루드비히 2세의 사촌이었던 페르난두 2세가 1839년에 세운 것으로, 마치 동화책이나 놀이동산에서나 있을 법한 궁전이다. 이슬람, 고딕, 마누엘 양식 등 다양한 양식이 혼합되어 있으며, 바람이 불면 날아갈 듯한 테라스에서는 날씨가 좋으면 저 멀리 대서양까지 내려다보인다. 성 내부는 자유롭게 돌아볼 수 있다.

Estrada da Pena, 2710-609 Sintra ☎ 21 923 7300 10:00~18:00 / 휴무 1월 1일, 12월 25일 € 페나성+공원 일반 €14, 청소년(6~17세) €12.50 신트라 역에서 434번을 타고 세 번째 정류장 하차

오비두스
Óbidos

오비두스는 리스본에서 버스로 한 시간 정도 떨어진 곳에 위치해 있다. 1228년 포르투갈의 왕이었던 디니스 왕이 오비두스를 보고 한눈에 반한 이사벨 여왕에게 오비두스를 선물하면서 이곳은 '여왕의 직할시'가 되었고 그런 이유로 '왕비의 마을'이라는 호칭이 생겼다. 유럽에서도 가장 아름다운 골목길로 선정될 만큼 골목골목 아름다운 성벽으로 둘러싸인 작은 마을이다. 단 하나의 랜드마크도 없지만 성벽에 올라 성벽을 돌아보고, 예쁜 골목길을 걷는 것으로 충분히 매력적인 곳이다. 하얀 집들과 노란색과 파란색이 포인트로 띠를 두르고 예쁜 꽃들이 창가와 테라스에 장식되어 있고, 자연스럽게 자라나는 꽃나무들을 보고 있으면 왕비가 오비두스를 보고 한눈에 반한 이유를 알게 될 것이다.

리스본 메트로 옐로우선/그린선 캄푸 그랑지(Campo Grande) 역에서 하차하여 두 개의 출구 중 Alameda das Linhas de Torres 출구로 나오면 오른쪽에 녹색의 높은 건물이 보인다. 녹색 건물 앞에 Tejo 버스 정류장이 있다. Campo Grande 역을 나오면 바로 앞에 많은 버스 정류장들이 있는데 오비두스행 버스 정류장은 녹색 건물 앞에 있으니 주의한다. 오비두스행 버스는 종점이 아니니 기사에게 오비두스에 도착하면 알려 달라고 말해 둬도 좋지만 대부분의 사람들이 오비두스에서 내리니 크게 걱정할 필요는 없다. 리스본에서 버스로 약 1시간 소요된다.

MAPECODE 27536

디레이타 거리 Rua Direita

오비두스의 메인 거리

오비두스의 메인 거리인 디레이타 거리는 레스토랑과 아기자기한 소품과 기념품을 판매하는 가게, 진지냐를 판매하는 가게들이 자리하고 있다. 디레이타 거리를 따라가다 보면 작은 광장과 성당이 나오는데 이곳이 오비두스를 대표하는 산타마리아 성당(Igreja de Santa Maria)과 산타마리아 광장(Praça de Santa Maria)이다. 성당 내부는 포르투갈 하면 빼놓을 수 없는 아줄레주 장식이 성당 안을 뒤덮고 있어 장관을 이루니 성당에도 한번 들어가 보자.

🚌 버스 정류장에서 내려 바로 보이는 성벽 문을 통과하면 디레이타 거리이다.

Tip 체리로 만든 과일주 진지냐 Jinjinha

오비두스는 포르투갈을 대표하는 체리로 만든 과일주인 진지냐(Jinjinha)의 본고장이다. 진지냐는 우리가 흔히 말하는 '진저'라고 생각하면 된다. 진지냐만큼이나 유명한 것이 바로 초콜릿이다. 진지냐를 작은 초콜릿 잔에 담아서 마시는데 독한 진지냐를 마신 후 달콤한 초콜릿 잔을 먹는 것이 진지냐를 제대로 맛보는 방법이다. 거리를 걷다 보면 한 잔씩 판매하는 곳도 있으니 무리하지 않는 선에서 한두 잔 즐겨 보자. 본고장에서 즐기는 한잔의 술도 여행의 특별한 추억이 될 테니까.

나자레

Nazaré

포르투갈의 성모 발현지인 파티마와 함께 포르투갈의 성지 순례지로 알려진 나자레는 리스본에서 북쪽으로 100km 정도 떨어진 곳에 위치한 소박한 어촌 마을이다. 나자레는 절벽 아래 해안가에 자리한 프라이아 지구와 절벽 위 구시가지가 있는 시티우 지구가 관광 핵심 지구다. 프라이아 지구는 포르투갈에서 가장 유명한 모래 해수욕장이 있는 곳으로, 지금은 대부분 작은 호텔들과 레스토랑 등이 자리하고 있다. 나자레에서 가장 중요한 곳이 바로 구시가인 시티우 지구인데 이곳은 포르투갈 성지 순례에 빼놓을 수 없는 장소이기도 하다. 프라리아 지구에서 시티우 지구로 이동할 때는 19세기에 만들어진, 100년이 훨씬 넘은 푸니쿨라를 타고 이동한다. 걸어서도 올라갈 수 있지만 빙빙 돌아가는 길이어서 생각보다 시간이 많이 걸린다.

리스본의 세트 히우스 버스 터미널(Terminal Rodoviário de Sete Rios)에서 나자레행 버스를 타면 약 1시간 45분 이상 소요된다. 코임브라 버스 터미널에서 나자레 버스 터미널까지도 1시간 45분 정도 걸린다.

MAPECODE 27537

노사 세뉴라 다 나사레 성당 Igreja Nossa Senhora da Nazare

이스라엘에서 가져온 성모상이 모셔진 성당

성당은 탁 트인 중앙 광장에 서 있다. 8세기 이스라엘 나사렛의 신부였던 로마노 신부가 이스라엘에서 성모상 하나를 들고 왔는데 신부가 죽기 전 이 성모상을 절벽 동굴 속 깊은 곳에 숨겨 두었다고 한다. 그 후 468년이 지난 뒤, 어느 양치기에 의해서 성모상이 발견된 후로 성모의 기적이 일어나면서 이곳은 순례자들이 끊이지 않는 성지가 되었다. 1377년 현재 성당의 기초가 된 작은 성당이 세워지고, 이후 증개축을 거듭하면서 17세기에 성모상이 이 성당에 모셔지게 되었다. 성당 제단 옆에 있는 문을 통과하면 입이 다물어지지 않을 정도로 빈틈없이 채워져 있는 아줄레주 복도가 나오는데 이곳을 통과하면 또 다른 경당이 나온다. 그곳에 1300년 전에 이곳으로 옮겨 온 성모상이 모셔져 있다.

🚌시티우 지구 푸니쿨라역에서 도보 3분

MAPECODE 27538

메모리얼 예배당 Capela da Memória

가브리엘 천사를 위해 지어진 예배당

중앙 광장에서 성미겔 요새 쪽으로 가다 보면 아주 작은 예배당이 자리하고 있는데 이곳이 가브리엘 천사 상이 모셔져 있는 메모리얼 예배당이다. 사슴을 사냥하며 쫓던 영주가 안개 때문에 미처 절벽을 보지 못하고 절벽 아래로 떨어지려 할 때 가브리엘 천사가 나타나 달리던 말을 멈춰 세웠다고 한다. 이에 영주가 말이 멈췄던 절벽 위에 가브리엘 천사를 위한 예배당을 만들었다는 이야기가 전해진다.

절벽 위 시티우 지구에서 내려다보는 프라이아 지구와 대서양 해안의 전경은 놓치기 아까운 장관이니 놓치지 말 것!

🚌노사 세뉴라 다 나사레 성당에서 도보 1분

나자레의 전통 의상

중앙 광장에는 나자레의 전통 의상을 차려 입은 아주머니들이 견과류를 팔고 있는데, 평소에도 전통 의상을 입고 생활하는 나자레 주민들 때문이기도 하다. 특히 여자들이 입고 있는 치마는 7장을 겹쳐 입은 치마로 결혼을 했으면 앞치마를 두르고, 미망인은 검은색으로 만든 전통 의상을 입는다고 한다. 그래서 입은 옷만 봐도 미혼인지 기혼인지, 남편이 있는지 없는지 알 수 있다는 것이 우리 선조들의 의복 문화와도 조금 비슷한 면이 있다.

파티마
Fátima

파티마는 세계 3대 성모 발현지로, 가톨릭 신자라면 누구나 꼭 한 번 가 보고 싶어 하는 도시이다. 성모 발현의 역사는 1917년 5월 13일로 거슬러 올라간다. 세 명의 어린 목동 루치아(10세), 야신타(7세), 프란시스쿠(9세)의 앞에 성모 마리아가 나타나서 세 가지 예언을 했고, 죄인들의 회개 기도와 로사리오에 대한 기도를 당부했다고 한다. 아이들은 비밀을 굳게 지켰지만, 성모 마리아가 매월 13일 여섯 차례 나타난다는 소문이 나면서 13일이 되면 몇 천 명의 신도들이 이곳에 모이기 시작했다. 이에 포르투갈을 분열시키려는 음모라면서 아이들은 감금됐다. 성모는 아이들에게 자신의 발현을 사람들에게 증명하겠다는 약속을 했고, 성모가 나타나기로 한 마지막 날인 10월 13일, 자리에 모인 약 7만 명의 사람들 앞에 거대한 빛이 나타나면서 성모 발현이 거짓이 아님을 확인시켜 주었다. 처음부터 성모 발현과 예언을 교황청에서는 받아들이지 않았으나 1930년 레이리라 주교가 공식적으로 인정함으로써 바티칸 교황청에서도 성모 발현지로 인정하였고 파티마는 세상에 알려지면서 수많은 순례자들이 방문하는 곳이 되었다.

리스본의 세트 히우스 버스 터미널(Terminal Rodoviário de Sete Rios)에서 파티마행 버스를 타면 약 1시간 30분 정도 소요된다.

MAPECODE 27539

파티마 성당 Sanctuary of Our Lady of Fátima

성모 발현을 목격한 세 명의 아이 중 남매였던 프란시스쿠와 야신타는 그 후 2~3년 뒤 스페인에서 유행했던 독감으로 인해 사망했고, 당시 제일 나이가 많았던 루치아는 수녀가 되어 코임브라 수녀원에서 생활하였다고 한다. 이후에도 루치아 앞에 성모의 예언은 계속되었다고 한다. 2005년 2월 13일 97세의 나이로 사망했으며, 세 명의 시신은 파티마 성당에 안치되어 있다. 현재 루치아는 성인으로 추대되는 심사가 진행 중에 있다. 해마다 성모가 처음으로 발현했던 5월 13일과 마지막으로 발현했던 10월 13일이 되면 엄청난 인

파가 파티마의 순례지를 찾고 있다.

🏠 Shrine of Our Lady of the Rosary of Fátima, Apartado 31 - 2496-908 Fátima ☎ 249 593 600
ⓘ www.santuario-fatima.pt

포르투
Porto

포르투는 리스본에서 북쪽으로 280km 떨어진 곳에 위치해 있는 포르투갈의 제2의 도시로, 포르투갈의 국가명은 고대 로마인들이 포르투를 부르던 '포르투스 칼레'에서 유래된 것이다. 포르투의 역사는 기원전부터 시작되었으며 고대 로마인들로부터 정복을 당하기 시작하면서 항구 도시로 발전했다. 그 후 이슬람 세력에 의해 점령당했다가 국토 회복 운동으로 기독교가 자리를 잡았다. 대항해 시대를 끝으로 포르투의 화려했던 시대가 저물기 시작했고, 동시에 경제적으로도 고립되면서 포르투

의 발전은 멈추게 되었다. 그 덕분에 옛모습 그대로 남아 있는 포르투의 역사적 가치를 인정받아 포르투갈에서도 관광객들에게 가장 사랑받는 도시로 거듭나고 있다. 〈해리 포터〉의 작가 조앤 K.롤링이 포르투에서 영어 강사를 할 때 포르투의 한 서점에서 영감이 떠올라 〈해리 포터〉를 집필하기 시작했다고 한다. 그래서 포르투는 해리 포터의 고향이라고 말하는 사람들도 있다. 포르투의 구시가는 1966년 유네스코 세계 문화유산에도 등재되었다. 도우루강을 사이로 포르투의 역사 지구인 구시가지와 포투 와인 저장 창고들이 모여 있는 빌라 노바 데 가이아 지역은 포르투 관광의 핵심 지역이다.

우리나라에서 직항이 아직 없기 때문에 경유 항공편을 이용한다. 유럽 대도시까지 이동 후 저가 항공을 이용하는 방법이 가장 빠르고 편한 방법이다. 리스본이나 코임브라 등 다른 지역에서는 철도나 버스를 타고 상벤투 역이나 버스 터미널로 가면 된다.

항공

포르투 공항은 시내에서 북서쪽으로 약 11km 떨어진 곳에 위치하며, 정식 명칭은 '프란시스쿠 드 사 카르네이루(Francisco de Sá Carneiro Airport)'이다.

프란시스쿠 드 사 카르네이루 국제공항 www.ana.pt
항공권 검색 www.skyscanner.co.kr

저가 항공

유럽 주요 도시에서 포르투로 들어오기 위한 방법 중 가장 쉽게 이용할 수 있는 교통수단이 바로 저가 항공이다. 유럽 최서단에 자리하고 있는 포르투갈의 위치 특성상 스페인을 통과하지 않으면 방법이 쉽지 않기 때문에 스페인을 통과해서 들어오는 길은 항공을 이용하는 것이 가장 빠른 선택이다.

라이언에어 www.ryanair.com
TAP Portugal www.flytap.com
이베리아에어 www.iberia.com
부엘링 www.vueling.com
스카이스캐너 www.skyscanner.co.kr

나라 / 도시	소요 시간	항공사
포르투갈 리스본	50분	라이언에어 TAP Portugal
스페인 마드리드	1시간 15분~	라이언에어 이베리아항공 TAP Portugal
스페인 바르셀로나	1시간 50분~	라이언에어 부엘링
프랑스 파리	2시간 10분~	라이언에어
영국 런던	2시간 30분~	라이언에어
이탈리아 밀라노	2시간 50분~	라이언에어 TAP Portugal
이탈리아 로마	3시간~	라이언에어 TAP Portugal

공항에서 시내 가기

포르투 프란시스쿠 드 사 카르네이루 국제공항에서 시내로 이동하려면 시내버스, 메트로, 공항 셔틀, 택시 등 다양한 대중교통을 이용할 수 있다.

메트로 Metro

포르투 공항에서 시내로 이동하는 방법 중 가장 많이 이용하는 교통수단으로, 포르투 시내까지 40분 정도 걸린다. 공항에서 출발하는 Line E선은 포르투 시내까지 운행하고 있다. 메트로 이정표를 따라가면 공항역이 나오는데 공항역에는 티켓 창구가 따로 없고, 티켓 발매기를 이용해야 한다. 티켓 발매기에는 친절하게 도움을 주는 도우미가 항상 있기 때문에 목적지까지 티켓을 구매하는 건 어렵지 않다. 메트로를 타기 전 노란색 카드 단말기에 티켓을 꼭 찍어야 한다.

운행 시간 06:00~01:00
요금 포르투 역사 지구까지 €2+ 안단테 카드 보증금 €0.60
포르투 메트로 www.metrodoporto.pt

시내버스

메트로보다는 이동 시간이 길어서 많이 이용하지 않지만 숙소가 클레리구스탑이 인접해 있는 코르도아리아 쪽에 위치해 있다면 공항에서 601번, 602번을 타고 이동하도록 하자. 자정이 넘어서 공항에 도착했다면 상벤투 역과 시청사가 있는 지역까지 3M번을 타고 이동하면 된다.

운행 시간 601번 05:30~23:30, 602번 06:00~20:45, 3M 00:30~05:30
요금 €1.95 (기사에게 직접 구입)
포르투 버스 홈페이지 www.stcp.pt

공항 셔틀

공항 셔틀은 밴으로 운행하는 교통수단으로 홈페이지 또는 이메일 등 사전 온라인 예약이 가능하며, 공항 내 인포메이션에서도 바로 예약할 수 있다. '문에서 문까지(door-to-door)'라는 슬로건처럼 공항에서 숙소 앞까지 편하게 이동할 수 있는 장점이 있으며, 가격도 택시보다 저렴해서 버스와 메트로보다 편하게 숙소까지 이동할 수 있는 교통수단이다.

요금 1~2인 1인당 €9 / 3인 이상 1인당 €7
이메일 info@100rumos.com
홈페이지 www.100rumos.com

철도

포르투의 철도는 대부분 포르투갈 지방과 연결되는 노선이 많으며, 다른 지방에서 들어올 때 대부분 상벤투(São Bento) 역에서 약 2km 정도 떨어진 곳에 위치해 있는 캄파냐(Campanhã) 역에서 경유해야 상벤투 역으로 들어올 수 있다.

포르투갈 기차 홈페이지 www.cp.pt

출발 역	도착 도시	소요 시간
상벤투 역	코임브라 B역	1시간 10분~2시간 (1회 경유 Campanhã 역)
상벤투 역	리스본 Santa Apolónia 역	3시간 (1회 경유 Campanhã 역)

버스

포르투에서 다른 지방 도시로 이동하는 방법 중 가장 편한 것이 바로 버스이다. 그중에서도 Rede-Expressos 버스 회사는 포르투갈 전국으로 버스를 운행하고 있다. 포르투에서도 Rede-Expressos의 버스 회사가 운행하고 있는 버스 터미널이 가장 크다. 그 밖에 리스본과 포르투를 하루에도 10회 이상 운행하고 있는 Renex 버스 회사도 많은 사람들이 리스본과 포르투를 여행 시 자주 이용하는 버스이다.

캄포 24 데 아고스투(Campo 24 de Agosto) 버스 터미널

2017년 포르투 헤지 익스프레소스 버스 터미널이 메트로 A, B, C, E, F선 '캄포 24 데 아고스투 역' 인근에 위치해 있는 곳으로 이전했다. 역에서 나오면 '8월 24일 공원'을 가로질러 보이는 통유리 건물이 버스 터미널이다.

주소 Campo 24 de Agosto 125, 4300-096 Porto
위치 메트로 A, B, C, E, F선 캄포 24 데 아고스투(Campo 24 de Agosto) 역에서 도보 3분

포르투에서는 대부분의 관광지들을 도보로 이동할 수 있지만 공항 이동과 관광지와 숙소 위치에 따라 대중교통을 이용할 수도 있다. 메트로, 버스, 트램과 언덕이 많은 포르투에서 언덕을 쉽게 오르내릴 수 있는 푸니쿨라가 포르투를 대표하는 교통 수단이다.

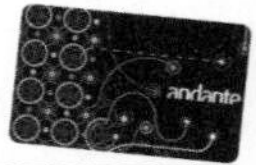

안단테 카드

Zone	시간	1회	24시간
Z1~Z2	1시간	€1.20	€4.15
Z3	1시간	€1.60	€5.50
Z4	1시간 15분	€2	€6.90

안단테 카드는 1회권, 10회권(11회 사용), 24시간권이 있으며, €0.5의 보증금을 내고 원하는 만큼 충전해서 사용 가능하고, 24시간권 카드는 따로 구입해야 한다. 존(Zone)에 따라 가격이 다르며(포르투는 12존까지 있음), 이용할 수 있는 시간도 조금 차이가 난다. 보통 포르투의 관광지는 Z2만 가지고도 사용할 수 있지만 포르투 공항을 이용한다면 Z4를 사용해야 한다. 안단테 카드로는 메트로, 버스, 트램, 푸니쿨라, 근교선을 이용할 수 있다.

포르투 카드

포르투 카드는 11개의 박물관에 무료 입장할 수 있고, 7개의 박물관과 투어 등 다양한 할인 혜택과 20개 이상의 레스토랑 15% 할인 쿠폰을 제공하고 있다. 그리고 교통카드가 포함된 카드와 포함되지 않는 카드 두 가지로 나누어지고, 1일권, 2일권, 3일권으로 나눠져 있다.

교통카드가 포함되지 않은 포르투 카드 1일권 €6, 2일권 €10, 3일권 €13
교통카드가 포함된 포르투 카드 1일권 €13, 2일권 €20, 3일권 €25
홈페이지 visitporto.travel/Visitar/Paginas/PortoCard/PortoCard.aspx

Tip 케이블카

복층으로 되어 있는 동 루이스 1세 다리 상층과 이어지는 언덕에서 도우루강까지 내려갈 수 있는 방법 중 가장 쉬운 방법으로 갈 수 있는 것이 바로 케이블카이다. 2009년부터 공사를 시작해서 2011년에 첫 운행을 시작했다. 케이블카는 안단테 카드는 사용할 수 없고 별도의 티켓을 따로 구입해야 한다.

주소 (상) Calçada Serra 143, 4430-210 Vila Nova de Gaia 운행 시간 10월 25일~3월 23일 10:00~18:00, 3월 24일~4월 25일 10:00~19:00, 4월 26일~9월 24일 10:00~20:00, 9월 25일~10월 24일 10:00~19:00 휴무 12월 25일 요금 편도 일반 €6, 어린이 €3 / 왕복 일반 €9, 어린이 €4.50 위치 메트로 D선 Jardim do Morro에서 하차. 도보 2분 / 빌라 노마 데 가이아 방향 동 루이스 1세다리 끝에서 도보 1분 홈페이지 www.gaiacablecar.com

관광 안내소

포르투 관광 안내소에서는 도시 지도 및 포르투에대한 다양한 정보를얻을수있다.

메인 시티여행 안내소 (시청사)

주소 Rua Clube dos Fenianos 25, Porto 전화 22 339 3472 위치 시청사에서 도보 1분 홈페이지 www.visitporto.travel

히베리아 시티 여행 안내소 (볼사궁전)

주소 Rua do Infante D. Henrique 63, Porto 전화 22 206 0412 위치 볼사궁전에서 도보 2분

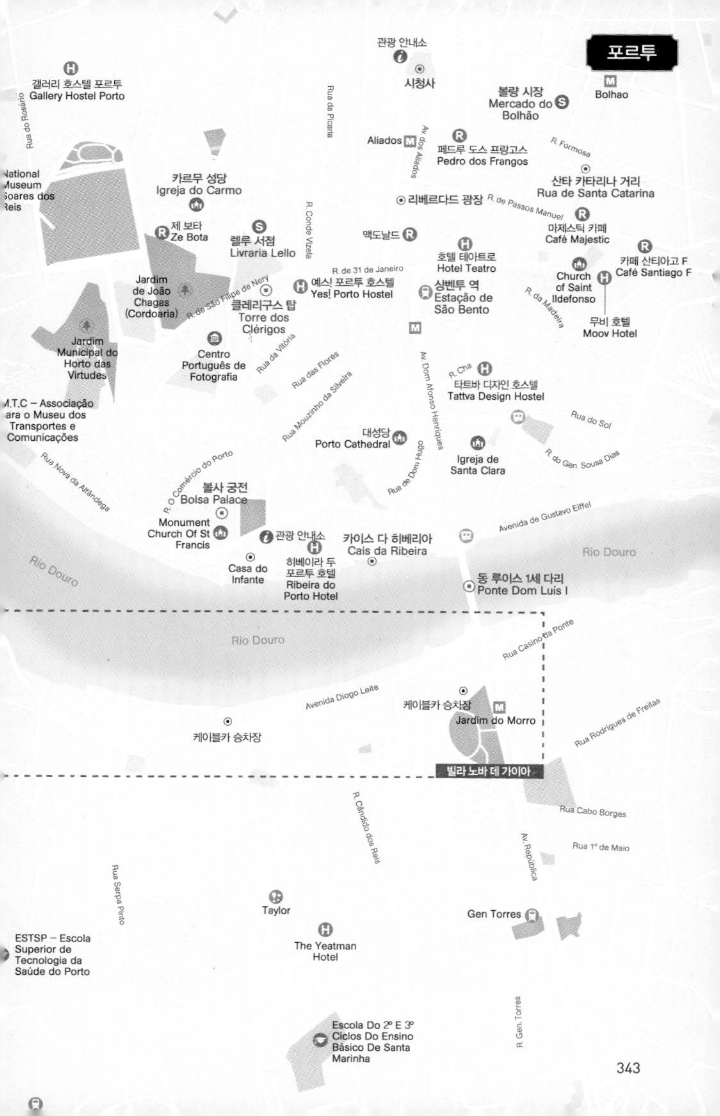
관광 안내소
시청사
불량 시장
Mercado do Bolhão
Bolhao
갤러리 호스텔 포르투
Gallery Hostel Porto
Rua do Rosário
Rua da Picaria
Aliados
Av. dos Aliados
페드루 도스 프랑고스
Pedro dos Frangos
R. Formosa
산타 카타리나 거리
Rua de Santa Catarina
National Museum Soares dos Reis
카르무 성당
Igreja do Carmo
리베르다드 광장
R. de Passos Manuel
마제스틱 카페
Café Majestic
제 보타
Ze Bota
렐루 서점
Livraria Lello
R. Conde Vizela
맥도날드
호텔 테아트로
Hotel Teatro
카페 산티아고 F
Café Santiago F
Church of Saint Ildefonso
R. de 31 de Janeiro
예스! 포르투 호스텔
Yes! Porto Hostel
상벤투 역
Estação de São Bento
R. da Madeira
무비 호텔
Moov Hotel
Jardim de João Chagas (Cordoaria)
R. de São Filipe de Nery
클레리구스 탑
Torre dos Clérigos
Jardim Municipal do Horto das Virtudes
Centro Português de Fotografia
Rua da Vitória
Rua das Flores
Av. Dom Afonso Henriques
R. Cha
타트바 디자인 호스텔
Tattva Design Hostel
M.T.C – Associação para o Museu dos Transportes e Comunicações
Rua Mouzinho da Silveira
Rua do Sol
대성당
Porto Cathedral
Rua de Dom Hugo
Igreja de Santa Clara
R. do Gen. Sousa Dias
Rua Nova da Alfândega
R. O Comércio do Porto
볼사 궁전
Bolsa Palace
Avenida de Gustavo Eiffel
Monument Church Of St Francis
관광 안내소
카이스 다 히베리아
Cais da Ribeira
Rio Douro
Rio Douro
히베이라 두 포르투 호텔
Ribeira do Porto Hotel
Casa do Infante
동 루이스 1세 다리
Ponte Dom Luís I
Rio Douro
Rua Casino da Ponte
Avenida Diogo Leite
케이블카 승차장
Jardim do Morro
Rua Rodrigues de Freitas
케이블카 승차장
빌라 노바 데 가이아
R. Cândido dos Reis
Rua Cabo Borges
Av. República
Rua 1º de Maio
Rua Serpa Pinto
Taylor
Gen Torres
ESTSP – Escola Superior de Tecnologia da Saúde do Porto
The Yeatman Hotel
R. Gen. Torres
Escola Do 2º E 3º Ciclos Do Ensino Básico De Santa Marinha

포르투 추천 코스

카르무 성당을 지나 사진 촬영이 허락된 시간에 맞춰 렐루 서점을 방문한 뒤, 산타 카타리나 거리에 있는 100년이 넘은 마제스틱 카페에서 잠시 여유를 갖는다. 카페와 레스토랑이 밀집해 있는 카이스 다 히베리아를 지나 동 루이스 1세 다리를 건너면 포트 와인을 저장하고 있는 와인 창고가 밀집한 빌라 노바 데 가이아에 도착하게 된다. 포트 와인 시음 후 케이블카를 타고 동 루이스 1세 다리 위로 올라 다리를 지나면 포르투 대성당이 나타난다.

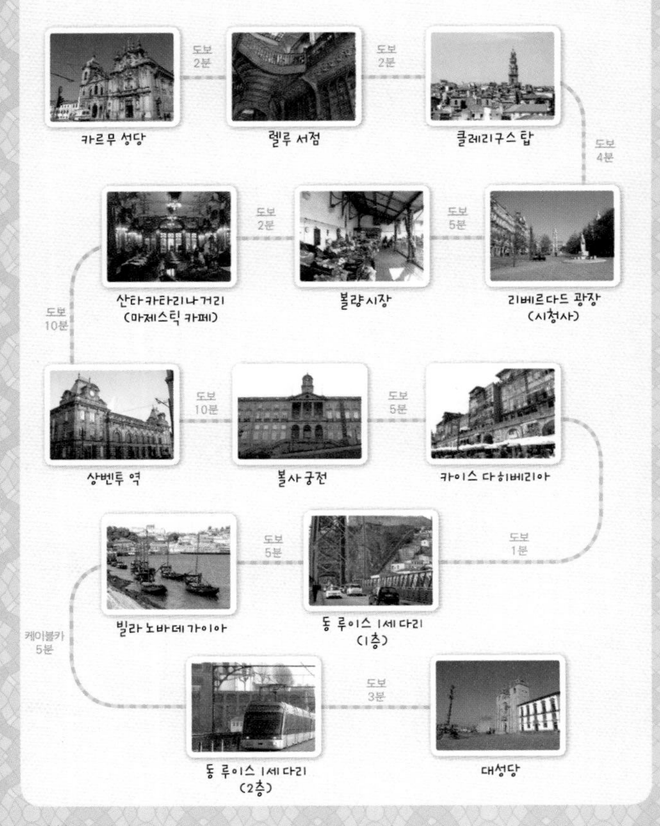

MAPECODE 27540

클레리구스 탑 Torre dos Clérigos

포르투에서 가장 높은 탑

클레리구스 탑은 클레리구스 성당에 우뚝 솟아 있는 76m 높이의 포르투에서 가장 높은 탑이다. 1754년 세워지기 시작해서 1763년에 완성된 18세기 포르투를 좋아했던 이탈리아의 건축가 니콜라우 나소니(Nicolau Nasoni)가 건축한 바로크 양식의 건축물이다. 약 225개의 나선형 계단을 오르면 360도 파노라마를 자랑하는 포르투의 전경은 포르투 여행 중 절대 놓쳐서는 안 될 핵심 포인트이다.

Rua Senhor Filipe de Nery, 4050-546 Porto 위도 41.1456692 (41° 8′ 44.41″ N), 경도 -8.6146199 (8° 36′ 52.63″ W) ☎ 22 209 1729 09:00~19:00 €5 상벤투 역에서 도보 7분 (언덕 위) / 카르무 성당에서 도보 3분 / 렐루 서점에서 도보 2분 / 리베르다드 광장에서 도보 4분 www.torredosclerigos.pt

MAPECODE 27541

카르무 성당 Igreja do Carmo

포르투에서 가장 아름다운 아줄레주 벽화가 있는 성당

포르투에서 아줄레주 건축물로 가장 유명한 성당으로 얼핏 보면 하나의 성당 같아 보이지만 두 성당이 나란히 있는 것이다. 왼쪽에 종탑을 가지고 있는 성당은 수녀님들이 계시던 성당으로, 17세기에 지어진 '카르메리타스 성당(Igreja das Carmelitas)'이고 오른쪽에 화려한 파사드를 자랑하며 눈에 확 들어오는 아줄레주 벽이 있는 성당이 18세기에 지어진 수도사들이 머물던 '카르무 성당'이다. 카르무 성당의 아줄레주 벽은 1912년 만들어진 카르멜 수도회의 기사단 창립과 관련된 이야기가 나타나 있다. 카르무 성당과 카르메리타스 성당은 2013년 포르투의 문화재에 정식으로 등록되었다.

Rua do Carmo, 4060-164 Porto 위도 41.1472689 (41° 8′ 50.17″ N), 경도 -8.6162078 (8° 36′ 58.35″ W) ☎ 22 205 0579 월~금 08:00~12:00, 14:00~17:00 / 토 08:00~12:00 / 일 07:30~13:00 클레리구스 탑에서 도보 3분 / 렐루 서점에서 도보 2분

Tip 세상에서 가장 좁은 건물

카르메리타스 성당과 카르무 성당은 처음엔 하나의 건물처럼 보이고, 알고 보면 두 개의 건물로 보이겠지만 자세히 보면 3개의 건물이 붙어 있다. 성당과 성당 사이를 자세히 들여다 보면 아주 좁은 틈에 녹색 문과 창문이 있는 건물이 들어 있다는 사실을 알아챌 수 있다. 포르투갈에서는 법적으로 성당과 성당을 나란히 지을 수 없기 때문에 성당과 성당 사이 아주 좁은 공간에 건물을 지었다고 한다.

MAPECODE 27542

렐루 서점 Livraria Lello

〈해리 포터〉에 영감을 준 세상에서 가장 아름다운 서점

렐루 서점은 '세상에서 가장 아름다운 10대 서점'에 선정될 만큼 아름다운 실내를 가지고 있다. 〈해리 포터〉의 작가 조앤 K. 롤링이 포르투에서 영어 강사를 할 때 이곳에서 영감을 얻어 〈해리 포터〉의 기숙사와 도서관을 생각해 내면서 〈해리 포터〉를 집필하기 시작했다고 한다. 원래는 사교계 모임 장소로 사용되었지만 1906년 렐루 가에서 서점으로 오픈하여 지금까지 운영하고 있는, 약 110년 이상 된 서점이다. 포르투에 방문할 때 놓치면 후회하는 곳으로 핫하게 떠오르고 있다.
서점의 인테리어는 나무로만 이루어져 있고, 천장 스테인드글라스를 통해 들어오는 자연 채광에 고풍스러움까지 더해져 우아하다. 서점의 1층과 2층으로 오르는 계단의 곡선은 정말 〈해리 포터〉 세트장에 와 있는 듯한 느낌이 들기도 한다. 2015년 이전까지는 자유롭게 출입이 가능했으나 너무 많은 관광객들이 몰려 서점 영업에 영향을 끼쳐 현재는 입장료를 받고, 서점에서 포르투갈 원서 구입 시 입장료만큼 차감해 준다.

Rua das Carmelitas 144, 4050-161 Porto 위도 41.1468488 (41° 8′ 48.66″ N), 경도 -8.6148559 (8° 36′ 53.48″ W) ☎ 22 200 2037 €5(책 구입 시 입장료 차감) 월~금 10:00~19:30, 토~일 10:00~19:00 클레리구스 탑에서 도보 2분 / 카르무 성당에서 도보 2분

리베르다드 광장

포르투에서 가장 큰 광장

리베르다드 광장은 포르투에서 가장 큰 광장으로, 포르투의 역사 지구보다 조금은 현대화된 모습을 하고 있다. 메트로와 버스, 기차역까지 인근에 위치해 있기 때문에 포르투 교통의 중심지이기도 한 곳으로 가장 끝에는 포르투의 시청사가 자리하고 있다. 19세기까지는 지방 자치 단체들이 몰려 있던 장소였기 때문에 정치, 경제 등 사회적 요소의 중심이 되었다. 그 이후 도시 계획에 의해 지방 자치 단체의 건물들은 철거되면서 직사각형 모양의 광장이 들어서게 됐다. 지금은 레스토랑, 은행, 호텔, 사무실들이 리베르다드 광장을 에워싸고 있다. 광장 초입에는 우편함과 함께 우편 배달부의 청동상이 세워져 있는데 우편 배달부가 들고 있는 신문조차도 디테일이 살아 있다. 리베르다드 광장에는 무료 와이파이를 제공하고 있기 때문에 잠시 쉬었다 가기에도 좋은 장소이다.

위도 41.1462751 (41° 8′ 46.59″ N), 경도 -8.6113691 (8° 36′ 40.93″ W) 상벤투 역에서 도보 2분 / 메트로 D선 Aliados에서 하차

Tip 세상에서 가장 아름다운 임페리얼 맥도널드

리베르다드 광장에서 시청사를 바라보고 오른쪽에 맥도널드가 있는데, 그냥 맥도널드가 아닌 '임페리얼 맥도널드'이다. 원래는 '임페리얼 카페'가 있던 곳에 맥도널드가 인수해서 인테리어를 하지 않고 그대로 사용하면서 아루누보 양식 그대로 고급스러운 맥도널드를 만날 수 있다. 임페리얼 맥도널드라고 해서 메뉴가 고급스러울 것도 같지만 절대 그렇지는 않고 그냥 이름만 '임페리얼 맥도널드'라고 부르고 있다. 그래도 세상에서 가장 아름다운 맥도널드라고 하니 그냥 지나치기는 아쉽다.

볼량 시장 Mercado do Bolhão

포르투 로컬 재래시장

포르투의 재래시장인 볼량 시장은 주변에 대형 마트가 들어서면서 서서히 예전의 명성을 잃어가고 있다. 그나마 시장 분위기를 느끼기 위해서는 오전 일찍 서둘러 찾는 게 좋다. 1층과 2층으로 나뉘어져 있으며 2층에는 연세 지긋하신 할머니들이 과일과 야채를 팔고 있고, 1층은 야채, 과일, 꽃, 기념품, 소시지, 정육 등 좀 더 다양한 상품을 판매하고 있다.

Rua de Fernandes Tomás, 4000-214 Porto 위도 41.1492159 (41° 8′ 57.18″ N), 경도 -8.6070883 (8° 36′ 25.52″ W) 22 332 6024 월~금 07:00~17:00, 토 07:00~13:00 리베르다드 광장 시청사에서 도보 5분 / 상벤투 역에서 도보 5분 / 메트로 A, B, C, E, F선 Bolhao에서 하차

산타 카타리나 거리 Rua de Santa Catarina

포르투의 명동 거리

포르투의 쇼핑 거리인 산타 카타리나는 상벤투 역 위 언덕에 자리한 약 500m 길이의 보행자 전용 거리로 포르투에서 가장 번화한 거리이기도 하다. 거리 중심에는 산타 카타리나 거리에서 가장 큰 쇼핑센터인 비바 카타리나(Viva Catarina)가 자리하고 있고, 대부분의 캐주얼 매장들은 이곳에 입점되어 있으며 푸드코트에서는 다양한 음식을 원하는 대로 즐길 수 있다. 이 거리를 찾는 결정적인 이유 중 하나가 바로 1921년 문을 연 마제스틱 카페가 자리하고 있기 때문이다.

위도 41.1471154 (41° 8′ 49.62″ N), 경도 -8.6067449 (8° 36′ 24.28″ W) 상벤투 역에서 도보 10분 / 볼량 시장에서 도보 2분 / 메트로 A, B, C, E, F선 Bolhao에서 하차

Tip 세상에서 가장 아름다운 카페 중 하나인 곳

마제스틱 카페 Café Majestic

1921년 문을 연 마제스틱 카페는 포르투에서뿐만 아니라 세계적으로도 유명하기 때문에 문을 열기 시작해서 문을 닫는 시간까지 관광객들의 발길이 끊이지 않는다. 산타 카타리나 거리 초입에 자리하고 있는 마제스틱 카페는 아르누보 양식의 인테리어와 더불어 테이블, 의자, 찻잔 등 모든 것에서 화려하면서도 고풍스러움이 묻어난다. 고급 호텔에서나 입을 법한 직원들의 제복이 시선을 사로잡으며, 친절한 직원들의 서비스 정신이 이곳을 더욱 유명하게 만들었다.

Rua Santa Catarina 112, 4000-442 Porto 위도 41.1472048 (41° 8′ 49.94″ N), 경도 -8.6066493 (8° 36′ 23.94″ W) ☎ 22 200 3887 월~토 09:30~24:00 / 휴무 매주 일요일 에스프레소 €2.50~, 아메리카노 €3, 카페라테 €3 상벤투 역에서 도보 10분 / 메트로 A, B, C, E, F선 Bolhao에서 하차, 도보 5분 www.cafemajestic.com

상벤투 역 Estação de São Bento

세상에서 가장 아름다운 기차역 중 하나

그냥 보기에는 전혀 기차역처럼 생기지 않은 외관을 하고 있는 상벤투 역은 원래 16세기 베네딕토회 수도원 건물로 사용하던 곳으로, 화재로 인해 수도원의 기능을 할 수 없게 된 후, 1900년 당시 왕이었던 카를로스 1세가 주춧돌을 놓으면서 지금의 모습으로 다시 복구되었다. 상벤투 역은 포르투에서 문화적인 가치로 인정받아 기차를 타는 사람들보다 포르투 역사를 관광하기 위해 이곳을 찾는 사람들이 더 많다. 1915년 약 2만 개의 아줄레주로 포르투의 역사를 그려 낸 벽화는 디테일 면에서도 놀라움을 감추지 못한다. 기차를 탈 일이 없더라도 포르투에 방문했다면 웅장한 아줄레주의 화려한 벽화 장식이 있는 상벤투 역에 들러 보자.

위도 41.1456374 (41° 8′ 44.29″ N), 경도 -8.6106511 (8° 36′ 38.34″ W)

대성당 Sé

포르투 구시가지를 전망할 수 있는 장소

구시가지 언덕 위에 자리해 있는 성당으로 12세기에 건축하기 시작하면서 로마네스크 양식, 고딕 양식, 바로크 양식 등 다양한 양식이 혼합되어 있는 포르투의 대성당이다. 대성당이 유명한 건 성당보다는 성당 앞 광장에서 내려다보는 포르투 구시가의 모습과 도우루강 반대편에 자리하고 있는 빌라 노바 데 가이아가 한눈에 보이는 뷰 포인트이기 때문이다. 성당 앞 광장에는 항해 왕자 엔리케의 청동 기마상이 자리하고 있다.

Terreiro da Sé, 4050-573 Porto 위도 41.1427692 (41° 8′ 33.97″ N), 경도 -8.6116167 (8° 36′ 41.82″ W) ☎ 22 205 9028 4~10월 08:30~12:30, 14:30~19:00 / 11~3월 08:30~12:30, 14:30~18:00 상벤투 역에서 도보 5분 / 동 루이스 1세 다리에서 도보 3분

볼사 궁전 Bolsa Palace

시민들의 기부로 만들어진 건물

원래는 옆에 있는 성 프란시스쿠 성당에 딸려 있던 수도원이었으나 전쟁 중 화재로 인해서 수도원은 폐허로 남았고, 재정적 문제로 수도원으로 복구할 수 없었다. 하지만 포르투갈의 여왕이었던 마리아 2세가 시민들에게 상업 조합을 짓기로 하면서 기부를 받기 시작했고, 지금의 건물을 완공하고 내부 인테리어를 마칠 때까지 60년이 걸렸다고 한다. 포르투에서 가장 처음으로 사용한 철골 구조물의 건물이며, 외관은 신고전주의 양식으로 건축했으며, 성 내부는 가이드 투어(포르투갈어, 영어, 스페인어, 프랑스어)로만 견학 가능하다. 그 중에서 화려하기가 절정에 이를 만큼 호화스러운 '아랍의 방(Salão Árabe)'은 이 성의 하이라이트이다. 현재 볼사 궁전은 상공 회의소 건물로도 사용 중이다.

Rua Ferreira Borges, 4050-253 Porto 위도 41.1413472 (41° 8′ 28.85″ N), 경도 -8.6153074 (8° 36′ 55.11″ W) ☎ 22 330 9000 4월~10월 09:00~18:30 / 11월~3월 09:00~12:30, 14:00~17:30 일반 €9, 학생 €5.50 상벤투 역에서 도보 10분 www.palaciodabolsa.pt

카이스 다 히베리아 Caís da Ribeira

낭만적인 분위기의 카페 거리

포투 와인 저장 창고 지역인 빌라 노바 데 가이아와 도루우강을 사이에 두고 마주하고 있는 구시가 강변에 위치한 카페 & 레스토랑 거리이다. 좁은 건물들마다 1층에는 카페와 레스토랑이 자리하고 있는데 안으로 들어가면 2층으로 올라갈 수 있다. 2층에서 도우루강과 빌라 노바 데 가이아의 여유로운 풍경을 보며 맛있는 음식을 먹을 수 있는 최적의 장소이다. 카이스 다 히베리아의 끝은 동 루이스 1세 다리와 연결된다.

위도 41.1405635 (41° 8′ 26.03″ N), 경도 -8.6112948 (8° 36′ 40.66″ W) 볼사 궁전에서 도보 5분

동 루이스 1세 다리 Ponte Dom Luís I

포르투에서 가장 매력적인 전망을 볼 수 있는 곳

프랑스 파리 에펠탑의 설계를 맡았던 구스타프 에펠의 제자인 테오필 세이리그가 1886년 완공시킨 다리로, 도우루강에 놓인 5개의 다리 중 하나이다. 동 루이스 1세 다리는 2층으로 되어 있는 복층 다리로 1층은 자동차가 다니는 도로와 좁은 보행자 길로 되어 있고, 2층은 메트로와 보행자가 다니는 도로이다. 메트로가 다니지 않을 때는 보행자가 자유롭게 다닐 수 있지만 언제 메트로가 지나갈지 모르니 안전에 주의하는 것이 좋다.

동 루이스 1세 다리는 포르투 구시가지와 빌라 노바 데 가이아를 연결하고 있으며, 다리 2층에서 바라보는 뷰는 포르투를 사랑할 수 밖에 없는 매력적인 파노라마를 보여 준다. 해가 진 후 불이 들어오면 포르투에서 가장 아름다운 야경을 선물한다.

위도 41.1408058 (41° 8′ 26.90″ N), 경도 -8.6097713 (8° 36′ 35.18″ W) 카이스 다 히베리아에서 도보 1분 (1층 다리) / 상벤투 역에서 도보 10분 (2층 다리) / 대성당에서 도보 3분 / 메트로 D선 Jardim do Morro에서 하차, 도보 1분

빌라 노바 데 가이아 Vila Nova de Gaia

포트 와인 저장 창고가 밀집되어 있는 도시

포르투갈을 대표하는 와인인 '포트 와인'을 저장하고 있는 대형 저장 창고가 밀집해 있는 지역이다. 18세기 포트 와인을 수출하기 위해 이곳에 저장 창고를 만들기 시작한 것이 현재는 브랜드마다 특색을 갖춰 보기 좋게 꾸며 놓은 '로지'로 조금씩 변하기 시작했다. 포르투 구시가지와 마주하고 있는 언덕 위에 대형 로지에서부터 작은 로지들까지 무려 수십 개가 넘는 로지들이 이곳에 자리하고 있다. 로지들마다 유료 또는 무료로 포트 와인을 시식할 수 있으며, 무료로 지하 저장 창고 투어를 받을 수 있는 곳도 있으니 빌라 노바 데 가이아 관광 안내소에 들러 로지 지도를 받고, 각 로지들마다 시식 정보와 투어 정보를 알아보면 도움이 될 것이다.

무엇보다 빌라 노바 데 가이아에서 바라보는 포르투의 구시가지의 전경은 유럽에서도 가장 아름다운 도시 전경으로 손꼽히고 있다. 더불어 도우루강 위에 떠 있는 '라벨루(Rabelo, 과거 포트 와인 수송선)'는 아직까지 때묻지 않은 포르투의 분위기를 한층 더 고즈넉하게 만들어 주고 있다. 동 루이스 1세 다리 2층으로 연결되는 언덕 위에는 도우루강 산책로까지 케이블카가 운행된다.

위도 41.1371456 (41° 8′ 13.72″ N), 경도 -8.6161765 (8° 36′ 58.24″ W) 동 루이스 1세 다리 (1층)에서 도보 1분 / 메트로 D선 Jardim do Morro에서 하차, 도보 15분 또는 케이블카 5분

포트 와인 Porto Wine

포르투갈 상류 지대인 도우루강 북부에서 생산되는 포도로 만들어지는 와인으로, 세계 3대 주정 와인 중 하나이다. 영국은 100년 전쟁 이후 프랑스와의 교역이 중지됨에 따라 영국에서 가까운 포르투갈 북부에서 레드 와인을 찾기로 나섰지만 포르투갈의 와인은 수송 기간 동안 변질이 된다는 아주 큰 단점이 있었다. 우연히 브랜디가 남아 있던 통에 와인을 옮겨 담았고, 그 통만 변질되지 않음을 알게 되면서 영국으로 선적하는 모든 와인에 5~10% 정도 브랜디를 넣어서 보냈던 것이 이제는 포르투갈을 넘어서 전 세계적으로 인정받는 와인이 되었다. 우리가 광고나 영화 속에서 와인을 만들 때 여러 명이 발로 밟아서 포도를 으깨는 장면을 흔히 볼 수 있는데, 지금은 유럽 각지에서 이러한 형태로 와인을 만들지만 원조가 바로 포트 와인이다.

PORTUGAL

Eating

제 보타 Ze Bota

MAPECODE 27551

현지인들도 즐겨 찾는 레스토랑으로, 식사 시간이 시작되면 웨이팅은 기본으므로 되도록이면 식사 시간 전에 서둘러 찾아가는 것이 좋다. 문어 요리와 대구 요리(바칼라우)가 유명히며, 다양한 조리법으로 즐길 수 있다. 그중에서도 문어튀김이 가장 인기가 많다. 식전 테이블 세팅에 올려진 음식들은 무료가 아니라 먹으면 추가로 결제되는 음식이므로 먹기 전 주의하도록 하자.

Travessa do Carmo 16, 4440-452 Porto ☎ 22 205 4697 월~목 09:00~23:00, 토~금 09:00~23:00 / 휴무 매주 일요일 바칼라우 요리 1/2 접시 €113.50~, 한 접시 €121~ 클레리구스 탑에서 도보 3분 / 카르무 성당에서 도보 2분

페드루 도스 프랑고스

MAPECODE 27552

Pedro dos Frangos

포르투갈 고추인 피리피리로 만든 소스를 발라 구운 피리피리 치킨을 맛볼 수 있는 포르투에서 가장 유명한 레스토랑으로 1호점과 2호점이 나란히 마주하고 있을 만큼 현지인, 여행객들의 발길이 끊이지 않는 곳이다.

Rua do Bonjardim 223, 4000 Porto ☎ 22 200 8522 12:00~23:00 치킨 구이 €14.50~ 시청사에서 도보 2분 / 볼량 시장에서 도보 3분 pedrodosfrangos.pai.pt

카페 산티아고 F

MAPECODE 27553

Café Santiago F

포르투에 가면 꼭 먹어 봐야 할 음식 중에 하나가 포르투의 전통 음식인 프란세지냐(Francesinha, 포르투식 샌드위치)이다. 그중에서도 프란세지냐로 유명한 카페 겸 레스토랑이 바로 카페 산티아고 F이다. 프란세지냐의 종류도 다양하다.

Rua Passos Manuel 198, 4000-382 Porto ☎ 22 208 1804 월~토 08:00~23:00 / 휴무 매주 일요일 프란세지냐 €18.75~ 카페 마제스틱에서 도보 2분 caferestaurantesantiago.com.pt

갤러리 호스텔 포르투 Gallery Hostel Porto

MAPECODE 27554

1906년 지어진 포르투 전통 가옥에 현대적인 인테리어를 갖춘 럭셔리 호스텔이다. 최고의 서비스와 편의 시설, 청결, 친절, 가족 같은 분위기를 최우선을 여긴다는 것이 갤러리 호스텔 포르투의 경영 마인드이다. 포르투의 명소를 소개하는 워킹 투어를 제공하고, 조식 및 호스텔 전 구역에서 와이파이가 무료로 제공된다.

Rua de Miguel Bombarda 222, 4050-377 Porto ☎ 22 496 4313 € 도미토리 6인실 €22~, 도미토리 4인실 €24~, 3인실 €80~, 2인실 €64~ / 조식 포함 🚌 카르무 성당에서 도보 8분 / 상벤투 역에서 도보 20분

타트바 디자인 호스텔 Tattva Design Hostel

MAPECODE 27555

타트바는 땅, 공기, 불, 하늘 등의 원소를 의미하는 산스크리트어라고 한다. 두 동의 건물을 합쳐서 리모델링을 한 후 포르투 최대 규모를 자랑하는 호스텔로 탄생했다. 넓은 객실과 침대마다 커튼 막이 설치되어 있어서 개인 사생활을 보호해 주며, 포르투 시내를 내려다볼 수 있는 전망까지 갖추고 있다. 무료 포르투 워킹 투어를 제공하며, 전 객실 무료 와이파이도 제공된다.

Rua do Cativo 26-28, 4000-160 Porto ☎ 22 094 4622 € 도미토리 10인실 €16~, 도미토리 8인실 €17~, 도미토리 8인실(여성 전용) €18~, 도미토리 6인실 €18~, 4인실 €80~, 2인실 €55~ / 조식 포함 🚌 상벤투 역에서 도보 6분 / 버스 터미널에서 도보 5분 / 대성당에서 도보 3분 ⓘ www.tattvadesignhostel.com

예스! 포르투 호스텔 Yes! Porto Hostel

MAPECODE 27556

2014년 전 세계 호스텔 어워드에서 중형 호스텔 부문에서 3위를 차지한 호스텔로, 오픈한 지 얼마 되지 않은 현대적이고 깔끔한 스타일의 호스텔이다. 포르투 여행이 시작되는 클레리구스 탑 바로 옆에 자리해 있기 때문에 위치 또한 최고의 장점이다. 주방 시설이 넓고 편리해서 다른 호스텔과 차별되며 호스텔 전 구역에서 무료로 와이파이를 사용할 수 있다.

Rua Arquitecto Nicolau Nasoni 31, 1100-527 Porto ☎ 22 208 2391 € 도미토리 5인실 €16~, 도미토리 4인실 €15~ / 조식 포함 🚌 클레리구스 탑 바로 옆 / 상벤투 역에서 도보 7분 ⓘ www.yeshostels.com

무비 호텔 Moov Hotel

MAPECODE 27557

호텔 B&B 포르투가 2015년 1월부터 무비 호텔(Moov Hotel)로 이름이 바뀌었다. 원래 영화관이었던 자리에 아르데코풍 외관을 하고 있는 무비 호텔은 리모델링을 마친 지 얼마 되지 않았기 때문에 현대적인 분위기와 세련된 시설을 갖춘 곳이다. 포르투 버스 터미널과 상벤투 기차역 사이에 자리해 있고, 산타 카타리나 거리도 호텔 인근에 있어서 교통, 관광 모두 만족할 만한 위치에 자리하고 있다. 호텔 전 객실에서 무료 와이파이를 사용할 수 있다.

Praça da Batalha, 4100-101 Porto ☎ 22 040 7000 € 더블룸 · 트윈룸 €47~, 슈피리어룸 €70~ / 조식 1박당 €5.95~ 버스 터미널에서 도보 4분 / 상벤투 역에서 도보 5분 hotelmoov.com/en/hoteis/moov-hotel-downtown-oporto

히베이라 두 포르투 호텔 Ribeira do Porto Hotel

MAPECODE 27558

도우루강이 내려다보이는 히베리아 지구에 자리하고 있는 호텔로, 포르투의 역사 지구와 도우루강 건너편인 빌라 노바 데 가이아까지 도보 10분이면 어디든 이동할 수 있어 최고의 위치를 자랑한다. 도우루강과 동 루이스 1세 다리가 보이는 객실은 인기가 높으니 호텔 예약 시 뷰가 좋은 방이 있는지 미리 물어보는 것이 좋다. 호텔 전 객실 무료 와이파이가 제공된다.

Praça da Ribeira nº5, São Nicolau, 4050-513 Porto ☎ 22 096 5786 € 트윈룸 €65~, 슈피리어 트윈룸 €75~ / 조식 포함 상벤투 역에서 도보 10분 / 카이스 다 히베리아에서 도보 1분 / 동 루이스 다리에서 도보 4분 www.ribeiradoportohotel.com

호텔 테아트로 Hotel Teatro

MAPECODE 27559

상벤투 역과 리베르다드 광장과 인접해 있는 부티크 호텔로, 객실마다 다른 현대적인 인테리어로 포르투를 찾는 여행객들에게 사랑받는 호텔이다. 특히 호텔 구석구석 소품 하나하나 개성이 강한 인테리어는 들어서는 입구부터 시선을 압도한다. 호텔 전 구역 무료 와이파이가 제공된다.

Rua Sá Da Bandeira 84, Santo Ildefonso, 4000-427 Porto ☎ 22 040 9620 € 갤러리룸 싱글룸 €141~, 더블룸 €151~ / 트리뷴룸 싱글룸 €166~, 더블룸 €176~ / 오디언스룸 더블룸 €201~ / 주니어 스위트룸 더블룸 €221~ / 스위트룸 더블룸 €261~ / 조식 포함 상벤투 역에서 도보 2분 / 리베르다드 광장에서 도보 1분 www.hotelteatro.pt

코임브라
Coimbra

리스본에서 북쪽으로 약 195km, 포르투에서 남쪽으로 약 120km 정도 떨어진 포르투갈 중심에 자리하고 있는 내륙 도시로, 유럽에서도 손꼽히는 대학 도시이다. 1260년 리스본으로 수도를 옮기게 되었고, 1290년 리스본에 처음 창립된 이래 리스본으로 코임브라로 왔다 갔다 하면서 혼란을 겪기도 했지만 1537년 동 주앙 3세에 의해 코임브라에 완전히 정착하면서 코임브라 대학교로 현재까지도 대학 도시로 위상을 높이고 있다. 창립 이래 750년이 훨씬 넘은 만큼 유럽에서도 가장 오래된 대학교 중 한 곳이다. 코임브라 대학교의 교복을 보고 〈해리 포터〉의 작가 조앤 K. 롤링은 〈해리 포터〉에 나오는 호그와트의 교복을 구상했다고 한다. 구대학에 들어서면 코임브라 도서관, 시계탑, 라틴 회랑이 자리하고 있고 광장에는 학교를 리스본에서 코임브라로 옮겨 온 동 주앙 3세의 기념비가 세워져 있다. 특히 약 20만여 권의 고서를 보유하고 있는 코임브라 도서관은 세상에서 가장 아름다운 도서관에 선정될 정도로 아름답고 고풍스러운 느낌이 든다. 코임브라 대학교뿐만 아니라 리스본과 함께 포르투갈을 대표하는 음악인 '파두'가 유명한 도시이기도 하다.

위도 40.2071826 (40° 12′ 25.86″ N), 경도 -8.4296762 (8° 25′ 46.83″ W)

포르투 캄파냐(Campanhã) 역에서 코임브라-B(Coimbra-B) 역까지는 1시간 이상 소요되고, 리스본의 산타 아폴로니아(Santa Apolónia) 역에서 코임브라-B 역까지는 1시간 45분 이상 소요된다.

코임브라B역

코임브라 대학

코임브라 대학 교복

동 주앙 3세 기념비

코임브라 도서관

테마 여행

- 여행의 놓칠 수 없는 즐거움 스페인 음식 이야기
- 역사와 가치를 지닌 세계 문화유산
- 바르셀로나의 아르누보 모더니즘 건축
- 100년의 역사를 더하다 특별함이 있는 그곳
- 여행의 또 다른 즐거움 쇼핑 즐기기
- 피에스타 그 열정의 순간 축제 즐기기

여행의 놓칠 수 없는 즐거움

스페인 음식 이야기

스페인의 매력 중 하나는 바로 음식이라고 해도 과언이 아니다. 각 지방의 기후나 풍토가 달라 다양한 특색을 지닌 음식들이 생겨났다. 카스티야 지방은 내륙이기 때문에 육류 요리, 특히 그릴이나 찜 요리가 대표적이며, 지중해 바다를 끼고 있는 카탈루냐 지방은 대표적인 요리들 대부분이 신선한 해산물을 가지고 만든다. 논이 많은 발렌시아 지방은 쌀로 만든 요리가 많고, 안달루시아 지방은 바다와 내륙에서 식자재를 쉽게 구할 수 있기 때문에 농산물, 해산물, 육류 등 다양한 재료로 다양한 음식을 만들어 먹었다.

하루에 다섯 끼! 스페인의 식사 시간

스페인은 낮이 길고 한낮의 태양이 너무 뜨거워서 가장 태양이 뜨거운 시간인 낮 2시~4시 사이에 휴식을 취하는 시에스타(La Siesta, 낮잠)라는 고유 풍습이 있다. 낮이 긴 스페인의 하루는 음식 문화에도 영향을 주어 스페인 사람들은 하루에 다섯 번의 식사 시간을 갖는다. 세 끼의 식사 외에 간식 문화가 발달하면서 바르와 타파스 문화가 생겨나게 된 것이다.

❶데사유노 Desayuno
아침 6시~8시 사이에 간단하게 빵과 커피 또는 주스를 마신다.

❷메리엔다 Merienda
오전 10시~11시 사이에 추로스와 초콜라떼 또는 샌드위치나 케이크, 타파스 등으로 간식 타임을 갖는다.

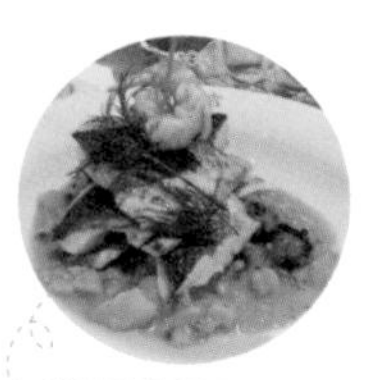

❸ 알무에르소 Almuerzo
오후 2시~4시 사이에 점심 식사를 하는데 스페인의 점심은 풀 코스로, 애피타이저, 메인 메뉴, 디저트로 마무리한다.

❹ 메리엔다 Merienda
오후 5시~6시 사이에 가볍게 타파스를 먹는다.

❺세나 Cena
오후 9시 이후에 본격적인 저녁을 먹는다.

메뉴 델 디아 Menu del Dia

스페인 여행을 하다 보면 레스토랑 앞에 '메뉴 델 디아(Menu del Dia)'라는 문구와 함께 가격을 적어 놓은 것을 쉽게 볼 수 있는데, 이것은 말 그대로 '오늘의 메뉴'라는 약식 풀 코스 요리이다.

애피타이저 → 메인 메뉴 → 디저트, 또는 메인 메뉴 → 디저트 → 음료로 코스가 짜여진 점심 식사인데, 각 코스의 메뉴는 몇 가지 요리 중에서 고를 수 있는 곳도 있고, 메뉴가 정해져 있는 곳도 있다. 메뉴 델 디아의 평균 가격은 €10 내외이니, 저렴한 가격에 코스 요리를 맛보고 싶다면 점심 시간에 메뉴 델 디아를 즐겨 보자.

지역별 주요 요리

카스티야 지방

코치니요 아사도 Cochinillo Asado

카스티야 이 레온 지방에서 가장 유명한 전통 요리로 생후 2주 정도 된 새끼 돼지를 통째로 구운 요리이다. 카스티야 이 레온 지방에서도 세고비아의 코치니요 아사도가 가장 유명하다. 중세 시대에 어미 뱃속에 있는 새끼 돼지를 꺼내서 요리했던 것이 원조라 할 수 있는데 동물 애호가들의 반대로 지금은 생후 2주 정도 된 새끼 돼지를 사용하고 있다. 코치니요 아사도를 자를 땐 칼을 사용하지 않고 둥글고 납작한 접시를 이용해서 자르고, 자른 접시는 바닥에 던져 깨뜨리는데 지금은 요리를 자를 때까지만 사용하고 바닥에 던지지는 않는다고 한다. 바삭하게 구워진 껍질과 육즙이 살아 있어 부드러운 속살을 함께 먹는 요리로 원래는 결혼식이나 축제 때 즐겨 먹는 요리였다고 한다.

세고비아

★ 메손 데 칸디도 MesónDeCándido

로마 수도교가 있는 아소게호 광장의 관광 안내소와 마주보고 있다. 스페인에서 새끼 돼지 통구이인 코치니요 아사도 요리로 가장 유명한 레스토랑이다. P.100

코시노 마드리예뇨 Cocido Madrileño

'마드리드의 스튜'라는 뜻의 코시노 마드리예노는 이집트 콩인 '병아리콩'과 돼지고기의 삼겹살, 귀, 볼살 등을 삶아 국물(수프)과 함께 먹는 요리로 소고기, 양고기 등 원하는 고기를 사용할 수 있다. 코시노 마드리예노의 특징은 병아리콩이 아주 많이 들어간다는 점이고, 메인 요리가 나오기 전 육수에 면을 넣은 수프가 먼저 나온다. 여름에는 덥고, 겨울에는 너무 추운 고원 지대인 카스티야에서 원기 회복을 위해 먹었던 요리로 카스티야뿐만 아니라 스페인 북부 지역에서도 자주 먹는 요리이다.

카스테라 castella

달걀 노른자에 설탕과 물엿을 넣고, 흰자는 거품을 낸 후 밀가루를 섞어 오븐에 구운 빵이다. 우리가 흔히 아는 '카스테라'의 고향이 바로 '카스티야' 지방이라는 걸 아는 사람은 별로 많지 않다. 대부분 원조가 일본이라고 생각하지만, 스페인 카스티야에서 포르투갈로, 포르투갈에서 일본으로 전해져 역사적으로도 굉장히 긴 역사를 가지고 있는 빵 중 하나이다. '카스테라'라는 이름에서도 알 수 있듯이 '카스티야'를 포르투갈어로 읽게 되면서 붙여진 이름이라고 한다.

안달루시아 지방

라보 데 토로 Rabo de Toro

안달루시아 지방에서 많이 볼 수 있는 요리 중 하나로 코르도바의 전통 요리이다. 핏물을 뺀 소꼬리를 올리브오일에 충분히 노릇하게 구운 후 건져 내고, 소꼬리를 구운 냄비에 야채와 다진 토마토를 넣고 볶는다. 볶은 야채와 토마토에 건져 놨던 소꼬리를 다시 넣고 파프리카 가루와 셰리주를 넣고 3시간 이상 푹 삶아 조린다. 라보 데 토로의 특징은 물이 들어가지 않고 야채의 수분과 셰리주만으로 수분을 만드는 것에 있다.

코르도바

★ 타베르나 루쿠에 Taberna Ruque

아주 작지만 인기 있는 로컬 레스토랑이다. 안달루시아 전통 요리인 소꼬리 요리를 이곳에서 맛볼 수 있다. 오징어로 만든 요리도 인기!

P.150

가스파초 Gazpacho

안달루시아에서 여름철에 즐겨 먹는 전통 음식으로, 덥고 건조한 날씨 때문에 일반 가정에서 쉽게 만들어 먹는 차가운 토마토 수프라고 생각하면 된다. 토마토와 양파, 오이 등을 갈아서 마늘과 식초, 소금으로 간을 맞춘 후 냉장고에 넣어 두고 차갑게 해서 먹는 음식이다. 생야채로 만든 음식이어서 몸에 금방 흡수되어 입맛을 살려 주기 때문에 지금은 다른 지방에서도 애피타이저로 쉽게 맛볼 수 있다. 살모레호(Salmorejo)는 가스파초와 만드는 방법은 비슷하지만 불린 바게트빵에 토핑으로 삶은 달걀, 하몬이 들어가는 음식이다.

발렌시아 지방

파에야 Paella

파에야는 쌀 농사를 많이 짓는 발렌시아 지방을 대표하는 음식으로, 지금은 스페인 어디를 가도 쉽게 맛볼 수 있는 스페인의 대표 음식으로 자리 잡았다. 양쪽에 손잡이가 달린 둥근 프라이팬에 쌀과 고기, 채소를 넣고 향신료인 사프란을 넣고 지은 밥 요리이다. 1840년 스페인의 한 신문에서 발렌시아의 음식을 소개하면서 처음으로 '파에야'라는 이름을 사용하게 되었고, 20세기 후에 스페인 전역으로 파에야가 확산되었다고 한다. 발렌시아의 원조 파에야는 닭고기, 토끼고기 등 고기와 함께 채소를 넣고 만든 음식이었지만 스페인으로 확산되고, 관광객들이 찾기 시작하면서 지역 특색에 맞게 들어가는 재료들이 다양해지면서 현재는 해산물이 들어간 파에야가 가장 많은 사랑을 받고 있다.

추천 레스토랑

발렌시아

★ 라 리우아 La riua restaurant

현지인들이 즐겨 찾는 파에야 전문 레스토랑으로 파에야의 종류만 약 20가지에 달한다. P.207

카탈루냐 지방

칼솟 Calçot (대파구이)

양파의 일종인 칼솟은 얼핏 보면 우리나라 대파와 비슷하게 생긴 야채다. 양파를 숯불에 굽다가 새까맣게 태운 양파가 아까워 태운 부분을 벗겨 내고 소스를 찍어 먹었더니 너무 맛있었다는 어느 농부의 우연한 경험에 의해서 생겨난 음식이다. 겨울에서 봄으로 넘어가는 시기에 카탈루냐 사람들이 즐겨 먹는 음식으로 이 시기가 되면 숯불에 대파를 구워 먹는 칼솟타다(Calçotada)라는 축제가 벌어진다. 소스는 집집마다 맛이 다르며 마트에서도 칼솟 소스를 따로 구입할 수 있다. 레스토랑에서도 이 시기에 제철을 맞은 칼솟을 특별 메뉴로 잠시 판매하기도 한다.

상그리아 Sangria

스페인 안달루시아 지방과 발렌시아, 카탈루냐 지방에서 음식을 먹을 때 함께 먹는 대중적인 술로, 포도주에 과일을 넣어 차게 해서 먹는 칵테일이다. 보통 레드와인 50%, 오렌지주스 25%, 소다수 25% 정도 넣어 섞은 다음, 원하는 과일을 마음껏 넣어 냉장 보관해서 차게 마실 수 있는데 이때 단맛을 더 내고 싶다면 후르츠칵테일이나 설탕을 첨가해 주면 독하지 않으면서 달콤한 상그리아를 즐길 수 있다. 음식과 같이 마시지 않고 상그리아만 따로 즐길 수도 있으며, 카페에서 판매하는 경우도 있다.

크레마 카탈라나 Crema Catalana

달걀, 우유 등이 들어간 커스터드 크림 위에 설탕을 뿌리고 불을 이용해서 표면을 그을려 설탕은 바삭하게, 속의 커스터드 크림은 부드럽게 해서 먹는 디저트다. 우리가 알고 있는 프랑스식 이름인 '크렘 브륄레'의 원조격인 음식이 바로 크레마 카탈라나이다. 카페, 마트, 타파스 전문점, 레스토랑 디저트 등 다양한 곳에서 쉽게 맛볼 수 있다.

카페 Café

·카페 솔로 Café Solo	우리가 흔히 말하는 에스프레소(작은 컵에 나오는 블랙 커피)
·카페 콘 레체 Café con Leche	카페라테(우유가 많이 들어간 커피)
·카페 코르타도 Café Cortado	에스프레소에 우유를 조금 넣은 커피(카페 솔로에 우유가 조금 들어가 카페 콘 레체보다는 진하고 카페 솔로보다는 부드러운 커피)
·카페 콘 이엘로 Café con Hielo	아이스 아메리카노(얼음과 커피를 함께 준다.)
·이엘로 Hielo	얼음(아이스)
·카카오라트 Cacaolat	코코아 우유
·아구아 Agua	물
·아구아 미네랄 Agua Mineral	미네랄 워터(생수)
·수모 Zumo	주스(수모 데 나란하 Zumo de Naranja – 오렌지주스)
·리모나다 Limonada	레모네이드

레스토랑 Restaurante

·바르 Bar	가볍게 타파스를 즐기며 술을 마실 수 있는 곳. 커피, 차 등도 판매한다. 아침부터 밤 늦은 시간까지 문을 연다.
·타베르나 Taberna	식사를 할 수 있는 레스토랑.
·메손 Mesón	서민들이 즐겨 찾는 주점. 원래 여인숙에서 숙박객들이 식사를 하던 장소.
·보데가 Bodega	와인을 전문으로 하는 레스토랑 겸 양조장.
·세르베세리아 Cerveceria	맥주를 판매하는 곳으로 하우스 맥주를 전문으로 하는 곳이 많다.

술 Alcohol

- ·세르베사 Cerveza 맥주(병, 캔)
- ·비노 Vino 와인
- ·비노 틴토 Vino Tinto 레드 와인
- ·비노 블랑코 Vino Blanco 화이트 와인
- ·비노 데 카사 Vino de Casa 하우스 와인
- ·비노 로사도 Vino Rosado 로제 와인
- ·카바 Cava 발포성 와인 (스파클링 와인)
- ·참판 Champán 샴페인

육류 Carne

- ·아 라 브라사 A la Brasa 그릴 구이
- ·아 라 로마나 A la Romana 튀김 요리
- ·알 아사도르 Al Asador 꼬치구이
- ·알 바포르 Al Vapor 찜 요리
- ·바르바코아 Barbacoa 바비큐
- ·카르네 Carne 육류
- ·바카 Vaca 소고기(암소)
- ·비스테크 Bistec 소고기 스테이크
- ·세르도 Cerdo 돼지고기
- ·포요 Pollo 닭고기
- ·파토 Pato 오리
- ·코르네로 Cornero 양고기
- ·라보 Rabo 꼬리

해산물 Mariscos

- ·칼라마르 Calamar 오징어
- ·치피로네스 Chipirones 꼴뚜기
- ·메히요네스 Mejillones 홍합
- ·오스트라 Ostra 굴
- ·풀포 Pulpo 문어
- ·아툰 Atún 참치
- ·살몬 Salmon 연어
- ·바칼라오 Bacalao 소금에 절인 대구
- ·베수고 Besugo 도미

간식과 디저트 Bocadillo & Postre

- ·보카디요 Bocadillo 샌드위치
- ·크로게타 Croqueta 크로켓
- ·초리소 Chorizo 소시지
- ·엔살라다 Ensalada 샐러드
- ·에스파게티스 Espaguetis 스파게티
- ·에스토파도 Estofado 스튜
- ·하몬 Jamón 생햄
- ·토르티야 Tortilla 오믈렛
- ·판 Pan 빵
- ·가예타 Galleta 쿠키
- ·파스텔 Pastel, 토르타 Torta 케이크, 파이
- ·쿠에소 Queso 치즈
- ·토스타다 Tostada 토스트

채소 Verduras

- ·베렌헤나 Berenjena 가지
- ·세보야 Cebolla 양파
- ·옹고 Hongo, 참피뇬 Champiñón 버섯
- ·파타타 Patata 감자
- ·토마테 Tomate 토마토
- ·사나오리아 Zanahoria 당근
- ·피멘톤 Pimentón 파프리카
- ·칼라바사 Calabaza 호박
- ·바타타 Batata 고구마

과일 Fruta

- ·프레사스 Fresas 딸기
- ·그라나다 Granada 석류
- ·나란하 Naranja 오렌지
- ·리몬 Limón 레몬
- ·만다리나 Mandarina 귤
- ·만사나 Manzana 사과
- ·멜로코톤 Melocoton 복숭아
- ·플라타노 Plátano 바나나
- ·피냐 Piña 파인애플
- ·산디아 Sandia 수박
- ·우바 Uva 포도
- ·망고 Mango 망고

소스 Salsas

- ·살 Sal 소금
- ·아수카르 Azúcar 설탕
- ·살사 데 소하 Salsa de Soja 간장
- ·비나그레 Vinagre 식초
- ·예르바 Yerba 허브
- ·우에보 Huevo 달걀
- ·만테키야 Mantequilla 버터
- ·마르가리나 Margarina 마가린
- ·아세이테 Aceite 기름
- ·모스타사 Mostaza 겨자
- ·나타 Nata 생크림
- ·메르멜라다 Mermelada 잼
- ·미엘 Miel 벌꿀
- ·아사프란 Azafrán 사프란

역사와 가치를 지닌

세계 문화유산

유네스코 세계 문화유산은 후손들에게 물려주고, 보호해야 하는 가치가 있다고 여겨지는 세계 곳곳의 유적지와 관광지, 자연, 문화 등을 대상으로 지정하여 보호하는 것이다. 문화유산, 자연유산, 복합유산으로 나뉘는데, 스페인과 포르투갈 곳곳에서 유네스코에서 지정한 세계 문화유산들을 만날 수 있다.

현재 스페인에는 총 44개의 유네스코 세계 문화유산이 등재되어 있는데, 그 중에서 안토니오 가우디의 건축물은 가우디에 속해 하나로 간주하고 있다. 전 세계를 통틀어 유네스코 세계 문화유산에 등재되어 있는 수가 스페인이 가장 많다.

코르도바 1984년
메스키타

그라나다 알함브라 성과 함께 스페인에서 가장 처음 유네스코 세계 문화유산에 등재되었다. 한 공간에 두 개의 종교 사원이 공존하는 건축물로, 세계에서 단 하나뿐이다.

그라나다 1984년
알함브라 성과 헤네랄리페 정원

스페인에 남아 있는 이슬람 양식 중 가장 원형 그대로 잘 보존되어 있으며, 세계에서 가장 아름다운 건축물로 손꼽힌다.

바르셀로나 1984년
구엘 공원과 카사 밀라, 구엘 저택

가우디 건축물 중 가장 먼저 유네스코 세계 문화유산에 등재되었다.

카사 밀라

구엘 저택

구엘 공원

구시가

로마 수도교

세고비아 1985년
구시가와 로마 수도교

로마 수도교는 기원 1세기에 지은 세고비아에서 가장 오래된 건축물이며, 구시가의 알카사르는 이사벨 여왕의 즉위식이 열렸던 장소이다.

톨레도 1986년
구시가

가톨릭, 유대교, 이슬람교 등 세 가지의 종교 유적지가 함께 공존하는 특별한 도시다.

세비야 1987년
대성당과 알카사르

세계에서 세 번째로 규모가 큰 대성당과 알암브라 성을 모티브로 한 알카사르도 세계 문화유산으로 지정되어 있다.

알카사르

대성당

1994년 코르도바
구시가

이슬람 문화와 유대교 문화가 공존하는 역사 지구로, 톨레도와 함께 스페인에서는 유일하게 남아 있는 유대교 모스크가 자리하고 있다.

1994년 그라나다
알바이신 지구

알암브라 성보다는 10년 늦게 유네스코에 등재된 알바이신 지구는 이슬람 시대의 모습이 그대로 남아 있다.

1996년 쿠엥카
구시가

협곡 위에 자리하고 있는 쿠엥카의 구시가는 중세 시대 모습이 잘 보존되어 있다.

1997년 발렌시아
라 롱하

발렌시아에서 유일하게 유네스코 세계 문화유산에 등재된 라 롱하는 15세기 실크 거래소로 지어진 건물로 후기 고딕 양식의 걸작으로 손꼽힌다.

라 롱하 내부

카탈라냐 음악당

산트 파우 병원

1997년 바르셀로나
카탈라냐 음악당과 산트 파우 병원

가우디와 함께 카탈루냐 모더니즘 건축을 이끈 건축가 몬타네르가 디자인한 건축물 중 걸작으로 손꼽히는 건축물이다.

2004년 바르셀로나 근교 (산타 콜로마 데 세레베요)
콜로니아 구엘 성당

가우디의 건축물로 구엘이 가족 성당으로 의뢰하여 짓게 되었다. 가족 묘로 사용할 지하 공간만 완성된 채 미완성으로 남아 있다. 현재는 지하 공간을 예배당으로 남겨 놓았다.

2004년 바르셀로나
카사바트요

'인체의 집'이라고도 불리며, 가우디가 설계한 모더니즘 양식의 대표작이기도 하다.

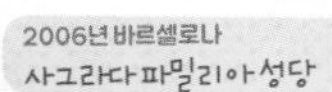

2006년 바르셀로나
사그라다파밀리아성당

가우디가 죽기 전의 마지막 작품으로, 현재까지도 미완성이자 현재 진행 중인 바르셀로나를 대표하는 건축물 중 하나이다.

1983년 리스본
제로니무스 수도원과벨렘탑

대지진 속에서도 피해를 입지 않았기 때문에 예전 모습 그대로 남아 있으며, 야자수처럼 생긴 기둥과 천장은 마누엘 양식의 걸작으로 손꼽히고 있다. 벨렘 탑은 대항해 시대 때 선원들이 왕을 알현했던 장소이다.

1995년 신트라
문화적 경관

영국 시인인 바이런이 '에덴의 동산'이라고 표현했을 정도로 동화 속 세상 같은 아름다운 도시이다. 역대 왕가의 여름 궁전이 자리하고, 귀족들의 피서지였을 만큼 자연 경관이 뛰어난 곳이다. 세계 문화유산과 자연유산 두 군데 모두 등재되어 있을 정도로 유명한 도시인 만큼 관광객들의 발길이 항상 끊이지 않는다.

1996년 포르투
역사 지구

대항해 시대를 끝으로 포르투의 화려했던 시대가 저물기 시작했고, 동시에 경제적으로도 고립이 되면서 포르투의 발전은 멈추게 되었다. 그 때문에 옛 모습 그대로 남아 있는 포르투의 역사적 가치를 인정받아 포르투갈에서도 관광객들에게 가장 사랑받는 도시로 거듭나고 있다.

바르셀로나의
아르누보

모더니즘 건축

19세기 말부터 20세기 초까지 유럽 전역에 부흥처럼 일어난 예술 기법으로 우리가 흔히 들어 온 '아르누보'가 스페인에서는 '모데르니스모(Modernismo)', 혹은 '모더니즘'으로 불린다. 특히 모더니즘 양식은 건축에서 가장 활발한 두드러짐을 보였는데 '안토니오 가우디'와 '도메네크 이 몬타네르'를 중심으로 카탈루냐의 모더니즘은 꽃이 피기 시작했다. 카탈루냐 모더니즘 양식을 새롭게 부흥시킨 그들의 건축물이 집중되어 있는 바르셀로나의 에이삼플라 지구는 모더니즘 표식을 보도블록에 새겨 넣었다.

바르셀로나 하면 떠오르는 이미지 중 하나가 바로 가우디가 만든 건축물들이다. 1852년 6월 25일 스페인 카탈루냐 지방의 레우스에서 주물 제조업자의 아들로 태어나 아버지의 영향으로 17세 때 바르셀로나로 이주해 건축을 공부하기 시작하였는데, 굉장히 개성이 강한 학생이었다고 한다. 그의 모든 작품은 자연을 모티브로 삼았고, 직선보다는 곡선의 디자인을 중시했으며, 소재의 선택에서도 남다른 모습을 보여 주었다. 특히 가우디의 마지막 작품인 사그라다 파밀리아 성당의 지붕은 기암 절벽으로 유명한 카탈루냐의 성지인 몬세라트에서 영감을 받아 설계되었으며, 가우디 건축의 백미로 꼽힌다. 가우디 평생의 후원자였던 구엘을 만난 후 가우디는 그를 위해 구엘 궁전, 구엘 공원, 구엘 저택 등을 지었고, 시내 곳곳에 작품을 남겼다. 그중 사그라다 파밀리아 성당은 1926년 산책길에 나섰다가 전차에 치여 사망할 때까지 그가 한평생 열정을 쏟은 작품이다. 그는 자신의 마지막 작품인 사그라다 파밀리아 성당 지하 납골묘에 안치되었다. 그의 건축물 중 7개가 유네스코 세계 문화유산에 등재되어 있다.

사그라다 파밀리아 성당

구엘 저택

그라시아 거리 가로등

구엘 공원

카탈루냐 음악당

산타 파우 병원

도메네크 이 몬타네르
Lluís Domènech i Montaner (1850~1923)

1850년 바르셀로나에서 태어난 도메네크 이 몬타네르는 가우디와 함께 카탈루냐 모더니즘을 선봉하던 건축가이자 정치가이다. 도메네크는 원래 물리학을 전공하던 과학도였는데 곧바로 건축학으로 전공을 바꾸면서 45년간 건축과 교수와 학장으로 활동한 이력을 가지고 있다. 모더니즘 장식의 극치로 손꼽히는 카탈라냐 음악당과 도메네크의 최대 걸작인 산타 파우 병원은 유네스코 세계 문화유산에 등재되었다. 그 밖에 시우타데야 공원 내에 있는 동물학 박물관과 그라시아 거리에 자리한 카사 예오모레라, 안토니 타피에스 미술관, 호텔 에스파냐 등이 그가 남긴 대표적인 건축물이다. 1923년 12월 27일 도메네크는 산타 파우 병원을 완성시키지 못하고 바르셀로나에서 세상을 떠났다.

호세프 푸이그 이 카다팔츠
Josep Puig i Cadafalch (1867~1956)

1867년 바르셀로나에서 태어났으며, 가우디와 도메네크보다 조금 늦게 등장하여 카탈루냐 모더니즘 양식을 함께 부흥시켜 나간 건축가이다. 푸이그의 스타일은 중세 시대의 성을 모티브로 한 디자인이 많았기 때문에 100% 모더니즘 양식을 추구했던 건축가는 아니었지만, 그의 작품 중 카사 아마트예르, 카사 마르티, 카사 데 레스 푼세스 등 모더니즘 양식의 건축물들이 대표작으로 알려지면서 가우디, 도메네크와 함께 카탈루냐 모더니즘의 3대 건축가로 손꼽히고 있다. 특히 카사 아마트예르는 카사 바트요 바로 옆에 있는데, 카사 바트요의 집주인이 카사 아마트예르 옆에 있는 자신의 집이 너무 초라하게 느껴져 가우디에게 카사 아마트예르보다 튀는 집을 지어 달라고 요청해서 카사 바트요가 탄생되었다는 일화가 있다. 푸이그는 많은 건축물을 지었지만 대부분이 철거되었으며, 남아 있는 것은 그리 많지 않다. 1956년 12월 21일, 바르셀로나에서 생을 마감했다.

카사 데 레스 푼세스

카사 아마트예르

★ 루타 델 모데르니스메 Ruta del Modernisme

'루타 델 모데르니스메'는 간단히 말해 '모더니즘 루트'라고 하며, 바르셀로나 관광청에서 만든 바르셀로나 모더니즘을 소개하는 루트다. '루타 델 모데르니스메'라는 책을 구입하면 해당되는 건축물 입장료를 할인받을 수 있다. 카탈루냐 광장 관광 안내소 또는 카사 예오 모레라 1층에서 구입 가능하다.

바르셀로나 모더니즘 1박 2일 추천 코스
1일
카탈라냐 음악당
도보 5분
그라시아거리
(카탈루냐 광장에서 시작)
도보 8분
카사예오 모레라
도보 1분
카사 아마트예르 / 카사바트요
도보2분
안토니 타피에스 미술관
도보 8분
카사 밀라
버스 5분
22번
카사 비센스
버스25분
24번
구엘 공원 후문 하차
구엘 공원
2일
산타파우 병원
도보 15분
사그라다파밀리아성당
도보 10분 또는 메트로 4분,
L2 Sagrada Família 역에서 Monumental 역
모누멘탈 투우장
도보 15분
개선문
도보 2분
시우타데야 공원
도보 25분
레이알 광장
(가우디 가로등)
도보 2분
구엘 저택
도보 5분
호텔 에스파냐

100년의 역사를 더하다

특별함이 있는 그곳

스페인과 포르투갈에서 100년 이상의 역사를 지닌 것을 찾기란 어려운 일이 아니다. 앞서 지역 여행에서 다뤘던 곳들 중에서도 100년이 넘은 추러스 집, 서점, 200년이 훨씬 넘은 역사로 기네스북에 오른 레스토랑과 500년 이상 된 벼룩시장 등 100년 이상의 역사를 지닌 곳들을 쉽게 만날 수 있다. 유행을 좇아 한순간 생겼다 사라지는 그런 것 말고, 긴 시간의 무게를 간직한 특별한 그곳은 어디일까?

칸 레스토레트 Can Rectoret

바르셀로나에서 차로 약 1시간 정도 떨어진 곳에 위치한 '모고다(Mogoda)'라는 지역에 가면 1900년 초반에 오픈한 아주 유명한 레스토랑인 칸 레스토레트가 자리하고 있다. 처음부터 식당으로 운영되었던 것이 아니기 때문에 시기가 정확하지는 않지만 1900년 초반에 문을 연 것으로 알려져 있다. 옛 농가 그대로 사냥하러 온 사냥꾼들에게 식사를 차려 주기 시작했던 것이 유래가 되어 지금은 전통 카탈루냐 음식을 맛볼 수 있는 곳이다. 바르셀로나에서 조금 떨어진 곳에 위치해 있어 아직 우리나라 관광객들에게는 잘 알려지지 않은 곳이지만 카탈루냐 전통 음식을 맛볼 수 있는 레스토랑으로 손에 꼽힐 정도로 유명한 레스토랑이다. 16세기에 지은 농가 저택인 레스토랑 건물은 당시의 건축 스타일을 잘 살리고 있고 보존도 잘 되어 있어 건축학적으로도 가치 있는 곳이라고 한다.

메뉴로는 계절에 따라 조금씩 달라지는 카탈루냐의 전통 음식인 판 콘 토마테가 있는데 잘 구워진 빵 위에 생마늘과 토마토를 갈아서 얹어 먹으면 된다. 특히 구이류가 유명한데, 이곳에서는 카탈루냐 전통 음식인 칼손(대파구이)도 전통 방식 그대로 맛볼 수 있다. 대중교통으로 가기에 약간의 어려움은 있으나 자동차 여행을 한다면 카탈루냐 전통 음식을 제대로 즐기러 한번 방문해 보자.

🏠 Carretera Sabadell, 08130 Santa Perpètua de Mogoda, Barcelona
🚌 바르셀로나 카탈루냐 광장에서 버스 N70번을 타고 Avinguda Mossèn Jacint Verdaguer에서 하차, 361번으로 갈아탄 후 Carretera Sabadella Mollet-Can Rectoret 정류장에서 하차, 도보 4분 ℹ www.canrectoret.com

호텔 에스파냐 Hotel España

1859년 폰다 에스파냐(Fonda España)로 개업하여 1902년 호텔 에스파냐(Hotel España)로 대대적인 리모델링을 통해 새롭게 오픈하였다. 당시 인테리어를 총괄 지휘했던 담당자가 바로 가우디와 함께 스페인 모더니즘 건축의 대가로 꼽히는 도메네크 이 몬타네르였다. 1993년 또다시 리노베이션하였고, 카탈루냐 아르누보인 모더니즘 양식의 대표적인 건축물로 손꼽힌다.

1층에 자리하고 있는 레스토랑 폰다 에스파냐(Fonda España)는 실내가 도메네크 이 몬타네르의 느낌이 그대로 묻어나는 화려한 모더니즘 양식으로 꾸며져 있다. 아침 식사 시간에만 오픈하는 인어(Sirenas) 룸에는 도메네크 이 몬타네르가 스페인 화가인 라몬 카사스(Ramón Casas)에게 의뢰해 디자인한 벽화가 있는데, 바닷속 인어들을 표현한 것으로 마치 물속에 있는 듯한 착각이 든다고 해서 '수족관'이라는 애칭이 붙었으며 호텔 에스파냐의 꽃이라고 할 수 있다. 벽화 아랫부분은 도메네크 이 몬타네르가 직접 디자인한, 스페인 지역 문장의 타일로 장식되어 있다. 그 밖에 도메네크 이 몬타네르가 건축한 건축물에 세트처럼 등장하는 조각가 에우세비 아르나우(Eusebi Arnau)의 조각 또한 호텔 에스파냐를 빛나게 한다. 하루에도 몇 번씩 가이드 투어팀이 방문하는 역사적으로도 인정받는 호텔 에스파냐. 한번쯤 이런 호텔에서 머물러 보는 것도 멋진 추억이 될 것이다. 서둘러 예약하는 건 필수!

Carrer de Sant Pau, 9-11, 08001 Barcelona 람블라스 거리 리세우 극장에서 도보 2분 www.hotelespanya.com

웨스틴 팔래스 마드리드 호텔 The Westin Palace Madrid

1912년, 마드리드에 방문한 고위 관직자들을 위해 귀족이 살던 저택을 개조해서 마드리드 프라도 미술관 앞에 설립한 특급 호텔로, 현재까지도 그 명성이 유지되고 있다. 조식을 먹는 레스토랑의 천장은 스테인드글라스로 만들어진 돔 형식의 천장으로 웨스틴 팔래스 호텔의 상징이라고 할 수 있다. 스테인드글라스로 된 돔에는 정말 살아서 날아다닐 것만 같은 나비들의 향연이 아름다움을 더 극대화 시켜 준다. 호텔 내부는 화려하진 않지만 묵직하고 웅장한 고급스러움이 100년이 넘는 역사를 뒷받침해 주고 있으며, 현대적인 스타일과 엔티크함이 서로 어우러져 객실 문을 여는 순간 기분이 좋아지는 호텔이다. 마드리드에서도 손꼽히는 럭셔리 호텔 중 한 곳인 만큼 조식이 잘 나오기로 유명해 주말이면 숙박객이 아닌 조식을 즐기러 온 현지인들이 많다. 주말 조식은 사람들로 북적이는 것이 단점이라면 단점이라 할 수 있다. 한번쯤 귀족이 된 듯한 느낌을 경험해 보고 싶다면 마드리드의 특급 호텔 웨스틴 팔래스에 가 보도록 하자.

Plaza de las Cortes, 7, 28014 Madrid 프라도 미술관 고야문 건너편 VIPS, 스타벅스 건물 www.westinpalacemadrid.com

페르푸메리아 갈 Perfumeria GAL

페르푸메리아 갈은 우리나라에서 '퍼퓨메리아'라고 알려진 스페인 향수 회사로 우리에게 가장 잘 알려진 제품은 바로 립밤이다. 페르푸메리아 갈은 바스크 출신의 살바도르 예체안디아 갈과 그의 동생 에우세비오가 1898년 마드리드에 제조사를 설립하면서 향수, 비누, 화장품을 출시한 것이 시초가 되었다. 그 당시 유럽에서 유행하던 아르누보 화가의 대가였던 체코 출신의 알폰수 무하에게 디자인을 의뢰해 여신 같은 아름다운 여성을 용기에 그려 넣었고 스페인에서 엄청난 사랑을 받게 된다. 페르푸메리아 갈의 제품은 1903년 스페인을 넘어서 세계 곳곳에 수출되었고, 비누 '에노 데 프라이바'가 전 세계적으로 엄청난 물량이 판매되면서 페르푸메리아 갈은 스페인 내에서 굴지의 기업으로 거듭난다. 1925년 페르푸메리아 갈의 제품은 그 우수성을 인정받아 스페인 왕실에도 납품하기 시작했다. 현재까지도 페르푸메리아 갈의 립밤과 비누는 전 세계적으로 많은 사람들이 사용하는 세계적인 뷰티 아이템으로 인정받고 있다. 페르푸메리아 갈의 립밤 케이스에는 여전히 처음의 알폰수 무하의 그림이 사용되고 있고, 이제는 오히려 '알폰수 무하의 그림이 그려진 립밤'이라는 수식어가 더 친숙하다. 많은 셀러브리티들이 사용하는 이 립밤은 보습력이 좋기로 유명하여 선물용으로 인기가 좋다. 스페인에서뿐만 아니라 유럽, 홍콩, 일본 등 다양한 곳에서 쉽게 구입할 수 있는데, 흔하게 봐 왔지만 스페인 제품이라는 것을 아는 사람은 많지 않은 듯하다.

보습력이 최고인 립밤

세라스 로우라 Ceras Roura

세바스티아 로우라 신부가 자신이 사용할 초를 직접 만들기 위해 1912년 창업을 하면서 4대째 이어져 오고 있는 세계에서 가장 오래된 양초 브랜드이다. 스페인 내전과 화재로 인해 어려움을 겪게 되지만 그동안 철저한 품질과 서비스로 경영을 하면서 신뢰를 쌓아 온 터라 거래처와 고객들의 절대적인 도움 아래 다시 일어설 수 있었다. 가장 좋은 천연 재료를 사용하고 제품 연구도 끊임없이 계속하고 있기 때문에, 종교용 초로 시작했으나 현재는 장식용 초를 넘어 기능성 초까지 생산하고 있다. 용도와 시즌에 맞춰 다양한 제품을 생산하면서 세라스 로우라는 세계적으로 가장 인정받는 양초 회사

로 그 명성을 드높이는 중이다. 특히 초의 사용량이 현저하게 줄어드는 여름 시즌에는 모기 퇴치용 초를 개발하면서 선풍적인 인기를 끌었고, 초를 녹여 마사지에 사용하는 용도로 개발한 마사지용 양초는 보습 효과와 아로마테라피 효과까지 더해 틈새 시장을 공략했다. 자동화 시설을 갖추긴 했지만 지금도 많은 부분 수작업으로 만들어지고 있으며, 1987년부터 알뗌 장애인 센터와 협업을 통해 장애인들에게 포장을 담당하는 일자리를 제공함으로써 장애인들의 사회 적응 훈련과 자아 실현을 돕고 있다. 현재 전 세계 20여 개국에 수출되고 있으며, 우리나라도 포함되어 있다.

ⓘ www.cerasroura.com

로에베 LOEWE

1846년에 마드리드에 가죽 공방을 설립한 후안 로에베 라테는 1872년, 독일인 엔리케 뢰스베르크 로에베와 협력하면서 엄청난 성공을 거두게 된다. 1892년, 성공에 힘입어 마드리드 거리에는 로에베 광고가 도배될 정도였고, 그로 인해 대중성까지 갖추게 되었다. 1905년에는 스페인 왕실에 공식적으로 납품을 시작했으며, 그 후 3년 뒤인 1908년에는 영국 왕실 납품 업체로 선정되면서 유럽 전역으로 유명해지기 시작했고 2년 후 바르셀로나에 정식 매장을 오픈한다. 로에베는 '품질 유지는 명품 가방의 생명'이라는 경영 철학에 따라 제품의 품질을 위해 디자인, 염색, 가공 등 모든 공정을 스페인 공장에서만 만들어 낸다. 공방을 시작했을 때부터 상위 3%에 해당하는 최고급 양가죽만 고집하여 사용해 왔으며 최상의 가죽을 찾기 위해 전 세계를 돌아다니는 가죽 장인과 관리를 책임지는 가죽 장인 등이 있다. 어느 분야에서든 20~30년 이상 근무해 온 장인들이 숙련된 기술로 가죽 선별에서부터 제품 생산까지 책임지고 일하고 있는 것이 바로 로에베의 성공 비결이라고 한다. 겉모양이 아름다운 가방에 그치지 않고 뒤집어 사용해도 손색이 없을 만큼 가방의 겉과 안 모두 완벽하게 만드는 것이 로에베의 자부심이자 기술력이다. 이탈리아와 더불어 스페인 가죽의 우수성과 최우수 장인들의 기술력이 더해져 가방을 넘어서 현재 로열룩 라인을 선보이고 있다. 클래식하고 모던한 로에베는 앞으로도 명품 시장에서 스페인을 대표하며 브랜드로 자리하지 않을까 싶다.

ⓘ www.loewe.com

클라우스 포르토 Claus Porto

1887년에 첫 생산된 클라우스 포르토는 비누 포장만 전시해 놓고 보고 싶을 정도로 아름다운 포장지가 눈에 띄는 포르투갈 최초의 비누로, 유럽의 왕실과 귀족들이 사용하던 명품 브랜드이다. 왕실과 귀족들이 사용하던 제품답게 모든 재료는 100% 식물성 성분을 엄선한 뒤 천연 원료를 추출해 사용하였다. 7회에 걸쳐 밀링 공정을 반복하면서 갈라지거나 물에 쉽게 무르거나 하지 않고, 비누의 향과 거품이 마지막까지도 지속되는 것이 클라우스 포르토 비누의 특징이다. 수작업 공정을 통해서 하나 하나 엄격하게 품질 검사가 이루어지며, 마무리 작업인 제품 포장 역시 수작업을 통해 이루어진다. 비누 하나만으로 보디 워시와 보디 크림이 필요 없을 정도로 촉촉함이 유지되는데 건조한 겨울철에 사용해 보면 그 효과를 더 잘 느낄 수 있다. 파리, 런던, 뉴욕, 전 세계 백화점과 편집 숍에서 판매하면서 최고급 품질을 인정받았고, 전 세계 유명 셀러브리티들이 방송과 잡지 등을 통해 머스트해브 아이템으로 추천하면서 자연스럽게 일반 대중들에게도 알려지게 되었다. 우리나라에도 매장이 들어와 있다. 다양한 컬렉션 라인을 통해 선택의 폭이 넓어 자신에게 맞는 비누를 고르는 것도 쉽지 않지만, 제품에서 포장까지 눈으로 바라보는 것만으로도 행복한 순간이 될 것이다.

ⓘ www.clausporto.com

여행의 또 다른 즐거움

쇼핑 즐기기

스페인 여행에서 빼놓을 수 없는 일 중 하나가 바로 쇼핑이다. 국내에도 잘 알려진 브랜드 중 스페인 브랜드가 생각보다 꽤 많다. 패션, 주얼리, 인테리어 소품, 특산품으로 만든 제품들까지 세계적으로 주목을 받고 있는 스페인 브랜드를 알아 두었다가 현지에서 좋은 가격으로 갖고 싶었던 물건을 구입하는 기회를 놓치지 말자.

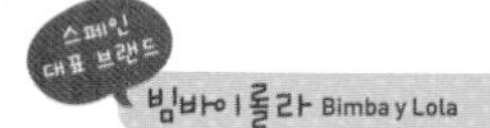

빔바이롤라 Bimba y Lola

빔바 이 롤라는 아돌포 도밍게스 오너의 조카들이 세미 명품 브랜드로 론칭한 패션 잡화 브랜드로, 2006년 처음 오픈해서 1년 만에 70개의 매장이 생기면서 스페인 의류 제조업체 중 가장 빠른 성장을 기록하였다. 젊은 여성들이 기존의 명품보다 저렴한 가격에 럭셔리한 디자인과 재질로 만들어진 '빔바 이 롤라'에 열광하기 시작했다. 아직까지 전체 판매량의 3/4이 스페인 현지 판매로 이루어지기 때문에 브랜드명을 영어인 '빔바 앤 롤라(Bimba & Lola)'에서 스페인어로 된 '빔바 이 롤라(Bimba y Lola)'로 공식적으로 바꾸게 되었다. '빔바'와 '롤라'는 오너의 두 마리 애완견의 이름에서 따온 것이며, 로고의 달리는 개(그레이하운드) 역시 오너의 애완견을 모델로 하였다. 스페인에서 가장 핫하게 떠오르는 패션 브랜드이며, 그중에서도 가방이나 지갑 제품은 현재의 '빔바 이 롤라'를 있게 해 준 명실상부한 제품이다.

Shop 스페인 대도시에는 대부분 입점되어 있으며, 아웃렛에서도 저렴한 가격에 구입 가능하다.
마드리드 세라노 거리, 엘 코르테 잉글레스 백화점에 입점
바르셀로나 앙헬 거리, 그라시아 거리, 디아고날 거리, 리야 디아고날 쇼핑몰에 입점

인디텍스
계열 브랜드

자라 ZARA · 마시모뚜띠 Massimo Dutti · 버쉬카 Bershka · 풀앤베어 Pull&Bear · 스트라디바리우스 Stradivarius · 오이쇼 Oysho · 자라홈 ZARA HOME

인디텍스는 요즘 우리나라에서도 빠르게 확산되고 있는 스파(SPA) 브랜드 '자라(ZARA)'를 시작으로 연령대와 분위기에 따라 브랜드를 세분화시키면서 여성들의 사랑을 한 몸에 받고 있는 스페인 패션계의 최대 그룹이라 할 수 있다. 인디텍스 그룹의 창업자이자 회장인 아만시아 오르테가는 스페인 1위, 전 세계 3위의 갑부로 이름을 올렸다고 한다. 자라는 20~30대의 직장 여성을 위한 심플하면서도 단정한 디자인의 오피스룩을 선보이며 스파 브랜드들 중에서도 하이 퀄리티를 자랑한다. 자라보다 조금 더 럭셔리한 상위 브랜드인 마시모뚜띠, 자라에서 클래식한 느낌을 뺀 20~30대 여성을 타깃으로 한 스트라디바리우스, 인디텍스 그룹에서 처음으로 만든 내추럴 브랜드 풀앤베어, 10대들의 발랄함과 펑키함을 느끼게 해 주는 버쉬카, 속옷 브랜드인 오이쇼까지 그야말로 스페인의 패션 거리는 인디텍스 그룹의 쇼룸이 아닐까라는 생각이 들 정도다. 패션 브랜드 외에도 인테리어 소품과 생활에 필요한 다양한 제품들을 판매하는 자라홈도 빼놓을 수 없는 스페인 대표 브랜드이다.

Shop 스페인 주요 쇼핑 거리, 쇼핑센터 어디에서든 흔히 만날 수 있다

라마누알알파르가테라 La Manual Alpargatera

알파르가타(Alpargata)는 카탈루냐 전통 춤인 '사르다나'를 출 때 신는 신발로 우리가 잘 알고 있는 탐스(TOMS) 신발의 원조라 할 수 있다. 짚을 엮어서 바닥으로 두고 그 위에 천을 덧댄 신발로, 착용감이 편하고 가벼우며 통기성까지 갖추어 발이 편한 신발을 찾는다면 안성맞춤인 신발이다. 라 마누알 알파르가테라의 알파르가타는 100% 수제로 제작하는 곳이며, 바르셀로나에 단 1개의 매장만 가지고 있다. 현지인, 관광객 구분 없이 꾸준한 사랑을 받는 곳이다.

Carrer Avinyó, 7, 08002 Barcelona 09:30~13:30, 16:30~20:00
산하우메 광장에서 람블라스 거리 방향으로 좌측 두 번째 골목에 위치

라치나타 LA CHINATA

스페인은 세계 최대의 올리브 생산 국가이면서 절반 이상이 스페인에서 소비된다고 하니 그만큼 올리브는 구하기도 쉽고, 높은 퀄리티와 저렴한 가격으로 선물용도로 좋은 아이템이다. 그중에서도 '라 치나타'는 올리브로 만들 수 있는 제품들을 모두 모아 놓은 올리브 전문 매장이다. 기본 올리브오일에서부터 향신료가 들어간 올리브오일, 올리브 잼, 올리브 비누, 핸드크림, 화장품 등 없는 것이 없을 정도로 다양한 제품을 갖추고 있어 기념품을 사기에 좋다. 스페인 마드리드와 바르셀로나에 매장이 있으며 마드리드 매장보다 바르셀로나 매장이 조금 더 큰 편이다.

Shop 마드리드점 Calle mayor 43, 28013 madrid
마드리드에는 총 1개의 매장이 있으며, 산 미구엘 시장에서 마요르 길 방향으로 나오면 길 건너에 위치한다.
바르셀로나점 Carrer dels Àngels20, 08001 Barcelona
바르셀로나에는 총 2개의 매장이 있으며, 관광지와 가장 가깝게 인접해 있는 매장은 보른 지구 현대 미술관 앞에 있다.

토스 TOUS

우리나라에서도 유명 연예인들이 많이 애용하는 스페인의 대표 주얼리 브랜드로 곰돌이 시그니처가 트레이드마크다. 프랑스 아가타와 함께 토스의 곰돌이 시그니처가 인기 아이템으로 자리 잡으면서 곰돌이 시그니처 디자인이 어른들이 사용하기엔 다소 유치할 수도 있다는 얘기가 나오자 지금은 곰돌이 시그니처 디자인 이외에도 다양한 디자인의 주얼리를 선보이고 있다.

Shop 명품 쇼핑 거리 또는 백화점 주얼리 코너에 입점해 있다.

쇼핑몰

쇼핑하기 가장 편한 방법은 쇼핑몰을 이용하는 것이다. 대부분의 브랜드가 한곳에 모여 있는 쇼핑센터는 특히 바르셀로나 곳곳에서 만날 수 있으니, 가까운 쇼핑몰을 찾아서 편하게 쇼핑을 즐겨 보자.

바르셀로나

마레마그눔 Maremagnum 바르셀로나 해안 포트 벨에 자리한 마레마그눔은 바르셀로나에서 유일하게 일요일에 오픈하는 쇼핑몰이다. 많은 브랜드가 입점해 있지는 않지만 H&M, 망고, 오이쇼, 풀앤베어 등이 입점해 있으며, 2층 스타벅스에서 바다 전망을 바라보며 쉬어갈 수 있는 장점도 있다.

리야 디아고날 L'illa Diagonal 건물을 눕혀 놓은 것 같은 모습의 리야 디아고날은 바르셀로나에서도 손꼽히는 대형 쇼핑몰로, 없는 게 없을 정도로 다양한 패션 브랜드 매장이 입점되어 있다. 패션 브랜드뿐만 아니라 가전, 마트까지 들어서 있는 복합 쇼핑 타운이다.

라스 아레나스 Las Arenas 원래 투우장이었던 건물에 더 이상 투우 경기가 열리지 않아 대대적인 보수를 거쳐 2011년에 복합 쇼핑몰로 새롭게 오픈했다. 패션 브랜드 외에도 뷰티, 마트 등 다양한 매장이 자리하고 있고, 영화관, 피트니스 센터까지 갖춘 다목적 복합 쇼핑몰이다. 특히 이곳에서 바라보는 에스파냐 광장과 몬주익 언덕의 뷰는 서비스다!

엘 코르테잉글레스 백화점 El Corte Ingles

스페인 최대의 백화점 체인으로 중 · 대도시에 하나쯤은 꼭 들어서 있다. 백화점 내에는 다양한 브랜드가 입점해 있지만 로컬 매장에 비해 제품이 많지는 않다. 하지만 쇼핑할 게 많다면 백화점을 이용하는 것이 더 경제적일 수 있기 때문에 백화점에서 해외 관광객들에게 발급해 주는 여행자 카드를 미리 발급해 놓는 것이 좋다. 여행자 카드는 10% 할인과 적립이 가능하며, 세금 환급(택스 리펀드)까지 받을 수 있기 때문에 여행자의 입장에서 한번쯤 고려해 볼 만하다.

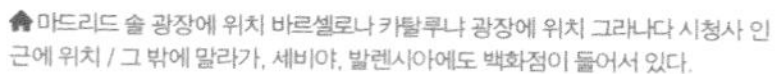

마드리드 솔 광장에 위치 바르셀로나 카탈루냐 광장에 위치 그라나다 시청사 인근에 위치 / 그 밖에 말라가, 세비야, 발렌시아에도 백화점이 들어서 있다.

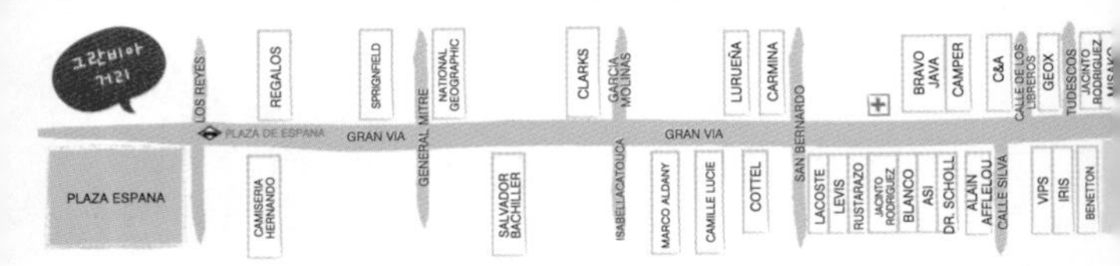

스페인 스파 브랜드가 밀집된 거리

스페인은 스파(SPA) 브랜드의 천국이라고 할 정도로 스파 브랜드가 많다. 우리나라에도 입점하는 브랜드가 점점 늘어나고 있지만 그래도 현지에서 구입하면 좀 더 저렴한 가격에 더 많은 디자인의 제품을 구입할 수 있다. 대부분 특정한 거리에 몰려 있기 때문에 쇼핑하기에 큰 어려움은 없을 것이다.

마드리드

솔 광장~그란비아 거리
마드리드에서 가장 번화한 곳이 바로 솔 광장 주변이다. 솔 광장 주변으로 엘 코르테 잉글레스 백화점과 수많은 패션 잡화 상점들이 줄지어 있다. 대부분 도시들은 문을 닫는 일요일에도 마드리드에서는 문을 여는 곳이 많기 때문에 일요일에 쇼핑을 해야 한다면 마드리드를 일정에 넣어 보자.

바르셀로나

앙헬 거리 Avinguda Portal del'Angel
카탈루냐 광장에서 대성당 앞까지 이어지는 거리로 람블라스 거리와 나란히 뻗어 있다. 대부분의 스파 브랜드는 이 거리에 입점해 있으며, 레스토랑과 카페들도 함께 몰려 있다.

명품 브랜드가 밀집된 거리

여행 중 고가의 명품을 구입하기는 쉬운 일이 아니지만 그래도 스페인 곳곳에 명품 매장들이 밀집된 곳이 있으니 관심이 있다면 방문해 보도록 하자.

마드리드

세라노 거리 Calle de Serrano 마드리드 살라망카 지역의 세라노 거리는 스페인에서 가장 큰 명품 상점들이 모여 있는 거대한 쇼핑 거리이다. 에르메스, 루이비통, 샤넬, 구찌 등 고가의 명품 매장부터 망고, 자라 등 스페인을 대표하는 스파 브랜드, 엘 코르테 잉글레스 백화점까지 패션에 관심이 많다면 주저 말고 세라노 거리를 방문해 보자.

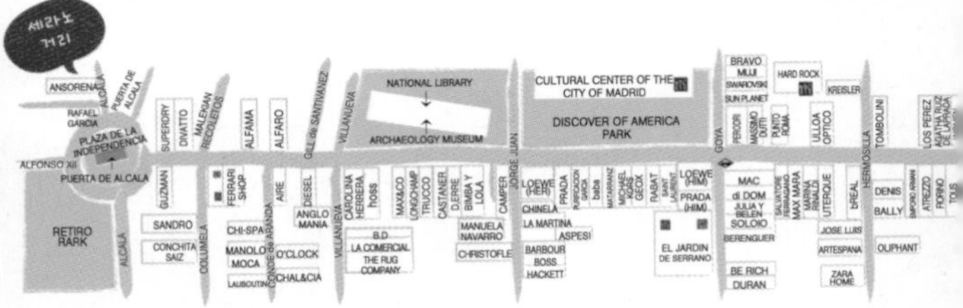

그란비아 거리 Calle Gran Vía 자라, 망고, 풀앤베어 등 스파 브랜드부터 명품 브랜드까지 대부분 스페인 브랜드의 본사 직영 매장이 들어서 있는 곳이기 때문에 스페인에서 매장의 크기가 가장 큰 곳이 많다.

바르셀로나

그라시아 거리 Passeig de Gràcia 바르셀로나에서 고급 브랜드들이 가장 밀집되어 있는 거리로, 바르셀로나의 샹젤리제라고 불린다. 바르셀로나에서 명품을 구입하고 싶다면 그라시아 거리를 찾아가 보자.

골목길 쇼핑

여행의 즐거움 중 하나가 골목길을 산책하듯 돌아다니며 아기자기한 기념품 가게나 핸드메이드 숍 등을구경하거나 사는 재미일 것이다. 바르셀로나의 골목은 어둡던 뒷골목의 이미지에서 벗어나 예술가들이 하나 둘 자리를 잡으면서 가장 핫한 곳으로 떠오르고 있다. 아이 쇼핑만으로도 충분히 행복한 이곳에서 산책하듯 즐겨 보도록 하자.

보른 지구 보른 지구의 골목은 어느 골목 하나 놓칠 수 없을 만큼 아기자기한 볼거리가 있는 곳이다. 길이 미로처럼 연결되어 있어 길을 잃어도 즐겁고, 개성 강한 예술가들이 모여 패션에서부터 디자인 소품까지 다양한 볼거리를 제공한다. 발걸음을 떼기 어려울 정도로 눈길을 끄는 곳이 많다. 중세 시대의 골목 보른 지구에서 특별한 시간을 가져 보자.

라발 지구 보른 지구의 골목길이 아기자기함이 물씬 풍기는 곳이라면 라발 지구의 골목은 빈티지함이 묻어나는 곳이다. 빈티지함을 넘어서 골동품 같은 느낌마저 드는 아이템들이 마치 시간이 거꾸로 흐르는 것 같은 착각이 들게 만든다. 뭔가 특별한 아이템을 원한다면 라발 지구의 골목을 집중 탐구해 봐도 좋을 것이다.

피에스타 그 열정의 순간

축제 즐기기

스페인어로 축제는 '피에스타(Fiesta)'라고 하며 1년 내내 축제가 열린다고 해도 될 만큼 스페인 각지에서 다양한 축제가 열리고 있다. 특히 스페인의 축제는 다른 유럽의 축제들보다 종교적 색채가 강하거나 독특한 축제들이 많이 열리기 때문에 다양한 축제의 매력에 빠질 수 있다.

3월

발렌시아
라스 파야스 Las Fallas

스페인 3대 축제에 꼽힐 정도로 규모가 큰 '불 축제'로, 스페인을 넘어서 세계적인 축제로 거듭나고 있다. '파야스(Fallas)'라는 말은 라틴어 '불꽃'을 의미하는 '팍스(Fax)'에서 유래된 말로, 축제의 주인공인 거대한 인형을 '파야(Falla)' 또는 '니놋(Ninot)'이라고 부른다. 겨울이 지나 봄이 시작되면 발렌시아의 목수들이 겨우내 불을 밝히기 위해 사용했던 나무 기둥을 묶은 잡동사니들과 함께 집 앞에서 태우던 것에서 시작되었고, 시간이 지나면서 나무 기둥에 옷이나 모자를 입히던 것이 발전하면서 나무와 철망으로 뼈대를 만들어 석고를 발라 만든 지금의 '파야' 모습이 완성되었다고 한다. 그리고 축제 마지막 날인 성 요셉의 날 19일 밤부터 작은 '파야'부터 태우기 시작해 대상을 차지한 '파야'만 남긴 채 모두 불에 태워지고, 축제 기간 동안에는 거리마다 파티가 열리며, 콘서트와 퍼레이드 등 다양한 행사가 열린다.

매년 3월 15일~19일

세비야 & 쿠엥카
성주간 (세마나 산타) Semana Santa

세마나 산타는 예수가 십자가 죽음을 앞두고 예루살렘에 입성하던 때부터 십자가에서 죽고 부활하기 전까지의 '고난 주간'을 뜻하는 종교 행사로, 부활절 전 일요일부터 일주일 동안 열린다. 세미나 산타는 세비야뿐만 아니라 전 세계적으로 열리는 행사이지만 전 세계를 통틀어 세비야와 쿠엥카에서 열리는 세미나 산타가 가장 유명하다. 이 기간에는 전 세계에서 몰려드는 순례자들과 행사를 직접 체험하고자 하는 열정적인 관광객들로 넘쳐 난다. 세비야 사람들은 이 축제를 위해 1년을 준비한다고 한다. 대부분 가톨릭을 믿는 세비야 사람들에게는 이 축제가 세비야에 사는 모든 사람들이 함께 참여하는 행사이기도 하다. 세비야의 수호성녀인 성모 마카레나상, 십자가를 지고 있는 예수상을 포함해서 세비야에 있는 모든 성당에 모셔진 조각상들이 화려하게 장식된 후 파소(가마)에 태워져 세비야 거리에서 퍼레이드를 시작한다. 앞도 보이지 않는 파소 안에서 수십 명의 사람들이 박자를 맞춰 거대한 규모의 파소를 들고 거리를 행진한다는 것이 보통 힘든 일이 아니지만 이를 위해 젊은 남자들은 1년 동안 체력을 키우며 준비한다고 한다. 파소와 함께 눈만 보이는 고깔을 쓴 사람들은 세비야 각 교구의 신도들인데, 교구에 따라 고깔의 색이 다르며 나이에 제한 없이 아이부터 어른까지 참여할 수 있다. 그리고 6월에 있는 성체축일인 코르퍼스 크리스티(Corpus Christi) 기간에도 약소하지만 파소 퍼레이드가 벌어진다. 성주간과 성체축일 행사는 세비야에서뿐만 아니라 스페인 전역 어디를 가도 각 지역 특색에 맞게 열린다.

3월 말~4월 중순 부활절 전의 일주일

4월

세비야 봄 축제

페리아 데 아브릴 Feria de Abril

발렌시아의 불꽃 축제 '라스 파야스(Las Fallas)'와 팜플로나의 소몰이 축제 '페리아 데 프리마베라(Feria de Primavera)'와 함께 스페인 3대 축제에 속하는 세비야 봄 축제는 부활절 2주 후 일주일 동안 열린다. 여자들은 아이부터 할머니까지 나이에 상관없이 화려한 플라멩코 드레스를 입고 축제에 참여한다. 사람뿐만 아니라 말과 마차도 화려한 장식을 하고, 마부들도 깔끔하게 정장을 갖춰 입는다. 천 개 이상의 카세타(Caseta)라 불리는 천막이 나란히 늘어선 축제장은 낮부터 밤까지 흥겨움이 끊이지 않는다. 특히 밤이 되면 카세타 곳곳에서 자체적으로 세비야의 민속춤을 추는 사람들로 북적인다.

4월 중순~ 4월 말 부활절 2주 후 일주일

바르셀로나

산 조르디 축제 La Diada de Sant Jordi

옛날 카날루냐 지방의 한 마을에 사람들에게 나쁜 짓을 하는 용이 살았고, 마을 사람들은 용에게 매일 한 사람씩 제물을 바쳐야 했는데, 어느덧 공주의 차례가 되었다. 공주가 제물로 바쳐져 용에게 잡혀 먹히려 할 때, 공주를 좋아하던 산 조르디라는 기사가 나타나 용을 죽이고 공주를 구하게 된다. 이때 용이 흘린 피는 장미꽃이 되었고, 그 장미꽃을 꺾어 기사는 공주에게 청혼을 했다. 공주는 자신의 목숨을 구해 준 산 조르디와 결혼을 하였고 그 둘은 아주 행복하게 잘 살았다는 이야기가 전해져 내려온다.

한편 1616년 4월 23일은 〈돈키호테〉를 쓴 세르반테스와 〈로미오와 줄리엣〉을 쓴 셰익스피어가 타계한 날로, 이를 기념하기 위해 '세계 책의 날'로 지정되었다. 그래서 카탈루냐에서는 산 조르디를 기념하는 날과 세계 책의 날을 합쳐서 4월 23일을 남자는 여자에게 장미꽃을 선물하고, 여자는 남자에게 책을 선물하는 날로 정하여 지내고 있다. 이날이 되면 바르셀로나의 거리는 온통 장미꽃과 책을 파는 행인들로 북새통을 이룬다. 특히 평상시에 일반인에게 오픈하지 않는 카탈루냐 주청사와 1년에 딱 두 번(산 조르디 축제와 메르세 축제) 일반인에게 공개되는 바르셀로나 시청사가 일반인에게 개방된다.

4월 23일

5월

히로나
꽃 축제 Temps de Flors

1954년에 처음 개최된 축제로, 마을의 랜드마크에만 꽃을 디자인해서 전시하던 것이 1993년에는 공식적으로 인정을 받으면서 주거 공간에도 전시를 하여 일반인들에게 건물의 안뜰까지 오픈하기 시작했다. 히로나의 꽃 축제는 히로나 도시 전체가 캔버스가 되고 모든 공간에 꽃으로 만든 장식과 조형물들을 설치하며 한 폭의 그림을 완성해 나가는 것이다. 가장 아름다운 작품을 선보인 팀은 상을 받게 된다. 꽃 장식 이외에도 사진 대회, 음악 축제, 푸드 스타일 디스플레이까지 축제는 지루할 틈을 주지 않는다.

5월 초 9일간

코르도바
파티오 축제 Festival de los Patios

파티오는 집안 안뜰 대리석 바닥 한가운데 작은 분수가 있는 안달루시아 지방의 대표적인 주거 형태로 이슬람 세력이 번영했을 당시 화단이 추가되면서 집집마다 예쁜 파티오를 꾸미는 일에 정성과 시간을 아끼지 않았다. 1918년 코르도바 시의 주관으로 매년 5월 초 12일 동안 '파티오 축제'가 열리고 있는데, 축제 때에는 평상시 들어가서 볼 수 없었던 파티오를 외부인들에게도 오픈하기 때문에 파티오에 관심이 많다면 축제 기간에 방문하는 것을 추천한다. 만약 축제 기간 동안 방문이 어렵다면 파티오가 가꿔져 있는 레스토랑을 이용하는 것도 파티오를 직접 보는 좋은 방법이 될 수 있다. 코르도바 파티오 축제는 2012년 유네스코 세계 인류 무형 문화유산에 등재되었다.

5월 초 12일간

마드리드
산 이시드로 축제 Fiesta de San Isidro

마드리드의 수호성인 산 이시드로를 기리는 축제다. 11세기 가난한 농부의 아들로 태어난 이시드로는 가난한 노동자에게 항상 마음을 열어 기적적인 일을 행했고, 1622년 로마에서 농부 및 노동자를 위한 성인으로 추대되었다. 매년 5월 중순의 산 이시드로 축일 때에 맞춰 '산 이시드로 축제'가 열리는데 이때는 유명한 투우사들의 투우 경기가 벤타스 투우장에서 매일 열리고, 전통 의상인 출라파스와 출라포스를 입은 사람들이 산 이시드로 공원에서 피크닉을 즐긴다. 퍼레이드, 콘서트, 다양한 공연 등이 여러 장소에서 진행되며, 산 이시드로의 부인 조각상 등 여러 조각상 퍼레이드가 카트라멘토 거리에서부터 비야 광장까지 이어진다.

5월 중순부터 한 달간

7월

팜플로나
산 페르민 축제 Fiesta de San Fermín (소몰이 축제)

스페인 북부 바스크 지방에 있는 팜플로나에서 바스크 지역의 수호성인인 산 페르민(San Fermín)을 기리기 위해 열리는 축제로, 스페인 3대 축제에 속한다. 산 페르민 축제의 하이라이트는 '엔시에로(Encierro)'라 불리는 소몰이 축제로, 엔시에로가 전 세계적으로 유명해진 건 미국의 소설가 헤밍웨이가 이 축제를 자신의 소설에 등장시키면서부터다. 헤밍웨이는 스페인 여행 중 산 페르민 축제에 참여하면서 깊은 감동을 받았고 그 후에 8차례나 더 축제 기간에 맞춰 방문했을 정도로 큰 관심을 보였다. '추피나소'라 불리는 로켓이 발사되면서 축제가 시작되고, 그 날 오후에 왈츠를 추며 500m 정도의 거리를 행진하는 '리아우-리아우' 왈츠 행사가 진행된다. 4m가량 되는 거인 인형들과 함께 시민, 관광객들이 거리를 행진하는 '로스 기간테스 데 팜플로나'가 펼쳐지며, 축제의 마지막 날 밤에는 시청 앞 광장에 모인 사람들이 촛불을 켜고 전통 민요인 '포브레 데 미'를 부르며 축제를 마무리한다. 산 페르민 축제에는 드레스 코드가 있는데 위 아래 모두 흰색 옷을 입고 포인트로 붉은 수건을 목에 두르는 것이다. 마지막 날에 '포브레 데 미'를 부르고 나서 목에 두른 수건을 풀어 버리면 축제는 끝이 난다.

✔ 7월 6일~14일

부뇰
라 토마티나 La Tomatina (토마토 축제)

© www.latomatina.org

발렌시아에서 약 40km 정도 떨어진 곳에 위치한 작은 마을 부뇰(Buñol)에서 열리는 축제로, 매년 8월 마지막 주 수요일 11시에 시작된다. 20세기 중반에 시작된 축제로 각종 매체를 통해 유명해져 아마도 우리가 가장 잘 알고 있는 스페인의 축제 중 하나일 것이다. 11시가 되면 신호탄이 울리고 트럭에 싣고 있던

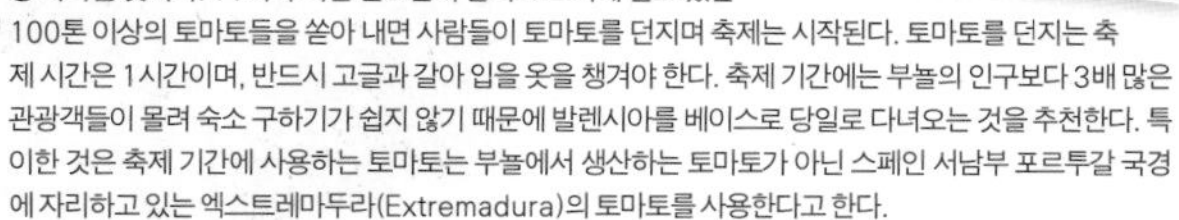

100톤 이상의 토마토들을 쏟아 내면 사람들이 토마토를 던지며 축제는 시작된다. 토마토를 던지는 축제 시간은 1시간이며, 반드시 고글과 갈아 입을 옷을 챙겨야 한다. 축제 기간에는 부뇰의 인구보다 3배 많은 관광객들이 몰려 숙소 구하기가 쉽지 않기 때문에 발렌시아를 베이스로 당일로 다녀오는 것을 추천한다. 특이한 것은 축제 기간에 사용하는 토마토는 부뇰에서 생산하는 토마토가 아닌 스페인 서남부 포르투갈 국경에 자리하고 있는 엑스트레마두라(Extremadura)의 토마토를 사용한다고 한다.

✔ 8월 마지막 주 수요일 🚍 발렌시아 메트로 1호선, 3호선 산트 이시드레(Sant Isidre) 역의 기차역에서 부뇰(Buñol)행 기차를 탄다. (왕복 티켓으로 구입하는 게 좋으며, 왕복 티켓이 토마토에 젖지 않도록 주의한다.) / 바르셀로나에서 패키지 투어를 통해 당일치기로 다녀올 수도 있다.

론다
페드로 로메로 투우 축제 Fair and Festival of Pedro Romero

매년 9월 초 론다에서 열리는 가장 큰 축제로, 3일 동안 다른 종류의 투우 경기가 진행된다. 여자 아이들은 전통 복장을 입고 머리에 꽃을 달아 축제의 분위기를 고조시키고, 좁은 골목 사이로 지나가는 퍼레이드도 볼 만하다. 투우를 보려면 미리 티켓을 예매하는 것이 좋다.

9월 초 3일간 / 투우 일정 검색 및 티켓 예약 www.turismoderonda.es

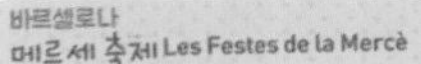

바르셀로나
메르세 축제 Les Festes de la Mercè

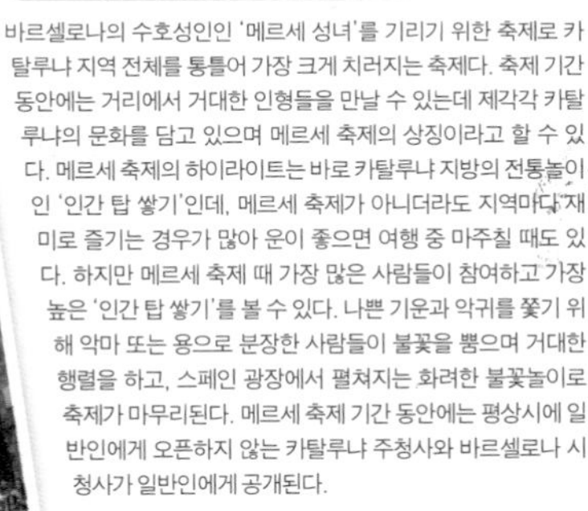

바르셀로나의 수호성인인 '메르세 성녀'를 기리기 위한 축제로 카탈루냐 지역 전체를 통틀어 가장 크게 치러지는 축제다. 축제 기간 동안에는 거리에서 거대한 인형들을 만날 수 있는데 제각각 카탈루냐의 문화를 담고 있으며 메르세 축제의 상징이라고 할 수 있다. 메르세 축제의 하이라이트는 바로 카탈루냐 지방의 전통놀이인 '인간 탑 쌓기'인데, 메르세 축제가 아니더라도 지역마다 재미로 즐기는 경우가 많아 운이 좋으면 여행 중 마주칠 때도 있다. 하지만 메르세 축제 때 가장 많은 사람들이 참여하고 가장 높은 '인간 탑 쌓기'를 볼 수 있다. 나쁜 기운과 악귀를 쫓기 위해 악마 또는 용으로 분장한 사람들이 불꽃을 뿜으며 거대한 행렬을 하고, 스페인 광장에서 펼쳐지는 화려한 불꽃놀이로 축제가 마무리된다. 메르세 축제 기간 동안에는 평상시에 일반인에게 오픈하지 않는 카탈루냐 주청사와 바르셀로나 시청사가 일반인에게 공개된다.

9월 19일~24일

O'NEILL'S
IRISH PUB
FOOD

여행정보

여행 준비

여행 준비 과정 · 배낭여행의 종류 · 여행지 정보 수집하기
여행 일정 짜기 · 여행 경비 산출하기 · 여권 및 각종 증명서 · 항공권 구하기
숙소 정하기 · 환전하기 · 스마트폰 점검하기 · 출입국 수속 · 여행 준비물

실용 정보

유레일 패스 · 기차 · 저가 항공
장거리 버스 · 자동차 · 쇼핑과 택스 리펀드
· 도난 사고 대비하기

여행 준비

여행 준비 과정

D-120 » 여권 준비

여행지를 선택하고 자유 배낭여행을 가고자 한다면, 혼자서 많은 준비를 해야 하기 때문에 3~4개월 전부터 준비를 시작하는 것이 좋다. 우선 가까운 구청에 가서 여권부터 만들고, 여행지에 관련된 자료를 수집한다. 기억하자! 여행을 정말 떠나려고 한다면 '가야지'라는 마음을 먹자마자 여권부터 만들어야 한다는 것을. 여권이 있더라도 출발일 기준으로 6개월 이상 유효 기간이 남아 있는지 확인한다. 여권을 만들었다면 스페인과 포르투갈에 관련된 책이나 여행 강연 등을 통한 간접 경험으로 여행의 큰 그림을 그려 보자.

D-90 » 항공권 예매

보통 2~3개월 전이면 할인 항공권이 나오므로, 3개월 전부터는 인 아웃 도시에 맞게 항공권을 알아본다. 물론 성수기라면 조금 더 빨리 항공권을 알아보는 것이 좋다. 일단 많은 여행사 사이트를 돌아다니며 가격을 비교한다. 너무 복잡하다면 여행사에 전화를 해서 저렴한 항공권을 문의하는 것도 한 방법.
항공권 예매까지 마쳤다면 여러 매체를 통해 접한 사전 정보와 각자의 취향에 따라 내가 가고 싶은 곳이 어디인지 정리해 본다. 이 시기 유럽이나 스페인, 포르투갈에 관련 커뮤니티 등에 가입해서 스페인과 포르투갈 관련 정보를 찾아보는 것도 좋은 방법이다.

D-60 » 여행 루트 잡기

구체적으로 내가 가고 싶은 도시들의 우선순위를 정하고, 나와 같은 시기에 출발하는 사람들이 어디를 많이 가고, 어떤 것들을 보려고 하는지 살펴보자. 사람들이 많이 가는 곳은 분명히 이유가 있고, 많은 사람이 가는 루트는 그만큼 여행 시 효율적인 이동 경로라는 이야기다. 가고 싶은 여행지를 지도에 표시하면서, 대강의 루트를 잡아 며칠 일정으로 여행할지 결정한다. 참고로 계절적인 시기도 고려해야 한다. 일정이 결정됐다면 조금 더 구체적으로 정리해서 세부 루트를 잡는다. 너무 많은 도시에 욕심을 내면 자칫 여행이 아니라 극기 훈련이 될 수도 있다. 인 아웃 도시와 너무 거리가 멀거나 루트에서 많이 벗어난 곳은 과감하게 뺀다. 선을 그리면서 기간별 루트를 잡고, 도시 간 이동 방법과 숙박 도시를 정한다. 이동 시 저가 항공을 이용한다면 미리 예약을 해 두는 것이 좋다. 또한, 현재 여행을 떠나 있는 사람들의 실시간 글을 참고하거나 최근 다녀온 여행기를 살펴보면서, 공사 중인 도시가 있는지 여행 중에 축제 기간이 있지는 않은지 살펴보고 루트를 최종 정리하는 것이 좋다.

D-40 » 숙소 예약

여행 일정을 거의 확정하면서, 여행지별로 자세한 여행 계획을 세운다. 루트에 따라 숙소를 알아보고, 초반 두 도시 정도는 미리 예약을 해 두는 것이 좋다. 그 외의 숙소는 여행을 다니면서 결정을 해도 괜찮다. 세부 일정을 잡았다 하더라도 여행지에서 생기는 변수도 많기 때문에, 숙소를 다 정하고 가는 것이 오히려 불편할 수도 있다. 다만, 숙소가 유명한 곳이라든지 극성수기(축제 기간, 7~8월)에 여행을 한다면 미리 예약해 두는 것이 안전하다.

D-15 » 필요한 물품 구입

전체적인 여행 준비를 거의 끝내는 시기로, 여행에 필요한 물품을 구입하고 환전을 한다. 철도 패스도 필요하다면 일정에 맞춰 구입해야 한다. 그리고 학생증, 국제 운전면허증, 유스 호스텔증 등 다양한 증명서 중에서 나에게 필요한 것이 있는지 찾아 신청하고, 해외에서 거래 가능한 신용카드를 준비한다. 요즘은 여행 시 스마트폰, 카메라, 노트북 등 고가의 물품들을 챙겨 여행하는 경우가 많기 때문에 도난 사고나 질병, 상해에 대비해 여행자 보험에 가입하는 것도 좋다.

D-5 » 가방 싸기

필요한 물품을 정리하여 짐을 꾸리고, 무게가 어느 정도 되는지, 이동 시 무리가 되지 않을지 점검한다. 이동이 많은 여행이라면 캐리어보다 배낭이 편리하고, 너무 무겁지 않도록 짐을 최소화하는 게 좋다.

D-DAY » 출발

드디어 여행을 떠나는 날! 마지막으로 여권과 항공권, 철도 패스, 경비 등을 잘 챙겼는지 다시 한 번 확인을 하고 공항으로 출발한다.

배낭여행의 종류

개별 자유

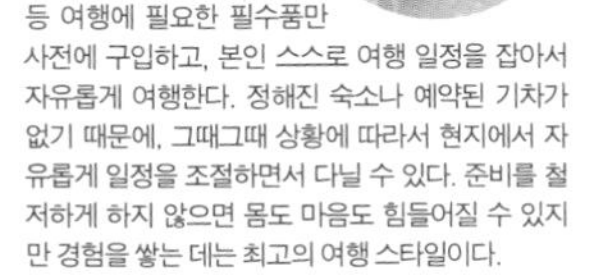

배낭여행 대학생들이나 젊은 여행객들이 가장 선호하는 여행 형태이다. 항공권, 기차 패스 등 여행에 필요한 필수품만 사전에 구입하고, 본인 스스로 여행 일정을 잡아서 자유롭게 여행한다. 정해진 숙소나 예약된 기차가 없기 때문에, 그때그때 상황에 따라서 현지에서 자유롭게 일정을 조절하면서 다닐 수 있다. 준비를 철저하게 하지 않으면 몸도 마음도 힘들어질 수 있지만 경험을 쌓는 데는 최고의 여행 스타일이다.

단체 배낭여행

단체 배낭여행은 패키지 여행과 자유 배낭여행의 중간 형태다. 항공권, 기차 패스 등 여행에 필요한 필수품을 단체로 구입하며, 기본적인 여행 도시는 정해져 있지만 현지에서 어느 정도 자유롭게 여행할 수 있다. 또한, 경험이 풍부한 전문 인솔자가 공항에서부터 동행하여 각 도시별 필요한 예약과 호텔 찾기, 간단한 도시별 정보, 위급 상황에서의 도움 등을 담당한다. 인솔자가 여행의 큰 스케줄을 진행하기 때문에 여행 일정에 대한 부담을 줄일 수 있다. 혼자 여행을 가는 사람이나 안전하게 여행하고 싶은 여성에게 적합하다. 최근에는 일반적인 배낭여행 루트가 아닌, 테마를 주제로 한 상품들도 많아 자신의 입맛에 맞는 여행 상품을 고를 수 있다. 하지만 단체 여행인 만큼 일정을 자기 뜻대로 바꿀 수 없고, 팀워크도 굉장히 중요하다. 또한 여행 경비가 자유 여행에 비해 대체적으로 비싸다.

호텔팩 배낭여행

보통 여행사에서 항공권과 호텔, 기차 패스 등을 묶어서 판매하는 여행 상품이다. 여행지에서 가장 고민이 되는 숙소를 미리 예약하고 출발하므로, 여행 중 숙소 때문에 시간을 낭비하거나 숙소로 인해 일정이 바뀔 염려가 없다. 또한, 이동 시 야간열차, 기차, 버스 등을 미리 예약할 수 있는 장점이 있다. 하지만 일정 변경이 불가능하고 위급한 상황에서 본인 스스로 해결해야 한다. 저렴한 호텔이라도 위치와 시설 등을 꼼꼼하게 체크하고, 야간열차 이용이나 항공사의 종류, 여행자 보험의 종류도 미리 확인하는 것이 안전하다.

여행지 정보 수집하기

지도 익숙해지기

미리 여행지의 전체 지도와 주요 도시 지도 등에 익숙해지면, 동선이나 루트를 짜는 데도 도움이 되고 현지에서 헤매는 일도 적어진다. 예를 들어 전체 루

2인 이상 여행 시 주의사항

★ 여행의 출발부터 끝까지 반드시 함께 한다는 생각을 버려라.

아무리 친한 친구라도 가고자 하는 루트가 다를 수도 있다. 이럴 때는 과감히 각자 움직이다가 다시 만나는 방법을 추천한다. 도시 내에서도 가고자 하는 곳이 다를 때는 과감하게 혼자 다니자. 가끔은 이동과 숙소만 같이 해도 된다.

★ 상대방에게 지나치게 의지하지 말자.

여행은 함께 하는 것이지, 누군가에게 의지해서 따라가는 것이 아니다. 일행 중 누구 한 명만 준비를 한다면, 떠나기 전부터 트러블이 발생할 가능성이 높다. 떠나기 전 계획을 일임하고는 여행 중 이런저런 불만을 토로하는 것도 옳지 않다. 여행을 떠날 때부터 서로 의견을 충분히 전달하고, 리드하는 사람을 정했다면 가급적 리드하는 사람의 의견을 따라야 한다.

★ 돈 관리는 철저히 해라.

여럿이 여행을 한다면 공동 경비가 마련된다. 숙박이나 교통 등 함께 지출한 부분은 함께 사용하더라도 개인적인 것은 반드시 개인 경비에서 지출해야 한다. 예를 들어 같은 레스토랑에 갔다면 각자 주문한 음식에 따라서 정확히 나눠서 개인 경비를 사용해야 트러블이 발생하지 않는다. 보통 긴 기간 여행하는 경우 돈 관리는 철저히 하는 것이 여러모로 좋다. 돈 관리가 철저해야 우정이 더욱 오래간다는 사실!

트를 잡을 때, 어느 도시와 어느 도시가 가깝게 위치해 있는지를 미리 알고 있으면 루트를 잡기가 훨씬 수월해진다. 도시별 루트를 잡을 때도, 도시 내 스폿들이 어느 지점에 위치하고 있는지 미리 알고 있으면, 동선을 잡거나 숙소를 정하는 등의 세부적인 일정을 잡는데 도움이 된다. 지도를 잘 활용하기 위해서는 처음 도착하는 도시의 기차역이나 버스 터미널 등에서 정확한 출구를 찾는 것이 중요하다. 보통은 각 도시별 주요 기차역과 버스 터미널에 관광 안내소가 위치하고 있으니, 도시에 도착하면 먼저 관광 안내소를 찾아 위치를 파악하도록 하자.

인터넷에서 정보 수집하기

인터넷에는 유럽에 관련된 자료를 수집할 수 있는 사이트가 많이 있다. 각 도시의 교통편 사이트를 비롯해, 각 나라의 관광청이나 관련 커뮤니티, 여행사 홈페이지, 여행가들의 블로그 등을 활용해서 유용한 정보들을 수집한다. 각종 포털 사이트에 여행 전문 커뮤니티들이 많이 활성화되어 있으니 궁금한 것을 질문할 수 있는 질문 게시판도 적극 활용해 보자.

관광청

스페인 www.spain.info

포르투갈 www.visitportugal.com

기차 관련

스페인 기차 www.renfe.com
포르투갈 기차 www.cp.pt
유레일 공식 www.eurail.com/kr

버스 관련

스페인 최대 버스 회사 ALSA www.alsa.es
포르투갈 최대 버스 회사 Rede Expressos
www.rede-expressos.pt

항공 관련

전 세계 항공 스케줄 검색 스카이스캐너
www.skyscanner.co.kr
전 세계 항공 스케줄 검색 위치버짓
www.whichbudget.com
이베리아에어 www.iberia.com
부엘링 www.vueling.com
라이언에어 www.ryanair.com
이지젯 www.easyjet.com
TAP Portugal www.flytap.com

호텔 관련

전 세계 호텔 검색 및 예약 사이트
www.booking.com

여행 관련 커뮤니티

유랑 cafe.naver.com/firenze
스페인짱 cafe.naver.com/spainzzang
동동소리 dongdongsori.com

여행사에서 자료 얻기

항공권이나 각종 기차 패스 등을 구입할 때 여행사에서 각종 할인 쿠폰과 지도, 간단한 안내 팸플릿을 무료로 제공받을 수 있다.

여행 설명회 참석하기

여행사나 여행 동호회 등에서는 여행 설명회를 자주 개최하고 있으니, 오프라인 설명회에 적극적으로 참여하는 것이 좋다. 저자들이 직접 참여하는 여행 설명회나 강연도 종종 개최되니 참고하자.

여행 컨설팅 받아보기

혼자서 여행 준비하기가 부담된다면, 맞춤 여행 컨설팅을 받아 보는 것도 많은 도움이 된다. 항공권에서부터 숙소, 맛집 등 자신이 원하는 여행 스타일에 맞춰 추천을 받으면 여행 계획을 세우는 데 드는 부담과 어려움을 해결할 수 있다.

현지 정보 얻기

유럽의 각 도시에는 곳곳에 관광 안내소가 있어서, 호텔 예약부터 각종 여행 정보와 도시별 지도를 얻을 수 있다. 관광 안내소는 보통 여행자들이 도착하는 기차역이나 공항, 버스 터미널에 있고, 도시 중심부에도 중앙 관광 안내소가 있다. 비수기에는 평일만 운영하거나 저녁 시간엔 일찍 문을 닫는 경우도 있으니, 각 도시별 관광 안내소의 위치와 시간을 미리 확인하는 것이 좋다.

여행 일정 짜기

가고 싶은 도시들을 정하자.

스페인과 포르투갈의 전체 지도를 펼치고 가고 싶은 도시를 지도에 점으로 찍어 보자. 처음에는 가고 싶은 도시들을 일단 모두 찍어 보는 것이 좋다. 그런 다음, 내가 점으로 찍은 도시를 중심으로 인 아웃 도시를 정하자. 점으로 찍혀 있는 도시들 중에서 국제선 항공편이 많고, 2~3일 이상 머물 만큼 볼거리가 많은 대도시를 중심으로 인 아웃 도시를 정한다.

도시 간 이동 루트를 선으로 그려 본다.

지도에 찍힌 수많은 점들 중에서 우선순위의 도시를 기준으로 삼아서, 인 아웃 도시와 연결되는 이동 루트를 선으로 이어 본다. 루트에서 벗어나는 도시는 과감히 제외하는 것도 필요하다. 여러 번 다른 루트로 도시들을 이어 보고, 멀지만 꼭 가고 싶은 도시는 저가 항공이 있는지도 확인해서 꼼꼼하게 루트를 잡는다.

기간에 맞춰 루트를 선택한다.

일단 루트를 완성했다고 해도, 자신이 여행할 수 있는 기간에 비해 루트가 너무 길다면 다 둘러볼 수 없으니, 여행 기간에 맞춰 과감히 도시들을 줄여서 루트를 조정한다. 또한, 도시별로 며칠씩 머무를지, 근교 도시들 중에 내가 가고 싶은 도시가 없는지도 고려하면서 루트를 수정해 보자.

축제 기간, 교통수단 등을 고려해 최종 루트를 정한다.

여행 기간에 방문 도시에서 열리는 축제가 없는지, 교통편이 어려운 곳은 아닌지를 고려해서 최종 루트를 정한다. 축제 기간이나 성수기에는 숙소 잡기가 어렵고, 비수기에는 관광지가 문을 닫기도 하니 참고해야 한다.

여행 경비 산출하기

여행 경비에는 항공료와 기차 패스, 여행에 필요한 물품 구입비, 각종 증명서(학생증, 유스 호스텔증 등)의 발급 비용과 숙박료, 입장료, 식비, 대중교통비, 열차 예약 비용, 기념품 구입비 등이 포함된다. 우선, 배낭여행에 필요한 최소한의 비용을 생각해서 경비를 따져 보자. 숙박은 호스텔이나 민박을 이용하고, 식사도 최소 금액으로 즐기고 박물관 등은 꼭 가야 할 곳만 가며 기념품 구입도 최소한으로 한다고 가정할 때 표준 비용은 아래와 같다.

*하루에 필요한 비용 = 숙박 €30 + 식사 €20 + 입장료 €5 + 기념품 €5 + 교통 €5

본인이 정한 대강의 루트를 참고해서 하루 평균 비용을 따져 보면, 현지에서 쓰는 경비가 산출된다. 이 비용에 항공 요금과 기차 패스, 물품 구입비 등을 더하면 전체 경비가 산출된다.

*현지에서 쓰는 경비 = 하루에 필요한 비용 X 체류 일자

*전체 경비 = 항공권 + 기차 패스 + 현지에서 쓰는 경비 + 여행 전 준비 비용

여행 비용 산출 순서

1. 평균 경비를 토대로 유럽 여행에 필요한 전체적인 비용을 산출한 후, 내가 생각하는 경비에 맞추어 여행 날수를 정한다.
2. 내가 가고 싶은 도시들을 토대로 전체 일정을 잡는다.
3. 도시별 세부 루트를 잡는다.
4. 전체 일정과 여행 날수, 도시별 세부 루트에 맞추어서 최종 루트를 잡는다.
5. 최종 루트를 토대로 철도 패스를 결정한다.
6. 전체의 숙소 정보를 찾아보고, 숙박료를 가늠해 본다.
7. 도시별 세부 루트를 토대로 박물관, 대중교통 요금을 따져 본다.
8. 어떤 기념품을 구입할지 생각해 보고 금액을 계산해 본다.
9. 여행을 떠나기 전 필요한 물품 구입비를 계산해 본다.
10. 전체 경비를 산출해 본다.

예시 아래 9일 예시 루트를 참고로 해서 세부적인 비용의 계산법을 한번 살펴보자.

일자	이동 루트	숙박 도시	교통 수단
1일	한국 ⋯→ 마드리드	마드리드 1박	비행기
2일	마드리드	마드리드 2박	
3일	마드리드	마드리드 3박	
4일	마드리드 ⋯→ 포르투	포르투 1박	저가 항공
5일	포르투	포르투 2박	
6일	포르투 ⋯→ 리스본	리스본 1박	저가 항공 기차 버스
7일	리스본	리스본 2박	
8일	리스본 ⋯→ 한국	기내 1박	
9일	한국		

1. 나는 여행 경비를 약 250만원 정도로 생각하므로, 9일 일정을 잡기로 했다.
2. 내가 가고 싶은 도시들을 토대로 전체 일정을 잡았다.
3. 도시별 세부 루트를 잡았다.
4. 전체 일정과 여행 날수, 도시별 세부 루트에 맞추어서 최종 루트를 잡았다. (위의 표)
5. 최종 루트를 토대로 기차는 1번 이용을 하기 때문에 기차 패스는 따로 구입하지 않기로 했다.
6. 전체 숙박 정보를 토대로 숙박료를 가늠한다. 마드리드는 민박, 포르투와 리스본은 호스텔에서 숙박하기로 했다.
7. 도시별 세부 루트를 토대로 입장료, 대중교통 요금을 생각해 본다. 입장료는 마드리드 프라도 미술관, 포르투 볼사 궁전과 교통비는 마드리드-포르투 저가 항공비, 마드리드 공항에서 시내, 시내교통 10회권, 포르투 공항에서 시내, 케이블카 1회, 포르투에서 리스본으로 가는 기차비, 리스본 카드 48시간권 구입.

❽ 기념품 구입비를 생각해 본다. 엽서와 도시별 열쇠고리를 구입하기로 한다.
❾ 여행을 떠나기 전에 필요한 비용을 생각해 봤다. 여행자 보험이 필요하고 캐리어와 배낭을 구입해야 하며, 여행 책을 구입해야 한다.
❿ 이 모든 것을 합산하여 전체 경비를 산출해 보자.

- **여행 준비 비용** = 여권 + 여행 책 + 여행 준비물 = 약 30만 원
- **항공 + TAX** = 120만 원
- **숙박비** = 1일 배낭객 평균 숙박비 X 9일 = 30유로 X 8일 = 약 32만 원
- **교통비** = 대중교통 + 저가 항공 + 기차 = 30유로 + 35유로 + 32유로 = 약 13만 원
- **식비** = 1일 평균 X 날수 = 20유로 X 8일 = 약 22만 원
- **입장료** = 약 25유로 = 약 4만 원
- **기념품비** = 3유로 X 8일 = 약 4만 원

∴ 약 225만 원 (250만 원의 예산이 있더라도, 발생할 수 있는 추가 비용을 감안하여 약간의 여유를 둬야 한다.)

여권 및 각종 증명서

여권

여권은 일반적으로 1년 이내의 단수 여권과 5년 초과 10년 이내의 복수 여권으로 분류한다. 외교부가 허가한 구청 혹은 도청에서 발급하며 인구 밀도에 따라 별도의 발급 장소를 두고 있다. 여권을 발급받으려면 본인이 직접 방문해야 한다. 여권 발급에는 보통 5일 정도의 시간이 소요되는데, 성수기에는 여권 신규 접수가 많은 만큼 여유 있게 발급 신청을 하는 것이 안전하다. 또한 여권의 유효 기간이 6개월 이상 남아 있는지 꼭 확인하고, 남은 기한이 여유롭지 않다면 재발급을 받는다. 간혹 일부 국가들을 여행 시 여권 외에 비자가 필요하지만, 스페인과 포르투갈은 특별한 사유가 없다면 누구나 3개월 무비자로 입국이 가능하다.

여권 안내 사이트 www.passport.go.kr

일반 여권 발급 구비 서류

- 여권 발급 신청서
- 여권용 사진 1매 (6개월 이내 촬영 사진, 전자 여권 아닌 경우 2매)
- 신분증 (주민등록증, 운전면허증, 군인신분증 등)
- 수수료 (5년 초과 10년 이내 53,000원)

여행자 보험

여행 중에 일어날 수 있는 만약의 사고에 대비해서 여행자 보험을 준비하면 좋다. 보험의 종류에 따라서 사고 시 보장 정도가 다르기 때문에, 보험을 가입할 때 여행 기간이나 보장 조건 등을 고려해서 가입

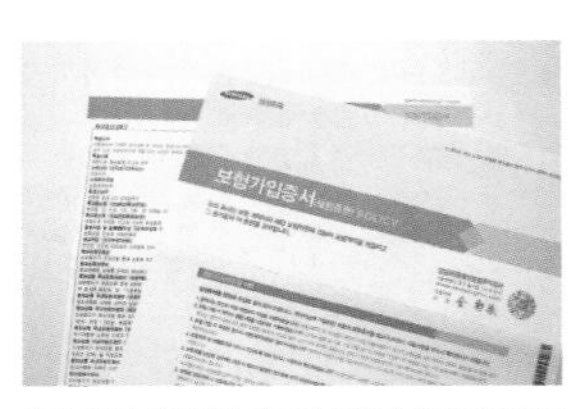

한다. 만일 현지에서 사고가 생겨서 보험금을 청구해야 한다면 필요한 서류들을 꼭 원본으로 잘 챙겨와야 한다. 도난을 당하면 현지 경찰서에서 'Police Report'를 발급받아 와야 하고, 병원에 갔을 경우에는 진단서 원본과 치료비 영수증 등을 반드시 잘 챙겨야 한다. 여행자 보험은 각종 보험사와 보험사 홈페이지, 여행사, 공항 등에서 가입이 가능하다.

국제 학생증

우리나라에서 발급받을 수 있는 국제 학생증에는 ISEC(International Student & Youth Exchange Card)와 ISIC(International Student Identity Card)가 있는데, 혜택과 발급 기준은 조금 다르다. 재학 증명서 또는 학생증 원본, 반명함판 또는 여권용 사진 1장, 발급비를 제출해야 하며, 발급 신청은 여행사나 공식 홈페이지를 통해서 하면 된다. 보통 9월 이전에 신청한 국제 학생증은 그해 12월까지 사용 가능하고, 9월에 신청한 경우 다음 해 12월까지 사용할 수 있다.

ISIC 홈페이지 www.isic.co.kr
ISEC 홈페이지 www.isecard.kr

국제 운전면허증

자동차를 렌트할 계획이라면 국제 운전면허증도 준비해야 한다. 운전면허 시험장에서 발급이 가능하고, 유효 기간은 발행일로부터 1년이다. 현지에서 운전을 하려면 한국 면허증도 필요하니, 한국 면허증과 함께 챙겨 간다.

항공권 구하기

스페인과 포르투갈 두 나라를 통틀어 한국에서 직항편이 운행되고 있는 곳은 스페인 마드리드 한 곳뿐이다. 보통 성수기인 6~9월 사이에는 티켓을 구하기가 어렵고 가격도 비싸기 때문에 이 시기에 여행을 준비하고 있다면 미리 티켓을 구입해야 한다. 성수기 기간과 크리스마스와 부활절 주간을 제외하고는 대체적으로 저렴한 편이다. 항공권을 구입할 때는 반드시 여권에 나와 있는 자신의 영문명과 티켓의 영문명이 동일한지 확인한다.

할인 항공권

국제적으로 정해진 항공 요금 기준보다 20~50% 정도 저렴한 항공권이다. 학생 할인, 어린이 요금, 여행사를 통해서 싸게 구입한 경우, 인터넷으로 싸게 구입한 경우 등 다양한 할인이 있다. 하지만 할인 혜택이 있는 만큼 단점도 있다. 유효 기간이 너무 짧을 경우, 날짜 변경을 할 수 없는 경우, 호텔을 함께 예약해야 하는 경우, 경유해서 도착하는 시간이 너무 이르거나 늦은 시간인 경우 등이다. 따라서 조건을 꼼꼼히 따져 보고, 여러 여행사나 인터넷 사이트에서 비교해서 구입하는 것이 좋다. 할인 항공권은 주로 여행사 홈페이지에서 쉽게 볼 수 있다.

주로 이용하는 항공사

한국에서 스페인 마드리드로 가는 직항편은 대한 항공이 있다. 아시아나는 동맹 항공사가 국적기인 유럽 취항 도시까지 간 후 동맹 항공사 항공으로 경유해서 원하는 도시까지 갈 수 있고, 유럽 항공사의 경우 자국을 경유해서 목적지로 향한다. 또한 제 3 항공사를 이용해서 스페인 및 포르투갈로 들어오는 경우도 있는데, 터키 항공이나 카타르 항공 등을 이용할 수 있다. 경유 항공 이용 시 스톱오버를 적절하게 이용하면 한 항공권으로 두 나라를 동시에 여행할 수도 있고 가격도 대체로 저렴하다.

숙소 정하기

여행 준비를 하면서 가장 신경 쓰이는 것 중 하나가 바로 숙소다. 숙소를 정할 때는 이동성을 고려해서 역 근처, 관광지와의 거리를 따져 보고 결정하는 게 중요하며, 무엇보다 안전한 곳에 위치한 숙소를 선택해야 한다. 숙소는 한국에서 미리 예약하고 가는 것이 좋다.

숙박의 종류

유스 호스텔

호스텔은 배낭여행객과 청소년 단체 여행객 등을 위한 저렴한 숙박 시설로, 침실(도미토리*)과 샤워실, 취사실, 화장실 등을 공동으로 사용한다. 각종 편의 시설을 통해서 정보와 문화의 교류가 활발하게 이루어지는 편이며, 요즘은 1인실부터 가족실까지 마련되어 있는 호스텔이 점점 늘어나고 있어서 저렴한 호스텔이 여행자들에게 더욱 큰 사랑을 받고 있다. 공식 유스 호스텔의 경우 회원증이 있어야 숙박 가능하거나, 회원증이 없으면 추가 요금을 받는 곳도 있다.

호스텔 검색 · 예약 사이트

호스텔	홈페이지
Hostel World	www.hostelworld.com
Hostel Bookers	www.hostelbookers.com
Hihostels	www.hihostels.com
Albergue Juvenil 스페인 공식 유스 호스텔	www.reaj.com

체인 호스텔

호스텔	도시	홈페이지
Oasis	그라나다, 말라가, 세비야, 톨레도, 리스본	www.oasisgranada.com
Lisbon Poets Hostel	리스본	www.lisbonpoetshostel.com
The Poets inn	포르투	thepoetsinn.com

인기 호스텔

호스텔	도시	홈페이지
Kabul Backpackers Hostel	바르셀로나	www.kabul.es
Equity Point Centric	바르셀로나	www.equity-point.com
Barcelona Central Garden	바르셀로나	www.barcelonacentralgarden.com

민박

민박은 크게 한국인이 운영하는 한인 민박과 현지인이 운영하는 현지인 민박으로 구분할 수 있는데, 한인 민박은 하루에 한끼 이상 한식을 먹을 수 있고, 여행 정보를 얻을 수 있다는 장점이 있다. 현지인 민박은 현지 가정에서 머물 수 있고, 소규모로 운영하기 때문에 조용한 여행을 원하는 사람들에게 인기가 많다.

• 한인 민박

호스텔보다 가격은 비싸지만 한식을 포함한 식사가 제공되고, 숙박객들이 대부분 한국 사람들이기 때문에 여행지에 대한 정보를 다양하게 주고 받을 수 있는 장점이 있다. 요즘 들어 정식 등록과 허가를 받고 운영하는 민박집들이 조금씩 늘어나고 있지만 아직까지는 불법으로 운영되는 곳도 많기 때문에, 다른 숙소보다는 주의해야 할 사항이 조금 많은 편이다. 여름 성수기 때는 반드시 서둘러 예약을 한다. 민박집마다 홈페이지 또는 포털 사이트 카페, 전화, 카카오톡 등으로 예약을 받고 있다.

• 현지인 민박

나라마다 불리는 명칭(B&B, Gites, Zimmer, Pension, Guest House 등)이 다르지만 대부분 현지인의 집을 개조하여 만든 숙소로, 방을 빌려 주고 간단한 아침을 제공하고 있다. 대도시보다는 소도시나 작은 시골 마을들에서 많이 볼 수 있으며, 보통 1인실~가족실 형태로 운영하고 있기 때문에 호스텔이나 한인 민박보다 조용한 편이다. 현지 관광 안내소에 물어보거나 건물 외부에 크게 써 있는 것을 보고 찾아가면 되기 때문에, 보통 현지인 민박은 예약 없이 현지에서 선택하는 경우가 많다.

에어비앤비 www.airbnb.co.kr

호텔

스페인에서는 '오텔'이라고 부른다. 고급 호텔부터 아주 작은 호텔까지 종류도 다양하고 시설도 큰 차이가 있기 때문에 여행 경비에 맞춰서 원하는 수준의 호텔을 선택하면 된다. 룸 안에 화장실과 샤워실이 있는지, 조식이 제공되는지에 따라 가격 차이가 있는 만큼 예약 시 조건을 잘 확인해 봐야 한다. 인터넷을 통해 예약하는 것이 조금 더 경제적일 수 있고, 호텔 홈페이지에서 제공하는 프로모션을 잘 활용하면 더 저렴하게 예약할 수도 있다. 스페인에서는 옛 성이나 수도원을 리모델링해 나라에서 직접 운영하는 국영 호텔 '파라도르'도 인기가 많다.

부킹닷컴 www.booking.com

파라도르 www.parador.es

아파트먼트

유럽권 나라에는 호텔만큼 많은 숙박 시설이다. 국내의 콘도나 레지던스와 비슷한 개념이라고 생각하면 된다. 취사가 가능하고 세탁기가 있는 경우도 있으며, 호텔보다 자유롭게 이용할 수 있다는 장점이 있다. 가족이나 여러 명이 함께 투숙할 때 인원 수에 따라 침실 수를 선택할 수 있는 것도 큰 장점이다. 보통 스튜디오(국내 원룸식), 원베드룸(룸1+거실), 투베드룸(룸2+거실 또는 룸1+거실 겸 룸1), 스리베드룸(룸3+거실 또는 룸2+거실 겸 룸1)의 형태가 있다. 체인이나 시설이 좋은 아파트먼트에는 리셉션이 있지만, 대부분의 경우는 주인이 열쇠를 가지고 있기 때문에 미리 주인과 전화 통화를 하

도미토리

기숙사처럼 1개의 침실 안에 여러 개의 침대를 놓고 공동으로 사용하는 침실. 보통 4~18인실까지 운영되고 있으며, 대부분 2층 침대를 사용한다. 대부분 남녀 혼합 룸이기 때문에 여성 전용 룸이 있는 곳을 예약하려면 서두르는 것이 좋다.

고 약속을 잡아야 하는 불편함이 있다. 리셉션이 있는 경우에도 직원이 항상 상주해 있지 않거나 숙소와 다른 곳에 있어 열쇠를 받아 이동하는 경우도 있으니 위치를 선정할 때 잘 알아보고 선택한다. 체크아웃을 할 때 짐을 맡기기 어렵다는 단점도 있다.

환전하기

스페인과 포르투갈 두 나라 모두 유로화를 사용하고 있기 때문에 우리나라에서 환전하기는 어렵지 않다. 스페인의 경우 시티 은행이 있으니 미리 한국의 시티 은행에서 국제 현금 카드를 만들어 가져가서 현지에서 인출하는 방식으로 환전을 대신할 수도 있다.

신용카드

해외에서 사용할 수 있는 신용카드가 있으면 큰 금액을 사용할 때 편리하다. 숙박 요금이나 기차 요금, 쇼핑 등에서 유용하며, 많은 액수의 현금을 소지하는 불안을 줄일 수 있다. 하지만 카드를 분실할 경우에 현지에서 재발급이 불가능하고, 카드 사용이 안 되는 곳도 있으며, 사용한 금액에는 수수료가 생긴다는 점을 명심해야 한다. 혹시 부모님의 카드를 가져갈 경우, 신용카드의 영문명과 여권의 영문명이 다르기 때문에 사용이 불가능할 수도 있고 분실 시에도 분실 신고를 할 수 없으니, 미리 가족 카드로 본인 영문명이 들어간 카드를 발급받는 것이 안전하다.

체크카드

본인 예금 계좌의 입금액 한도 내에서 인출이 가능하다. 해외에서 가장 보편적으로 사용하는 체크카드는 시티 은행의 국제 현금 카드로, 수수료가 저렴하고 환율도 더 좋기 때문에 인기가 많다. 다른 은행의 체크카드는 수수료가 비싸기 때문에 정말 급할 경우가 아니라면 사용하지 않는 것이 좋다.

스마트폰 점검하기

요즘은 여행 중에 스마트폰의 도움을 얻는 방법이 많아짐에 따라 데이터 사용이 중요해졌다. 국내에서는 요금제에 따라 데이터를 마음껏 사용하지만, 해외 여행 시에는 데이터 요금을 생각하지 않을 수 없다. 데이터를 이용하지 않을 생각이라면 출국 전에 통신사 카운터에 들러 데이터 사용을 차단하고, 이용할 생각이라면 데이터 로밍 서비스를 신청한다.

휴대폰 로밍 서비스

로밍 서비스를 신청하면 본인이 사용하는 휴대폰을 그대로 해외에서 사용할 수 있어 편리하지만 이용 요금이 만만치 않다. 여행을 함께 간 일행끼리 통화해도 국제 발신 요금이 발생한다. 급한 용무가 아니면 음성 통화에 비해 저렴한 문자를 이용한다. 문자 발송은 SMS 1건당 100~300원, MMS 1건당 400~500원이며 문자 수신은 무료다.

데이터 로밍

스마트폰 사용자가 많아지면서 통화량보다는 데이터 사용량이 더 많아졌다. 해외 여행 중에 인터넷 검색, 메일 확인, 어플 사용 등을 해야 할 경우가 있는데, 그냥 사용했다가는 요금 폭탄을 맞을 수 있으니 사용량이 많다면 데이터 무제한 요금제를 이용하자. 통신사의 고객 센터에 문의하거나 출국 전 공항에서 신청할 수도 있다. 이용 요금은 통신사마다 조금 다르지만 보통 1일 10,000원 내외다. 정확한 요금과 서비스 제공 국가는 각 통신사 홈페이지를 확인하자.

SKT T 로밍 troaming.tworld.co.kr
KT olleh 로밍 globalroaming.kt.com
LG U+ 글로벌 로밍 www.uplus.co.kr

심카드 구입하기

한국의 3대 통신사 (SKT, KT, LGU+)는 모두 해외에서 스마트폰 데이터를 무제한으로 사용할 수 있는 해외 데이터 로밍 무제한 요금제를 제공한다. 보통 1일(24시간)에 10,000원 내외의 요금으로 데이터를 사용할 수 있는데, 여행기간이 길어지면 부담을 느낄 수 있다. 게다가 국내 통신사에서 제공하는 데이터 요금제는 하루 일정한 양의 데이터를 사용할 경우에 속도 제한이 걸리는 등의 제한 사항이 있다. 해외에서 스마트폰 데이터를 편하게 이용할 수 있는 가장 좋은 방법은 현지 통신사의 유심(해외에서는 심카드라고 불리는 경우가 많다)을 구입하는 것이다. 저렴한 요금에 상당한 양의 데이터를 제공하고 데이터를 다 쓸 때까지 속도 제한을 걱정하지 않아도 되기 때문이다. 해외에서 심카드를 구입해 사용하기 위해서는 먼저 자신의 스마트폰에 국가 및 통신사 제한(컨트리락 및 캐리어락)이 걸려 있지 않은지 확인해야 한다. 출국 전 통신사 서비스 센터를 방문하거나 고객 센터에 전화를 하면 바로 확인이 가능하며, 캐리어락이 걸려 있지 않다면 해외에서 구입한 유심을 바로 사용할 수 있다. 현재 스페인과 포르투갈에서 사용 가능한 EE유심과 3G유심은 한국에서 더 저렴하게 판매하고 있기 때문에 스페인 또는 포르투갈에 도착해서 구입하는 것보다 한국에서 미리 준비해 가는 것이 좋다. 온라인에서 EE유심을 검색하면 여러 곳에서 판매하고 있으니 비교해 보고 믿을 만한 곳에서 구입하자. EE유심은 우리나라 LTE와 비슷한 개념이라고 생각하면 되는데 3G 유심보다 데이터 속도가 빠르다.

심 카드 장착 시 주의사항

심 카드를 장착하기 위해서는 간혹 작은 핀이 필요한 경우도 있기 때문에 심카드 구입 시 핀 추가 옵션을 선택하는 것이 좋다. 한국 통신사에서 사용하던 기존 심 카드는 크기가 작아서 잃어버리기 쉬우므로 주의해서 보관해야 한다. 또한 해외 현지 통신사의 심 카드를 사용하게 되면 원래 자신이 사용하던 휴대폰 번호로 전화를 받을 수 없게 된다는 점도 감안하자. 그러나 카카오톡과 같은 메신저 서비스는 별다른 설정없이 바로 이용할 수 있으니, 보이스톡 같은 Volp 서비스도 사용이 가능하다.

유용한 스마트폰 어플

City Maps 2Go

해외 여행 시 가장 추천하고 싶은 어플 중 하나다. 전 세계 7,800개 지역의 지도가 들어 있는 내비게이션 어플로 인터넷이 되지 않는 곳에서도 사용할 수 있다. 미리 맵을 다운로드 받는다면 데이터 로밍을 하지 않아도 사용 가능하다. 어플을 실행하면 GPS가 잡히기 때문에 현재 내 위치를 바로 파악할 수 있고, 가고자 하는 곳을 포인트로 찍으면 그대로 찾아갈 수 있다. 무료 버전인 'lite'는 2개 도시(안드로이드는 5개 도시)까지만 다운로드 가능하며 유료 버전(1.99달러)은 필요한 만큼 받을 수 있다.

네이버 글로벌 회화

물론 완벽한 대화를 하기는 어렵지만, 간단한 인사 정도는 할 수 있게 해 준다. 특히 말이 전혀 통하지 않을 때 직접 보여 줄 수 있어 유용하다. 영어, 프랑스어, 스페인어, 독일어, 이탈리아어를 비롯한 주요 언어가 서비스된다. 어플 가격 무료.

Renfe

스페인 철도 앱으로 스페인 기차 시간표와 종이 티켓 대신 내 정보에서 예약 티켓을 확인할 수 있기 때문에 티켓을 프린트해서 가지 않아도 앱으로 티켓을 보여줄 수 있어 편리하다. 데이터 로밍을 사용할 수 없다면 미리 화면 캡쳐를 해서 저장하자. 어플 가격 무료.

ALSA

스페인 최대 버스 회사의 앱으로 버스 스케줄 검색 및 예약을 할 수 있다. 스페인 여행 시 가장 편하게 사용할 수 있는 앱 중 하나이다. 어플 가격 무료.

Rail Planner

유레일 시간표를 볼 수 있는 어플로, 와이파이 없이도 언제 어디서든 쉽게 이용할 수 있다. 어플 가격 무료.

DB Navigator

유레일 시간표를 볼 수 있는 어플로, 유레일 패스로 여행하는 사람에게 추천한다. 어플 가격 무료.

Booking.com

부득이하게 여행 스케줄이 변경되어 숙소를 급하게 예약해야 할 때 정말 유용한 어플이다. 부킹닷컴을 통해 예약한 내역과 숙소 위치를 바로 확인할 수 있어 좋다. 어플 가격 무료.

Skyscanner

전 세계 1,000개 이상의 항공사의 수백만 개의 항공편을 찾아주는 어플이다. 원하는 날짜의 가장 저렴한 항공을 찾을 수 있다. 어플 가격 무료.

해외 안전 여행

해외 여행을 하면서 위급한 상황일 때 필요한 정보와 긴급 전화 등을 지원하는 어플이다. 해외 여행 전 반드시 설치하고 떠나자. 어플 가격 무료.

스마트 환율 계산기

해외에서 물건을 구입하거나 음식점에서 계산을 할 때 한국 돈으로 대략 얼마나 되는지 궁금할 때가 있다. 이럴 때 숫자만 입력하면 각 나라별 현재 환율로 금액을 표시해 준다. 어플 가격 무료.

출입국 수속

출입국하기

국제선 항공을 이용할 경우 출발 2~3시간 전에 도착하는 것이 좋다. 공항에 도착하면 자신이 이용하는 항공사 카운터에서 탑승 수속을 한다. 군 미필자 중 25세 이상 남자라면, 병무청에 국외 여행 허가를 받고 출국 당일 법무부 출입국에서 출국 심사 시 국외 여행 허가 증명서를 제출해야 한다. 탑승 수속을 할 때는 발권 받은 E-티켓과 여권이 필요하며, 수하물의 경우 대부분 항공사의 이코노미석은 20kg까지 무료로 부칠 수 있다. 예전에는 수화물 무게 내에서 가방의 숫자는 확인하지 않았지만, 요즘은 가방의 개수까지 지정한 항공사도 많으니 미리 항공사의 규정을 확인하는 것이 좋다. 기내용 가방은 가로, 세로, 길이의 합이 1m 이하여야 하며, 무게는 10kg가 넘지 않아야 한다. 또한, 칼이나 100ml 이상의 액체류를 소지하고 탑승할 수 없다. 탑승 수속을 완료한 후 보딩 패스와 여권을 지참하고 출국장으로 간다. 출국장에 들어가면 세관 신고를 하는 곳이 있는데, 혹시 고가의 물품을 가져간다면 미리 세관 신고를 하는 것이 좋다. 휴대한 짐의 X레이 검사대와 보안 검사를 통과한 후 출국 심사대에서 간단한 출국 심사를 통과하면 면세점이 나온다. 탑승 30분 전에 게이트에 도착하여 탑승 시간에 맞춰 비행기에 탑승하면 출국 절차는 끝이 난다. 목적지에 도착하기 전에 기내에서 입국 신고서를 작성하고, 목적지에 도착하면 'Arrival / Exit' 표지를 따라 이동한다. 입국 심사대에서 여권과 입국 신고서를 제시하고 입국 심사를 마친 후 수하물을 찾으면 된다.

자동 출입국 심사

만약 빠른 출입국 심사를 원한다면, 자동 출입국 심사를 이용하는 것도 좋다. 자동 출입국 심사는 긴 줄을 서서 기다릴 필요 없이 지문 인식과 여권 인식만으로 간단하게 출입국 심사를 통과하게 된다. 때에 따라 자동 출입국 심사대도 붐비는 경우가 있으므로 상황에 맞게 이용하면 된다.

환승하는 방법

경유 항공편 이용 시, 경유지에 도착하면 'Transit / Transfer / Connecting flights'라고 적힌 표지를 따라 이동하여 환승할 비행기의 편명과 게이트를 확인한 후 탑승하면 된다. 수하물은 대부분 최종 목적지까지 자동으로 가기 때문에 환승할 때는 기내로 가져간 짐만 본인이 챙기면 된다.

스톱오버 이용하기

경유 항공의 경우 경유지에서 일정 기간 머무를 수 있는 스톱오버 시스템을 대부분의 항공사가 갖추고 있다. 물론 티켓에 따라 스톱오버가 불가능한 경우도 있으니, 발권 전에 미리 확인하는 것이 좋다. 예를 들어 터키 항공을 이용해 스페인이나 포르투갈로 갈 경우, 이스탄불에서 2~3일 정도 머물면서 이스탄불 여행을 하고 유럽으로 갈 수 있다. 스톱오버는 갈 때만 가능한 것이 아니라 한국으로 돌아올 때도 가능하기 때문에, 귀국길에 스톱오버 도시에서 쇼핑을 즐기는 등 유용하게 이용할 수 있다.

여행 준비물

분류	항목	준비물 내용	체크
필수	여권★	여권의 유효 기간이 6개월 이상 남았는지 확인하자.	
	항공권★	출국, 귀국 날짜 등을 확인한다.	
	여권 복사본★	여권 복사본을 만들어 가방 여러 곳에 넣고, 본인 메일로도 보내자.	
	여권 사진★	만약을 대비해 여권 사진 여러 장을 준비한다.	
	현금★	유로화 환전. 돈은 분산해서 넣는 것이 좋다.	
	국제 학생증★	국제 학생증은 잘 챙겼나 다시 한 번 확인하자.	
	신용카드★	만약을 대비해 신용카드나 체크카드를 준비하고 잘 챙겼는지 확인하자.	
	가이드북★	〈인조이 스페인·포르투갈〉 가이드북은 필수!	
	여행자 보험★	만약을 대비해 여행자 보험을 만들고, 증서를 잘 챙겼나 확인하자.	
	필기도구★	여행 중 필기도구는 필수. 수첩과 볼펜은 여러 개 있어도 좋다.	
의류	겉옷★	계절에 따라 조금씩 차이가 있다. 날씨에 맞추고, 방수 가능한 옷 포함하여 한두 벌 준비하자.	
	티셔츠★	보통 3~4장 정도면 충분하다. 잘 마르고, 입다 버려도 되는 옷으로 준비한다.	
	하의★	되도록 적게, 역시 날씨에 맞춰서 준비하자. 청바지, 면바지, 반바지 등.	
	속옷★	되도록 적게, 바로 세탁해서 입을 수 있도록 2~3벌 정도 준비하자.	
	잠옷★	얇고 편한 것으로 1벌만 준비한다.	
	양말	3~4개 정도 준비하여 세탁하여 신는다.	
	모자	여름이라면 필수! 감지 않은 머리를 감출 때나 비 오는 날에도 좋다.	
	선글라스★	선글라스도 필수 품목.	
	신발★	운동화 1개, 슬리퍼 1개 정도. 공연 관람 계획이 있다면 구두도 챙기자.	
위생	세면용품★	숙소에 따라 비치되지 않은 곳이 있으니 간단히 챙기자.	
	화장품	무겁지 않은 것으로 준비.	
	선크림★	자외선 차단 지수가 30 이상인 것으로 준비.	
	세탁용품	빨래를 할 수 있는 가루비누나 빨랫비누.	
	약★	두통약, 설사약, 소화제, 대일밴드, 소독약, 모기 물릴 때 바르는 약 등.	
	여성용품	여성이라면 필수.	
	휴지 / 물티슈	휴대용 휴지와 물티슈도 준비하자. 의외로 물티슈가 필요할 때가 많다.	
	렌즈 / 세척액	렌즈 끼는 사람에게는 필수.	
	손수건 / 수건★	가지고 다닐 수 있는 손수건과 세안할 때 쓸 수건도 준비.	
기계/도구	카메라★	취향에 맞는 카메라(디지털카메라, 필름 카메라, 폴라로이드 등) 준비.	
	카메라용품★	배터리나 메모리, 필름은 넉넉한지 확인하자.	
	OTG / CD RW★	백업용품은 필수다. 꼭 챙기자.	
	보안용품★	자물쇠나 체인 등 숙소나 기차에서의 보안을 위한 제품을 챙기자.	
	복대	목에 거는 것과 허리에 메는 복대가 있다.	
	소형 전등	겨울에 여행한다면 가져가는 것이 좋다.	
	맥가이버 칼	의외로 유용하게 쓸 일이 많다.	
	멀티 콘센트나 탭★	요즘은 노트북, 카메라와 휴대전화 충전을 많이 하기 때문에 충전용품이 많다면 멀티 탭을 챙겨 가는 것이 좋다.	
	MP3 / 책	장거리 이동 시 무료함을 달래기 위한 것들.	
	휴대전화	로밍을 하지 않더라도 지도, 알람 시계, 사진기, 계산기 등 다양한 용도로 사용 가능하다.	
정리	파일 케이스	엽서나 지도 등을 보관할 파일 케이스 하나쯤은 있는 것이 좋다.	
	주머니	간단하게 가방에서 짐들을 분리해서 담을 주머니도 챙기자.	
	비닐봉지★	빨래나 속옷 등을 담을 비닐봉지도 챙기자.	
음식	차 종류	의외로 녹차나 보리차 등의 티백이 필요한 때가 있으니 몇 개 챙기자.	
	음식	오랜 여행이라면 고추장은 챙기는 것이 좋다. 라면, 김, 햇반 등도 준비.	
소품	우산 / 우비	비가 많이 오는 계절이라면, 우산이나 우비는 챙기자.	
	가방★	캐리어나 배낭, 보조 가방을 준비한다.	
	기념품	외국인 친구들에게 줄 만한 기념품도 챙기면 유용하게 쓰일 수 있다.	

실용 정보

유레일 패스 Eurail Pass

한국에는 코레일(Korail), 일본에는 제이알(JR)이 있는 것처럼 유럽의 국철을 통틀어서 유레일(Eurail)이라고 한다. 유레일 패스는 유럽 외 지역의 거주자인 관광객을 위해 만든 특별 할인 승차권이다. 정해진 기간에는 타는 횟수에 제한이 없는 프리 패스이니 잘 활용하면 경비 절약에 많은 도움이 된다. 개시일부터 15일, 22일, 1개월, 2개월, 3개월 등 정해진 기간 동안 연속으로 사용할 수 있는 연속 패스와 정해진 기간 안에 정해진 날수만큼 자유롭게 기차 탑승일을 선택하여 비연속적으로 사용할 수 있는 플렉시 패스가 있고, 인접한 4개국을 선택해서 정해진 날수만큼 탑승할 수 있는 셀렉트 패스도 있다.

요금 구분

- 성인 만 28세 이상 (연속 패스는 무조건 1등석, 나머지 패스는 1, 2등석 모두 가능)

- **유스** 만 12~27세(첫 탑승일 기준으로 만 28세가 넘지 않은 사람)
- **어린이** 만 4~11세(첫 탑승일 기준으로 만 12세가 넘지 않아야 하고, 어른과 동행 시 성인 1인당 어린이 2명에게 무료 요금이 적용되며, 발권비는 추가된다. 4세 미만 유아는 별도 좌석을 예약하지 않는 경우라면 무료 이용 가능)
- **세이버** 동반인이 2~5명이 된다면 15% 할인되는 세이버 패스를 구입하는 게 경제적이다. 단, 마음이 맞지 않아 헤어져도 세이버 패스는 분리할 수 없다. 처음부터 끝까지 일정을 같이 해야 한다.

유레일 글로벌 패스 Eurail Global Pass

유레일 패스로 철도를 이용할 수 있는 유럽 28개국에서 정해진 기간 동안 자유롭게 열차를 이용할 수 있는 연속 패스다. 각 도시에서 머무는 시간이 짧고, 많은 도시를 돌아다니는 등 이동이 많은 사람들이 주로 이용한다. 일부 국가에서는 패스 소지 시 무료 또는 할인된 가격으로 사설 철도, 버스, 유람선 등을 탑승할 수 있다.

연속 사용	성인	유스	
	1등석	1등석	2등석
15일	597	480	391
22일	768	616	502
1개월	942	756	616
2개월	1,327	1,064	866
3개월	1,635	1,310	1,066

[단위 : 유로]

유레일 플렉시 패스 Eurail Flexi Pass

지정된 기간 내에 지정된 날수만큼만 사용할 수 있는 패스다. 각 도시에 머무는 시간이 길고, 연속적으로 열차를 이용하지 않는 사람들에게 유용하다.

선택 사용	성인	유스	
	1등석	1등석	2등석
5일 (1개월 이내)	468	376	307
7일 (1개월 이내)	570	458	374
10일 (2개월 이내)	702	563	459
15일 (2개월 이내)	919	737	600

[단위 : 유로]

유레일 셀렉트 패스 Eurail Select Pass

국경이 인접한 2개, 3개, 4개의 국가를 지정해서 정해진 기간 동안 열차를 자유롭게 이용할 수 있는 패스다. 기존에 있던 리저널 패스도 2개국 셀렉트 패스로 변경되었다. 지정 국가들은 국경이 인접해 있어야 하며, 지정하지 않은 타 국가를 열차나 배가 지나가지 않아야 한다. 만약 타 국가를 부득이하게 지나가게 된다면 출발지-도착지 간 직통 열차라고 해도 별도의 추가 요금을 낼 수 있다. 셀렉트 패스에 선택된 국가 중 여러 국가가 하나의 단일 국가로 취급되는 곳도 있으니 일정을 계획할 때 참고하자. 베네룩스(벨기에, 네덜란드, 룩셈부르크), 크로아티아 & 슬로베니아, 몬테네그로 & 세르비아는 2개 또는 3개의 국가를 단일 국가로 취급하고 있다. 셀렉트 패스의 요금은 어느 국가를 선택하는지에 따라 요금이 상이하므로 패스 판매처에서 원하는 나라를 선택하면 요금이 자동으로 계산된다. 국경이 인접한 국가들은 아래 내용을 참고하면 된다.

셀렉트 패스 지정국과 인접 국가

- 스페인 : 이탈리아, 포르투갈, 프랑스
- 포르투갈 : 스페인

*스페인과 포르투갈 여행 시 셀렉트 패스를 이용한다면 인접국 4개국 선택이기 때문에 프랑스와 이탈리아 중 1개국을 선택한다면, 프랑스(독일, 스위스, 베네룩스 3국, 이탈리아)와 이탈리아(스위스, 프랑스, 오스트리아, 슬로베니아)가 인접해 있는 다른 국가들까지 선택할 수 있다.

유레일 셀렉트 패스 요금 확인하기 www.eurail.com/kr/yureil–paeseu/selregteu–paeseu

스페인 패스 National Pass

스페인에서 야간 기차 포함 3번 이상 AVE를 탄다면 스페인 철도 패스를 구입하는 것이 좋지만 3번 이상이라도 일반 기차인 렌페(Renfe)를 이용한다면 현지에서 구간권을 그때그때 끊어서 다니는 것이 더 경제적일 수 있다. 야간 기차의 경우 패스 소지자에게 할당되는 좌석과 침대칸이 정해져 있어 예약할 때 만석이라면 패스를 가지고 있더라도 패스가 인정되지 않기 때문에 미리 한국에서 티켓을 예약한 뒤 여행을 떠나는 게 안전하다.

선택 사용 (1개월 이내)	1등석	
	성인	유스
3일	227	183
4일	263	212
5일	295	237
8일	375	301

[단위 : 유로]

포르투갈 패스 National Pass

포르투갈에서 기차 이용을 3번 이상 한다면 포르투갈 패스를 구입해도 되지만, 패스 이용보다 현지에서 구간 티켓을 끊어서 이동하는 것이 더 경제적이다.

선택 사용 (1개월 이내)	성인		유스	
	1등석	2등석	1등석	2등석
3일	124	100	100	82
4일	153	123	123	101
5일	180	145	145	119
8일	254	205	205	167

[단위 : 유로]

2개국 셀렉트 패스 Select Pass

2개국을 선택하는 티켓으로, 스페인과 포르투갈을 함께 여행한다면 이용할 수 있다. 사실상 스페인과 포르투갈은 기차 패스를 사용하는 것보다는 현지에서 구간권을 이용하는 것이 더 경제적일 수 있으므로, 일정에 따라 패스 사용과 현지에서 구간권을 사용했을 때의 가격을 미리 비교하여 선택하도록 하자.

선택 사용 (2개월 이내)	성인		세이버	
	1등석	2등석	1등석	2등석
4일	319	257	257	211
5일	360	290	290	237
6일	397	319	319	261
8일	462	371	371	303
10일	520	418	418	341

유레일 패스 구입

가장 쉽게 구입할 수 있는 방법은 인터넷을 이용하는 것이다. 구입에 앞서 자신의 일정에 맞는 패스를 선택한다. 여행사 홈페이지의 유레일 카테고리에서 구입하고자 하는 패스를 선택하여 결제하면 지정된 주소지로 패스를 받을 수 있다.

온라인 구입처

인터파크 투어 eurail.interpark.com
플래너 투어 plannertour.mk.co.kr
레일유럽 www.raileurope.co.kr

기차

기차 시각표 확인

현지의 기차역에서 확인하는 것이 가장 확실한 방법이지만, 주요 기차는 인터넷으로도 쉽게 확인할 수 있다. 인터넷으로 기차 시각을 알아볼 수 있는 사이트가 많은데, 스페인은 스페인 철도 사이트와 포르투갈은 포르투갈 철도 사이트에서 검색하면 가장 정확한 스케줄을 확인할 수 있다. 예약이 필요한 열차는 'R'이라고 표시된다.

스페인 철도 www.renfe.es
포르투갈 철도 www.cp.pt

기차표 구입

기차 패스를 사용하더라도, 예약이 필요한 구간이 많이 있다. 특히 야간열차나 초고속 열차는 예약이 꼭 필요한데, 국내 여행사를 통해 예약하거나 현지의 기차역 창구에서 할 수 있다. 출발하는 도시와 도착하는 도시, 출발 날짜와 시간 정도만 알려 주면 쉽게 예약 가능하며, 기차 패스가 있을 경우 기차 패스를 보여 주고 예약을 하면 된다. 소통이 어렵다면 메모지에 필요한 내용을 적어서 보여 주는 것도 한 방법이다.

기차 이용 방법

플랫폼 찾기

기차역에 도착하면 대형 전광판의 기차 정보를 먼저 살펴본다. 경유지 노선과 자세한 정보가 필요하다면 역 창구에서 해당 구간 타임테이블을 출력하는 것이 가장 좋은 방법이다. 출발역부터 도착역, 시각, 플랫폼 번호까지 자세히 안내되어 있으며, 특히 경유지의 플랫폼 번호도 나오기 때문에 경유지에서도 쉽게 기차를 갈아탈 수 있다. 그리고 대부분의 역에는 타임테이블이 노란색(출발)과 흰색(도착) 종이로 크게 붙어 있기 때문에, 어느 정도 여행에 적응이 되면 이 타임테이블을 보고 플랫폼을 확인해도 된다. 마지막으로 플랫폼으로 가기 전 대형 전광판에 나온 기차 정보를 다시 한번 확인한다. 연착이나 역의 사정으로 플랫폼 번호가 바뀔 가능성도 있기 때문이다.

기차 타기

플랫폼에 도착했다면 다시 한번 플랫폼 전광판을 보고 도착지 또는 경유지로 가는 기차가 맞는지 확인한 뒤 기차에 오른다. 좌석 예약을 하지 않았다면 패스에 따라 1등석과 2등석 중 빈 자리에 앉으면 된다. 좌석 상단 또는 창가 쪽에 예약 표시된 종이나 기타 표시가 있으면 이미 예약된 자리이니, 그런 자리를 피해서 앉으면 된다. 만약 기차가 출발하는 첫 도시라면 보통 30분 전에 미리 기차가 플랫폼에 들어와 있으니, 성수기나 주말 등 승객이 많을 때에는 서둘러 자리를 맡아 두는 것이 좋다.

티켓 검표

유럽의 티켓 확인은 기차가 출발하면 시작된다. 검표원이 직접 돌아다니며 검표하는 방식인데, 이때 패스 또는 티켓을 보여 주면 된다. 도시와 도시 간의 이동 시에는 티켓 검표가 한 번에 끝나지만, 나라와 나라 간의 이동이라면 국경을 넘으면 해당 나라의 검표원이 다시 티켓을 확인할 수 있다.

기차에서 내리기

보통 기차 내에 안내 방송이 나오지만, 소도시일 경우 간혹 나오지 않는 경우도 있다. 도착하는 시간 5분 전에는 미리 내릴 준비를 하고, 도착 플랫폼에 적힌 도시 이름을 확인하고 내리도록 하자. 특히나 대도시의 경우 중앙역에 도착하기 전 다른 역에서 먼저 서는 경우가 있으니 도시 이름이 나왔다고 무작정 내리지 말고 중앙역인지 꼭 확인한 뒤 내린다.

기차 좌석의 종류

★컴포트먼트 Comportment

영화에서 한번쯤 봤을지도 모르는 룸 형태의 기차 칸을 말한다. 한 룸에 양쪽 3좌석씩 마주 보고 있는 형태로, 6명이 이용할 수 있으며 문 밖은 통로다. 야간열차에서는 마주 보고 있는 두 좌석을 앞으로 당기면 하나로 이어진 침대처럼 사용할 수 있다.

★쿠셰트 Couchette

주간의 컴포트먼트 객실에 간이침대가 놓인 형태로, 4인실은 2층 침대, 6인실은 3층 침대다. 베개, 시트, 담요가 제공된다. 쿠셰트는 좌석이 정해져 있기 때문에 기차 패스가 있더라도 추가 예약비를 내고 쿠셰트 좌석을 예약해야 한다. 아래쪽 침대가 편하지만 도난의 위험이 크다. 위쪽 침대는 도난의 위험이 제일 덜하지만 짐 보관이 쉽지 않다. 쿠셰트는 여러 인원이 한 객실을 이용하기 때문에 최대한 빨리 짐을 보관할 자리를 맡아 두는 게 좋다. 기차가 출발하면 역무원이 여권과 패스, 티켓을 걷어 갔다가 내리기 전 돌려준다.

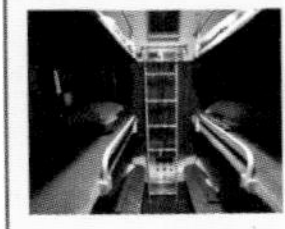

★코치형 시트 Seat

우리나라 기차와 비슷한 구조라고 생각하면 된다. 1등석은 2좌석-통로-1좌석 구조로 되어 있으며 2등석은 2좌석-통로-2좌석 구조로 되어 있다.

★침대칸 Sleeping

1~4인실 형태로 되어 있으며, 구조는 쿠셰트와 비슷하지만 객실 안에 세면실이 있고, 1~2인실의 경우 옷장이 구비되어 있는 기차도 있다. 역시 기차 패스가 있더라도 반드시 추가 예약비를 내고 좌석 예약을 해야 한다. 역무원이 여권과 패스, 티켓을 걷어 갔다가 도착하기 전 돌려준다. 침대칸은 간단한 빵과 음료가 조식으로 제공된다.

저가 항공

스페인과 포르투갈 여행 시 멀리 떨어져 있는 도시들을 짧은 시간에 이동할 수 있는 교통수단이 바로 저가 항공이다. 인터넷으로만 예약 가능하고, 예약 번호와 여권만 있으면 체크인이 가능하지만, 항공사에 따라 예약 확정된 메일을 출력해 가야 하는 경우도 있으니 출력을 할 수 없다면 스마트폰에 미리 저장하도록 하자. 같은 항공사, 같은 날이라도 시간에 따라 가격 차이가 있으니 가격 비교도 꼼꼼히 해 보는 게 좋다. 예약을 서두를수록 저렴한 표를 구할 수 있으니 부지런함이 필수! 하지만 저가 항공은 한 번 예약하면 취소나 환불이 불가능하니 주의해야 한다. 대부분의 항공사들이 핸드 캐리어에 한해서 5~10kg까지 무료로 가지고 탑승할 수 있으나 항공사마다 해당 규정이 있으니 확인한다. 저가 항공 노선 조회를 할 수 있는 사이트에서는 도시별 이동 가능한 항공사들과 요금까지 조회할 수 있다.

스카이 스캐너 www.skyscanner.net
위치버짓 www.whichbudget.com

스페인 · 포르투갈 취항 주요 항공사

항공사	홈페이지
이베리아에어 Iberia Air	www.iberia.com
브엘링 Vueling	www.vueling.com
라이언 에어 Ryan Air	www.ryanair.com
이지젯 Easyjet	www.easyjet.com
탭 포르투갈 TAP Portugal	www.flytap.com

저가 항공의 옵션

저가 항공의 경우 좌석을 지정하지 않고, 현장에서 적당한 자리에 앉아도 되는 항공사도 간혹 있다. 이럴 경우 만약 좌석을 미리 지정하고 싶다면 티켓 예매 시 좌석을 선택하면 되는데, 좌석 지정 시 추가 비용이 발생한다. 위탁 수하물을 보낼 때도 추가 비용이 발생하는데, 예매 시 수하물 추가를 하지 않고 공항에 가서 추가하면, 두 배의 요금을 지불해야 하는 경우도 있으니 예약 시 수하물 관련 공지 사항을 꼼꼼히 확인해 두는 게 좋다. 보험도 옵션으로 선택할 수 있는데 한국에서 여행자 보험에 가입했다면 따로 가입할 필요가 없다.

장거리 버스

스페인과 포르투갈은 기차 이동보다 버스 이동이 더 편리한 나라이기 때문에 버스 이용을 더 많이 한다. 스페인의 경우 가장 많은 도시를 운행하는 스페인 최대의 버스 회사 알사(ALSA)와 각 지방마다 지방 최대의 버스 회사들이 있는 만큼 버스 구간을 잘 연결시키면 더 알찬 스페인 여행을 즐길 수 있다. 포르투갈의 경우 대부분 버스와 기차 중 선택해서 이동할 수 있는 구간이 많으며, 지방 소도시의 경우 버스 이동이 편리하다.

알사 ALSA

스페인 최대의 버스 회사로, 스페인 전 지역을 연결하고 있다. 스페인의 지리적 특성상 철도망보다 고속도로망이 더 잘 되어 있기 때문에, 기차보다 버스 이동 시간이 더 빠른 편이라 대중적인 교통수단으로 사랑 받고 있다.

www.alsa.es

헤지 익스프레소스 Rede Expressos

포르투갈 최대의 버스 회사로, 포르투갈 전 지역을 연결하고 있다. 포르투갈 역시 스페인처럼 철도망보다 고속도로망이 더 잘 되어 있기 때문에 기차보다 버스로 연결되는 도시들이 많다.

www.rede-expressos.pt

자동차

자동차 여행은 시간의 구애를 받지 않고 원하는 시간에 언제든지 움직일 수 있고, 이동하면서 아름다운 풍경을 즐길 수 있고, 쉬고 싶을 때 언제든 차를 세울 수 있는 장점이 있어서 매력적일 수밖에 없다. 일행이 3인 이상이라면 자동차 여행이 더 경제적일 수 있고, 기차나 버스로 접근하기 어려운 곳도 쉽게 이동 가능하며, 무거운 짐을 가지고 다니는 불편함도 줄일 수 있다. 하지만 주차의 어려움과 도난 위험성을 염두에 두어야 한다.

렌터카

렌터카는 나라에 상관없이 유럽 어느 지역에서든 대여 가능하며 회사도 무척 다양한 편이어서 선택의 폭도 넓다. 렌터카를 선택할 때는 비용 등을 꼼꼼하게 따져 봐야 하는데, 보험이나 세금 등 추가 요금이 발생하는 경우가 많은 만큼 예약할 때 세부 사항을 꼭 확인해야 한다.

렌터카스 www.rentalcars.com
허츠 www.hertz.co.kr
에이비스 www.avis.co.kr

운전하기

스페인과 포르투갈에서의 운전은 우리나라와 큰 차이는 없어 별 다른 어려움은 없다. 사거리에서는 우리나라의 신호등 체계와 달리 로터리라고 하는 라운드 어바웃(Round about)으로 통과해야 하는 경우가 많다. 스페인의 고속도로는 우리나라처럼 톨게이트 요금소에서 요금을 내야 하며, 포르투갈의 고속도로는 렌터카 대여 시나 국경 통과 시 신용카드를 등록하면 특정 지역에 설치된 자동 센서로 후불로 결제되는 방식이다.

쇼핑과 택스 리펀드

쇼핑하기

나만의 컬렉션을 만들어 보자.

대부분의 여행자들이 여행 초반에는 경비를 절약하기 위해 기념품을 눈으로 보기만 하고 지나치는 경우가 많다. 여행 중반쯤에 가서야 현지에서만 구입할 수 있는 특별한 아이템을 하나둘 구입하다 보면 기념품에 대한 욕심이 생기고, 처음부터 모으지 못한데 대한 아쉬움이 뒤늦게 생기기 마련이다. 만일 나만의 컬렉션을 만들어 보고 싶다면 여행 시작부터 구입하는 것이 좋다. 거창한 것이 아니라도 좋다. 열쇠고리, 엽서, 마그네틱, 스노우볼 등 각 도시를 기념할 만한 작은 액세서리들이 하나둘 모이면, 나중에 여행이 끝났을 때 정말 매력적인 나만의 여행 컬렉션으로 태어난다. 너무 무거운 물건으로 컬렉션을 만들면 나중엔 짐이 되니, 기왕이면 가볍고 작은 기념품으로 시작하는 것이 좋다.

마트를 노려라.

유럽에서 부담 없이 쉽게 드나들 수 있는 곳이 바로 마트, 슈퍼마켓이다. 마트라고 해서 무시하지 말자. 현지 물건들을 저렴하게 살 수 있기 때문이다. 차, 커피, 초콜릿 등은 정말 저렴하게 구입할 수 있고, 선물용이 아니더라도 한국에서 미처 준비하지 못한 여행 물품들이나 여행 중 다 떨어지게 되는 미용용품 등도 쉽게 구입할 수 있는 곳이 바로 대형 마트들이다.

여성 옷 사이즈 비교표

나라 \ 사이즈	XS	S	M	L	XL	XXL
한국	44(85)	55(90)	66(95)	77(100)	88(105)	99(110)
유럽	34	36	38	40	42	44

남성 옷 사이즈 비교표

나라 \ 사이즈	XS	S	M	L	XL	XXL
한국	85	90	95	100	105	110
유럽	44	46	48	50	52	54

신발 사이즈 비교표

한국(mm)		210	220	230	240	250	260	270	280	290
유럽	여	34	35.5	36	37.5	38.5	40	42	43	44
	남	-	-	36.5	38	39	41	43	45	46

쇼핑, 이것만큼은 주의하자.

여행 초반에는 쇼핑을 자제하는 것이 좋다. 물론 그 도시에서만 구입할 수 있는 제품이라면 꼭 구입해야 겠지만, 어디서나 쉽게 구입할 수 있는 제품이라면 여행 막바지에 구입하는 게, 짐도 줄이고 무엇보다 도난 사고의 위험성을 줄이는 방법이다. 그리고 옷이나 신발은 꼭 입어 보고, 신어 본 후 구입하도록 하자. 유럽 사람들과 우리나라 사람들의 체형 자체가 다르기 때문에 사이즈가 맞아도 막상 입었을 때 내 몸에 맞지 않는 경우가 있다. 그렇기 때문에 옷과 신발을 선물용으로 사려고 한다면, 정말 괜찮을지 한 번 더 생각해 보자.

택스 리펀드 Tax Refund

외국인 관광객에 한해서 부가세를 환급해 주는 제도가 바로 택스 리펀드이다. 세계적으로 택스 리펀드 제도를 운영하고 있는 나라가 총 34개국인데, 유럽에서만 28개국이 택스 리펀드 제도를 시행하고 있다. 스페인 여행 동안 알차게 쇼핑을 했다면 잊지 말고 세금을 돌려받도록 하자. 택스 리펀드를 받기 위해서는 여권, 영수증, 환급 증명서(Refund Cheque) 등 이 세 가지는 반드시 있어야 한다.

국가별 최소 구매 금액 · 최대 환불 금액 확인

택스 리펀드 제도를 운영하는 각 국가들은 부가세 환급을 받으려는 해외 여행자들의 최소 구매 금액 및 최대 환불 금액에 제한을 두고 있다. 한 상점에서 구입한 액수가 최소 구매액을 채워야지만 환급 대상이 된다. 같은 가맹점에 가입되어 있더라도 다른 상점과 합계액은 인정되지 않는다.

스페인 최소 구매 금액 €90.15 / 최대 환급 금액 €1000 / 부가세율 18%
포르투갈 최소 구매 금액 €60 / 최대 환급 금액 €1000 / 부가세율 23%

택스 리펀드 가맹점 확인

물건을 구입할 때 상점 앞에 택스 리펀드 가맹점 스티커가 붙어 있는지 확인한다. 간혹 스티커가 없지만 가맹점인 경우도 있으니 미리 물어본다. 'TAX FREE SHOPPING'이나 'Global Blue', 'PREMIER tax free' 등 세 군데 중 한 곳이라도 가입이 되어 있다면 부가세 환급을 받을 수 있다. 계산할 때 반드시 점원에게 환급 증명서와 영수증을 요구해서 받아야 한다. 만약 환급 증명서를 받지 못한다면 영수증이 있다고 하더라도 절대로 환급 받을 수 없으니 꼭 환급 증명서를 요구하도록 하자.

환급 증명서 작성

환급 증명서는 택스 리펀드 가맹 상점에서 물건을 구입하고 택스 리펀드를 요구하면 상점에서 발행해 주는 증명서로, 상점마다 증명서의 형태는 다르다. 증

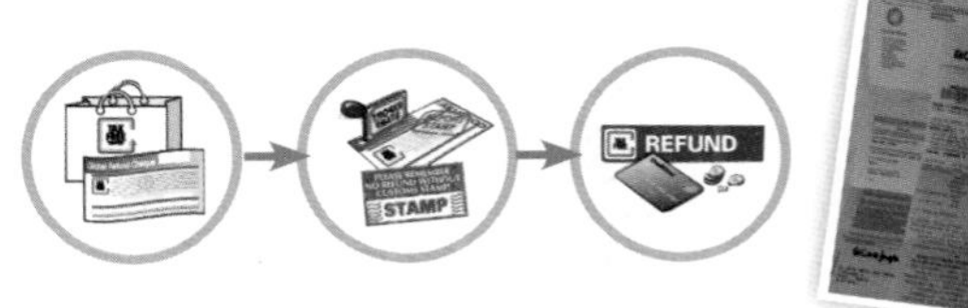

명서를 받을 때는 여권을 제시해야 한다. 증명서를 전부 점원이 작성해 주는 곳이 있는가 하면, 상점 스탬프와 구입 액수, 환급 액수만 적어 주고 나머지 빈칸은 소비자가 직접 적어야 하는 곳도 있고, 일부 상점에서는 환급 증명서를 영수증처럼 뽑아 주는 경우도 있다. 환급 증명서에는 상품을 구입한 날짜, 영문 이름, 여권 번호, 주소, 제품명, 제품 가격, 환급 받을 금액 등을 적어야 한다.

세관(CUSTOM) 확인 도장 받기

구입한 제품과 환급 증명서, 영수증을 가지고 출국 시 세관에 들러 세관 확인 도장을 받아야 한다. EU 국가라면 나라가 달라도 마지막 출국 도시에서 세관 확인 도장을 받아야 한다. 세관에서 환급 증명서와 제품 구입 영수증, 여권을 보여 주면 환급 증명서는 세관에서 보관하고 제품 구입 영수증에 확인 도장을 찍어서 여권과 함께 돌려준다. 확인 도장을 받은 영수증을 가지고 세관 근처에 있는 해당 택스 리펀드 업체 창구에 가서 환급을 받으면 된다.

택스 환급 받기

택스 환급은 현금으로 돌려받거나 카드의 계좌로 돌려받는 경우가 있는데 현금으로 돌려받을 경우 약간의 수수료를 제한다. 카드 계좌로 받는 경우엔 수수료는 없지만 1~2개월 정도 시간이 걸리고, 한국으로 돌아오면 문제가 생겨도 확인하기 어렵기 때문에 현지에서 현금으로 환급 받는 것이 좋다. 이때 US 달러보다 유로로 받는 것이 수수료를 따져 봤을 때 유리하다. 유로로 받아서 한국에서 원화로 다시 환전하도록 한다. 만약 세관에서 도장은 받았는데 미처 환급을 받지 못하고 국내로 돌아왔을 경우에는, 'Global Blue'의 국내 제휴사인 하나은행에서 환급 받을 수 있다. 'Global Blue' 이외의 업체라면 꼭 현지에서 환급을 받도록 한다.

택스 환급 시 알아 두기

택스 환급 예정이라면 항공 체크 인 시간보다 1~2 시간 정도 여유를 가지고 미리 공항으로 가는 것이 좋다. 마드리드 공항의 경우 택스 환급 받는 곳이 수속 밟기 전과 면세점 내 두 군데 있으니, 미처 밖에서 택스 환급을 받지 못했다 하더라도 면세점 내에 받는 곳이 또 있으니 참고하도록 하자.

도난 사고 대비하기

스페인은 소매치기의 천국이라는 오명이 있을 정도로 유럽에서도 손꼽힐 만큼 도난사고가 많이 일어나는 곳이니 본인의 물건은 본인이 꼼꼼하게 챙겨야 한다. 요즘은 혼자서 범행을 하는 것이 아닌 최소 2명 이상~6명까지 그룹으로 다니거나 관광객으로 위장하고 다니는 경우가 많다. 귀중품과 현금, 여권은 될 수 있는 대로 숙소에 보관하는 것이 좋고, 여권은 복사본으로 들고 다니는 것이 안전하다.

소매치기 유형

• 캐리어를 들고 대중교통 이용할 때

캐리어를 들고 버스를 탈 때 뒤에서 우르르 몰려 타며 정신을 쏙 빼놓는다. 뒤에서 일행들이 정신 없이 떠들 때 한 명이 옆에 붙어서 소매치기를 시도한다.

• 지하철 탈 때 개찰구에서

T-10을 사용하는 바르셀로나 마드리드에서 지하철로 이동 시 여러 명이 T-10을 사용할 경우 가장 마지막으로 들어오는 일행에게 몇 명이 따라 붙어 개찰구를 통과할 때 소매치기를 시도한다.

• 오물 투척 후 선의를 베풀 때

골목길에서 케첩이나 간장 등 오물을 투척 후 마치 도와주는 것처럼 선의를 베풀며 소매치기를 시도한다.

• 신호등에서 신호를 기다릴 때

혼자인 여행객들보다 단체로 있는 그룹 여행자들이

많이 당하는 수법으로 신호 대기 때 목표를 정하고 신호가 바뀌고 움직일 때를 노려 소매치기를 시도한다.

• **축제 기간이나 사람이 많은 장소에서**

축제 기간이나 사람이 많은 장소에서는 방심하는 경우가 많다. 특히 뭔가 특정한 곳에 집중해야 할 때 주의해야 한다.

• **둘 이상의 사람들이 지도를 보며 길을 물어볼 때**

보통의 경우 여행객들은 동양인들에게 길을 물어보지 않는다. 지도를 펴고 길을 물어보는 척하며 나머지 한 명이 소매치기를 시도한다.

• **레스토랑이나 카페에서**

레스토랑이나 카페에서 방심하고 가방이나 선글라스 등 자신의 물건을 테이블 위나 의자에 걸쳐 두는 경우가 있는데 언제 어디서든 항상 본인의 물건은 몸에서 떨어지지 않도록 주의하자.

• **명품 쇼핑을 했을 경우**

스페인은 그야말로 쇼핑의 천국! 하지만 고가의 물건을 쇼핑했을 경우 브랜드명이 노출되어 있는 쇼핑백은 되도록 들고 다니지 말자. 특히 명품의 경우 쇼핑백을 들고 다니는 것만으로 타깃이 될 수도 있다. 고가의 물건을 쇼핑할 계획이라면 마트에서 파는 쇼핑백을 따로 준비하는 것이 좋다.

• **가장 많이 도난 당하는 물건은 카메라**

요즘은 대부분 카드를 많이 소지하고 다니기 때문에 현금 다음으로 소매치기들이 가장 많이 훔치는 것이 바로 카메라다. 특히 디지털 카메라는 주머니에 넣고 다니는 경우가 있는데 주머니에 넣고 다니는 것이 가장 위험하다. 항상 카메라는 손목에 걸고 다니는 게 좋고, DSLR의 경우 요즘 신종 수법으로 렌즈만 빼가는 경우가 있다고 하니 버스나 지하철을 탔을 때, 사람들이 많은 장소에서 카메라를 안거나 렌즈까지 잡고 있는 것이 안전하다. 만약을 대비해 사진의 경우 저장 공간이 많이 남아 있다 하더라도 가급적 매일 백업을 받아 놓자.

• **길에서는 스마트폰 사용 금지**

요즘은 여행길에 스마트폰은 필수 아이템이다. 여행에 대한 정보를 스마트폰을 통해 바로 확인할 수 있는 만큼 길에서도 스마트폰에 집중하며 주위 시선을 느끼지 못할 때가 있다. 스마트폰은 그냥 지나가면서 빼앗아 가는 경우도 있으니 주의하는 것이 좋다.

• **야간열차를 탈 때**

야간열차를 탈 때에는 귀중품은 한 가방에 몰아서 보관하는 것보다 분산시켜 보관하는 것이 좋다. 되도록이면 캐리어의 경우는 고정시켜 두고, 크로스백이나 배낭의 경우는 손수건이나 끈으로 손목에 고정시켜 두는 것도 하나의 방법이 될 수 있다.

소매치기에 대처하는 방법

• **옷핀을 활용하자.**

대형 옷핀 몇 개만 있으면 도난에 대비할 수 있다. 크로스백이나 배낭의 경우 지퍼를 옷핀으로 고정한다. 소매치기가 가방의 지퍼를 열려고 잡아당길 때 지퍼가 고정되어 있어 쉽게 열리지 않고, 가방의 움직임이 인식되기 때문에 미리 알아차릴 수 있다.

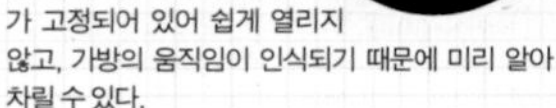

• **타깃이 되지 말자.**

소매치기의 경우 이상하게도 당한 사람이 또 당하는 경우가 많다. 누가 봐도 빈틈이 많고, 어딘가 부주의해 보여 소매치기의 타깃이 되지 않도록 항상 주의를 기울인다.

• **가방은 항상 앞으로!**

'뒤로 메면 남의 것, 옆으로 메면 내 것고 되고 남의 것도 되고, 앞으로 메면 내 것'이라는 우스갯소리가 있다. 사람이 많이 몰리고 복잡한 대도시의 시장이나 관광지에서는 항상 조심하는 게 좋다.

도난 시 대처 방법

일단 도난을 당했다면 잃어버린 물건을 다시 찾기는 어렵다. 도난 발생 시 가장 먼저 경찰서를 찾아가서 폴리스리포트를 작성해야 한다. 여권을 분실해도 마찬가지다. 폴리스리포트 작성 시 도난품을 꼼꼼하게 적는 것이 중요하다. 카메라를 도난 당했을 때, 카메라뿐만 아니라 카메라 안에 들어 있는 메모리카드, 배터리 등도 적는다. 단, 자신이 부주의해서 잃어버린 경우라면 폴리스리포트를 작성할 필요는 없다. 폴리스리포트를 작성하는 이유는 여행자 보험을 신청했을 때 도난 시 도난품에 대한 보험을 청구할 수 있기 때문이다. 폴리스리포트를 받을 경우 복사본이 아닌 원본을 받아야 한다.

마드리드

세고비아

톨레도

ENJOYMAP

인조이맵
지도 서비스

enjoy.nexusbook.com

'ENJOY MAP'은 인조이 가이드 도서의 부가 서비스로,
스마트폰이나 PC에서 **맵코드만 입력**하면
간편하게 **길 찾기**가 가능한 무료 지도 서비스입니다.

인조이맵 이용 방법

1 QR 코드를 찍거나 주소창에 enjoy.nexusbook.com을 입력하여 접속한다.

2 간단한 회원 가입 후 인조이맵을 실행한다.

3 도서 내에 표기된 맵코드를 검색창에 입력하여 길 찾기 서비스를 이용한다.

4 인조이맵만의 다양한 기능(내 장소 등록, 스폿 검색, 게시판 등)을 활용해 보자.